普通高等教育"十一五"部委级规划教材(高职高专)

基础化学

(第二版) 下 册

刘妙丽 主编

中国纺织出版社

内 容 提 要

本书包括有机化学理论和有机化学实验两个部分。有机化学理论部分的主要内容为脂肪烃、脂环烃、芳香烃、卤代烃、醇、酚、醚、醛、酮、醌、羧酸及其衍生物、含氮有机化合物、杂环化合物和高分子化合物等。有机化学实验部分包括有机化学实验的一般常识、基本操作以及有机化合物的合成。

本书可作为高职高专院校染整、化工、轻纺、材料、环保、食品、生物等专业的有机化学课程教材，也可作为中等职业教育教材。

图书在版编目(CIP)数据

基础化学. 下册/刘妙丽主编. —2 版. —北京：中国纺织出版社，2008.6（2026.2重印）

普通高等教育"十一五"部委级规划教材. 高职高专

ISBN 978-7-5064-4963-2

Ⅰ. 基… Ⅱ. 刘… Ⅲ. 化学—高等学校：技术学校—教材 Ⅳ. O6

中国版本图书馆 CIP 数据核字(2008)第 072500 号

策划编辑：朱萍萍 责任编辑：阮慧宁 特约编辑：范雨昕

责任校对：陈 红 责任设计：李 然 责任印制：何 建

中国纺织出版社出版发行

地址：北京市朝阳区百子湾东里 A407 号楼 邮政编码：100124

销售电话：010—67004422 传真：010—87155801

http://www.c-textilep.com

中国纺织出版社天猫旗舰店

官方微博 http://weibo.com/2119887771

北京印匠彩色印刷有限公司印刷 各地新华书店经销

2026 年 2 月第 12 次印刷

开本：787 × 1092 1/16 印张：16.75

字数：340 千字 定价：34.00 元

出版者的话

2005年10月，国发[2005]35号文件“国务院关于大力发展职业教育的决定”中明确提出“落实科学发展观，把发展职业教育作为经济社会发展的重要基础和教育工作战略重点”。高等职业教育作为职业教育体系的重要组成部分，近些年发展迅速。编写出适合我国高等职业教育特点的教材，成为出版人和院校共同努力的目标。早在2004年，教育部下发教高[2004]1号文件“教育部关于以就业为导向深化高等职业教育改革的若干意见”，明确了促进高等职业教育改革的深入开展，要坚持科学定位，以就业为导向，紧密结合地方经济和社会发展需求，以培养高技能人才为目标，大力推行“双证书”制度，积极开展订单式培养，建立产学研结合的长效机制。在教材建设上，提出学校要加强学生职业能力教育。教材内容要紧密结合生产实际，并注意及时跟踪先进技术的发展。调整教学内容和课程体系，把职业资格证书课程纳入教学计划之中，将证书课程考试大纲与专业教学大纲相衔接，强化学生技能训练，增强毕业生就业竞争能力。

2005年底，教育部组织制订了普通高等教育“十一五”国家级教材规划，并于2006年8月10日正式下发了教材规划，确定了9716种“十一五”国家级教材规划选题，我社共有103种教材被纳入国家级教材规划。在此基础上，中国纺织服装教育学会与我社共同组织各院校制订出“十一五”部委级教材规划。为在“十一五”期间切实做好国家级及部委级高职高专教材的出版工作，我社主动进行了教材创新型模式的深入策划，力求使教材出版与教学改革和课程建设发展相适应，充分体现职业技能培养的特点，在教材编写上重视实践和实训环节内容，使教材内容具有以下三个特点：

(1)围绕一个核心——育人目标。根据教育规律和课程设置特点，从培养学生学习兴趣和提高职业技能入手，教材内容围绕生产实际和教学需要展开，形式上力求突出重点，强调实践，附有课程设置指导，并于章后附有复习指导及形式多样的思考题等，提高教材的可读性，增加学生学习兴趣和自学能力。

(2)突出一个环节——实践环节。教材出版突出高职教育和应用性学科的特点，注重理论与生产实践的结合，有针对性地设置教材内容，增加实践、实验内容，并通过多媒体等直观形式反映生产实际的最新进展。

(3)实现一个立体——多媒体教材资源包。充分利用现代教育技术手段，将授课知识点、实践内容等制作成教学课件，以直观的形式、丰富的表达充分展现教学内容。

出版者的话

教材出版是教育发展中的重要组成部分，为出版高质量的教材，出版社严格甄选作者，组织专家评审，并对出版全过程进行过程跟踪，及时了解教材编写进度、编写质量，力求做到作者权威，编辑专业，审读严格，精品出版。我们愿与院校一起，共同探讨、完善教材出版，不断推出精品教材，以适应我国高等教育的发展要求。

中国纺织出版社

教材出版中心

第二版前言

《基础化学》第一版自出版以来，被多所高职院校的相关专业师生选用，目前已经使用四届。随着高职高专教育对人才培养模式的改变，对本书的修订已经迫在眉睫。

这次修订的指导思想是从培养高素质、高技能型人才的目的出发，进一步贯彻基础理论、基础知识，以"必需"、"够用"为度的原则，加强应用性、实践性。使学生在具备扎实专业基础理论的同时，有较强的动手操作能力，同时具有一定的创新能力和团队协作精神。

这次修订在教材内容上力求做到使学生学完本课程达到基本概念清晰、基本知识够用、基本方法会用，为专业学习奠定基础。为此增加了"复习指导"；"思考题与习题"增加了题型和题量，便于学生选择性学习；对第十二章有机化学实验做了较大的修改，根据不同行业和岗位(群)能力的需要，对实践教学内容进行了调整、更新、重组，在规范操作训练的基础上设置了一些综合性实验，以培养学生综合应用能力，强化实验技能，针对不同的专业可选择性开设。其次，本着节能减排、"绿色化学"的思想，对实验药品的用量进行了减量，并介绍了微型实验。

参加本书修订的有：刘妙丽(成都纺织高等专科学校教授)修订了第一章、第四章、第五章、第七章、第九章、第十章；高琳(河南工程学院教授)修订了第六章、第八章；周萍(太原理工大学轻纺美院副教授)修订了第二章、第三章；陈晓玉(浙江纺织服装职业技术学院高级实验师)修订了第十一章；税永红(成都纺织高等专科学校高级实验师)修订了有机化学实验部分。全书最后由刘妙丽统稿、修改、定稿。

本修订教材配有多媒体教学光盘，方便教师教学和学生自学。光盘由参与修订的老师精心制作，由主编刘妙丽教授进行统筹、修改。成都纺织高等专科学校的李强林老师在光盘的制作过程中做了大量辅助性工作，在此表示感谢。

本书编写和修订时采纳了第一版教材使用学校老师提出的宝贵意见和建议，并参考了大量的相关图书和资料，在此一并表示感谢。

限于编者水平，书中错误及不妥之处在所难免，敬请同行专家、读者批评指正。

编者

2008 年 4 月于成都

第一版前言

《基础化学》是按全国纺织服装教育学会高职高专教学工作委员会于2004年通过的编写大纲编写的专业教材，本教材共分上、下两册，本书为下册。

随着高职高专教育教学改革的深入，基础课学时数明显减少。如何用较少的课时完成规定的教学任务，达到高职高专教育的培养目标，首先是要对现有的教材进行改革，删去一些过难的理论和与生产实际脱节的知识。正是基于以上考虑，并结合编者多年来的教学实践，编写了这本有机化学方面的教材。

编写本册的指导思想是：根据高职高专人才培养的特点，在编写中从培养技术应用型人才的目的出发，力求做到以“必须”和“够用”为度，理论适中，加强应用。其次是实验部分注重学生思维能力的培养和基本操作的训练，加强对学生动手能力的培养；着重合成实验，在安排上尽量以实验的产品作为专业实验的原料，这样既体现基础课与专业课的联系，又能大大提高学生学习的兴趣。

考虑到各地区、各校学生素质上的差异和学时数的不同，本册中带有“*”号的为选学或选做内容，各学校可根据教学实际自行取舍。

本册由成都纺织高等专科学校刘妙丽副教授任主编，并编写了第一章、第七章和第九章；苏州经贸职业技术学院谢冬高级讲师任副主编，并编写了第四章、第五章和第十章；河南纺织高等专科学校高琳副教授编写第六章和第八章；太原理工大学轻纺美院周萍副教授编写第二章和第三章；浙江纺织服装职业技术学院陈晓玉高级实验师编写第十一章；成都纺织高等专科学校税永红实验师编写有机化学实验部分。

限于编者水平，加上时间仓促，书中错误和不妥之处，敬请各校师生、同行专家和读者批评指正。

编者

2005年5月

课程设置指导

课程名称 基础化学(下)或有机化学

适用专业 轻化工程(印染)、高分子材料、工业分析等化工类专业

总学时 90

理论教学时数 54 **实验(实践)教学时数** 36

课程性质 有机化学是为轻化工程(印染)、高分子材料等化工类专业学生开设的一门必修基础课程，使学生在专业课程的学习中具备扎实的专业基础知识和基本技能，也是取得职业证书和确定就业方向的重要课程，在学生实践技能培养方面具有十分重要的作用。

课程目的 本课程主要学习有机化合物的结构和性质以及两者之间的关系，掌握简单有机化合物的合成、分离、鉴别、分析，使学生在应用中掌握有机化学基础理论知识，着重掌握有机化学实验基本操作技能。通过本课程的学习，为后续专业课程的学习打下必要的基础。

课程教学基本要求 教学环节包括课堂教学、实验、课堂练习、作业和考试。通过各教学环节重点培养学生对理论知识的理解和运用能力。

1.课堂教学

(1)掌握常见有机化合物的制备合成方法，了解与生产生活相关化合物的性质、来源及用途；

(2)能根据所学化合物官能团的性质，提出简单有机化合物的鉴别、分离和提纯方法；

(3)掌握有机化学实验的一般知识，熟练掌握有机化学实验基本操作技能；

(4)掌握简单的结构理论，能运用所学知识初步认识简单有机化合物结构与性质的关系；

(5)掌握常见有机化合物的命名方法，能根据要求正确书写名称和结构式。

2.实践教学

根据不同行业和岗位(群)能力的需要，对实践教学内容进行调整、更新、重组，设置了一些综合与应用性的实验项目，以培养学生的综合能力，强化实验技能。

3.课外作业

每章给出若干思考题和习题，尽量系统反映该章的知识点。

4.考核

采用课堂练习、实验考核和期末考试的形式对学生全面考核。期末考试采用闭卷笔试方式，题型一般包括填空题、完成方程式、推断题、鉴别题、命名题等。

教学学时分配

章　数	讲授内容	理论课学时	实验学时
第一章	绪论	2	
第二章	脂肪烃(链烃)	6	2
第三章	脂环烃	2	4
第四章	芳香烃	8	
第五章	卤代烃	4	6
第六章	醇、酚、醚	6	4
第七章	醛、酮、醌	8	
第八章	羧酸及其衍生物	6	8
第九章	含氮有机化合物	8	12
第十章	杂环化合物	2	
第十一章	高分子化合物	2	
合　计		54	36

目录

第一章　绪论

第一节　有机化合物及有机化学

化学是研究物质的组成、结构、性质、合成及其变化规律的科学。物质的种类繁多，就其组成和性质可分为无机化合物和有机化合物两大类。无机化学以无机化合物（简称无机物）为其研究对象，有机化学则是研究有机化合物（简称有机物）的科学。有机物大量存在于自然界中，并与人们的生活密切相关，如粮食、油脂、纤维、石油、橡胶、糖、药材等。

早在两千多年以前，人们就知道利用和加工自然界的一些有机化合物，例如，我国古代就有关于酿酒、制醋、制糖及造纸等的记载。到19世纪初期，近代化学的发展使人们在生产实践中认识到，从有生命的动植物中取得的有机化合物，与由无生命的矿物界中得到的无机化合物在组成和性质上有着很大的不同，但由于当时人们对生命现象的本质缺乏科学认识，因而赋予有机化合物以一种神秘的色彩。当时享有盛名的瑞典化学家柏采利乌斯（J. Berzelius）提出的“生命力”论，就认为有机化合物只能依靠“生命力”在生物体内才能制造，不可能在实验室中用化学方法从无机化合物制得。“有机物”这个名词也就是由此而来的，意思是指“有生机之物”。按照“生命力”论者的观点，有机化合物的人工合成是一个禁区。但是，22年后，柏采利乌斯的学生，德国化学家维勒（F. Wöhler）于1828年在实验室从蒸馏无机物氰酸铵溶液中制备出了有机化合物尿素。这是首次人工制得的有机化合物。[1]

$$\underset{\text{氰酸铵}}{NH_4CNO} \longrightarrow \underset{\text{尿素}}{(NH_2)_2CO}$$

人工合成尿素的成功，是有机化学发展的一个重大转折，它动摇了“生命力”论的基础，开辟了有机合成化学的新领域。

继维勒之后，一系列新的人工有机合成实验不断取得成功，如德国化学家柯尔柏（H. Kolber）于1840年合成了醋酸，法国化学家柏赛罗（M. Berthelot）于1850年又合成了油脂等。这些科学事实说明人工合成有机化合物是完全可能的，“生命力”论也彻底被否定了。在今天，人们已经能够用人工的方法由无机化合物或简单的有机化合物，合成塑料、橡胶、纤维等许许多多有机化工产品。现在绝大多数有机化合物已不是从天然的有机体内取得的，但由于历史和习惯的原因，还保留着“有机”这个名词。

通过元素分析法，人们发现有机化合物在组成上都含有碳元素，可以说有机化合物就是含碳元素的化合物。人们通过对有机化合物的结构分析又进一步发现，绝大多数有机化合物总是含有碳、氢两种元素，许多分子中也常含有氧、氮、硫或卤素等其他元素，所以也常把有机化学定义为是研究碳氢化合物及其衍生物的化学。

那么是不是所有含碳的化合物都属于有机化合物呢？对于一些简单的含碳化合物，如一氧化碳、二氧化碳、碳酸盐以及金属氰化物等，由于它们的性质和无机化合物相似，所以通常作为无机化合物来研究。由此可以看出有机化合物和无机化合物之间并没有绝对的界限。但是有机化合物的数目庞大，远远超过无机化合物的数量，有机化合物有其本身的特性和研究方法，因此，有机化学自然地成为一门独立的基础学科。有机化学主要是研究有机化合物的来源、制备、结构、性质、用途和有关理论的一门学科。

第二节　有机化合物的特性[1]

有机化合物与无机化合物相比较，有以下几个特点。

1. 有机化合物种类繁多

虽然有机化合物所含元素种类并不多，但是有机化合物的种类繁多，目前已知的有机化合物的数量已超过 1000 万种，而无机化合物只有十几万种。

2. 有机化合物容易燃烧

绝大多数有机化合物都可以燃烧，如酒精、汽油、木材等。而大多数无机化合物一般不能燃烧，也不能燃尽。

3. 有机化合物的熔点较低

有机化合物在室温下常为气体、液体或低熔点的固体（熔点在 400℃以下）。而无机化合物的熔点则比较高，例如氯化钠的熔点为 800℃。

有机化合物与无机化合物两者熔点之所以显著不同，就是因为大多数无机化合物是离子晶体，所以熔点较高。而有机化合物形成的是分子晶体，因此，有机化合物的熔点一般较低。由于有机化合物熔点较低，容易测定，多数纯有机化合物都有一定的熔点，因而在鉴别有机化合物时，熔点是一个非常重要的物理常数。

4. 有机化合物一般难溶于水，易溶于有机溶剂

有机化合物大多难溶于水，易溶于有机溶剂；无机化合物则多数易溶于水，而难溶于有机溶剂。

应当指出，有些有机化合物（如酒精、蔗糖等）因分子中含有极性比较强的基团，所以在水中也有比较大的溶解度。

5. 有机化合物的反应速度慢

无机化合物的反应往往是离子反应，反应速度快。有机化合物是以共价键结合的分子参加反应，反应速度缓慢，需要几小时、几十小时甚至更长的时间才能完成。如乙酸与乙醇在常温下需要一个漫长的时间才能完成反应，若加催化剂，则几小时即可完成。为了加快有机化学反应，常常采用加热、加催化剂或用光照射等手段。

6. 有机化合物反应复杂，常伴有副反应

有机化合物在发生化学反应时，不只限于分子中某个原子或原子团上，分子中各个部分都可能受到影响而发生反应，所以在发生主要反应的同时，还常伴随着一些副反应。反应的产物常常是混合物。由于副产物较多，使反应收率较低。为了提高主要反应的收率，应严格控制适宜的反应条件，如温度、压力和加催化剂等。

由于有机化合物反应产物较复杂，所以书写反应式时，经常只表示出反应中的主要产物，同时在反应物与生成物之间用“⟶”表示。

必须指出，有机化合物的这些特点，同无机化合物相比，仅是相对的，并不是绝对的，例如大多数有机化合物易燃烧，但四氯化碳不但不能燃烧，相反的它还可作为灭火剂；2，4，6－三硝基甲苯（TNT）反应可在瞬间完成，是一种烈性炸药。还有其他许多例子，在以后的学习中将会遇到。这也说明了共性与个性之间的关系。

第三节　有机化合物的结构[1]

有机化合物的性质，取决于有机化合物的结构。既然有机化合物是含碳元素的化合物，因此在学习有机化合物时，首先需要认识碳原子的结构特点及其价电子在有机化合物分子中的成键状态。

一、碳原子的四价及其共价键的形成

碳原子位于元素周期表的第 2 周期第 4 主族。核外电子排布为 $1s^2 2s^2 2p^2$。碳原子在周期表中的这个特殊位置，决定了它的原子既不容易得到电子，也不容易失去电子，因此不易形成离子键。当碳原子与其他原子结合时，一般是通过共用电子对方式结合，形成的化学键叫做共价键。最简单的有机化合物甲烷（CH_4）分子，由 1 个碳原子和 4 个氢原子以共价键的方式结合而成。这种结合使碳原子达到最外层 8 个电子的稳定结构，氢原子也达到 2 个电子的稳定结构。可用电子式表示为：

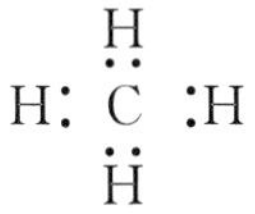

2 个原子之间共用 1 对电子形成的共价键，通常用短横线“—”表示，有几个共价键就用几条短横线表示。因此，甲烷也可用下式表示：

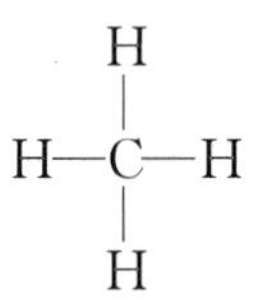

二、碳原子之间的结合方式

碳原子彼此之间也可以结合，而且彼此间的结合方式很多，如以共价键相互连接成链状，也可以连成环状，还可以用 1 对、2 对或 3 对电子结合，分别形成单键、双键或三键。

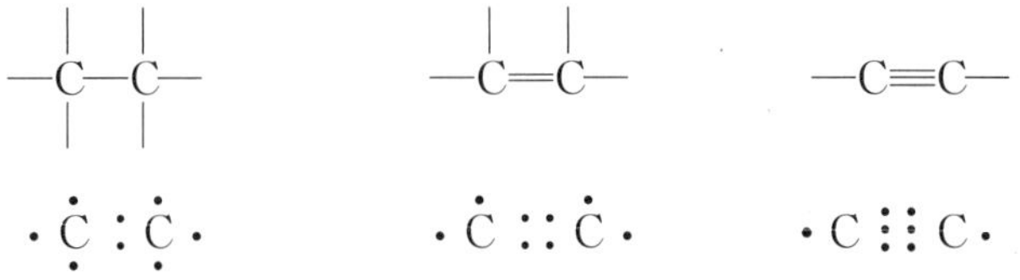

单键　　双键　　三键

三、有机化合物结构的表示方法

由于有机化学中同分异构现象普遍存在，因此，我们用分子式不能准确表示某一种有机化合物，必须用构造式或结构简式来表示。构造式是表示有机化合物化学结构的式子，也叫结构式。例如：

化合物：	甲烷	乙醇	甲醚
分子式：	CH_4	C_2H_6O	C_2H_6O

构造式：

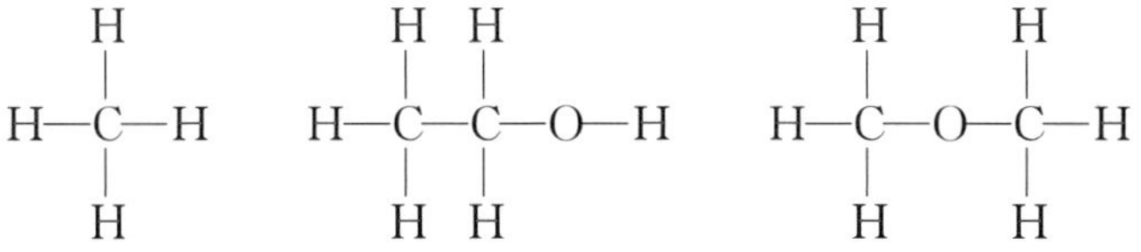

结构简式：	CH_4	$H_3C—CH_2—OH$	$H_3C—O—CH_3$

分子式仅能表示分子中原子在数量上的关系，而构造式还能够表示出原子的排列顺序；结构简式是介于构造式和分子式之间的一种式子，它既能基本上表示出分子内原子的排列情况，又能很容易地看出原子的个数，有机化合物常用结构简式表示。

写结构简式时，必须注意各原子的排列顺序和结合方式，否则，常常会出现一些错误的写法，如将乙醇(CH_3CH_2OH)错写成：

CH_3OCH_3　　$OHCH_2CH_3$　　CH_2CH_3OH

为了解释有机化合物的对映异构现象，1874 年范托霍夫(Van't Hoff J H)提出了碳原子的四面体概念。例如甲烷分子是一个正四面体，碳原子位于正四面体的中心，它的 4 个共价键从中心指向正四面体的 4 个顶点，并和氢原子连接，键角为 109.5°(图 1－1)。

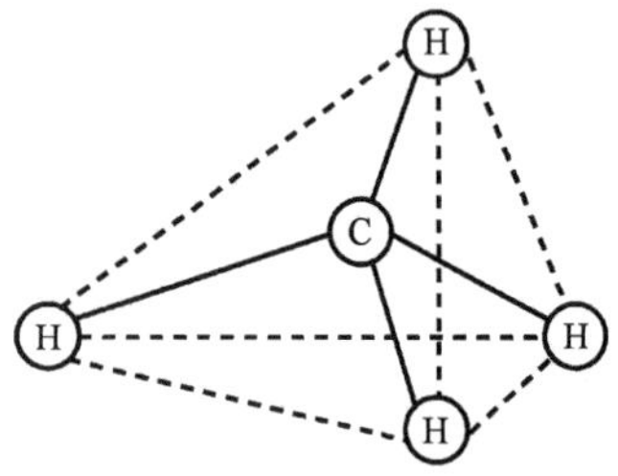

图 1－1　甲烷的正四面体模型

因此研究有机化合物分子，不仅要研究分子中原子的连接方式和顺序，而且还要研究分子的立体结构，我们将分子中原子间相互连接的方式和顺序称为构造。将分子中原子间相互连接的顺序及各原子(或基团)在空间的排列称为结构，即结构包括的内容较广泛，它包括构造、构型和构象。

第四节　共价键的本质和共价键的属性

一、共价键的本质

共用电子对学说对揭示共价键的本质起了重要作用，但它仍然没有揭示共价键的真正本质，无法解决有机化合物结构中的许多问题。1926 年以后，量子力学的建立和发展，对共价键的本质有了进一步认识。

量子力学证明，电子同光子一样具有微粒性和波动性，电子的运动和我们常见的宏观物体运动的情况不同，并没有固定的轨道，只能描述它在核周围某一区域出现机会的大小，这种出现的机会，在数学上称为几率。由于电子高速运转，而且运动的空间是立体的，在核周围好像形成了带负电荷的云雾，称为电子云。电子在核外空间各处出现的几率大小是不同的，我们通常把原子核外空间出现几率最大的那个区域称为原子轨道。

有机化合物的共价键形成中常用 s 原子轨道和 p 原子轨道。s 轨道呈球形，即 s 电子在各个方向出现的几率都相同。p 轨道呈哑铃形，p 电子沿某一轴的方向上出现的几率最大，在其他方向上出现的几率小些。p 轨道共有 3 个伸展方向，见图 1－2。

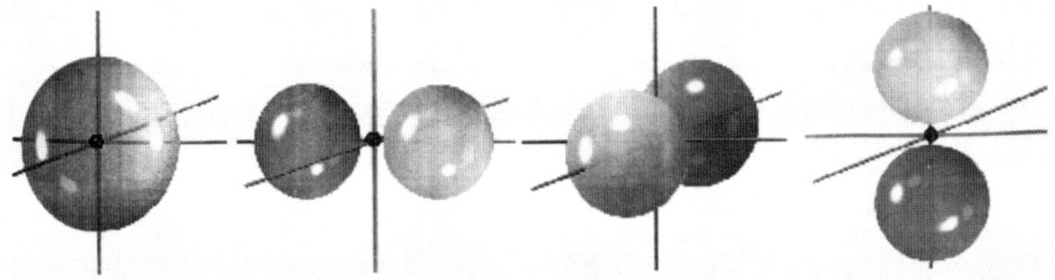

图 1－2　s、p 原子轨道示意图

电子云和原子轨道的概念是讨论共价键本质的基础，其中最常用的是价键理论和分子轨道理论，本书只介绍价键理论。

价键理论认为原子相互接近时价键的形成可看作是电子配对的结果或原子轨道的重叠，两个原子如果都有未成对的电子，并且自旋方向相反，才能配对成键。

在形成共价键时，一个电子和另一个电子配对以后，就不能再和其他原子的电子配对了，这就是共价键的饱和性。

此外，共价键还具有方向性，成键电子的原子轨道相互重叠越多，则形成的共价键也越牢固，这叫做原子轨道的最大重叠原理。根据这个原理，共价键的形成将尽可能采用轨道最大重叠方向，现以氢原子（H）、氯原子（Cl）结合成 HCl 分子为例予以说明，如图1－3所示。

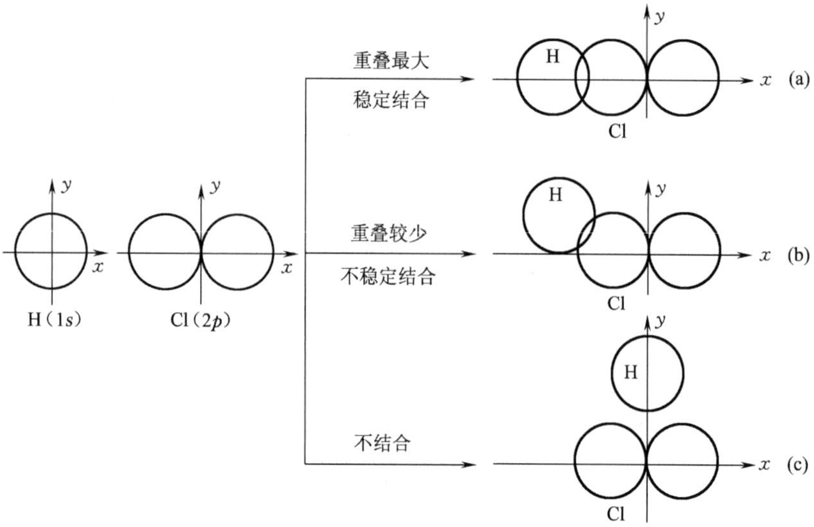

图 1－3　s 和 p 电子轨道的 3 种重叠情况示例

(a)H 沿 x 轴向 Cl 接近，重叠最大，形成稳定结合　(b)H 沿另一方向接近 Cl，重叠较少，结合不稳定　(c)H 沿 y 轴向 Cl 接近，不能结合

二、共价键的属性

共价键的键长、键角、键能以及键的极性是共价键所表现出来的重要性质，它们对讨论有机分子性质的规律有重要的意义，现分别讨论如下。

1. 键长

成键两原子的核间距离称为键长。应用电子衍射、光谱等近代物理方法，可以测定各种键的键长。一些常见共价键的键长如表 1－1 所示。

表 1－1　一些共价键的键长

共　价　键	键长(nm)	共　价　键	键长(nm)
C—C	0.154	C═C	0.134
C—N	0.147	C≡C	0.120
C—O	0.143	C—H	0.1090
C—F	0.141	—C(—)(—)—H	0.110
C—Cl	0.177	═C(—)—H	0.1086
C—Br	0.191	≡C—H	0.1058
C—I	0.212		

不同的共价键具有不同的键长，即使是同一类型的共价键，在不同化合物的分子中它的键

长也可能稍有不同。

2. 键能

在共价键形成时，要放出一部分能量，使体系能量降低。反之，要使共价键断裂，则需吸收一部分能量。

双原子分子的键能就是 1mol 双原子分子（气态）解离为原子（气态）时所吸收的能量。其单位为 kJ/mol。例如，实验测得，25℃时，1mol 氢分子（气态）解离为 H 原子时吸收的能量是 436.0kJ，H—H 键的键能就是 436.0kJ/mol（25℃）。反过来，25℃时，H 原子（气态）互相结合生成 1mol 氢分子（气态）时放出的能量也是 436.0kJ。

但是对于多原子分子，分子内包括多个共价键，每个共价键离解所需的能量是不同的。即使同一分子中的同一种共价键，其离解能也并不完全相同。例如，甲烷分子中有 4 个 C—H 键，它们的离解能分别为：

$$CH_4 \longrightarrow \cdot CH_3 + H\cdot + 423kJ/mol$$

$$\cdot CH_3 \longrightarrow \cdot\dot{C}H_2 + H\cdot + 439kJ/mol$$

$$\cdot\dot{C}H_2 \longrightarrow \cdot\underset{\cdot}{\dot{C}}H + H\cdot + 448kJ/mol$$

$$\cdot\underset{\cdot}{\dot{C}}H \longrightarrow \cdot\underset{\cdot}{\dot{C}}\cdot + H\cdot + 347kJ/mol$$

这里所说的离解能，是指断裂分子中某一特定共价键所需的能量。我们通常将多原子分子中相同类型键的离解能的平均值，看作这种键的键能。例如甲烷中的 C—H 键的键能，是 4 个 C—H 键离解能的平均值，为 414kJ/mol。有机化合物中一些常见共价键的键能如表 1－2 所示。

表 1－2　一些共价键的键能

共　价　键	键能（kJ/mol）	共　价　键	键能（kJ/mol）
F—F	154.6	H—F	560.7
Cl—Cl	242.7	H—Cl	426.8
Br—Br	188.3	H—Br	364.0
I—I	150.6	H—I	297.1
C—C（乙烷）	347.3	C—H（平均）	414.2
C═C（乙烯）	610.9	C—F	447.7
C≡C（乙炔）	836.8	C—Cl	326.4
C—O	359.8	C—Br	284.5
C═O（酮）	736.4	C—I	213.4

键能表示 2 个原子的结合程度，结合越牢固，键的强度越大，拆开它时所需要的能量越大。

应当指出，同一种共价键的键能，在不同化合物中，并不完全相同。这是由于在这些分子中，其他原子或原子团对共价键的键能有一定的影响。

3. 键角

键角是指 2 个共价键之间的夹角。键角决定着分子的立体形状，从而可探讨分子的一些性质。水、甲烷、乙烯的键角如图 1－4 所示。

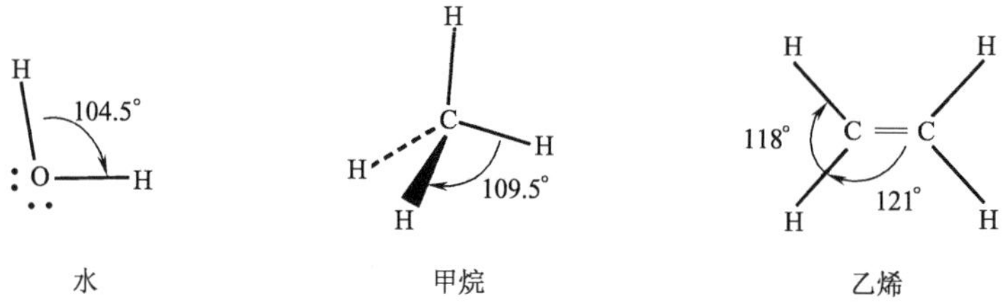

图 1－4　几种化合物的键角

4. 键的极性

2 个相同原子形成的共价键中，电子云在两原子间对称地分布着，正电荷与负电荷中心是重合在一起的，这种键称为非极性键。如氢分子中的 H—H 键，乙烷（$H_3C—CH_3$）分子中的 C—C键。当 2 个不相同的原子形成共价键时，由于两原子的电负性不同，电子云在两原子间不能对称地分布，正电荷与负电荷中心就不能重合，这种键称为极性键。如氯化氢分子中的 H—Cl 键，一氯甲烷（$H_3C—Cl$）中的 C—Cl 键等。

共价键极性的大小取决于成键原子的电负性。比较成键两原子之间的电负性差值，可以得出其形成共价键极性的大小。

化学键	电负性差值	化学键	电负性差值
C—H	0.4	O—H	1.4
C—O	1.0	F—H	1.9

上述键的极性顺序应为：

F—H>O—H>C—O>C—H

表示键的极性时可用下面的符号：

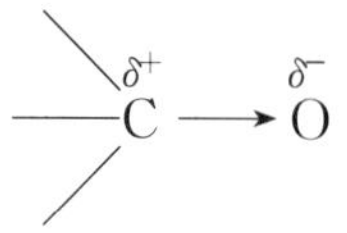

δ^+ 表示带微量正电荷（或带部分正电荷），δ^- 表示带微量负电荷（或带部分负电荷）

化学反应无非是旧键的断裂和新键的形成，键的断裂难易与键的极性有关，因而化学键的极性和化学键的反应性能之间有密切的关系。

对于双原子分子，键的极性与分子的极性一致。如 H_2、Cl_2 等是非极性分子；HX 分子是极性分子。

多原子分子的极性既与键的极性有关，同时也决定于分子的空间结构。用偶极矩可以来判断分子的空间构型。极性分子中，正负电荷中心不重合，2 个电荷中心的距离用 d 表示，2 个电荷中心所带电量相等，而符号相反，用$+q$和$-q$表示。这种情况相当于一个偶极。电量与距离的乘积叫偶极矩(μ)，d称为偶极长度。即：

$$\mu=q\times d$$

偶极矩μ是表征分子极性大小的物理量。μ数值越大，分子的极性越强。$\mu=0$的分子是非极性分子。偶极矩的单位用D[德拜(Debye)的第1个字母]表示。偶极矩是有方向性的，用“$+\!\!\!\longrightarrow$”表示，箭头所示的方向是从正电荷到负电荷的方向。

第五节 有机化合物的分类

有机化合物的种类繁多，平均每年有数以万计的新化合物被发现或合成出来。为了研究方便，对有机化合物进行科学的分类是必要的。一般有两种分类方法，一种是按碳架分类，一种是按官能团分类。

一、按碳架分类

按照碳骨架，通常把有机化合物分为四大类。

1. 开链化合物(脂肪族化合物)

这类化合物的共同特点是，它们的分子链都是张开的，故称开链化合物。又由于这类化合物最初是从动植物油脂中发现的，因此又叫做脂肪族化合物。例如：

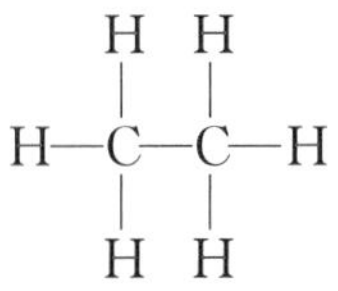

($H_3C—CH_3$)

乙烷

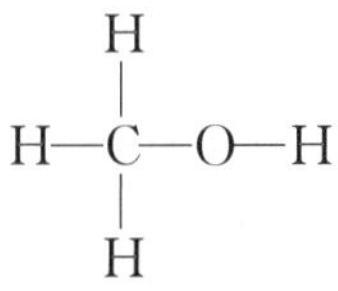

($H_3C—OH$)

甲醇

2. 脂环族化合物

这类化合物的共同特点是，碳原子和碳原子连接成环状的碳架，可以看成是开链化合物的两端接在一起而成的。它们的碳架虽是环状，但它们的性质却和脂肪族化合物相似，因此叫做脂环(族)化合物。例如：

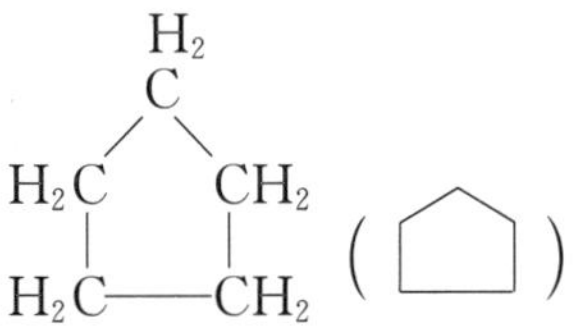

环戊烷

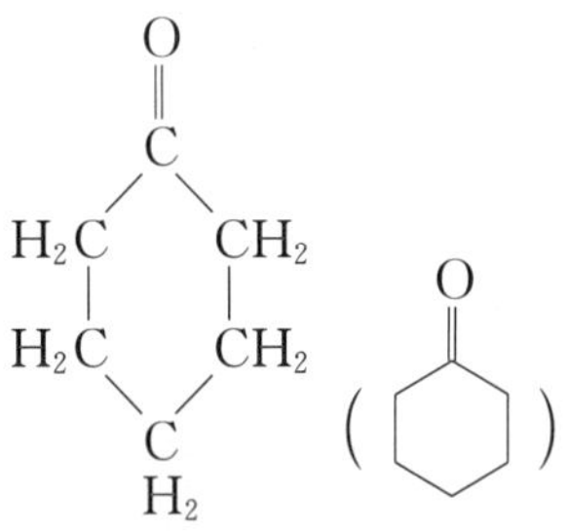

环己酮

3. 芳香族化合物

这类化合物的分子中，一般都含有苯环结构。例如：

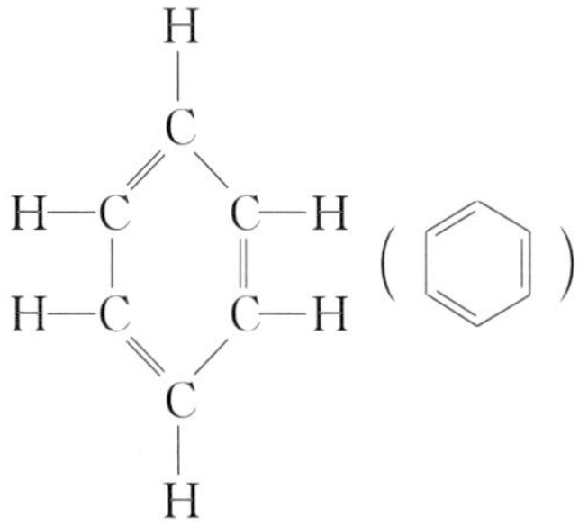

苯

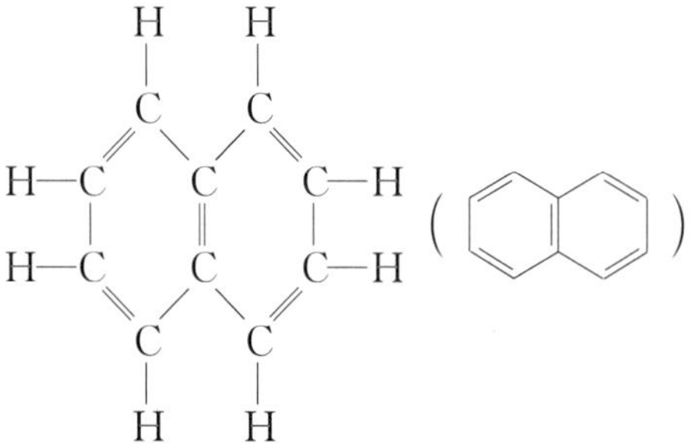

萘

由于这类化合物最初是从具有芳香味的有机物和香树脂中发现的，所以叫做芳香族化合物。这一名词也是历史的沿用。

4. 杂环化合物

这类化合物的共同特点是，在它们的分子中也具有环状构造，但是，在环中除碳原子外，还有其他元素的原子(如氧、硫、氮等)存在，故叫杂环化合物。例如：

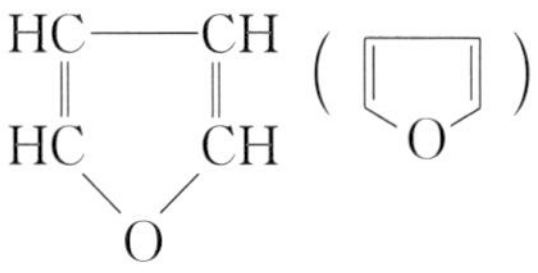

呋喃

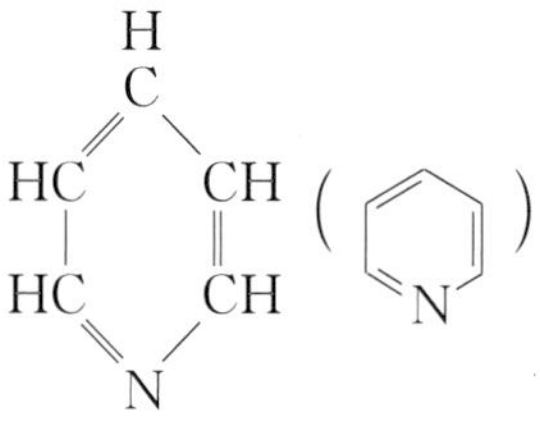

吡啶

二、按官能团分类

根据分子中含有的官能团不同，将有机化合物分成数类，即将含有相同官能团的化合物归纳成为一类。

所谓官能团是指有机化合物分子中那些特别容易发生反应的原子或基团，这些原子或基团决定这类有机化合物的主要性质。一般来说，含有相同官能团的化合物，具有相似的性质，把它们归为一类进行研究是比较方便的。一些重要的官能团如表 1－3 所示。

表 1－3　一些重要官能团及其结构[2]

化合物类别	官能团		实　例
	结　构	名　称	
烷　烃	无	无	CH_4(甲烷)
烯　烃	C═C	双　键	$H_2C{=}CH_2$(乙烯)
炔　烃	C≡C	三　键	$HC{\equiv}CH$(乙炔)
卤代烃	X(F、Cl、Br、I)	卤原子	$H_3C{-}CH_2Cl$(氯乙烷)

续表

化合物类别	官能团		实例
	结构	名称	
醇	—OH	羟基	$H_3C—CH_2OH$(乙醇)
酚	—OH	羟基	—OH(苯酚)
醚	—C—O—C—	醚键	$H_3C—O—CH_3$(甲醚)
醛	$-\overset{\overset{\displaystyle O}{\Vert}}{C}-H$	醛基	$H_3C-\overset{\overset{\displaystyle O}{\Vert}}{C}-H$(乙醛)
酮	$-\overset{\overset{\displaystyle O}{\Vert}}{C}-$	羰基	$H_3C-\overset{\overset{\displaystyle O}{\Vert}}{C}-CH_3$(丙酮)
羧酸	$-\overset{\overset{\displaystyle O}{\Vert}}{C}-OH$	羧基	$H_3C-\overset{\overset{\displaystyle O}{\Vert}}{C}-OH$(乙酸)
胺	$—NH_2$	氨基	$H_3C—NH_2$(甲胺)
硝基化合物	$—NO_2$	硝基	$H_3C—NO_2$(硝基甲烷)
腈	$—C \equiv N$	氰基	$H_3C—C \equiv N$(乙腈)
磺酸	$—SO_3H$	磺酸基	$C_6H_5—SO_3H$(苯磺酸)

本书先介绍脂肪族化合物，并以官能团作为分类基础分章讨论，然后再讨论芳香族及杂环化合物。

第六节 有机化学在国民经济中的地位和作用

有机化学是一门研究有机化合物结构和性能、合成原理和方法等的基础理论学科，不论是能源工业、石油化工、合成纤维、合成橡胶、医药、染料、日用化工、建筑工业、国防工业和各种新型材料的发展均依赖于有机化学的研究成就。可以说有机化学的成就和发展，对推动和促进人类文明、国民经济和科学技术的发展都将起到十分重要的作用。

有机化学和纺织工业的联系也十分紧密。纺织工业所涉及的纤维、浆料、染料、表面活性剂及其他助剂多数为有机化合物，它们都是纺织加工工业的重要原料。研究这些物质的结构和性能必须用到有机化学基础理论知识。纤维的染色过程是染料或颜料在一定条件下，通过助剂的作用直接或间接地与纤维分子发生物理的或化学的结合后，均匀而牢固地附着在纤维上，有的染色过程实际上可以理解为在纤维上合成染料的过程。不同的纤维材料结构不同，与之相适应的染料和染色工艺条件也不同。欲想得到理想的色彩和染色牢度，就必须熟悉各种纤维、染料和助剂的结构、性能及相互作用的本质。因此，只有掌握了有机化学的基础知识，才有利于学好专业课程。

值得指出的是，现代纺织行业所使用的染料绝大多数为合成染料，其结构大约70%为偶氮结构，具有偶氮结构的染料称为偶氮染料，有两千多个品种。偶氮染料是通过有机合成的方法制备的，以芳烃(苯、甲苯、萘和蒽醌等)为原料，经过一系列化学反应把它们制成各种芳烃衍生物获得染料“中间体”，然后再进一步通过合成、精制等工艺制成染料。可见，有机化合物的性质和制备是合成染料的基础。

此外，有机化学基本原理的掌握，对于研究其他学科也是必不可少的。它与无机化学、生物化学、物理化学等学科是相互联系、相互渗透、相互促进的。因此，我们一定要努力学好有机化学这门课程，熟悉有机化合物的结构、性质、合成方法及有关规律和理论。

复习指导

1. 有机化合物的定义

有机化合物是指含碳元素的化合物。但并非所有含碳元素的化合物都属于有机化合物。

2. 有机化合物的特点

(1)组成上。组成有机化合物的元素并不多(C、H、O、N、S、P和卤素等)，但有机化合物的种类繁多。

(2)结构上。分子式相同但结构不同的化合物互称同分异构体，这种现象就叫同分异构现象。同分异构现象在有机化学中相当普遍。同分异构现象的存在是有机化合物种类繁多的主要原因。

(3)性质上。

① 易燃，热稳定性差。

② 熔点一般较低，许多有机化合物常温是气体或液体。

③ 一般的有机化合物极性较弱或没有极性，因此难溶于水，易溶于有机溶剂。

④ 有机物的反应速度慢，往往需要加热、加催化剂或用光照射等手段加速反应。

⑤ 有机反应往往不是单一反应，常伴有副反应发生。

3. 有机化合物中的共价键

(1)共价键的本质。按照价键理论的观点，共价键是两个原子的未成对而又自旋相反的电子配对的结果。共价键具有饱和性和方向性。

(2)共价键的属性。

① 键长：成键两原子的核间距离。

② 键角：两个共价键之间的夹角。

③ 键能：多原子分子中，相同类型键的离解能的平均值。

④ 键的极性：当两个不同的原子以共价键结合时，由于它们的电负性不同，电子云分布不完全对称，正负电荷中心不能重合而使共价键具有极性。

双原子分子的极性和键的极性一致；多原子分子的极性由键的极性和分子的空间结构共同决定。

4. 有机化合物的分类

(1)按碳架分类。

- 有机化合物
  - 开链化合物(脂肪族化合物)
  - 碳环化合物
    - 脂环族化合物
    - 芳香族化合物
  - 杂环化合物

(2)按官能团分类。所谓官能团是指有机化合物分子中那些特别容易发生反应的原子或基团，这些原子或基团决定这类有机化合物的主要性质。

思考题与习题

1. 解释下列概念：

(1)有机化合物　(2)官能团　(3)共价键　(4)偶极矩　(5)键长　(6)键能　(7)键角

2. 简述有机化合物的特性。

3. 试判断下列化合物是否为极性分子：

HBr　I_2　CCl_4　$H_3C—CH_2OH$　CH_2Cl_2

4. 根据官能团区分下列化合物，哪些属于同一类化合物？如按碳架区分，哪些同属一族？属于哪一族？

(1) $H_3C—CH_2OH$　(2) $H_3C—\overset{\overset{\displaystyle O}{\|}}{C}—OH$

(3) 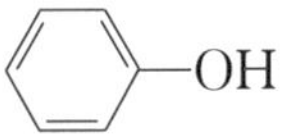　(4) 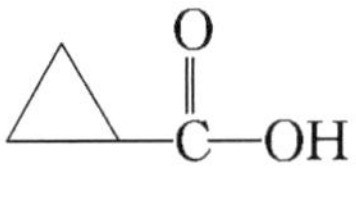

(5) $H_3C—CH_2Cl$　(6) 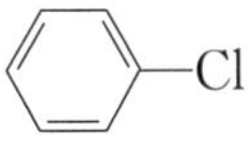

(7) 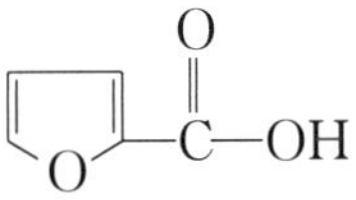　(8) $H_2C═CH—CH_2OH$

5. 下列各化合物中各含一主要官能团，试指出该官能团的名称及所属化合物的类别：

(1)CH_3CH_2Cl　(2)CH_3OCH_3　(3)CH_3CH_2OH　(4)CH_3CHO

(5) $CH_3CH═CH_2$　(6)$CH_3CH_2NH_2$　(7) 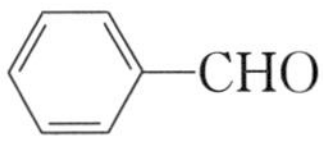　(8) 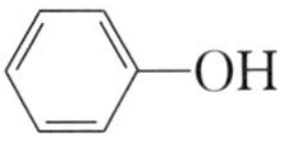

(9) 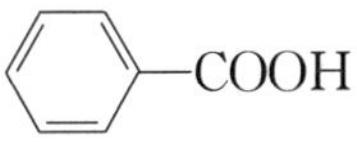　(10) 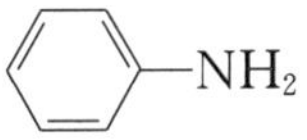

参考文献

[1]宋欣荣，谢伟，郭世豪．基础化学(中册)[M]．长沙：湖南科学技术出版社，1999.

[2]高职高专化学教材编写组．有机化学[M]．北京：高等教育出版社，2000.

第二章　脂肪烃(链烃)

只含碳氢两种元素的化合物,统称为碳氢化合物,简称烃。其他有机化合物均可以看做是烃的衍生物。因此,烃是有机化合物的母体。

根据分子中碳架结构的不同,烃可以分为脂肪烃、脂环烃和芳香烃。而脂肪烃又叫链烃,即分子中碳原子相互连接成链状,它可分为烷烃、烯烃、炔烃及二烯烃,下面我们将按照上述顺序学习这些烃。

第一节　烷　烃

烷烃就是碳碳之间均以单键相连,其余价键被氢原子饱和的碳氢化合物,其分子通式为 C_nH_{2n+2},n 为碳原子总数。

一、烷烃的结构

(一)甲烷的结构

甲烷,又称沼气,或叫坑气,它是天然气中的主要成分(高达 97%)[1],分子式是 CH_4,是烷烃系列中最简单的一个化合物。

实验证明,甲烷分子是一个正四面体结构,碳原子位于正四面体的中心,4 个氢原子分别位于正四面体的 4 个顶点(图 2-1)。4 个碳氢键的键长均为 0.110nm,所有 H—C—H 的键角都是 109.5°。

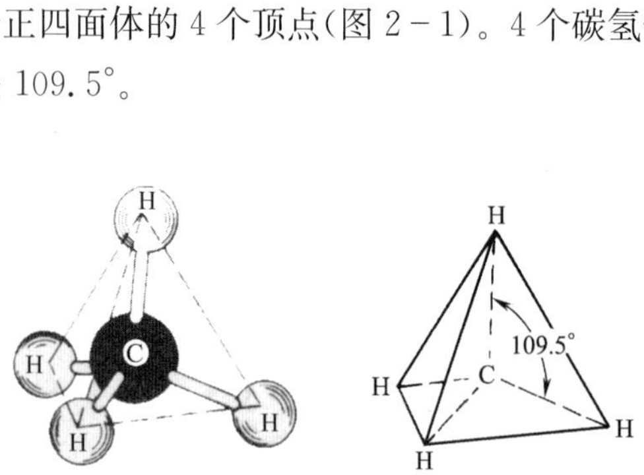

图 2-1　甲烷的四面体结构

杂化轨道理论很好地解释了甲烷分子的正四面体结构。按照杂化轨道理论,甲烷分子中的碳原子,通过 1 个 2s 轨道,3 个 2p 轨道进行 sp^3 杂化,形成了能量、形状完全等同的 4 个 sp^3 杂化轨道。每个 sp^3 杂化轨道都是有方向性的,一头大,一头小(图 2-2)。4 个 sp^3 杂化轨道对称地排列在碳原子的周围,分别指向正四面体的 4 个角顶(图 2-3)。这种正四面体排列是使各轨道分离得尽可能远的一种排列方式,这样可以使各轨道之间的排斥力最小。4 个 sp^3 杂化轨道,沿着轨道对称轴的方向,分别与 4 个氢原子的 1s 球形轨道进行最大程度的重叠,形成 4 个等同的 C—H 键(图 2-4),因此甲烷分子具有正四面体的空间结构,这与实验结果相符。

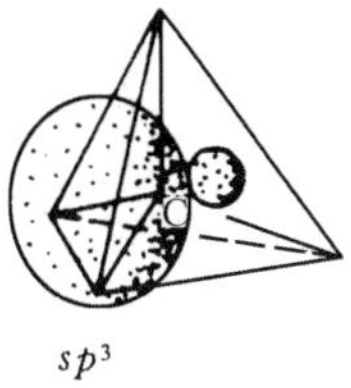

图 2－2　sp^3 杂化轨道

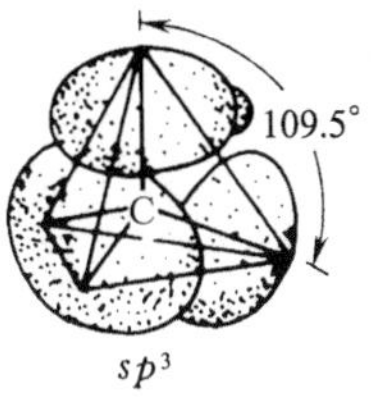

图 2－3　碳原子核为中心的 4 个 sp^3 杂化轨道的分布

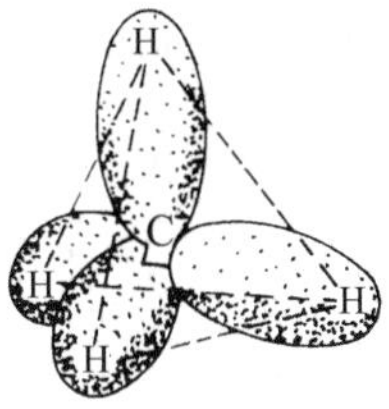

图 2－4　甲烷的 4 个碳氢 σ 键

甲烷分子中的碳氢键，其电子云的分布具有圆柱形轴对称，这种键属于 σ 键，它的特点是 2 个原子可以相对旋转而不影响电子云的分布，即以 σ 键相连的 2 个原子，可以围绕键对称轴进行相对旋转，而 σ 键本身不会被破坏。

(二)其他烷烃的结构

其他烷烃分子中的碳原子，与甲烷分子中的碳一样，也都是采用 sp^3 杂化轨道，分别与别的原子形成 σ 键的，因此也都具有四面体的结构。

例如丙烷($CH_3CH_2CH_3$)分子中，3 个碳原子各以 1 个 sp^3 杂化轨道相互重叠，形成 2 个碳碳 σ 键，其余 8 个 sp^3 杂化轨道分别与 8 个氢原子的 1s 轨道形成 8 个碳氢 σ 键(图 2－5)。实验证明，丙烷分子中，C—C 键长为 0.154nm，3 个碳之间的夹角为 112°，接近 109.5°[2]。

从丙烷结构上看，3 个碳原子的排布并不在同一条直线上，而是排成一折线，这是由于碳原子的四面体结构的缘故。因此，除乙烷外，其他烷烃的碳原子均不在一条直线上排列，实验已证实，结晶状态的烷烃其碳链排列整齐，呈锯齿状，以正己烷为例，见图 2－6[3]。

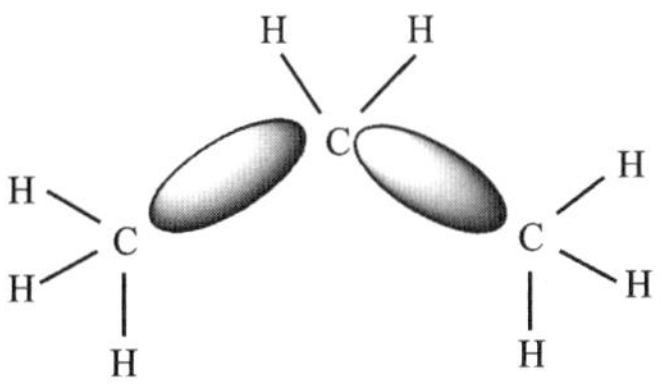

图 2－5　丙烷的结构

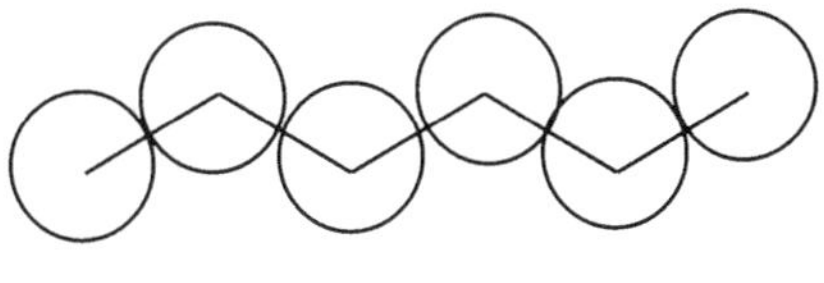

图 2－6　正己烷的锯齿状碳链排列

由上所述可以知道，所有烷烃的结构都是相似的，即每个碳均有 4 个 sp^3 杂化轨道，碳碳之间均以 sp^3 杂化轨道形成碳碳 σ 键，剩余价键被氢原子饱和，因此，不同的烷烃分子之间彼此相差 1 个或 n 个 CH_2，这样，我们将结构相似，在组成上相差 1 个或 n 个 CH_2，而且具有同一个通式的一系列化合物称为同系列，同系列中的各化合物互为同系物。同系列中相邻 2 个化合物在组成上的差别，称为系差。烷烃的系差是 CH_2。同系列中，所有化合物的物理性质，均随着相对分子质量的增高而有规律地变化着。同系物还具有相似的化学性质。所以我们在研究这个系列的化合物时，往往对其中一个有所了解，对其他同系物的性质也就有了近似的认识。这为我们学习和研究有机化学提供了极为方便的条件。

二、烷烃的命名

烷烃的命名方法有习惯命名法和系统命名法。

(一)习惯命名法

习惯命名法又称普通命名法，只适用于一些简单烷烃的命名，它是按烷烃分子中碳原子数来命名的。10 个碳原子以内的烷烃依次用甲、乙、丙、丁、戊、己、庚、辛、壬、癸表示；10 个碳原子以上的则用数字表示。如果有异构体，则用一些词头表示。如“正”表示直链烷烃；“异”表示具有$(CH_3)_2CH$—结构的异构体；“新”表示具有$(CH_3)_3C$—结构的异构体。例如：

碳原子数为 3：

$$CH_3CH_2CH_3$$

丙烷

碳原子数为 5：

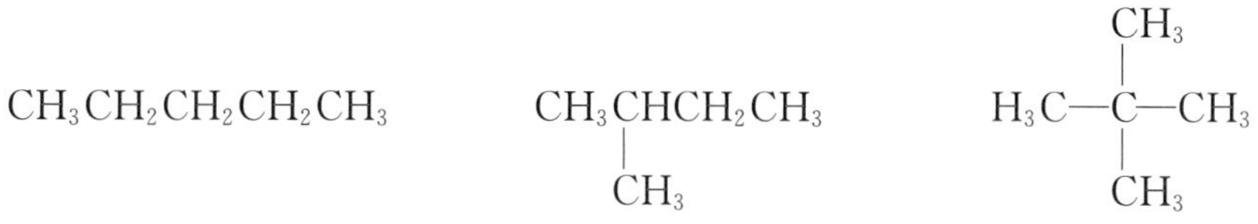

正戊烷　　　　异戊烷　　　　新戊烷

但是，结构更复杂的烷烃，用习惯命名法显然是不行的，因此我们更为常用的是系统命名法。

(二)系统命名法

我国现用的系统命名法是根据国际纯粹和应用化学联合会(International Union of Pure and Applied Chemistry，简称 IUPAC)规定的原则，并结合我国的文字特点制订的。

1. 直链烷烃

直链烷烃的系统命名法与习惯命名法相同，只是把“正”字去掉。例如：

	$CH_3CH_2CH_2CH_2CH_3$	$CH_3(CH_2)_{10}CH_3$
习惯命名法：	正戊烷	正十二烷
系统命名法：	戊烷	十二烷

2. 带有支链的烷烃

将其看成是直链烷烃的烷基衍生物。

(1)选择主链，把构造式中最长的碳链作为母体，并按此链所含的碳原子数称为某烷，其余支链看作取代基。若较长碳链不止一条，则选择带有取代基最多的一条为主链。例如：

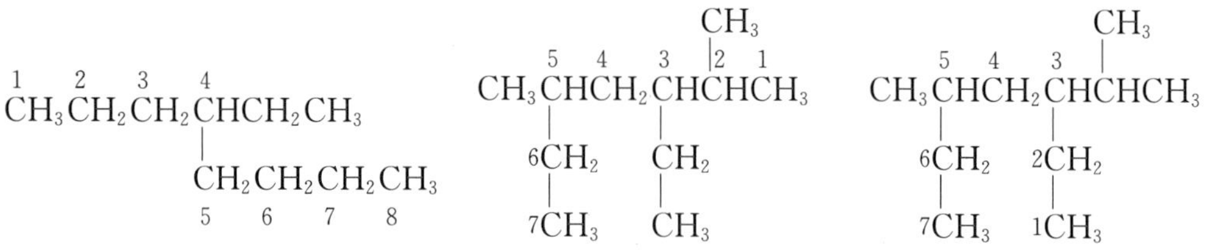

(Ⅰ)　母体是辛烷

(Ⅱ)　母体是庚烷，主链上有 3 个取代基

(Ⅲ)　母体是庚烷，主链上有 2 个取代基

上例(Ⅱ)、(Ⅲ)式中，正确的选择是(Ⅱ)式。

(2)给主链进行编号,以此来确定取代基的位置。

给主链编号遵循以下原则:

①从距离取代基最近的一端开始,用阿拉伯数字进行编号。例如:

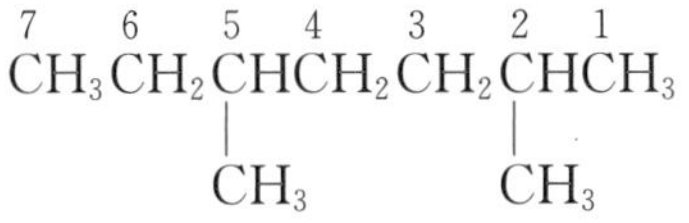

编号正确(Ⅳ)

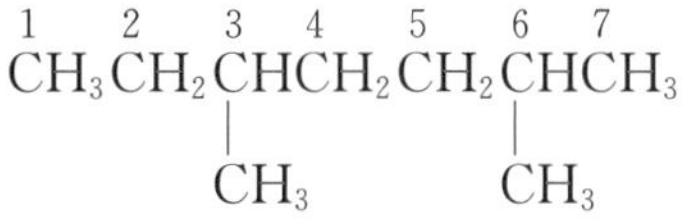

编号不正确

②若编号有选择性,则优先考虑构造简单的取代基。例如:

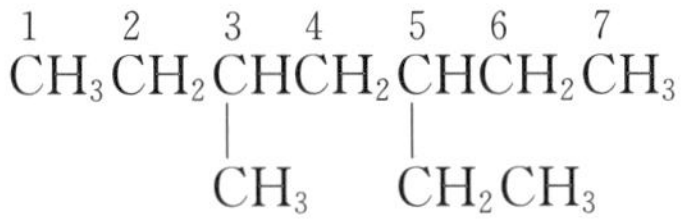

编号正确(Ⅴ)

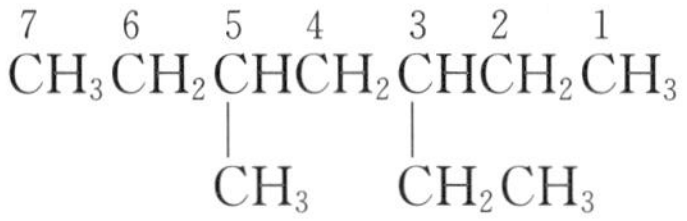

编号不正确

③若在上述基础上,编号仍有选择性,则使各取代基位置和最小。例如:

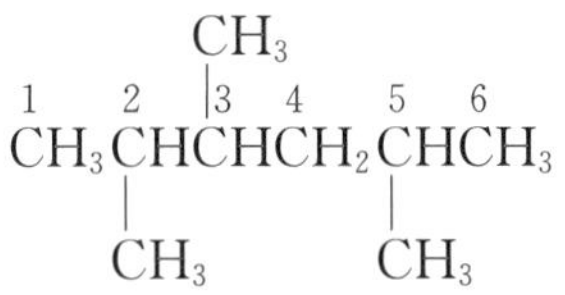

编号正确(Ⅵ)

取代基位置和:2+3+5=10

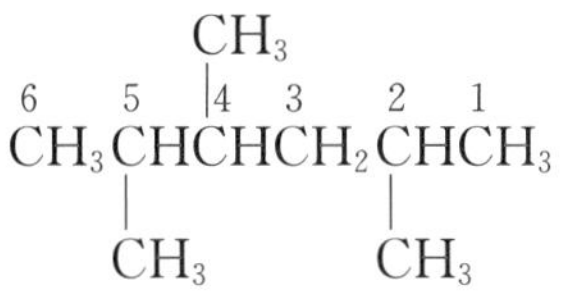

编号不正确

取代基位置和:2+4+5=11

(3)命名遵循以下原则:

①将取代基的名称写在母体名称前面,再把取代基的位置号写在最前面,中间加一短横线"-"。

例如,上面的(Ⅰ)式命名为4-乙基辛烷。

②若主链上带有几个不同的取代基,则将简单基团放在前面,复杂的放在后面。

例如,上面的(Ⅴ)式命名为3-甲基-5-乙基庚烷。

③若主链上有几个相同的取代基,可将其合并,并在基团名称前写明位次和数目,数目用汉字数字二、三……表示。

例如,上面的(Ⅵ)式命名为2,3,5-三甲基己烷,同样,上面的(Ⅱ)式则命名为2,5-二甲基-3-乙基庚烷。

(三)烷基的名称

在烷烃的系统命名中,常涉及一些烷基名称。烷基,是指烷烃分子中去掉1个氢原子剩下的基团,通常可用R—(或 $C_nH_{\overline{2n+1}}$)表示,因此烷烃又可用RH表示。

一些常见烷基的名称如下:

甲　基	CH_3—	乙　基	CH_3CH_2—
正丙基	$CH_3CH_2CH_2$—	异丙基	$(CH_3)_2CH$—
正丁基	$CH_3CH_2CH_2CH_2$—	仲丁基	
异丁基	$(CH_3)_2CHCH_2$—	叔丁基	$(CH_3)_3C$—

三、烷烃的同分异构现象

有机化学中，分子式相同但结构不同的化合物互称为同分异构体，这种现象就叫做同分异构现象。同分异构现象在有机化学中是相当普遍的，正是因此而使得有机化合物数目繁多而结构复杂。

同分异构可分为构造异构和立体异构。立体异构又包括构型异构和构象异构。烷烃有构造异构和构象异构。

（一）烷烃的构造异构

根据碳是四价且具有正四面体结构，可知甲烷、乙烷、丙烷的碳骨架都只可能有一种连接方式，而对于分子式为 C_4H_{10} 的烷烃，它的 4 个碳的连接方式和次序有两种[2]：

$H_3C—CH_2—CH_2—CH_3$

（Ⅰ）

正丁烷，沸点 -0.5℃

CH_3CHCH_3（中间碳上连 CH_3）

（Ⅱ）

异丁烷，沸点 -11.7℃

（Ⅰ）式中，4 个碳连接成一条直链，它的沸点是 -0.5℃，而（Ⅱ）式中的 4 个碳则是以 3 个碳连成一条主链，另一个碳作为支链连在主链上，它的沸点是 -11.7℃。显然，它们是两种化合物，结构不同，性质也不相同。这种分子式相同，但分子中原子的连接次序和方式不同，即构造不同，就互称为构造异构体。表示化合物构造的式子，称为构造式（或构造简式）。

同样，C_5H_{12} 共有 3 个构造异构体：

$CH_3CH_2CH_2CH_2CH_3$	$(CH_3)_2CHCH_2CH_3$	$(CH_3)_3CCH_3$
正戊烷，沸点 36.1℃	异戊烷，沸点 29.9℃	新戊烷，沸点 9.4℃

依此类推，C_6H_{14} 有 5 个，C_7H_{16} 有 9 个，$C_{14}H_{30}$ 有 1858 个，而 $C_{30}H_{62}$ 应有 4.11×10^9 个构造异构体。因此随着碳原子数目的增多，同分异构体的数目也增多。

在戊烷的 3 个构造异构体中，可以看出这 3 种分子中的碳原子位置并不是完全相同的。有的碳原子只和另外一个碳原子相连，这类碳原子被称为伯碳原子，也可用“1°”来表示，如果和另外 2 个碳原子相连，则称为仲碳原子，用“2°”表示，若和 3 个碳原子相连，则称为叔碳原子，而 4 个价键均与其他的 4 个碳原子相连的碳原子，则为季碳原子，用“4°”表示。与伯、仲、叔碳原子相连的氢原子，分别称为伯、仲、叔氢原子。

（二）烷烃的构象异构

在有机化学发展过程中，最初认为单键是可以自由转动的，也就是说，单键转动时不受阻碍。直到 1936 年才认识到，即便是乙烷（$H_3C—CH_3$）这样简单的分子内，C—C 单键的转动并非自由，也需吸收一定的能量，从而产生了构象这个概念。下面以乙烷为例来讨论烷烃的构象异构。

在乙烷分子中，由于 C—Cσ 键可以自由旋转，使得 2 个碳上所连的 6 个氢原子在空间的排列方式不断发生变化，因此，我们可以写出它的许多种排列方式，如图 2－7（Ⅰ）式所示，其中氢原子处于相互对应的位置，而图 2－7（Ⅱ）式，其中氢原子处于相互错开的位置。而介于（Ⅰ）式和（Ⅱ）式之间，随着 C—C 之间的旋转角度不同，乙烷分子中的各个氢原子还有无数种排

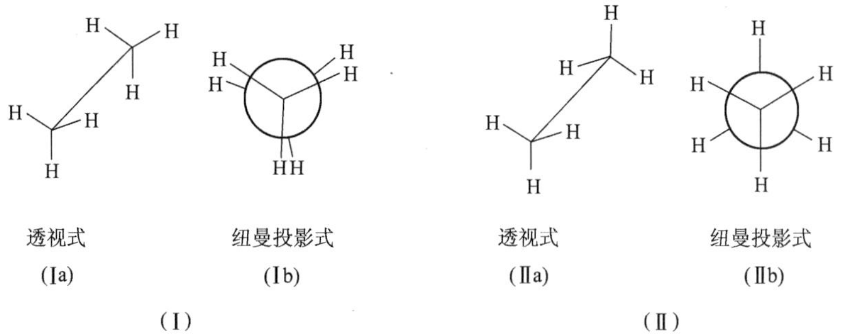

图 2－7　乙烷的两种极端构象

列方式。

这种仅仅由于单键旋转而引起的分子中的原子或基团在空间的不同排列方式，称为构象。

乙烷的构象有无数种，其中两种是乙烷分子的典型构象，见图 2－7：(Ⅰ)式称为乙烷的重叠式构象，(Ⅱ)式称为乙烷的交叉式构象。表示烷烃构象的方式可以是透视式[如式(Ⅰa)和式(Ⅱa)]，也可以用纽曼(Newman)投影式[如式(Ⅰb)和式(Ⅱb)]表示。透视式表示从 C—C 键轴斜 45°方向看到的乙烷分子模型的结构，它将乙烷分子中的各化学键均表示了出来，但氢原子的相对位置，没有很好地表达出来。而纽曼投影式是从 C—C 键的轴线上看，这种表示式由俄亥俄州州立大学的 M. S. Newman 首先建议使用，它较好地表示了乙烷分子中 6 个氢的相对位置，如式(Ⅰb)，2 个碳上的氢彼此对映，相差角度为零，说明是重叠关系，而式(Ⅱb)中 2 个碳上的氢相差 60°，则说明是交叉关系。

由于重叠式构象中氢原子间的距离最近(为 0.229nm)，这时氢原子之间、C—H 键之间具有的排斥力最大，因此这种构象的能量最高，是最不稳定的构象，而交叉式构象中氢原子间的距离最远(约 0.250nm)，相互间的排斥力最小，这种构象的能量最低，是最稳定的构象，它们两者的能量差为 12.6kJ/mol。乙烷的其他各种构象的能量则在两者之间，因此常温下，交叉式构象要比重叠式构象所占比例大得多，所以乙烷分子主要以最稳定的交叉式构象存在。

图 2－8 是乙烷分子各种构象的能量曲线图，横坐标为 C—C 键之间的旋转角度，纵坐标为

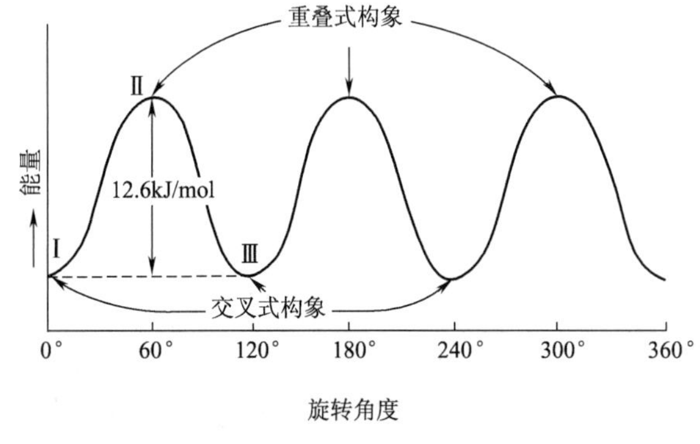

图 2－8　乙烷分子的各种构象的能量曲线

体系的能量。从图 2－8 可以看出，乙烷分子中 C—C 键的旋转不是完全自由的，从交叉式（Ⅰ）到重叠式（Ⅱ），再到另一个交叉式（Ⅲ）必须获得 12.6kJ/mol 的能量才能完成，但由于这个能量较小，室温下分子间碰撞产生的能量就足以使分子可以“自由”转变，所以一般情况下，无法将不同的构象异构体分离出来。

对于高分子化合物，如合成纤维中 C—C 键，也同低分子相似，在一定的温度下，分子链可以发生内旋转，产生许多不同的构象。

四、烷烃的物理性质

1. 状态

常温下，含有 1～4 个碳原子的直链烷烃是气体，含有 5～17 个碳原子的为液体，而 18 个碳以上的则为固体，一些直链烷烃的物理常数如表 2－1 所示。

表 2－1　一些直链烷烃的物理常数

名　称	分子式	沸点（℃）	熔点（℃）	相对密度
甲　烷	CH_4	－161.7	－182.5	0.424
乙　烷	C_2H_6	－88.6	－183.3	0.456
丙　烷	C_3H_8	－42.1	－187.7	0.501
丁　烷	C_4H_{10}	－0.5	－138.3	0.579
戊　烷	C_5H_{12}	36.1	－129.8	0.659
己　烷	C_6H_{14}	68.7	－95.3	0.626
庚　烷	C_7H_{16}	98.4	－90.6	0.684
十三烷	$C_{13}H_{28}$	235.4	－5.5	0.756
十四烷	$C_{14}H_{30}$	253.7	5.9	0.763
十五烷	$C_{15}H_{32}$	270.6	10	0.769
十六烷	$C_{16}H_{34}$	287.0	18.2	0.773

2. 沸点

一个化合物的沸点与该化合物分子间的作用力大小有关系，分子间作用力越大，该化合物的沸点越高。烷烃分子间的作用力随相对分子质量的增加而增强，因此，随着碳原子数增加，烷烃分子间的作用力增加，其沸点也相应增高。

在同分异构体中，分子的支链越多，则沸点越低，这是因为支链阻碍了分子间的靠近，从而减弱了分子间的作用力，如戊烷沸点 36.1℃，2－甲基丁烷（异戊烷）沸点 29.9℃，而 2，2－二甲基丙烷（新戊烷）沸点则为 9.4℃。

3. 熔点

固体分子的熔点也随碳原子数的增加而增大。在直链烷烃中，从某一个奇数碳原子到相邻的偶数碳原子的烷烃，其熔点升高的数值大些，而从该偶数碳原子到另一个奇数碳原子的烷烃，其熔点升高的数值小些。

4. 溶解性

烷烃是非极性分子，根据相似相溶原则，烷烃一般溶于非极性溶剂，如四氯化碳、乙醇、乙醚等；不溶于极性溶剂，如水。

5. 相对密度

烷烃的相对密度也随碳原子数的增加而增加，但都小于1。

五、烷烃的化学性质

烷烃分子中，由于C—C键、C—H键的极性很小，而键的离解能又很高，如断裂C—C键需能量约347kJ/mol，断裂C—H键需能量308～435kJ/mol，因此，一般情况下，烷烃的化学性质很不活泼，与强酸、强碱及强的氧化剂、还原剂都不发生反应，但是，如果改变反应条件，如高温下、加入催化剂或光照等，烷烃也能发生一定的化学反应。

(一)卤代反应

有机化合物分子中的原子或基团被其他原子或基团取代的反应叫做取代反应。如果氢原子是被卤原子取代，则叫卤代反应。以氯代反应最为常见。

1. 甲烷的氯代反应[4]

甲烷和氯在常温下或黑暗里混合并不发生反应，但是在紫外光照射下或温度为350～400℃时，两者就能发生剧烈反应，氯原子将甲烷中的氢原子取代，生成一氯甲烷、二氯甲烷、三氯甲烷(氯仿)及四氯甲烷(四氯化碳)，因此反应产物是四种氯化物的混合物。反应式如下：

$$CH_4 + Cl_2 \xrightarrow{\text{光或热}} \underset{\text{一氯甲烷}}{CH_3Cl} + HCl$$

$$CH_3Cl + Cl_2 \xrightarrow{\text{光或热}} \underset{\text{二氯甲烷}}{CH_2Cl_2} + HCl$$

$$CH_2Cl_2 + Cl_2 \xrightarrow{\text{光或热}} \underset{\text{三氯甲烷(氯仿)}}{CHCl_3} + HCl$$

$$CHCl_3 + Cl_2 \xrightarrow{\text{光或热}} \underset{\text{四氯化碳}}{CCl_4} + HCl$$

如果想使某一产物为主，可以通过控制反应条件达到目的，例如使甲烷大大过量，则反应产物以一氯甲烷为主；如用大量氯气，主要产物为四氯化碳。以上几个氯化产物，均是重要的溶剂与试剂，在一定条件下，其他烷烃与氯也能发生取代反应，但反应产物更为复杂。例如：

$$CH_3CH_3 + Cl_2 \xrightarrow{\text{光或热}} CH_3CH_2Cl + HCl$$

$$2CH_3CH_2Cl + 2Cl_2 \xrightarrow{\text{光或热}} CH_3CHCl_2 + CH_2ClCH_2Cl + 2HCl$$

2. 甲烷的氯代反应机理

上述反应方程式告诉了我们甲烷氯代时的反应物和产物及其各物质之间的数量关系，但不能说明反应物是如何转变成产物，以及中间经过了哪些步骤的。这样的问题用反应机理才能加以阐明。

反应机理，也称反应历程，是指反应物转变成生成物所经历的过程，这是根据实验事实，对化学反应的具体过程进行详细描述的一个理论假设，所依据的实验事实越多，据此做出的理论假设也越可靠。

实验事实证实甲烷氯代反应的机理分为三步。

首先，在光照或加热的情况下，氯分子吸收足够能量，Cl—Cl 键发生断裂，形成两个氯原子，这是反应的第一阶段，称之为链引发阶段。

$$Cl:Cl \xrightarrow{光或热} 2Cl\cdot$$

这种共价键的均匀断裂，称为共价键的均裂。共价键均裂后生成了带有一个未配对的单电子的原子或原子团，被称为自由基(或游离基)。自由基带有的未成对电子有获取一个电子形成八隅体电子层结构的倾向，因此它非常活泼，是一个活泼中间体。

生成的氯原子(即氯自由基)由于非常活泼，与甲烷碰撞就会夺取甲烷分子中的一个氢原子，生成氯化氢分子，同时还生成了一个活泼的中间体——甲基自由基($\cdot CH_3$)，而甲基自由基如与氯分子相遇，又可夺取一个氯原子，生成氯甲烷和另一个新的氯原子。新生成的氯原子又可以再与甲烷反应，以同样的方式，再生成氯化氢、一氯甲烷和新的氯原子，如此循环可以进行上千次反复，这就是反应的第二阶段，在这一阶段，不断有新的产物生成，因此称之为链增长阶段。

$$CH_4 + \cdot Cl \longrightarrow CH_3\cdot + HCl$$

$$CH_3\cdot + Cl:Cl \longrightarrow CH_3Cl + Cl\cdot$$

随着反应的进行，甲烷的量逐渐减少，氯原子与甲烷的碰撞几率随之减小，这时氯原子之间相遇机会增加，同样随着氯分子的减少，甲基自由基相遇的机会也会增多，因此，就会发生如下反应：

$$Cl\cdot + \cdot Cl \longrightarrow Cl_2$$

$$CH_3\cdot + \cdot CH_3 \longrightarrow CH_3CH_3$$

$$CH_3\cdot + \cdot Cl \longrightarrow CH_3Cl$$

上面这些反应，消耗了自由基，从而使链增长阶段不能继续进行，这就是反应的第三阶段，称为链终止阶段。

甲烷的氯化反应，始终有自由基的参与，称之为自由基反应(它包含三个阶段：链引发、增长、终止阶段)。在反应过程中，每一步都产生一个新的自由基，使反应像锁链一样，一环套一环，可以不断地进行下去，因此又称作链反应或链锁反应，也可称作自由基链式反应。

自由基链式反应在工业上应用很广，许多高分子化合物的合成都是通过自由基链式反应完成的，如丙烯腈的聚合反应机理就是自由基链式反应。

甲烷的其他氯代衍生物的反应机理与此类似。

3. 甲烷的其他卤代反应

甲烷与氟反应时，反应剧烈并有大量热放出，会破坏生成的氟甲烷，因此没有实用价值。

碘不能与甲烷发生取代反应生成碘甲烷，碘甲烷必须用其他方法制备。

甲烷的溴代反应，类似于氯代反应，只是溴代反应速率比氯代慢。

(二)氧化反应

点火引发，烷烃在足量的空气中燃烧，生成二氧化碳和水，同时可放出大量的热能，因此，烷烃可作为燃料。

$$CH_4 + 2O_2 \xrightarrow{\text{点燃}} CO_2\uparrow + 2H_2O \qquad \Delta H = -881\text{kJ/mol}$$

如果有催化剂存在，烷烃也可以被部分氧化，生成醇、醛、酮、酸等氧化产物。例如：

$$RCH_2CH_2R' + O_2 \xrightarrow[120℃, 1.5\sim3\text{MPa}]{\text{锰盐}} RCOOH + R'COOH$$

利用上面的反应，可以通过石蜡(高级烷烃)制造高级脂肪酸，其中 $C_{12}\sim C_{18}$ 的脂肪酸，是制造肥皂、表面活性剂等的原料。

(三)裂化反应

烷烃在隔绝空气的情况下加热到高温，分子发生断裂，生成相对分子质量较小的分子，这一过程称为裂化，裂化反应是一个复杂过程，而且产物也比较复杂，例如：

$$CH_3CH_2CH_2CH_3 \longrightarrow \begin{cases} CH_4 + CH_3CH{=}CH_2 \\ CH_3CH_3 + H_2C{=}CH_2 \\ CH_3CH_2CH{=}CH_2 + H_2 \end{cases}$$

一般在 5MPa 及 500～600℃温度下进行的裂化反应叫热裂化反应，它的主要用途是可以大大增加汽油的产量。而在催化剂存在下的裂化，则称为催化裂化，此时反应温度一般为 400～500℃，而且在常压下进行。通过催化裂化既可以增加汽油的产量，也提高了汽油的质量。

如果为了得到更多的化学工业基本原料，如乙烯、丙烯、丁烯、1，3－丁二烯等低级烯烃，则可以采取在更高的温度(一般是高于 750℃)下进行深度裂化，这一过程常被称为裂解。

第二节 烯 烃

烯烃也是碳氢化合物中的一类，它在结构上的特点是含有一个碳碳双键，由于碳碳双键的存在，使得烯烃比烷烃少 2 个氢原子，因此烯烃属于不饱和烃，它的通式为 C_nH_{2n}。

一、乙烯的结构

烯烃中最简单的成员是乙烯(C_2H_4)，与乙烷相差 2 个氢原子，两者之间在结构上有什么不同呢?

我们已经知道，乙烷中的 2 个碳采取 sp^3 杂化，彼此通过 sp^3 杂化轨道形成 1 个 $C_{sp^3}—C_{sp^3}$ σ 单键，其余的 6 个 sp^3 杂化轨道分别与 6 个氢原子结合，形成 1 个立体分子。乙烯分子中的碳是通过什么样的轨道成键的呢? 乙烯的分子形状又怎样呢?

乙烯分子中，碳原子成键时采取的是 sp^2 杂化轨道，即碳原子中的 1 个 $2s$ 轨道与 2 个 $2p$

轨道重新组合，通过杂化形成 3 个能量相等的 sp^2 杂化轨道，这 3 个 sp^2 杂化轨道对称地分布在碳原子核的周围，而且它们的对称轴分布在同一平面上。对称轴的夹角均是 120°，这一分布方式通常称为三角形模型，见图 2－9。

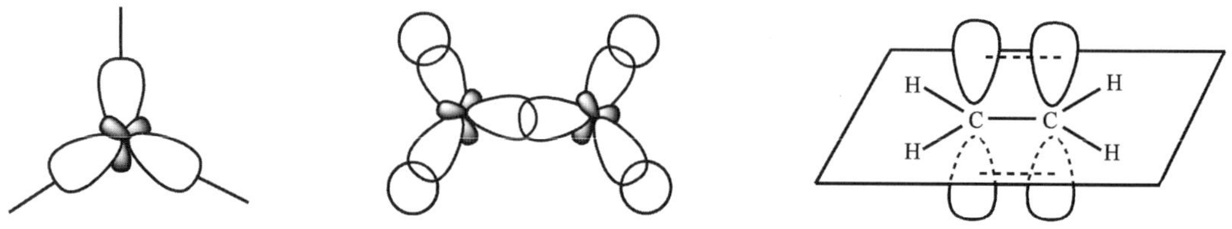

3个杂化轨道在平面上的分布　　乙烯分子中的5个σ键　　乙烯分子中的π键

图 2－9　乙烯的 σ 键和 π 键

形成乙烯分子时，2 个碳原子彼此间通过 sp^2 杂化轨道形成一个 $C_{sp^2}—C_{sp^2}$ σ 键，每个碳原子余下的 2 个 sp^2 杂化轨道与 2 个氢原子的 1s 轨道形成 2 个 σ 键，这样就在乙烯分子中形成了 5 个 σ 键，它们都在同一平面上，彼此间的夹角接近 120°。

每个碳原子还各有一个未参加杂化的 p 轨道，p 轨道的对称轴垂直于乙烯分子所在的平面，因此它们彼此平行，从侧面以“肩并肩”的方式重叠形成 π 键(图 2－9)，这样，乙烯分子中碳碳之间以双键结合在一起，其一是 σ 键，另一个是 π 键，而分子的形状是平面的，这都是由碳的 sp^2 杂化轨道所决定的，乙烯的这个结构已为实验所证实，如图 2－10 所示[2]。

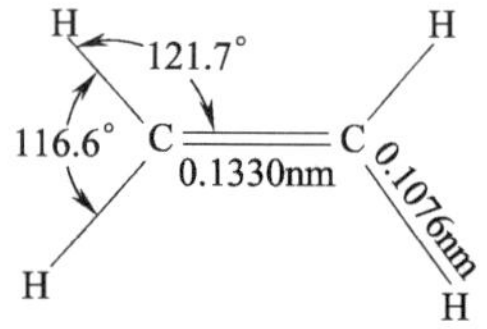

图 2－10　乙烯分子的结构式

双键中的 σ 键和 π 键是不同的，σ 键是原子轨道通过“头碰头”方式重叠成键，它的电子云呈圆柱形对称分布，这样 σ 键的重叠程度大，比较稳定，而且 σ 电子云集中于两成键原子核之间，受成键原子核的约束力较大，不易与外界试剂作用；此外它可以沿键轴方向自由旋转，所以烷烃具有构象异构。而 π 键则是原子轨道以“肩并肩”方式侧面重叠成键，它的重叠程度小于 σ 键，故比 σ 键易断裂。另外，π 电子云对称地分布于分子平面的上方和下方，受成键原子核的约束较小，流动性较大，易与外界试剂接近而发生反应，π 键比 σ 键活泼，这可以从断裂 σ 键与 π 键所需能量上得到证明。在乙烷中，C—Cσ 键断裂需要能量 347kJ/mol，而在乙烯中，碳碳双键断裂需要能量 611kJ/mol，这说明乙烯中的 π 键断裂需要能量 611－347＝264kJ/mol，小于 σ 键。此外，π 键不能自由旋转，因此，碳碳双键也不能自由旋转，由此导致某些烯烃具有顺反异构，这在下面的内容中将要介绍到。

二、烯烃的异构现象

烯烃的异构现象比烷烃复杂，它包括构造异构和构型异构。

1. 构造异构

在烯烃分子中，碳原子间的连接方式和顺序可以是碳链不同，称为碳链(胳)异构，如 C_4H_8

中的(Ⅰ)式和(Ⅱ)式。

$H_2C{=}CHCH_2CH_3$

(Ⅰ)

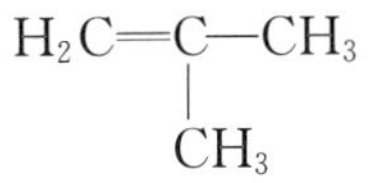

(Ⅱ)

$CH_3CH{=}CHCH_3$

(Ⅲ)

(Ⅰ)式和(Ⅲ)式两者的碳链相同,但双键(官能团)位置不同,属于官能团的位置异构。

另外,碳原子数相同的环烷烃和单烯烃也互为构造异构体,例如环丙烷 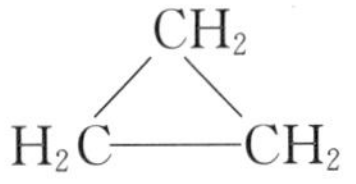 与丙烯 $H_3C{-}CH{=}CH_2$,这种情况属于官能团异构。

2. 顺反异构

对于上面的(Ⅲ)式,我们可以有下面两种书写方式:

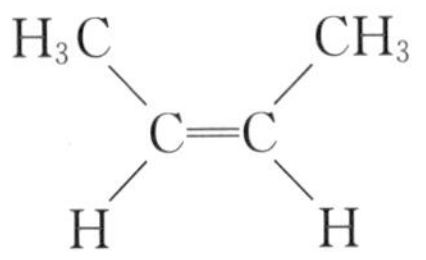

沸点:3.7℃

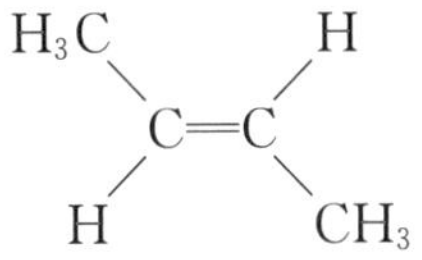

沸点:0.9℃

左式中,2 个甲基(或 2 个氢原子)在双键的同一侧,而右式中的 2 个甲基(或 2 个氢原子)在双键的两侧,由于碳碳双键不能自由旋转,所以上面的左式和右式代表两种化合物,它们的物理性质不相同,如沸点不一样。这两种化合物的分子式相同,构造也相同,只是分子中各原子在空间的排列方式即构型不同,这种异构属于构型异构。当双键碳上所连的相同基团或原子在同一侧时,称为顺式;若在两侧,则称为反式。这类异构体叫做顺反异构体,这类异构现象叫做顺反异构现象。

不是所有烯烃都具有顺反异构,如果某个双键碳上连接的两个取代基是相同的,就没有顺反异构,如 1-丁烯就只有一种空间排列方式:

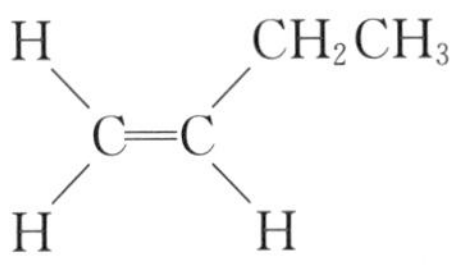

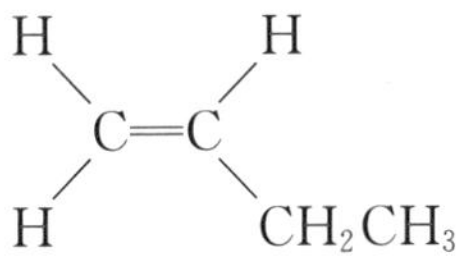

只有当两个双键碳上各自连接两个不同的原子或基团时才存在顺反异构现象,例如:

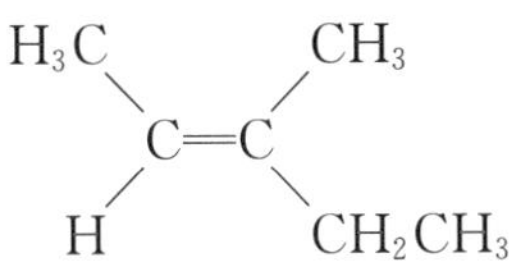

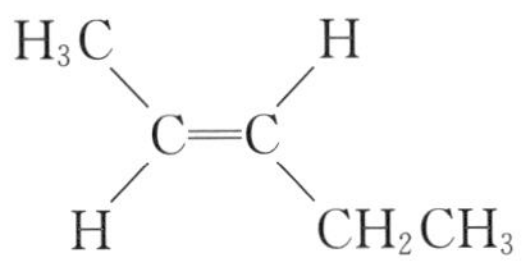

三、烯烃的命名

这里主要介绍烯烃的系统命名法。烯烃的系统命名法与烷烃相似,只是烯烃含有双键,在命名时要将双键位置标清楚,才能正确反映出烯烃的结构。

1. 直链烯烃的命名

与直链烷烃的命名相似,不同之处是:

(1)将烷字改为烯字，如：

$CH_3CH_2CH_3$　　　　$H_2C{=}CHCH_3$

丙烷　　　　丙烯

(2)从丁烯开始，将双键位置标明，如：

$H_2C{=}CH{-}CH_2CH_3$　　　　$H_3C{-}CH{=}CH{-}CH_3$

1-丁烯　　　　2-丁烯

(3)11 个碳及以上的烯烃，在“烯”字前面加一个“碳”字。如：

$H_3C{-}CH{=}CH{-}(CH_2)_8CH_3$

2-十二碳烯

2. 带支链烯烃的命名

找出含有双键的最长碳链作为主链，根据主链碳原子数目命名为某烯。从靠近双键的一端进行编号，使双键碳的编号最小。支链作为取代基，双键的位置，以双键上编号较小的数目来表示，写在烯烃前面，取代基的位置、数目、名称也标在烯烃名称之前。如：

$$\overset{1}{(CH_3)_2}\overset{2}{C}{=}\overset{3}{C}(CH_3)\overset{4}{C}H_2\overset{5}{C}H_3$$

2,3-二甲基-2-戊烯

3. 顺反异构体的命名

某些烯烃有顺反异构现象，命名时将“顺”或“反”写在该烯烃名称前面，“顺”、“反”表示烯烃构型，后面的 IUPAC 名称表示烯烃的构造。如：

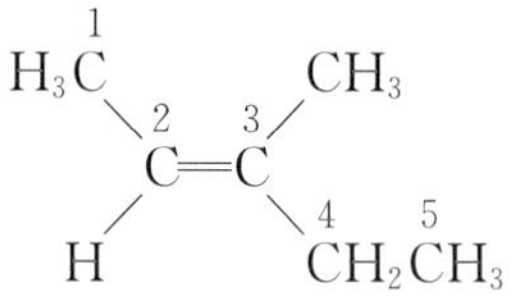

顺-3-甲基-2-戊烯

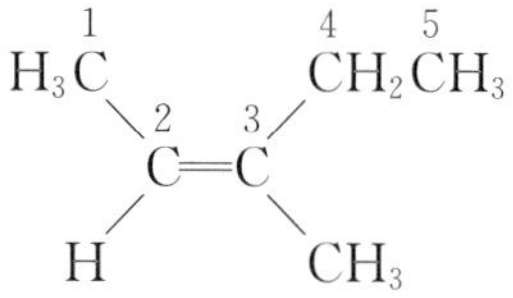

反-3-甲基-2-戊烯

4. 烯基的命名

烯烃分子中去掉一个氢原子后剩下的基团叫烯基。

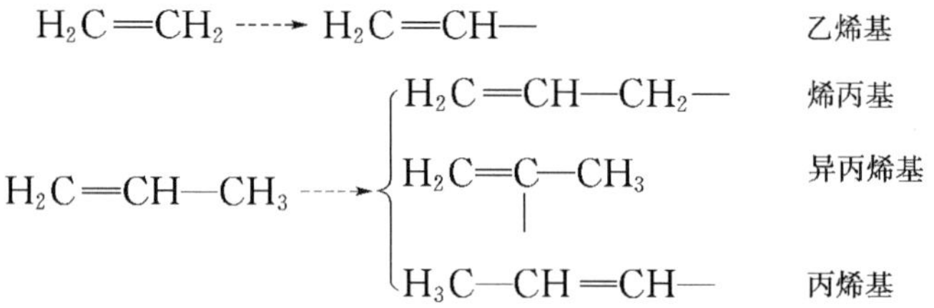

常见的也较重要的是烯丙基。

四、烯烃的物理性质

烯烃的物理性质与烷烃基本相似。常温常压下，乙烯、丙烯、丁烯为气体，而 5～18 个碳原子的烯烃为液体，含碳更高的烯烃为固体。烯烃的相对密度均小于 1，比水轻。烯烃几乎不溶于水，易溶于非极性溶剂，如苯、乙醚、四氯化碳等。从表 2-2 可以看出，烯烃的沸点随碳原子数的增加而升高，而且支化使沸点降低，即带有支链的烯烃的沸点略低于同碳数的直链烯烃。若有顺反异构现象，顺式异构体比反式异构体的沸点高，而熔点低。

表 2－2　烯烃的物理常数

名　　称	结 构 式	熔点(℃)	沸点(℃)	相对密度
乙　烯	$CH_2=CH_2$	－169.1	－103.7	—
丙　烯	$CH_2=CHCH_3$	－185.2	－47.4	—
1－丁烯	$CH_2=CHCH_2CH_3$	－184.3	－6.3	—
1－戊烯	$CH_2=CHCH_2CH_2CH_3$	－138.0	30.0	0.6405
1－己烯	$CH_2=CHCH_2CH_2CH_2CH_3$	－139.8	63.3	0.6731
顺－2－丁烯	顺－$CH_3CH=CHCH_3$	－138.9	3.7	0.6213
反－2－丁烯	反－$CH_3CH=CHCH_3$	－106.5	0.9	0.6042
异丁烯	$CH_2=C(CH_3)_2$	－140.3	－6.9	0.5942

五、烯烃的化学性质

烯烃的结构特征是主链中含双键，其主要反应发生在双键位置上，这是和烷烃的不同之处。

碳碳双键是由一个 σ 键和一个 π 键组成，π 键断裂需要的能量较低，因此容易断裂。π 键断裂的同时，在双键的 2 个碳原子上各加上 1 个原子或原子团，这是烯烃双键的特征反应，叫做加成反应：

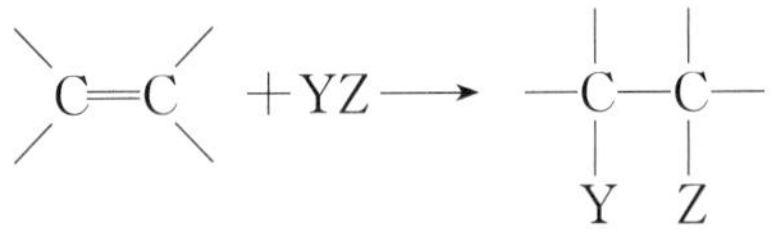

此外，受双键影响较大的 α 碳原子(即直接与双键碳所连的碳原子)是另一个容易发生化学反应的部位。如 α 氢原子的取代反应。

(一)催化氢化

烯烃在一定的催化剂存在下，可以与氢气发生加成反应生成烷烃。

$$RCH=CHR'+H_2 \xrightarrow{\text{催化剂}} RCH_2CH_2R'$$

催化剂一般用铂、钯、镍、铑、钌等金属。镍催化剂一般制成雷尼镍(Raney)的形式，它是用镍铝合金与 NaOH 一起加热处理，反应后，将 $NaAlO_2$ 用水洗去，得到具有高度分散性和很大表面积的灰黑粉末或海绵状物，然后保存在无水乙醇中[2]。

催化加氢反应是制备烷烃的最好方法，也是将碳碳双键变为碳碳单键的一个常用方法，如在工业上，植物油经催化氢化，可制成油脂，成为奶油的代用品，这是因为植物油分子中有许多双键，熔点比较低，室温下常是液态，通过催化氢化，使双键变为单键，熔点升高，就变成黄油状固态物质。另外，因为催化氢化反应一般是定量的，可以通过测量氢气体积的办法确定烯烃中双键的数目。

(二)亲电加成反应

烯烃具有双键,其 π 电子云处于原子核连线上下方,受碳核的约束力较小,因此流动性大,这些结合得松散的 π 电子可以作为电子的来源,提供给那些缺电子的试剂。缺电子试剂具有亲电子的特性。我们把缺电子的试剂即带正电或带部分正电荷的分子或离子,称为亲电试剂,所以烯烃的典型反应是亲电加成反应。

1. 与卤化氢的加成

烯烃与卤化氢发生加成反应,生成相应的卤代烷烃。例如:

$$H_2C=CH_2+HCl\xrightarrow{AlCl_3}CH_3CH_2Cl$$

$$H_2C=CH_2+HBr\xrightarrow[\triangle]{\text{乙酸}}CH_3CH_2Br$$

$$H_2C=CH_2+HI\longrightarrow CH_3CH_2I$$

此类反应通常是将干燥的气体直接通入烯烃中进行,或者在中等极性的溶剂,如醋酸中进行,因醋酸既可以溶解卤化氢,也可溶解烯烃。体系中避免有水。卤化氢的反应活性是:HI>HBr>HCl。

(1)亲电加成反应机理:烯烃与卤化氢的加成反应机理包括以下两个步骤:

第一步:

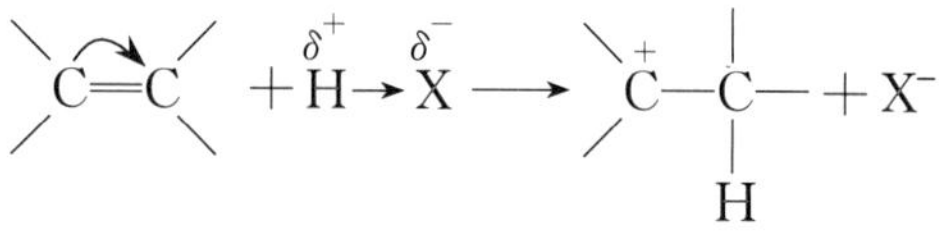

第二步:

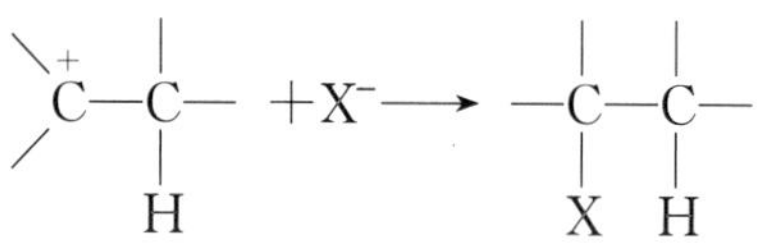

在第一步,极性分子卤化氢靠近烯烃时,烯烃中双键的 π 电子云发生极化,使双键中的一个碳带有部分负电荷,这样更容易被卤化氢分子的正性部分攻击,正性部分 H^+ 与碳碳双键上的 π 电子结合生成活性中间体——碳正离子,同时还有 X^- 的生成。在第二步,生成的碳正离子快速与 X^- 结合生成产物。

第一步是反应速率较慢的一步,它的速率基本上控制着整个加成反应的速率,所以这一步是反应的决定步骤。这一步是由于亲电试剂进攻而发生的,所以这个加成反应叫亲电加成反应。后面介绍的烯烃与其他酸性试剂,如 H_2SO_4、H_3O^+ 等的加成反应均采取这样的亲电加成反应机理。

(2)马尔科夫尼科夫(Markovnikov,俄国化学家)规律:丙烯和 HCl 发生加成反应,可以得到下面两种产物(Ⅰ)和(Ⅱ)。实验证实主要产物是(Ⅰ),即 2-氯丙烷。

$$2CH_3CH=CH_2+2HCl\longrightarrow \underset{(\text{Ⅰ})}{CH_3CHClCH_3}+\underset{(\text{Ⅱ})}{CH_3CH_2CH_2Cl}$$

我们将类似丙烯这种 2 个双键碳上所连接的取代基不同的烯烃叫做不对称烯烃。考察了许多不对称烯烃与不对称的亲电试剂(如 HX)的加成反应以后,1869 年,俄国化学家马尔科夫尼科夫提出了一个经验规律:当不对称烯烃与 HX 等不对称试剂发生加成反应时,亲电试剂中的氢原子加在含氢较多的双键碳原子上,卤素或其他原子及基团则加在含氢较少的双键碳原子上，这就是马尔科夫尼科夫规律，简称马氏规则。

马氏规则提出时是一经验规律，现在已能对其正确性做出合理解释。下面通过丙烯与氯化氢的加成进行说明。根据亲电加成反应机理，丙烯与 HCl 加成，第一步生成碳正离子，因两个双键碳位置不同，生成的碳正离子可以有两种情况，然后与 Cl^- 相结合生成两种不同的产物。

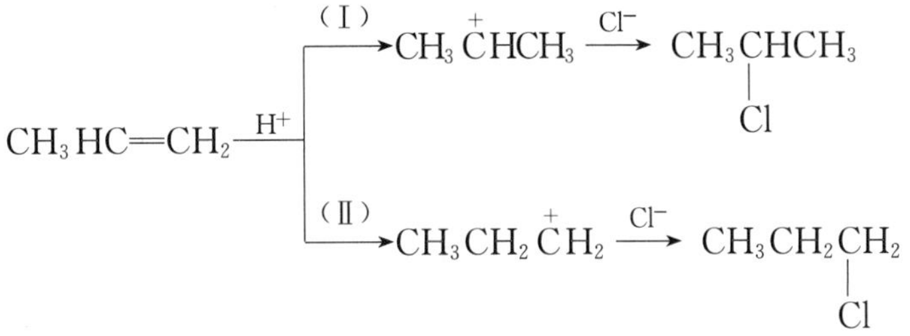

得到哪一个氯代烷，决定于形成哪一个中间活性体——碳正离子，而实际上，哪一个碳正离子越稳定，它就越容易生成，所以可以从碳正离子的稳定性来判断反应的最终产物。

上述反应中，途径（Ⅰ）生成的异丙基碳正离子，属于仲碳正离子，而途径（Ⅱ）生成的正丙基碳正离子，属于伯碳正离子，两者哪一个比较稳定呢？

异丙基碳正离子的结构是：

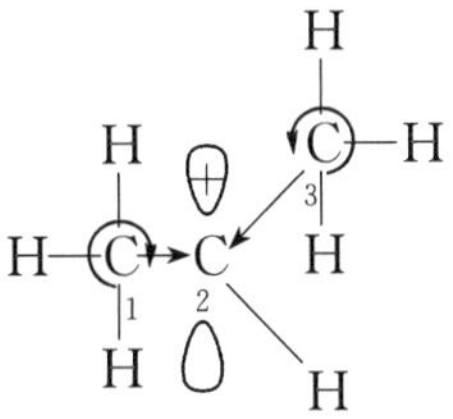

在异丙基碳正离子中，C（2）采取 sp^2 杂化，2 个甲基中的 C（1）、C（3）采取 sp^3 杂化，与 sp^3 轨道相比，sp^2 轨道中的 s 成分较多，sp^2 轨道更靠近原子核，因此，采取 sp^2 杂化的 C（2）比 sp^3 杂化的 C（1）或 C（3）的电负性大，C（1）与 C（2）或 C（1）与 C（3）之间的共用电子对更偏向于 C（2）而偏离 C（1）或 C（3），这样 2 个甲基实际上起了给电子的作用，从而使 C（2）上的正电荷得以分散而比较稳定，甲基在这里的作用被称为给电子的诱导效应，用直箭头表示，甲基是一个给电子基。所谓诱导效应，是指在有机化合物分子中，因某一原子或基团的电负性不同，产生一种吸引或排斥电子的静电作用力，引起电子沿着原子链向某一方向偏移的作用，它包括给电子（也可称为推电子）诱导效应（用+I 表示）和吸电子诱导效应（用-I 表示）。烷基均是具有给电子诱导效应的基团，因此在碳正离子中，带正电荷的碳上所连的烷基越多，给电子诱导效应越大，使正电荷分散而越稳定。在异丙基碳正离子中，带正电荷的碳上有两个烷基，而在正丙基碳正离子中（见下式），带正电荷的碳上有一个烷基即乙基，所以从诱导效应方面看，异丙基碳正离子比正丙基碳正离子稳定，这是原因之一。

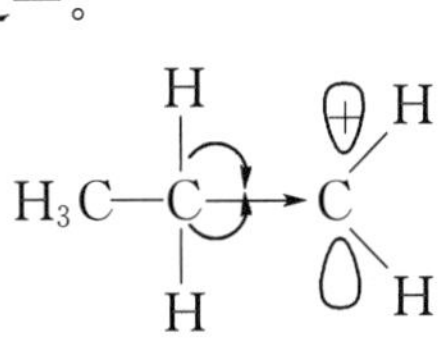

正丙基碳正离子

另一个原因是超共轭效应。在异丙基碳正离子中，带正电荷的 C(2)除了 3 个 sp^2 杂化轨道外，还有一个空的 p 轨道，这个空的 p 轨道可以和甲基中的 C—H σ 轨道在某一瞬间发生部分重叠，σ 电子向 p 轨道偏移，使得正电荷得以分散而稳定，这可以用弯箭头表示。带正电荷的碳上相邻的 C—H 键数目越多，与 p 轨道重叠的机会越多，正电荷越分散，碳正离子也就越稳定。在异丙基碳正离子中，带正电荷的碳上有 6 个可以发生部分重叠的 C—H σ 键。而在正丙基碳正离子中，则只有 2 个这样的 C—H σ 键。

显然，从上面两个方面考虑，异丙基碳正离子的稳定性大于正丙基碳正离子，因此，在丙烯与 HCl 的加成反应中，主要采取途径(Ⅰ)，先生成异丙基碳正离子，最后产物以异丙基氯为主。

通过上面的分析，可以得知碳正离子的稳定性顺序如下：

$$R_3\overset{+}{C} > R_2\overset{+}{C}H > R\overset{+}{C}H_2 > \overset{+}{C}H_3$$

叔碳正离子	仲碳正离子	伯碳正离子	甲基碳正离子

由此可见，马氏规则的本质是在亲电加成反应中，生成更稳定的碳正离子，即亲电试剂的正电部分加在含氢较多的双键碳上，生成较稳定的碳正离子，然后与负电部分结合，生成产物。

2. 与卤素的加成

主要是溴和氯对烯烃的加成，氟太活泼，需在特殊条件下进行，碘一般与烯烃不反应。

烯烃与溴的反应常用四氯化碳作溶剂，室温下即可发生反应：

$$H_2C{=}CH_2 + Br_2 \xrightarrow{CCl_4} CH_2BrCH_2Br$$

溴的四氯化碳溶液呈黄色，而产物二溴化物是无色的，因此该反应常用来鉴别双键是否存在。

工业上，用乙烯与氯的加成反应制备 1,2-二氯乙烷：

$$H_2C{=}CH_2 + Cl_2 \xrightarrow{40^\circ C,\ FeCl_3} \underset{1,2\text{-二氯乙烷}}{CH_2ClCH_2Cl}$$

烯烃与卤素的反应机理也是亲电加成反应。

3. 与硫酸的加成[2]

烯烃与浓硫酸反应，生成硫酸氢烷酯，即酸性硫酸酯。产物的形成是烯烃先与 H^+ 加成生成碳正离子，然后碳正离子与硫酸氢根结合，值得注意的是碳连在氧上而不是硫上。

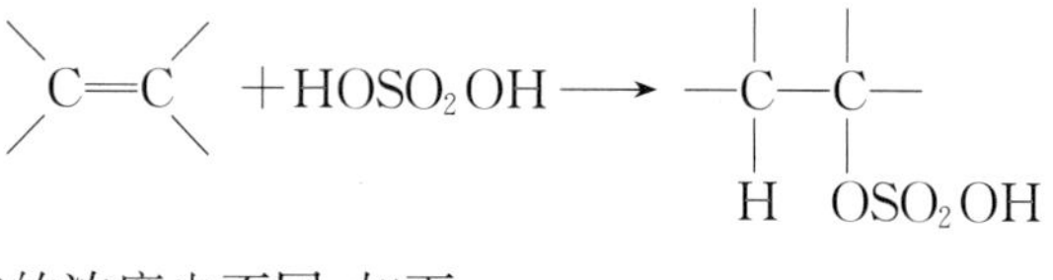

烯烃不同，所需硫酸的浓度也不同，如下：

$$H_2C{=}CH_2 \xrightarrow{98\%\,H_2SO_4} CH_3CH_2OSO_2OH$$

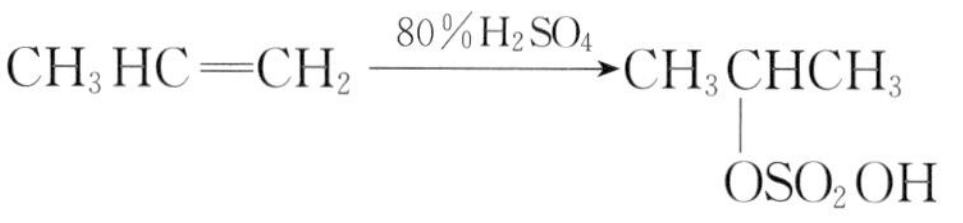

$$(CH_3)_2C{=}CH_2 \xrightarrow{63\%H_2SO_4} (CH_3)_2\underset{\displaystyle OSO_2OH}{\underset{|}{C}}CH_3$$

从上面的反应可以看出,硫酸与不对称烯烃加成,同样遵循马氏规则。

硫酸氢烷酯可发生水解,得到相应的醇。例如:

$$CH_3CH_2OSO_2OH + H_2O \longrightarrow CH_3CH_2OH + H_2SO_4$$

烯烃与硫酸加成然后再进行水解,结果相当于烯烃分子中加上一个水分子,被称为烯烃的间接水合法。由于烯烃易于通过石油裂解而取得,所以工业上利用此法来制备醇类。烯烃可溶于浓硫酸而生成硫酸氢烷酯,而烷烃不溶于浓硫酸,因此可用浓硫酸洗涤烷烃以除去其中的烯烃杂质,从而通过此法来达到提纯烷烃的目的。

4. 与水的加成

烯烃在酸的催化下,可以与水发生加成反应,产物为醇,这个反应与烯烃加硫酸然后再水解类似,被称为烯烃的直接水合法,工业上用此法来制备乙醇、异丙醇等:

$$H_2C{=}CH_2 + H_2O \xrightarrow[300℃,2\sim8MPa]{磷酸-硅藻土} CH_3CH_2OH$$

如果是不对称烯烃,加成时遵循马氏规则。例如:

$$CH_3HC{=}CH_2 + H_2O \xrightarrow[250℃,4MPa]{磷酸-硅藻土} CH_3\underset{\displaystyle OH}{\underset{|}{C}H}CH_3$$

5. 与次卤酸的加成

次卤酸主要指的是次氯酸和次溴酸,生成的产物是卤代醇,如下式:

$$H_2C{=}CH_2 + HOCl \longrightarrow CH_2(OH)CH_2Cl$$

这个反应也是一个亲电加成反应,反应的第一步是带正电部分的 Cl^+ 与双键碳的加成,然后生成的碳正离子与带负电部分的羟基结合生成卤代醇。次卤酸与不对称烯烃加成时,遵循马氏规则。例如:

$$CH_3HC{=}CH_2 + HOCl \longrightarrow CH_3CH(OH)CH_2Cl$$

在实际反应中,并不是先制成次卤酸,再发生加成反应的,而是烯烃和卤素(Cl_2 或 Br_2)在水溶液中直接进行反应。例如:

$$H_2C{=}CH_2 + Cl_2 + H_2O \xrightarrow{50\sim60℃} CH_2(OH)CH_2Cl + HCl$$

值得注意的是,在有机反应中,反应条件对反应产物有很大的影响,如烯烃和溴在四氯甲烷中发生加成反应,生成二溴代物,而和溴在水溶液中反应,则主要生成卤代醇。例如:

$$H_2C{=}CH_2 + Br_2 \xrightarrow{CCl_4} CH_2BrCH_2Br$$

$$H_2C{=}CH_2 + Br_2 \xrightarrow{H_2O} CH_2BrCH_2OH$$

(三)氧化反应[4]

烯烃中的双键,除了可以发生加成反应,还可以被氧化剂所氧化。氧化条件不同,氧化产物也不同。

1. 催化氧化

$$H_2C=CH_2 + O_2 \xrightarrow[100\sim125℃]{PdCl_2-CuCl_2} CH_3CHO \qquad (Ⅰ)$$

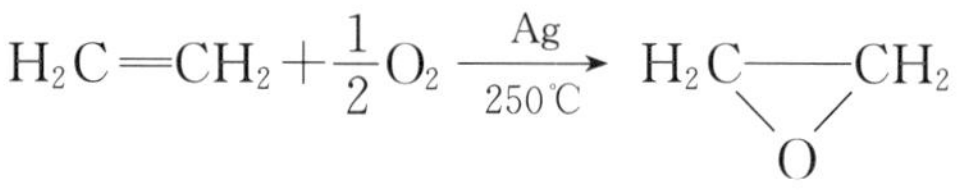

(Ⅱ)

环氧乙烷

上述反应(Ⅱ)是工业上制备环氧乙烷的一种方法。用含有氧化钙、氧化钡和氧化锶的活性银作催化剂,在不高于 300℃的温度下,用空气氧化乙烯,π 键断裂,生成环氧化物。值得注意的是,温度不能高于 300℃,否则双键中的 σ 键也发生断裂,生成 CO_2 和 H_2O。

实验室中则常用有机过氧酸作环氧化试剂。例如:

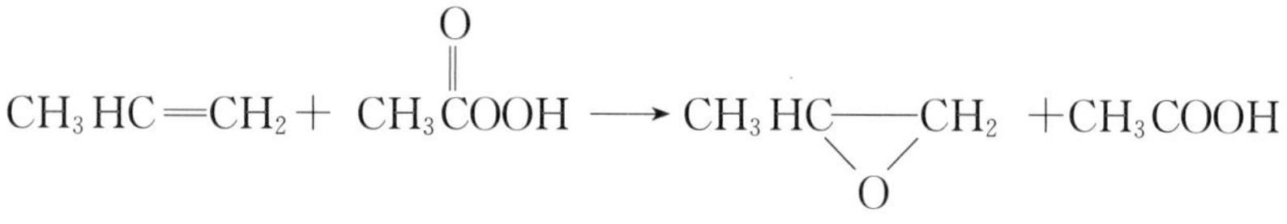

过氧乙酸　　环氧丙烷

2. 高锰酸钾氧化

高锰酸钾是一种较强的氧化剂,它的氧化性依溶液的酸碱性及温度的高低不同而不同。稀的碱溶液或中性溶液在低温时,氧化性相对较弱,这时它可将烯烃氧化成邻二醇,如下式:

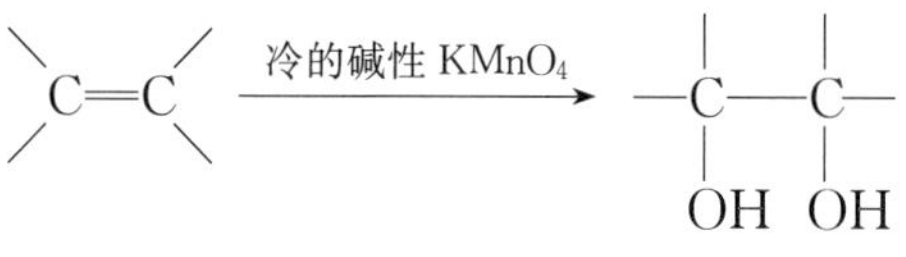

邻二醇

如果用酸性高锰酸钾,或在加热情况下,这时 $KMnO_4$ 的氧化能力比较强,可使双键完全断裂。依据烯烃的不同结构,氧化产物也不相同。例如:

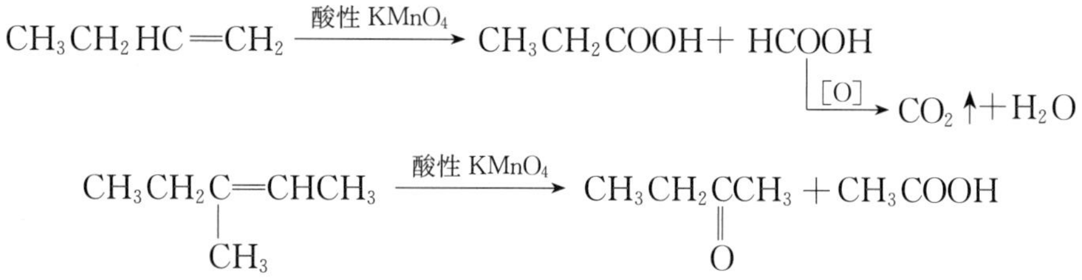

这个反应一方面因 $KMnO_4$ 的紫色在反应中迅速消失,可以用来作烯烃的鉴别反应,另一方面因所得产物只是双键断裂,而其他部位的结构未改变,故可以用来推测原烯烃的结构。

至此我们已经介绍了两种烯烃的鉴别方式:一是与 Br_2/CCl_4 的反应,二是与酸性 $KMnO_4$ 的反应。作为一个鉴别实验,应该方法简便,反应迅速,反应中有易于观察到的变化,如颜色的生成或消失,或者有气泡产生,或者有沉淀生成或溶解等。

(四)聚合反应

由低相对分子质量的有机化合物相互作用而生成相对分子质量较高的化合物的反应叫聚合反应。在聚合反应中,参加反应的低相对分子质量化合物叫做单体,生成的相对分子质量较高的化合物叫高分子化合物或简称高聚物。高分子化合物的相对分子质量高达几万到几百万。

烯烃在一定条件下,双键中的 π 键打开,使烯烃分子彼此通过加成反应而聚合在一起,生成聚合物,这类聚合反应因通过加成反应而发生聚合,因此被称为加成聚合反应,简称加聚反应。例如:

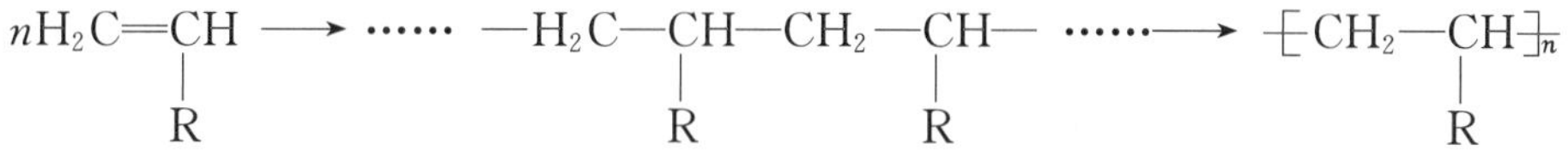

聚合物分子中的重复结构单元叫链节,链节的重复次数 n 叫聚合度。在加聚反应中,聚合物分子中的链节与单体的化学组成一样,因此聚合物相对分子质量的大小既与单体的相对分子质量有关,也与聚合度的大小有关。同一种高聚物,它的每一个高分子化合物的聚合度 n 不是完全相同,所以高聚物实际上是许多相对分子质量不同的聚合物的混合物。

工业上生产的聚乙烯,通过乙烯在不同条件下发生加聚反应而得到,它的性能和用途是不相同的。如在 100～200MPa 和 160～300℃条件下,以氧为引发剂进行乙烯的聚合,被称为高压法聚合,得到的高压聚乙烯密度低,为 0.91～0.93g/cm^3,因此也常称为低密度聚乙烯,相对分子质量一般是 20000～50000,它的抗张强度、耐磨性、软化温度等都比较低,但其柔软性、伸长率、耐冲击性、透明性等良好,主要用于包装工业(薄膜、盒子),也用作管子、电缆以及用于地板蜡中。

在 0.1～1MPa 和 60～75℃条件下,以三乙基氯化铝—四氯化钛为催化剂,也可以使乙烯进行聚合,被称为低压法聚合,得到的低压聚乙烯的密度较高,约为 0.94g/cm^3,也较坚硬,因此又叫高密度聚乙烯,相对分子质量为 10000～300000。它主要用作电绝缘材料以及中空成型的制品和延伸带等。

(五)α 氢原子的反应

有机物分子中与官能团直接相连的碳原子被称为 α 碳原子,α 碳原子上的氢原子称为 α 氢原子。在烯烃中,直接与双键碳所连的碳原子就是 α 碳原子,α 碳原子上所连接的氢原子由于受到碳碳双键的影响,表现出特殊的活泼性,容易发生取代反应和氧化反应。

1. 氯代反应

丙烯与卤素在反应时,有两个部位可以发生反应。一是碳碳双键的加成反应,二是 α 氢原子的取代反应。究竟发生在哪一部位,应取决于反应的条件。例如:

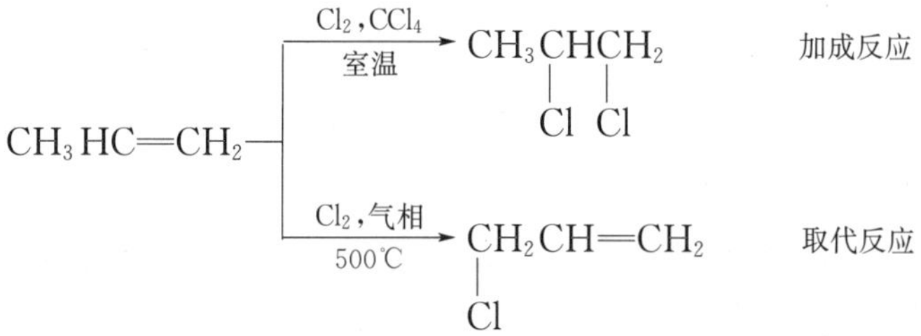

丙烯与氯，在相对较低的温度下，在液相中进行反应时，易发生离子型的亲电加成反应，得到 1,2 -二氯乙烷。而在高温下，在气相中进行反应，则主要发生自由基型的取代反应，由于 α 氢原子受双键影响比较活泼，所以首先被取代，生成 3 -氯丙烯，3 -氯丙烯是无色有刺激性的液体，沸点 45℃，是重要的有机合成原料。

2. 氧化反应[3]

α 氢除了可被卤原子取代，还可被氧化。例如：

$$CH_3HC{=}CH_2+O_2\xrightarrow[370℃]{Cu_2O}H_2C{=}CHCHO+H_2O$$

此外，丙烯还可在氨的存在下发生氧化反应，叫做氨化氧化反应，简称氨氧化反应。例如：

$$CH_3HC{=}CH_2+NH_3+\frac{3}{2}O_2\xrightarrow[470℃]{\text{磷钼酸铋}}\underset{\text{丙烯腈}}{H_2C{=}CHCN}+3H_2O$$

这是工业上广泛用来生产丙烯腈的一个反应。此反应原料易得，价格低，收率好，纯度高，而且工艺流程简单。丙烯腈是有微弱刺激性气味的无色液体，沸点 78.5℃，有毒，是合成纤维、树脂、橡胶等的重要原料。

丙烯腈分子中含有双键，能发生聚合反应而生成聚丙烯腈：

$$nH_2C{=}\underset{\displaystyle\overset{|}{CN}}{CH}\xrightarrow[350℃,0.25MPa]{Cu_2O}\left[CH_2-\underset{\displaystyle\overset{|}{CN}}{CH}\right]_n$$

聚丙烯腈纤维在我国被称为腈纶，它与羊毛具有相似的外形，因此又称为人造羊毛，是良好的服用纤维。

第三节　炔　烃

含有碳碳三键的碳氢化合物叫炔烃，它的不饱和程度比烯烃大，因此叫"炔"，其通式为 C_nH_{2n-2}，官能团是碳碳三键。

一、炔烃的结构

乙炔是最简单的炔烃，分子式为 C_2H_2。实验结果表明：乙炔分子中 2 个碳原子和 2 个氢原子分布在同一直线上，键角是 180℃，是一个直线形分子。

乙炔分子中，碳原子中的 2*s* 轨道与 1 个 2*p* 轨道发生杂化，形成 2 个 *sp* 杂化轨道，2 个碳各以 1 个 *sp* 杂化轨道正面重叠形成一个碳碳 σ 键，每个碳再各用余下的 1 个 *sp* 轨道分别和1 个氢原子各形成 1 个碳氢 σ 键，2 个碳氢 σ 键和 1 个碳碳 σ 键的对称轴在一条直线上。此时每个碳原子还剩 2 个 *p* 轨道，这 2 个 *p* 轨道互相垂直，且都垂直于 σ 键的对称轴，2 个碳上的一对 *p* 轨道互相平行时，另一对 *p* 轨道也彼此平行，这样每对 *p* 轨道侧面重叠，就形成了 2 个 π 键，从而构成了碳碳三键，其成键情形如图 2－11 所示。

碳碳三键中的σ键电子云集中于碳原子间的中心处，而π电子云位于σ键轴的上下和前后部位，当π轨道重叠后，其电子云形成一个以σ键为对称轴的圆柱体形状，如图 2－12 所示。

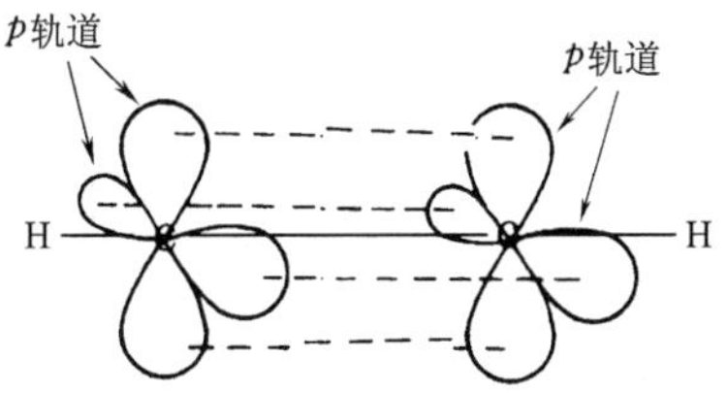

图 2－11 乙炔分子的结构示意图

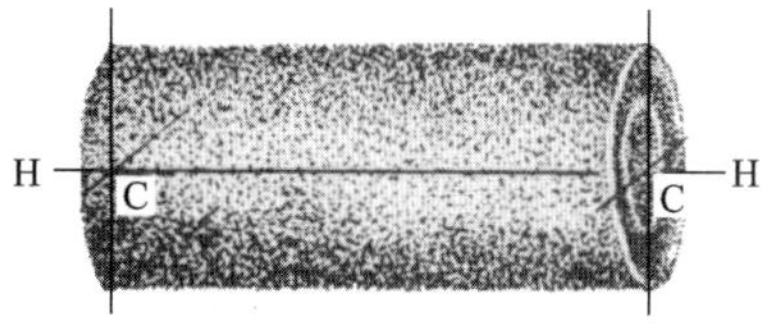

图 2－12 乙炔π键的电子云分布

乙炔的结构如图 2－13 所示。其中碳碳三键的键长为 0.120nm，键能为 836.8kJ/mol；而乙烯中碳碳双键的键长为 0.133nm，键能为 611kJ/mol；乙烷中碳碳单键的键长为 0.154nm，键能为 347kJ/mol。由此可见，随着π键的出现和增加，两个碳之间的电子云密度增大，碳碳之间的距离更为靠近，彼此之间结合得更为紧密，所以从碳碳单键到双键再到三键，键长依次变短，键能依次增大。

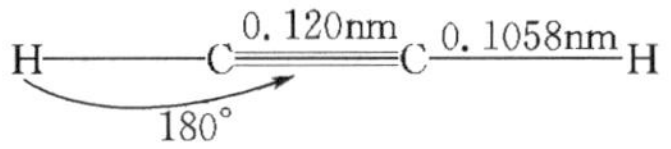

图 2－13 乙炔分子的结构式

二、炔烃的异构和命名

1. 炔烃的异构现象

与烯烃相比，炔烃的异构现象比较简单，一是由于炔烃中三键的几何形状为直线形，故不存在顺反异构体；二是由于每个三键碳上最多只有一个取代基，所以炔烃的构造异构体比烯烃少些，炔烃的构造异构是由于碳链异构和官能团位置异构引起的。例如，戊炔有 3 个异构体，比戊烯的 5 个构造异构体数目要少，如下：

$HC{\equiv}CCH_2CH_2CH_3$　　1-戊炔

$CH_3C{\equiv}CCH_2CH_3$　　2-戊炔

$HC{\equiv}CCH(CH_3)CH_3$　　3-甲基-1-丁炔

2. 炔烃的命名

炔烃的系统命名法和烯烃相似，只是应将“烯”字改为“炔”字，例如：

$CH_3C{\equiv}CCH_2CH(CH_3)CH_3$

5-甲基-2-己炔

对于某些简单炔烃，也可以用乙炔衍生物命名法来命名。例如：

$$CH_3CH_2C{\equiv}CCH_2CH_3$$

系统命名法：　3-己炔

衍生物命名法：　二乙基乙炔

如果一个分子中既有碳碳双键，又有碳碳三键，一般是先命名烯再命名炔，碳链编号以双键与三键位置和最小为原则。例如：

$$\overset{1}{H}C\equiv\overset{2}{C}\overset{3}{C}H=\overset{4}{C}H\overset{5}{C}H_2\overset{6}{C}H_3 \qquad \overset{4}{H}C\equiv\overset{3}{C}\overset{2}{C}H=\overset{1}{C}H_2$$

3-己烯-1-炔　　　　1-丁烯-3-炔

三、炔烃的物理性质

炔烃的物理性质和烷烃、烯烃基本相似，它的沸点、熔点和相对密度也是随着相对分子质量的增加而增加，密度小于1，难溶于水，能溶于石油醚、乙醚、四氯化碳等有机溶剂。表2-3为一些常见炔烃的物理常数。简单炔烃的沸点、熔点和密度，一般比碳原子数相同的烷烃和烯烃高一些。

表2-3　一些常见炔烃的物理常数

化合物	熔点(℃)	沸点(℃)	相对密度
乙　炔	-80.8(压力下)	-84.0(升华)	—
丙　炔	-101.5	-23.2	—
1-丁炔	-125.7	8.1	—
1-戊炔	-90.0	40.2	0.6901
1-己炔	-132.0	71.3	0.7155
1-庚炔	-81.0	99.7	0.7328
1-辛炔	-79.3	125.2	0.747

四、炔烃的化学性质

炔烃分子的结构特征是碳碳三键，由于碳碳三键的不饱和性，炔烃和烯烃相似，也可以发生加成、氧化和聚合反应，但因为碳碳三键和碳碳双键结构不同，炔烃的性质与烯烃又不完全相同，如炔烃还可以发生1-炔烃的酸性反应。

(一)炔氢的活泼性

炔烃分子中，和三键碳原子直接相连的氢原子叫做炔氢，炔氢具有一定的活泼性或者叫酸性。

在有机化学中经常谈到一些化合物的酸性，这些化合物不能使石蕊变红也不带酸味，但都有失去一个氢离子的倾向，即使这个倾向很小。

当氢与一个电负性较大的原子(如O、N、X等)结合，如H—X，它们之间的键具有极性，氢与卤原子间的共用电子对偏向卤原子，从而使氢带有部分的正电荷，容易以质子的形式离开，因此HX化合物具有酸性，酸性大小用质子离去的可能性衡量，具体而言，就是用 pK_a 的大小衡量[2]。

$$HX \rightleftharpoons H^+ + X^-$$

$$K_a=\frac{[H^+][X^-]}{[HX]} \qquad pK_a=-\lg K_a$$

pK_a 值越小，即 K_a 值越大，质子的离去能力越强，化合物的酸性越强，反之亦然。

下面是一些可以产生质子的化合物的酸性比较：

$H_3C—CH_3$	$pK_a \approx 50$	酸性增强 ↓
$H_2C═CH_2$	$pK_a \approx 44$	
NH_3	$pK_a = 34$	
$HC≡CH$	$pK_a \approx 25$	
HOH	$pK_a = 15.7$	

从以上的比较可以看出，炔烃具有一定的酸性，它的酸性比烷烃、烯烃强，这是因为在炔烃中，三键碳采取的是 sp 杂化，其轨道中的 s 成分比烯烃中的双键碳(sp^2 杂化)的 s 成分多。s 成分增加，碳原子的电负性也增大，所以三键碳的电负性较大，在 ≡C—H 中，形成 C—H 键的电子对主要位于碳原子周围，从而使炔氢带有一部分正电荷，易给出电子，形成氢离子，具有一定的酸性。

从以上的比较还可以看出，炔烃的酸性是很弱的，比水的酸性还弱。

炔氢具有酸性，所以它可以被一些金属所取代，生成金属炔化物。例如，乙炔就很容易与硝酸银的氨溶液或氯化亚铜的氨溶液发生作用，很快生成乙炔银的白色沉淀或乙炔亚铜的棕红色沉淀，见下式：

$$HC\equiv CH + 2Ag(NH_3)_2NO_3 \longrightarrow \underset{\text{白色沉淀}}{AgC\equiv CAg\downarrow} + 2NH_4NO_3 + 2NH_3$$

$$HC\equiv CH + 2Cu(NH_3)_2Cl \longrightarrow \underset{\text{棕红色沉淀}}{CuC\equiv CCu\downarrow} + 2NH_4Cl + 2NH_3$$

除了乙炔，1 -炔烃(也称末端炔烃)也可发生此类反应：

$$RC\equiv CH + Ag(NH_3)_2NO_3 \longrightarrow RC\equiv CAg\downarrow + NH_3 + NH_4NO_3$$

这类反应简便灵敏，常用来鉴定乙炔或 R—C≡C—H 型的炔烃。

上面的金属炔化物干燥后，在受热或经撞击的条件下容易爆炸，因此反应完毕后应加入稀硝酸使之分解。如乙炔银同稀硝酸发生以下反应：

$$AgC\equiv CAg + 2HNO_3 \longrightarrow HC\equiv CH + 2AgNO_3$$

此反应也可以用来提纯乙炔或末端炔烃。

(二)炔烃的加成反应

1. 催化加氢

和烯烃一样，在催化剂铂、钯、镍等作用下，炔烃也能和氢气发生加成反应，经烯烃最后生成烷烃，但一般不停留在烯烃这一步。

$$RC\equiv CR' \xrightarrow[H_2]{Pt} RCH═CHR' \xrightarrow[H_2]{Pt} RCH_2CH_2R'$$

如果将催化剂的活性降低，可使炔烃的催化加氢停留在烯烃阶段，而不会继续反应生成烷烃，例如使用林德拉(Lindlar)催化剂(将金属钯沉淀于碳酸钙上，再用醋酸铅处理)，就可以得到烯烃，例如下面的反应：

$$CH_3(CH_2)_7C\equiv C(CH_2)_7COOH + H_2 \xrightarrow{\text{林德拉催化剂}} CH_3(CH_2)_7HC=CH(CH_2)_7COOH$$

利用这一反应可以将乙烯中微量的乙炔转化成乙烯。

2. 亲电加成

炔烃中的碳碳三键中的 π 电子云，也可以作为电子的供给体，发生亲电加成反应，但是，三键碳原子是 sp 杂化，它的电负性比 sp^2 杂化的双键碳原子要大，因而对 π 电子云的吸引更强一些，所以虽然三键碳比双键碳多一对电子，但也不容易给出电子与亲电试剂结合，使得炔烃的亲电加成反应比烯烃的加成反应更困难一些。

(1)和卤素的加成反应。乙炔一般都是和两分子 Cl_2 发生反应，需用 $FeCl_3$ 催化，生成的 1,1,2,2-四氯乙烷为无色液体，有相当的毒性。如下式：

$$HC\equiv CH \xrightarrow[Cl_2]{FeCl_3} ClCH=CHCl \xrightarrow[Cl_2]{FeCl_3} Cl_2CHCHCl_2$$

因为烯烃与卤素的加成比炔烃更容易，因此当分子中既有双键又有三键时，双键优先发生加成反应，如下式：

$$H_2C=CHCH_2C\equiv CH + Br_2 \xrightarrow{\text{低温}} CH_2BrCHBrCH_2C\equiv CH$$

和溴的加成反应也可以用来鉴别碳碳三键。

(2)和卤化氢的加成。炔烃和卤化氢(HCl、HBr、HI)的加成常用 $HgCl_2$ 作催化剂，反应也可以停留在中间阶段。如下例乙炔和 HCl 反应生成氯乙烯[3]：

$$HC\equiv CH + HCl \xrightarrow[160\sim180^\circ C]{HgCl_2} H_2C=CHCl$$

氯乙烯是无色气体，是合成聚氯乙烯的重要工业原料，氯乙烯和氯化氢可以进一步发生加成反应，遵循马氏规则。如下式：

$$H_2C=CHCl + HCl \xrightarrow[160\sim180^\circ C]{HgCl_2} \underset{\text{1,1-二氯乙烷}}{CH_3CHCl_2}$$

(3)和水的加成。炔烃和水的加成，是以汞盐为催化剂，在稀硫酸溶液中进行的，例如，乙炔在 10%硫酸和 5%硫酸汞水溶液中发生加成反应，产物是乙醛：

$$HC\equiv CH + H_2O \xrightarrow[5\%HgSO_4]{10\%H_2SO_4} \underset{\text{乙烯醇}}{\left[H_2C=\underset{\displaystyle OH}{\underset{|}{C}}H\right]} \xrightarrow{\text{重排}} \underset{\text{乙醛}}{CH_3\overset{\displaystyle O}{\overset{\|}{C}}H}$$

在上面的反应中，乙炔加水后，首先生成一个烯醇式化合物(指羟基直接与双键碳相连的化合物)——乙烯醇，乙烯醇极不稳定，生成后很快发生分子内的异构化，羟基上的氢原子转移到另一个双键碳上，碳氧之间变成双键，从而生成乙醛，这一过程叫做分子重排反应。其他的炔烃在发生水合反应时，遵循马氏规则，最终产物都是酮类。例如：

$$CH_3C\equiv CH + H_2O \xrightarrow[HgSO_4]{H_2SO_4} \left[CH_3\underset{\displaystyle OH}{\underset{|}{C}}=CH_2\right] \xrightarrow{\text{重排}} \underset{\text{丙酮}}{CH_3\overset{\displaystyle O}{\overset{\|}{C}}CH_3}$$

3. 亲核加成

炔烃与烯烃在化学性质上的一个较大不同是炔烃还能够发生亲核加成反应，而烯烃不能。

如前所述，有些试剂本身缺电子，易和能够提供电子的反应物接近，被称为亲电试剂。而另外有些试剂，本身带有负电荷或孤对电子，有亲近正电荷的倾向，或者说有亲核倾向，这些试剂被称为亲核试剂，反应中由于亲核试剂的进攻而引起的加成反应称为亲核加成反应。

(1)和氢氰酸发生亲核加成反应。以乙炔为例，反应中，HCN 发生部分电离，得到的 CN^-，作为亲核试剂进攻乙炔，从而发生了乙炔的亲核加成反应：

$$HC{\equiv}CH + HCN \xrightarrow[70℃]{Cu_2Cl_2\ 水溶液} \underset{丙烯腈}{H_2C{=}CHCN}$$

(2)和醇的加成[4]。在碱存在下，炔烃可以和醇发生亲核加成反应。例如：

$$\underset{乙炔}{HC{\equiv}CH} + \underset{乙醇}{C_2H_5OH} \xrightarrow[加热,加压]{KOH} \underset{乙烯基乙醚}{H_2C{=}CH{-}O{-}C_2H_5}$$

乙烯基乙醚可以加成聚合得聚乙烯基乙醚，常用作黏合剂，因此乙烯基乙醚是工业上有用的单体。

(三)氧化反应

炔烃中的三键在氧化剂作用下，常常断裂而生成羧酸或二氧化碳，通过此反应可以鉴别炔烃，也可由产物结构推测原炔烃的结构。例如：

$$CH_3C{\equiv}CH \xrightarrow[H_2O]{KMnO_4} CH_3COOH + CO_2\uparrow + H_2O$$

$$CH_3CH_2C{\equiv}CCH_2CH_3 \xrightarrow[H_2O]{KMnO_4} 2CH_3CH_2COOH$$

(四)聚合反应

炔烃与烯烃不同，一般不聚合成高聚物。在不同的条件下，炔烃可以聚合成链状的二聚物或环状化合物。例如：

$$HC{\equiv}CH + HC{\equiv}CH \xrightarrow[NH_4Cl]{Cu_2Cl_2} \underset{乙烯基乙炔}{H_2C{=}CH{-}C{\equiv}CH}$$

乙烯基乙炔是气体，它可以和氯化氢加成，生成 2-氯-1,3-丁二烯，是合成氯丁橡胶的重要单体，见下式：

$$H_2C{=}CH{-}C{\equiv}CH + HCl \xrightarrow[NH_4Cl]{Cu_2Cl_2} \underset{2-氯-1,3-丁二烯}{H_2C{=}CH{-}CCl{=}CH_2}$$

乙炔在高温下可以发生环形三聚合反应，生成苯，这一反应为研究苯的结构提供了有力的线索，见下式：

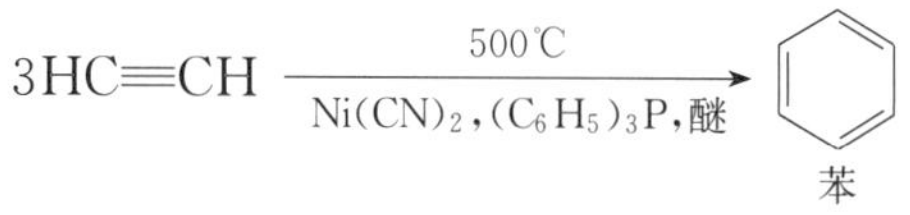

第四节　二烯烃

二烯烃就是含有 2 个碳碳双键的烯烃，其通式为 C_nH_{2n-2}，与碳原子数相同的炔烃互为同分异构体，属于官能团异构。由于分子中两个双键的相对位置的不同，二烯烃可以分为三类：一是 2 个双键连接在同一个碳原子上，称为累积二烯烃；二是 2 个双键中间被一个单键隔开，称为共轭二烯烃；三是 2 个双键被 2 个或 2 个以上的单键隔开，称为孤立二烯烃。其中结构、性质比较特殊也比较重要的是共轭二烯烃，共轭二烯烃的代表物质是 1,3 -丁二烯。

一、共轭二烯烃的结构

以 1,3 -丁二烯为例，来说明共轭二烯烃的结构。1,3 -丁二烯是无色略带香味的气体，通常在加压下把它保存在钢瓶中，由物理方法测得其分子结构如图 2 - 14 所示[2]。

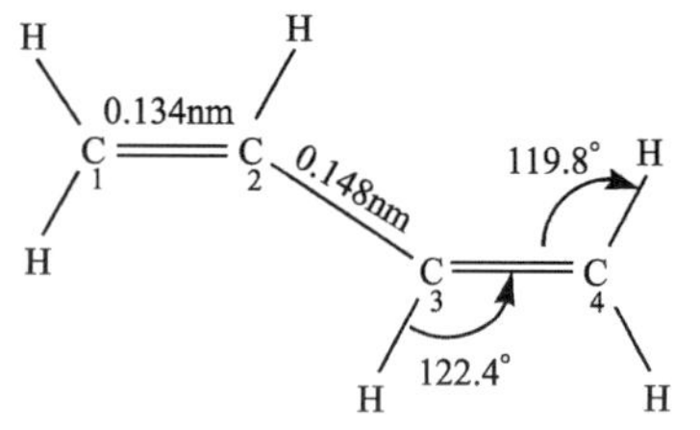

图 2 - 14　1,3 -丁二烯的键长、键角

1,3 -丁二烯分子中，4 个碳原子和 6 个氢原子共计 10 个原子均处于同一平面，所有的键角均接近于 120°，1,3 -丁二烯分子的键长及稳定性有其特殊性。

在 1,3 -丁二烯分子中，碳碳双键[即 C(1)—C(2)和 C(3)—C(4)之间]的键长为 0.134nm，比乙烯分子中碳碳双键的键长(0.133nm)略微长些；碳碳单键[即 C(2)—C(3)之间]的键长为 0.148nm，比乙烷分子中碳碳单键的键长(0.154nm)要明显短一些，这种现象称为键长的平均化。键长平均化是共轭烯烃的一个基本特征。

此外，1,3 -丁二烯分子具有特殊稳定性，这一点可利用烯烃的氢化热数据来说明。所谓氢化热，是指 1mol 烯烃催化加氢放出的热量。结构相似的烯烃，其氢化热非常接近，仔细观察表 2 - 4 会发现，丙烯、1 -丁烯、1 -戊烯均属于一取代烯烃，它们的氢化热都比较接近，对于多于一个双键的化合物，可以预计它的氢化热将是各个双键氢化热的总和。而 1,3 -丁二烯氢化热和丁烯氢化热的 2 倍相比较，要低 2×127 - 239＝15kJ/mol，这说明共轭二烯烃本身所含能量较低，即比较稳定。又如表 2 - 4 所示，1,4 -戊二烯是孤立二烯烃，它的氢化热基本上是单烯烃的 2 倍，与预计相符，而 1,3 -戊二烯是共轭二烯烃，它的氢化热比 1,4 -戊二烯要低：254 - 226＝28kJ/mol。这也进一步说明共轭二烯烃比较稳定，这也是共轭二烯烃的一个共性。

由此可见，共轭二烯烃具有键长平均化、体系能量降低、体系比较稳定的特点，这些都是由于共轭二烯烃结构的特殊性所造成的。我们可利用杂化轨道理论对此做出解释。

表 2-4 一些烯烃的氢化热数据[4]

化合物	分子的氢化热(kJ/mol)	平均每个双键的氢化热(kJ/mol)
$CH_3HC{=}CH_2$	125	125
$CH_3CH_2CH{=}CH_2$	127	127
$CH_3CH_2CH_2CH{=}CH_2$	126	126
$H_2C{=}CHCH{=}CH_2$	239	119.5
$H_2C{=}CHCH_2CH{=}CH_2$	254	127
$H_2C{=}CHCH{=}CHCH_3$	226	113

根据杂化轨道理论，1,3-丁二烯中 4 个碳原子均采取 sp^2 杂化，分别形成 3 个 sp^2 杂化轨道，每个碳原子以 sp^2 杂化轨道或者与相邻的碳原子的 sp^2 杂化轨道重叠形成碳碳 σ 键，或者与氢原子的 s 轨道重叠形成碳氢 σ 键，由于碳的 sp^2 杂化轨道是平面三角形，因此在 1,3-丁二烯分子中，10 个原子和所形成的 9 个 σ 键在同一平面，键角接近 120°，而每个碳原子还有一个未参与杂化的 p 轨道，这 4 个 p 轨道均垂直于丁二烯分子所在平面，因此它们相互平行，这样，4 个 p 轨道彼此侧面重叠形成 π 键，这样的 π 键与前面介绍的单烯烃中的 π 键有所不同，单烯烃中形成 π 键的 2 个电子局限于 2 个碳原子之间，被称为定域 π 键，而在 1,3-丁二烯中，形成 π 键的 4 个电子不再两两分别局限于 2 个碳原子之间，而是扩展到 4 个碳原子之间运动，即电子发生离域化，被称为离域 π 键，也叫大 π 键或共轭 π 键，如图 2-15 所示，很显然，电子离域化的前提是形成 π 键的原子处于同一平面，而每个原子有一个互相平行的 p 轨道。

由于电子的离域，使得 C(1)与 C(2)之间、C(3)与 C(4)之间的电子云密度稍稍减少，从而双键的键长略微变长，而 C(2)与 C(3)之间由于 p 轨道的侧面重叠，使得 C(2)与 C(3)之间电子云密度增大，使键长变短。这样，在共轭烯烃中，电子的离域导致了电子云密度分布的平均化，从而引起键长的平均化，同时也使得共轭烯烃体系能量降低，稳定性明显增加，这一效应被称为共轭效应，而具有共轭效应的体系被称为共轭体系，单双键交替排列的共轭体系称为 π,π 共轭体系，由 π 电子离域产生的共轭效应为 π,π 共轭效应。

但是，有两点值得注意：其一是键长不是完全平均化，虽然在 1,3-丁二烯分子中，4 个 p 电子围绕 4 个碳原子运动，但 C(1)与 C(2)之间、C(3)与 C(4)之间的 p 轨道侧面重叠程度要大一些，而 C(2)与 C(3)之间，则比 C(1)—C(2)或 C(3)—C(4)之间的重叠程度要弱一些，因此键长只是发生了部分平均化；其二是 C(2)—C(3)之间的键长变短，除了电子的离域化造成的影响外，还有 C(2)、C(3)的杂化状态的影响。在乙烷中，2 个碳采取 sp^3 杂化，形成 C_{sp^3}—C_{sp^3} 的 σ 键，而在 1,3-丁二烯中，C(2)、C(3)采取 sp^2 杂化，形成 C_{sp^2}—C_{sp^2} 的 σ 键，杂化轨道中 p 成分减少时，轨道的尺寸就缩小，键就变得较短。

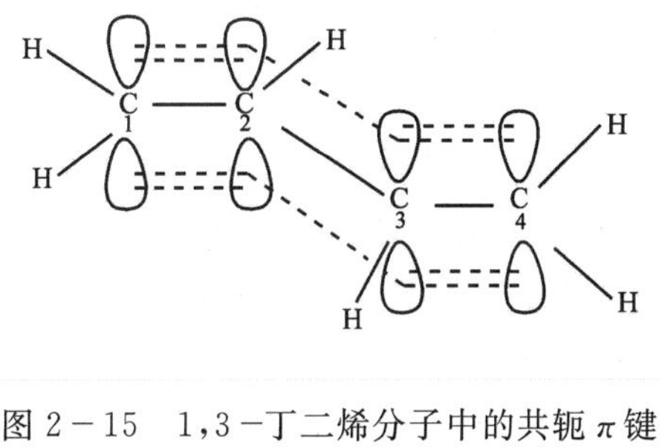

图 2-15 1,3-丁二烯分子中的共轭 π 键

二、共轭二烯烃的性质

共轭二烯烃由于结构上的特殊性，反映在化学性质上，除具有单烯烃的一般性质外，也有其自身的一些特殊性。

（一）1，2－加成和1，4－加成

共轭二烯烃与卤素、卤化氢等进行亲电加成反应时，不仅可与两分子试剂进行加成，而且与一分子试剂加成时也可以生成两种加成产物。以1，3－丁二烯与一分子溴化氢加成为例，得到如下结果：

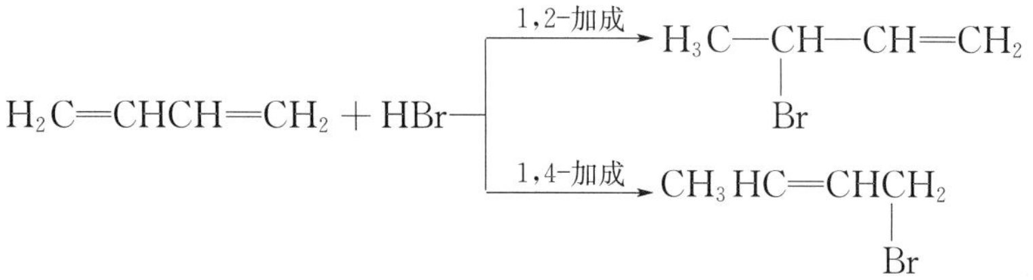

该反应得到两种不同的加成产物：一种是一个双键中的 π 键打开，溴化氢加到该双键的两端，称为1，2－加成方式；另一种是溴化氢加到共轭体系的两端，即C(1)和C(4)上，原来的2个双键变成单键，而在C(2)和C(3)之间形成一个新的双键，这种加成称为1，4－加成方式。由此看出，共轭二烯烃不但可以进行1，2－加成，而且可以进行1，4－加成。

我们如何解释1，3－丁二烯有两种加成产物呢？这是和它的共轭体系的结构密切相关的。共轭二烯烃的亲电加成也是分两步进行的：第一步是亲电试剂进攻共轭烯烃生成较稳定的碳正离子，例如在上面的反应中，首先是 H^+ 作为亲电试剂，进攻1，3－丁二烯，可能与C(1)结合，生成碳正离子（Ⅰ），也可能与C(2)结合，生成碳正离子（Ⅱ）。

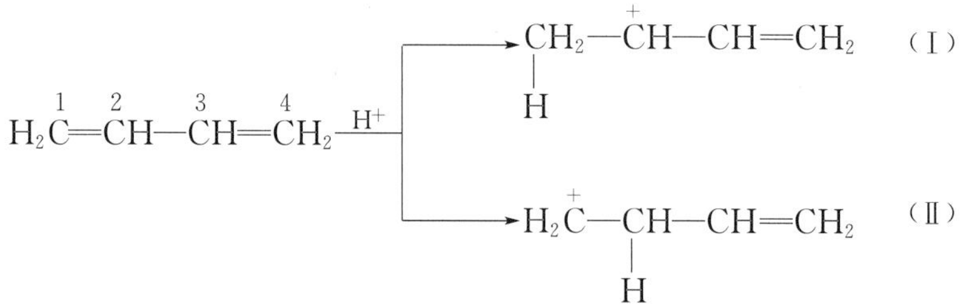

碳正离子（Ⅰ）属于烯丙基型碳正离子，从其结构可以看出碳正离子的中心碳原子[C(2)]带有一个正电荷，它有一个空的 p 轨道，该 p 轨道与其相邻的双键 p 轨道可以发生侧面交叠，使得 π 电子发生了离域，结果导致中心碳原子的正电荷得以分散，因此碳正离子（Ⅰ）比较稳定，而碳正离子（Ⅱ）不存在这样的电子离域，所以不如碳正离子（Ⅰ）稳定，这样1，3－丁二烯的加成反应的第一步总是生成比较稳定的碳正离子（Ⅰ）。见图2－16。

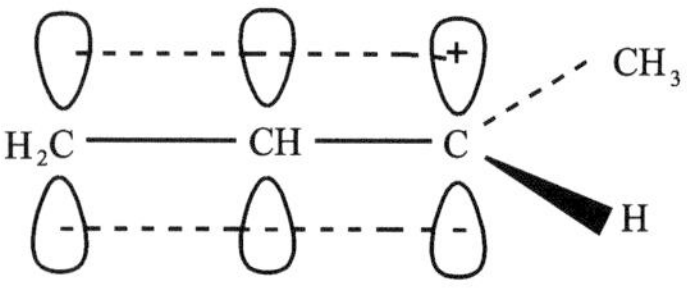

图2－16　p 轨道与双键的离域

在碳正离子（Ⅰ）中，由于 π 电子的离域，正电荷不再集中于C(2)上，而是分散于C(2)和

C(4) 上,这样不仅 C(2)带有部分正电荷,C(4)也带有部分正电荷:

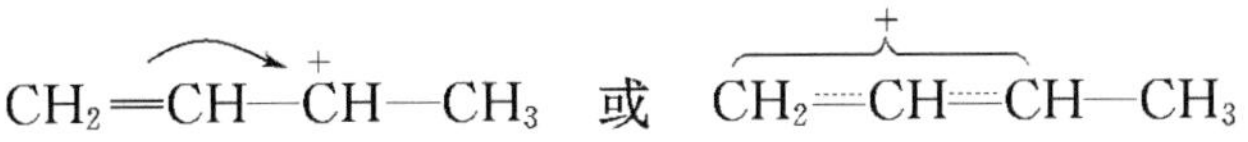

因此,当 1,3-丁二烯发生亲电反应的第 2 步时,带负电荷的溴离子就可以与 C(2)结合或与 C(4)结合,产生了 1,2-加成或 1,4-加成。见下式:

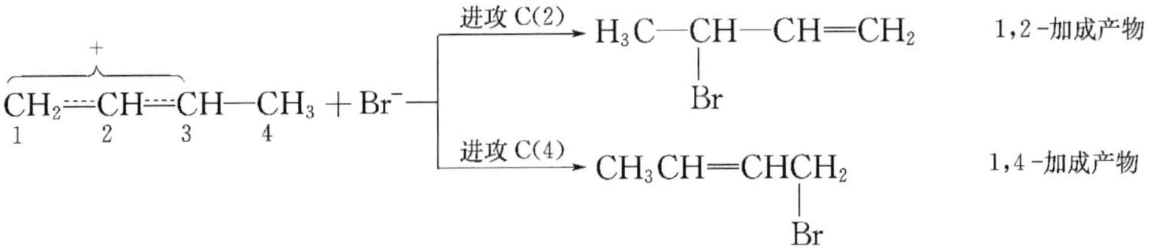

在一般情况下,低温有利于 1,2-加成,较高温度或使用催化剂则有利于 1,4-加成。共轭二烯烃的 1,4-加成无论在理论研究上,还是实际生产中都是具有重要意义的。

(二)聚合反应

共轭二烯烃容易发生聚合反应,生成高分子聚合物,共轭二烯烃的聚合反应可以是 1,2-加成聚合,也可以是 1,4-加成聚合。例如:

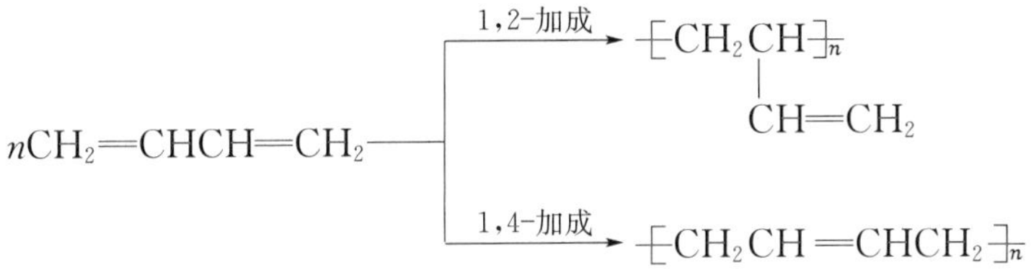

在 1,4-加成聚合产物中,由于双键两侧亚甲基的排列顺序不同,可以是顺式产物,也可以是反式产物,如 1,3-丁二烯在特殊的催化剂四卤化钛—三烷基铝作用下,主要是按 1,4-加成方式,进行顺式加成聚合,生成顺丁橡胶(见下式)。顺丁橡胶的主要用途是制作轮胎。

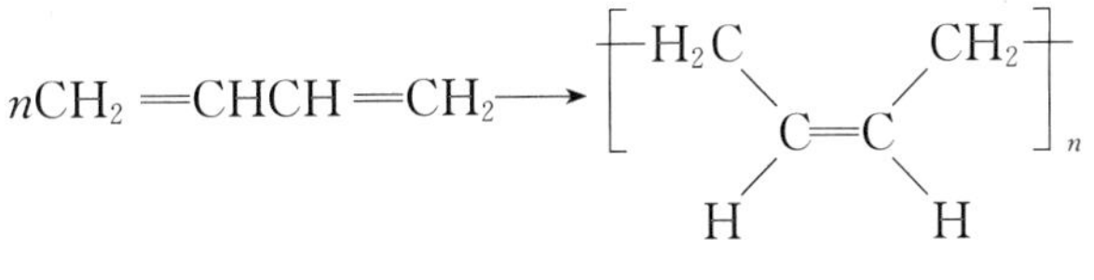

顺丁橡胶

橡胶是一种很重要的天然有机化合物,但是天然橡胶无论是产量还是性能均难以满足日益发展的社会的需要,因此出现了合成橡胶。目前合成橡胶的产量已远远超过天然橡胶,并且品种也越来越多。合成橡胶主要是通过 1,3-丁二烯、异戊二烯及其衍生物的聚合反应制得的,因此共轭二烯烃的聚合反应是制备合成橡胶的基本反应。除了上面提到的顺丁橡胶,还有 2-氯-1,3-丁二烯自身聚合生成的氯丁橡胶(见下式),可用于制作耐油胶管、垫圈、耐热运输带等。

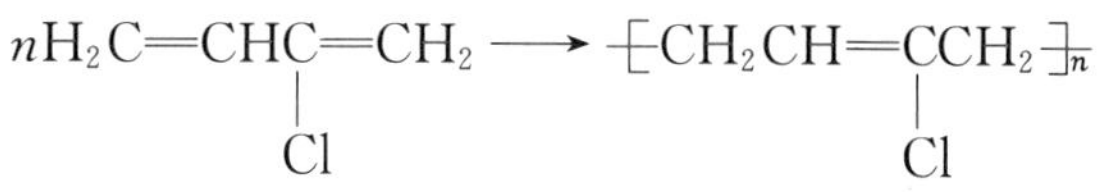

氯丁橡胶

异戊二烯，即 2 -甲基- 1，3 -丁二烯在 Ziegler - Natta 催化剂存在下，也可发生顺式的 1，4 -加成聚合，生成的产物在结构和性质上都与天然橡胶相似，被称为天然合成橡胶，见下式。

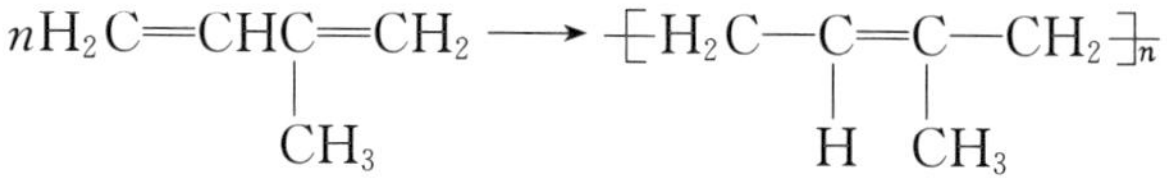

天然合成橡胶
顺- 1，4 -聚异戊二烯

在合成橡胶中，1，3 -丁二烯通过与苯乙烯的共聚反应（所谓的共聚反应是指两种或两种以上的不同单体进行的加聚反应）生成的丁苯橡胶是目前世界上产量最大的合成橡胶，占合成橡胶产量的 50%，它具有良好的耐老化性、耐油性、耐热性和耐磨性等，比较适合用于制作轮胎的外胎和其他工业制品。合成丁苯橡胶的反应式为：

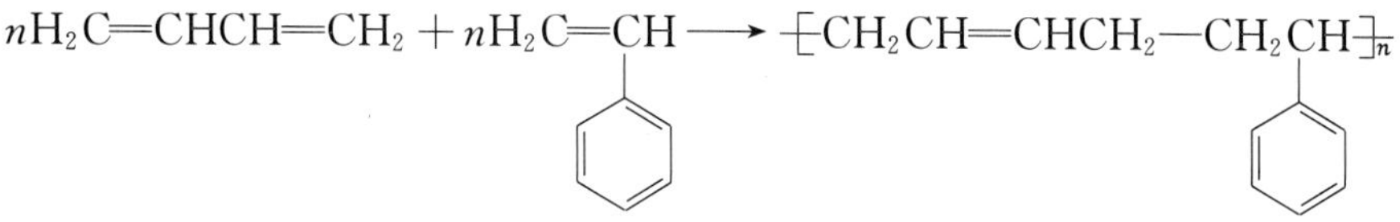

苯乙烯　　　　丁苯橡胶

复习指导

1. 烷烃

（1）烷烃的结构。烷烃的通式为 C_nH_{2n+2}，具有以碳原子为中心的四面体构型。

（2）烷烃的同分异构现象。烷烃有构造异构和构象异构。

（3）烷烃的命名（IUPAC 命名法）。

①直链烷烃。碳原子数在 10 个以内的，依次以天干表示；在 10 个以上的直接用中文数字表示。

②带直链的烷烃。

a. 选主链。以构造式中最长的碳链为主链，并按此链所含的碳原子数称为某烷，其余支链看做取代基。若最长碳链不止一条，则选择带有取代基最多的一条为主链。

b. 编号。从距离取代基最近的一端开始编号，优先考虑构造简单的取代基。若在上述基础上，编号仍有选择性，则遵循取代基位次之和最小的原则。

c. 命名。按先取代基后母体的顺序命名，即取代基的位置、数目、名称在某烷烃之前，取代基则按由小到大次序排列。

（4）烷烃的化学性质。

- 烷烃
  - ①卤代反应　$RH+X_2 \xrightarrow{\text{加热或光照}} RX+HX$　(X=Cl,Br;H 的活性 3°>2°>1°)
  - ②氧化反应
    - 完全氧化　$C_nH_{2n+2}+(3n+1)/2O_2 \longrightarrow nCO_2+(n+1)H_2O$
    - 部分氧化(在催化剂存在条件下,烷烃部分氧化成含氧化合物)
  - ③裂化反应(热裂化和催化裂化)　生成相对分子质量较小的分子,产物复杂

2. 烯烃

(1)烯烃的结构。烯烃的通式为 C_nH_{2n},官能团是碳碳双键。

(2)烯烃的异构。烯烃有构造异构(碳链异构和官能团位置异构)和构型异构(顺反异构)。烯烃和同碳原子数的环烷烃互为同分异构体。

(3)烯烃的命名。含有双键的最长碳链为主链,根据主链碳原子数称为某烯;靠近双键的一端编号;按照由小到大的次序将取代基的位置、数目、名称及双键位置写在母体名称的前面。顺反异构体的命名方法是:"顺"或"反"+系统命名。

(4)烯烃的化学性质。

- 烯烃
  - ①催化加氢反应　$RCH=CHR'+H_2 \xrightarrow{\text{催化剂}} RCH_2CH_2R'$
  - ②亲电加成反应
    - a. 与 HX 反应(X=Cl,Br,I;与不对称烯烃的反应遵循马氏规则)
    - b. 与 X_2 反应(X=Cl,Br;与溴反应可以验证碳碳双键的存在)
    - c. 与 H_2SO_4 反应(注意:碳连在氧上;与不对称烯烃的反应遵循马氏规则)
    - d. 与 H_2O 反应(与不对称烯烃的反应遵循马氏规则)
    - e. 与次卤酸反应(X=Cl,Br;烯烃和卤素在水溶液中直接反应;与不对称烯烃的反应遵循马氏规则)
  - ③氧化反应
    - a. 催化氧化(催化剂:活性 Ag;产物:环氧化物)
    - b. $KMnO_4$
      - 冷、中/碱性 $KMnO_4$ 溶液　产物:邻二醇
      - 热、酸性 $KMnO_4$ 溶液　产物:羧酸和酮的混合物
  - ④聚合反应
    - a. 加聚反应　$nCH_2=CH_2 \xrightarrow{TiCl_4-Al(C_2H_5)_3} \text{+}CH_2-CH_2\text{+}_n$
      乙烯(单体)　　　聚乙烯(高分子)
    - b. 共聚反应　由两种不同单体共同聚合的反应
  - ⑤α 氢原子的反应
    - a. 氯代反应　$CH_2=CHCH_3+Cl_2 \xrightarrow{500℃} CH_2=CHCH_2Cl+HCl$
    - b. 氧化反应
      - $CH_2=CHCH_3+O_2 \xrightarrow[370℃,0.25MPa]{Cu_2O} CH_2=CH-CHO$（丙烯醛）
      - $CH_2=CHCH_3+NH_3+\frac{3}{2}O_2 \xrightarrow[470℃]{\text{磷钼酸铋}} CH_2=CHCN+3H_2O$（丙烯腈）

3. 炔烃

(1)炔烃的结构。炔烃的通式为 C_nH_{2n-2}。官能团是碳碳三键。

(2)炔烃的异构。炔烃有构造异构(碳链异构和官能团位置异构)。炔烃和同碳原子数的环烯烃、二烯烃互为同分异构体。

(3)炔烃的命名。炔烃的系统命名法和烯烃相似，只是将“烯”改成“炔”。如果分子中既有碳碳双键，又有碳碳三键，一般先命名烯再命名炔，碳链编号以双键与三键位次和最小为原则。

(4)炔烃的化学性质。

炔烃
- ①炔氢的活泼性（弱酸性）
  - a. 炔氢被金属取代，生成金属炔化物；此反应常用来鉴别、分离乙炔或末端炔烃
  - b. 实例
    - $HC{\equiv}CH + 2Ag(NH_3)_2NO_3 \longrightarrow AgC{\equiv}CAg\downarrow + 2NH_4NO_3 + 2NH_3$（硝酸银氨溶液；乙炔银(白色)）
    - $HC{\equiv}CH + 2Cu(NH_3)_2Cl \longrightarrow CuC{\equiv}CCu\downarrow + 2NH_4Cl + 2NH_3$（氯化亚铜氨溶液；乙炔亚铜(棕红色)）
- ②加成反应
  - a. 催化加氢　铂、钯、镍为催化剂，最后生成烷烃；若使用林德拉催化剂，最后得到烯烃
  - b. 亲电加成
    - Ⅰ. 与 X_2 反应(X=Cl, Br；控制反应条件可使反应停止在一分子加成产物上；双键优先发生加成；与溴反应可以验证碳碳三键的存在)
    - Ⅱ. 与 HX 反应(X=Cl, Br, I；$HgCl_2$ 为催化剂，反应可停留在烯烃阶段；不对称炔烃的加成遵循马氏规则)
    - Ⅲ. 与 H_2O 反应(烯醇式产物发生分子内异构化，最终得到醛或酮)
  - c. 亲核加成
    - Ⅰ. 与 HCN 反应　$HC{\equiv}CH + HCN \xrightarrow{Cu_2Cl_2-NH_4Cl} CH_2{=}CHCN$
    - Ⅱ. 与醇反应(碱性条件)
      $$HC{\equiv}CH + C_2H_5OH \xrightarrow[\text{加热,加压}]{\text{碱}} CH_2{=}CHOC_2H_5$$
- ③氧化反应　三键断裂生成羧酸或 CO_2
- ④聚合反应　一般不聚合成高聚物，不同条件下，可聚合成链状或环状化合物

4. 二烯烃

(1)二烯烃的结构。二烯烃的通式为 C_nH_{2n-2}。与同碳原子数的炔烃互为同分异构体。

(2)共轭二烯烃的化学性质。

共轭二烯烃
- ① 亲电加成　$CH_2{=}CH{-}CH{=}CH_2 + HBr$
  - $\xrightarrow{1,2\text{-加成}} CH_3{-}CHBr{-}CH{=}CH_2$
  - $\xrightarrow{1,4\text{-加成}} CH_3{-}CH{=}CH{-}CH_2Br$
- ②聚合反应(制备合成橡胶的基本反应)

思考题与习题

1. 用系统命名法命名下列化合物：

(1) 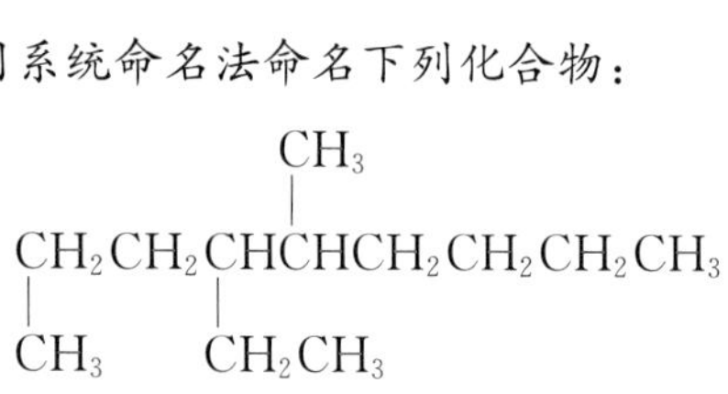

(2) 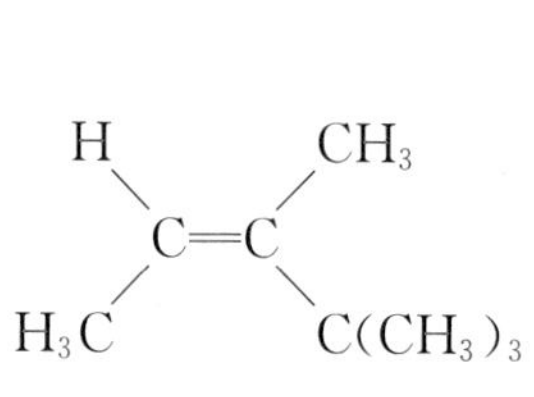

(3) $HC{\equiv}CCH_2CH(CH_3)_2$

(4) 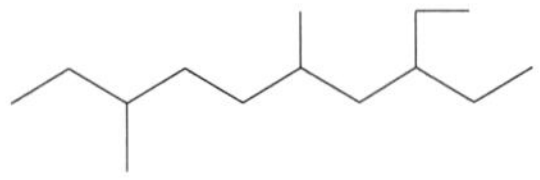

(5) $H_2C{=}CHCH_2C{\equiv}CH$

(6) $(CH_3)_3C(CH_2)_3CH(CH_3)_2$

(7) 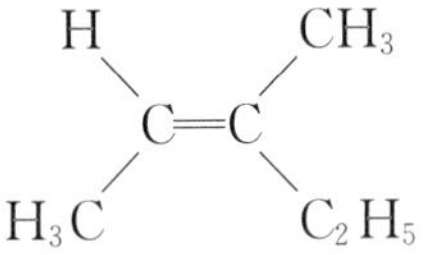

(8) $CH_3CH_2CH{=}C(CH_3)CH_2CH_2CH_3$

(9) $CH_3C{\equiv}C(CH_2)_4CH(CH_3)_2$

(10) 

2. 写出下列化合物的构造式，并指出其中烷烃分子中的伯、仲、叔、季碳原子。

(1)2,2,3－三甲基戊烷　(2)1,2－二氯乙烯　(3)顺－3－甲基－2－己烯　(4)乙烯基乙炔

(5)2,4－二甲基－3－乙基己烷

3. 不查表试判断下列化合物沸点高低的顺序：

2,2－二甲基丙烷　　2－甲基丁烷　　正戊烷

4. 用反应式表示2－甲基－2－丁烯与下列试剂的反应：

(1)溴的四氯化碳溶液　(2)氯气和水　(3)浓硫酸　(4)酸性高锰酸钾溶液

5. 写出由1－丁炔与下列试剂反应的化学方程式：

(1)硝酸银的氨溶液　(2)2mol H_2　(3)H_2O(在 $HgSO_4$—H_2SO_4 存在下)　(4)2mol HBr

6. 写出由异戊二烯聚合生成天然合成橡胶的反应式。

7. 某烃甲，分子式为 C_3H_6，低温时与 Cl_2 作用生成乙($C_3H_6Cl_2$)，高温时则生成丙(C_3H_5Cl)，当甲被酸性高锰酸钾溶液氧化时，可得乙酸和二氧化碳，试写出各步反应式及甲、乙、丙3种化合物的构造式。

8. 由指定原料合成下列化合物，其他所需原料自选，试写出完整的反应式：

(1)$CH_3CH{=}CH_2 \longrightarrow CH_2BrCHBrCH_2Cl$

(2)$HC{\equiv}CH \longrightarrow CH_2BrCHBrCHBrCH_2Br$

(3)$HC{\equiv}CH \longrightarrow CH_2{=}CClCH{=}CH_2$

参考文献

[1][美]R. T. 莫里森，R. N. 博伊德. 有机化学[M]. 复旦大学化学系有机化学教研组，译. 北京：科学出版社，1982.

[2]徐寿昌. 有机化学(第二版)[M]. 北京：高等教育出版社，2003.

[3]余肇铭，张守中，畦伟民. 纺织有机化学[M]. 上海：上海交通大学出版社，1985.

[4]邢其毅，徐瑞秋，周政，等. 基础有机化学[M]. 北京：高等教育出版社，2001.

第三章 脂环烃

人们把碳原子相互连接成环，而性质与链状的脂肪烃类相似的一类碳氢环状化合物，称为脂环烃。

第一节 脂环烃的分类和命名

一、脂环烃的分类

按分子中组成环的碳原子数目，可将脂环烃分为三元环、四元环、五元环等；按分子中所含的碳环数目，分为单环、二环或多环脂环烃；按碳环中有无不饱和键，分为环烷烃、环烯烃和环炔烃[1]。本章主要讨论单环环烷烃。

二、脂环烃的命名

1. 环烷烃的命名

环烷烃由于首尾 2 个碳相连成键，因此比同碳数目的烷烃少 2 个氢原子，所以环烷烃的通式为 C_nH_{2n}，与开链单烯烃一样，两者互为同分异构体。

对于简单的环烷烃来说，命名时在相应的直链烷烃名称前加一个“环”字即可，在书写结构式时，为了方便起见，常用简化的图形表示。例如：

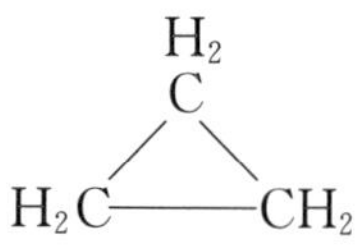

可简化为：

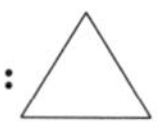

环丙烷

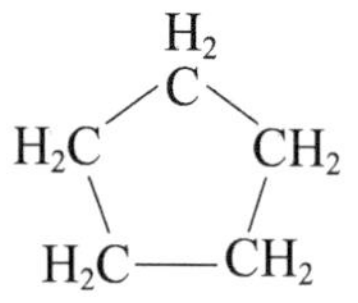

可简化为：

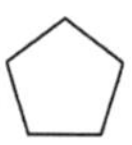

环戊烷

被简单的烷基所取代的环烷烃，可将烷基作为取代基，碳环为母体，编号时应使取代基位置和最小，同时把较小的位次尽先给予较小的取代基。例如：

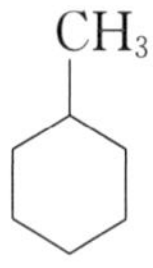

甲基环己烷

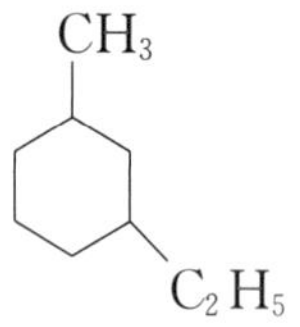

1-甲基-3-乙基环己烷

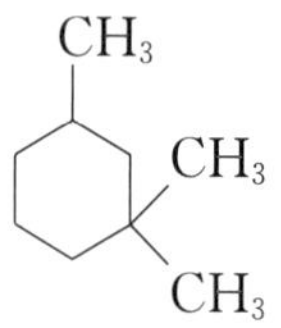

1,1,3-三甲基环己烷

对于比较复杂的化合物，或环上所带的支链不易命名时，可将环作为取代基。例如：

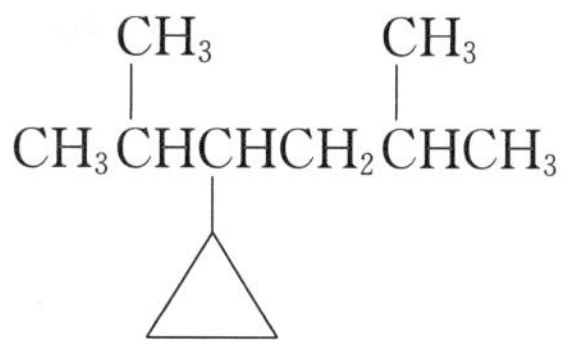

2,5-二甲基-3-环丙基己烷

对于4个碳或以上的环烷烃，除与同碳数的单烯烃为同分异构体外，还有环状的同分异构体，如 C_4H_8 表示的环烷烃就有两个：

环丁烷

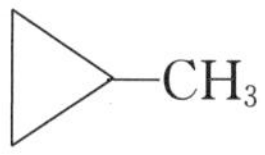

甲基环丙烷

随着碳原子数目的增加，环烷烃的同分异构现象就更为复杂。

2. 不饱和脂环烃的命名

对于环烯烃或环炔烃，将1,2位次留给双键或三键碳原子，如果只有一个双键碳上有取代基，则此双键碳为1号碳，若两个双键碳上均无取代基或均有取代基，则既要使双键碳位置号最小，且还要让取代基位置和最小。例如：

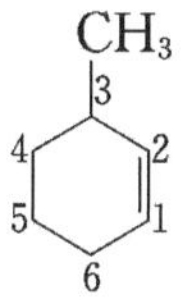

3-甲基环己烯

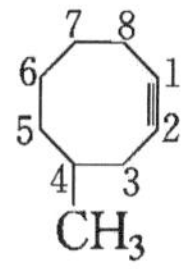

4-甲基环辛炔

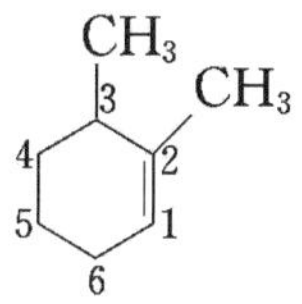

2,3-二甲基环己烯

第二节　环烷烃的性质

一、环烷烃的物理性质

环烷烃的熔点和沸点及相对密度均比相应的烷烃高，常温常压下环丙烷、环丁烷为气体，环戊烷以上为液体，高级环烷烃为固体。常见环烷烃的物理常数见下表。

常见环烷烃的物理常数

名　　称	沸点(℃)	熔点(℃)	相对密度
环丙烷	−32.7	−127.6	0.689
环丁烷	12.5	−80.0	0.704
环戊烷	49.3	−93.9	0.746
环己烷	80.7	6.6	0.778
环庚烷	118.5	−12.0	0.810
环辛烷	150.0	14.3	0.830

二、环烷烃的化学性质

环烷烃的化学性质与烷烃相似，也可发生取代反应和氧化反应，但由于具有环状结构，因此还有其特殊性。

(一)取代反应

环烷烃在高温或紫外光的作用下，同烷烃一样，也可以发生自由基取代反应。例如：

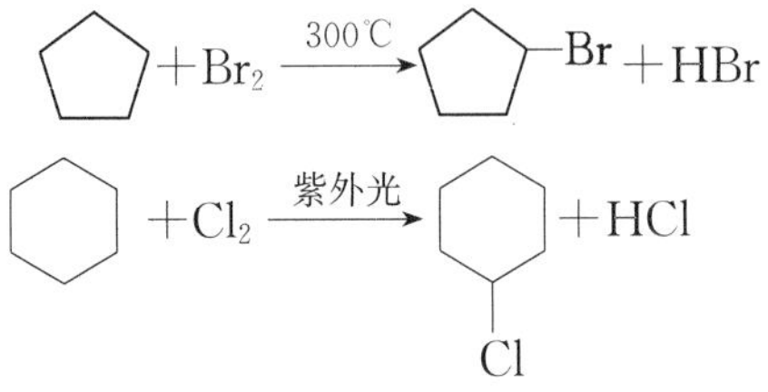

在发生取代反应时，环烷烃所得的产物比烷烃简单，如环烷烃的一元取代产物只有一种，而丙烷就有两种一元取代产物。

(二)氧化反应[2]

在常温下，环烷烃一般不与氧化剂、空气中的氧反应，即使性质最活泼的环丙烷，也不能使高锰酸钾溶液褪色。因此，可利用高锰酸钾溶液鉴别烯烃和环烷烃。但是在加热情况下，用强氧化剂或在催化剂存在下用空气直接氧化，则环烷烃可被氧化成不同的产物。例如：

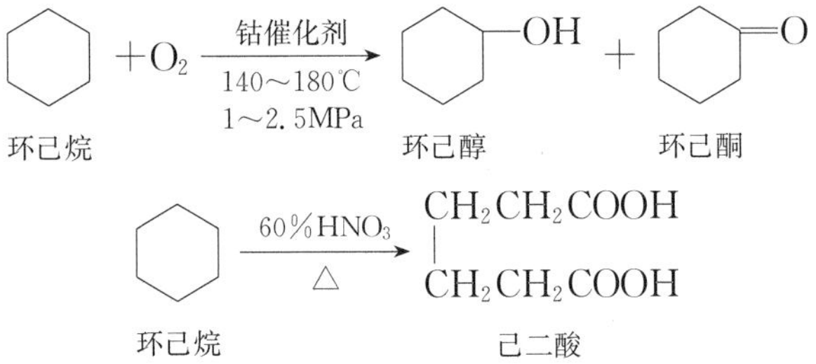

环己醇、环己酮、己二酸都是合成锦纶(尼龙)的原料。

(三)开环加成反应

小环环烷烃与烯烃相似，和氢气、卤化氢等试剂作用，会发生环断裂，与试剂进行开环加成，但是随着碳环数目的增大，它的反应性会逐渐减弱。

1. 催化加氢

环烷烃在催化剂存在下，与氢气反应，环打开，两边各加一个氢原子，生成烷烃。例如：

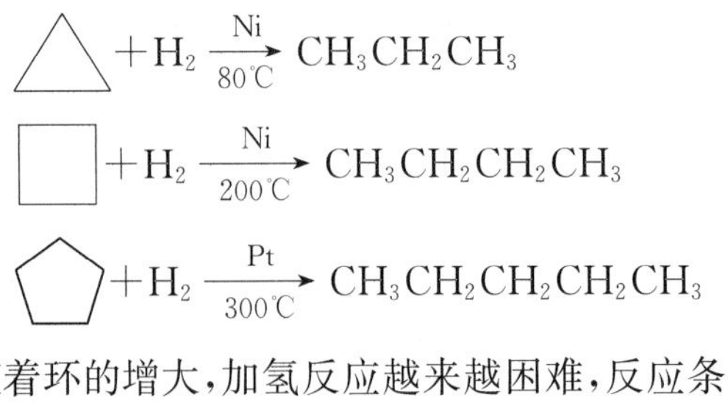

由上面的反应可以看出，随着环的增大，加氢反应越来越困难，反应条件越来越苛刻，由此可知小环不稳定，比较活泼，易发生加成反应；而大环比较稳定，不易发生加成反应，而易发生取代反应，因此可以概括为“小环似烯，大环似烷”。

2. 加卤素

环丙烷及其烷基衍生物容易开环与卤素加成，生成相应的卤代烃。例如：

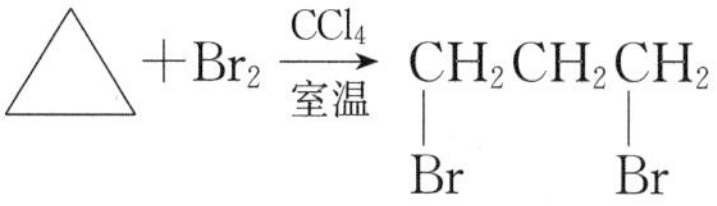

与环丙烷比较，环丁烷必须在加热情况下才能与卤素发生加成反应（如下式），而环戊烷及以上的环烷烃则不与溴加成，温度升高时发生取代反应。

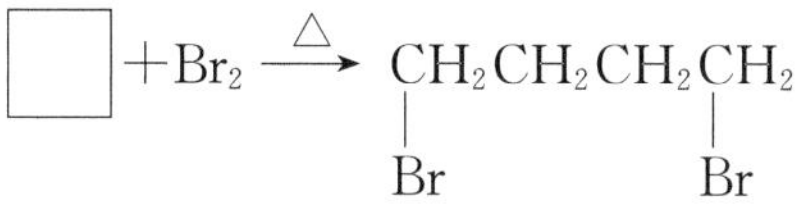

3. 加卤化氢

三碳环也容易与卤化氢进行加成反应，如下式：

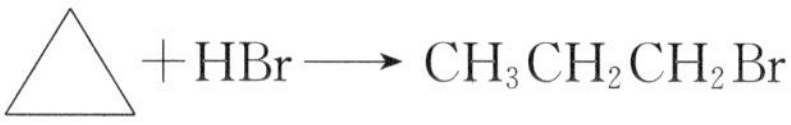

当环丙烷上的氢原子被烷基取代，这时它与卤化氢加成时，环的破裂发生在含氢最多和含氢最少的 2 个成环碳原子之间，并且遵循马氏规则。如：

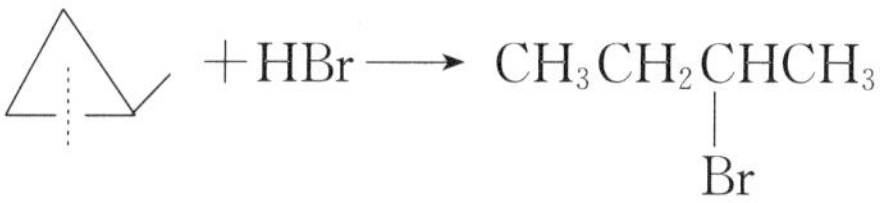

环丁烷及更大的环不易发生和卤化氢的开环加成反应。

第三节 环烷烃的结构与稳定性*

从环烷烃的化学性质可以看出，小环（主要是指环丙烷、环丁烷）的性质不同于其他环烷烃，它更不稳定，容易开环加成，这是和它的结构有着密切关系的。

一、拜尔（Baeyer A）张力学说

1885 年，为了解释环状化合物的某些问题，拜尔提出了张力学说[3]。环烷烃分子中的环碳原子也是 sp^3 杂化，即任何 2 个碳碳之间的键角均为 109.5°，他提出，在环烷烃分子中，假设环中所有碳原子均在同一平面，环中碳碳之间夹角越接近正常角度（109.5°），此环越容易形成，并且生成的环状化合物也相对稳定。

依照拜尔张力学说，环丙烷的环是 3 个角都为 60°的三角形，环丁烷的环是 4 个角都为 90°的正方形，因此，为了适应环的几何形状，环丙烷在成环时就必须将键角从 109.5°压缩成 60°，而环丁烷则需压缩到 90°。这样在这些小环中，由于它们的键角与正常的四面体键角有了一定的偏差，因此产生了分子内的张力，这种由于键角偏离正常键角引起的张力叫角张力或拜尔张力。角张力的存在，使得小环化合物能量增高，相对不稳定，容易开环而形成稳定的链状化合物，从而减小角张力。环丙烷键角的偏差（109.5°－60°＝49.5°）大于环丁烷（109.5°－90°＝19.5°），所

以环丙烷受到的张力更大，在化学性质上也就比环丁烷更活泼。

按照拜尔张力学说，五元环最稳定，因为正五边形的夹角(108°)非常接近于碳的正常键角，因此环戊烷实际上没有角张力，而六元环以及六元以上的环，角张力又在逐渐增大，应该是不稳定的，但实际上六元环是自然界中最稳定的环，六元以上的环也是稳定的，这与拜尔的张力学说是不一致的。

拜尔张力学说，对于小环由于角张力存在而容易发生开环反应的解释，得到普遍认可，但其假设所有的环都是平面的，并依此推断环的稳定性，是与事实不符的。因为除了环丙烷，其他环烷烃均不是平面结构。

二、环丙烷的结构

现代价键理论如何解释环丙烷的结构呢？我们知道，在链状的丙烷分子中，3 个碳原子均采取 sp^3 杂化，彼此之间以 sp^3 杂化轨道沿着轨道对称轴相互重叠，这样的重叠程度最大，形成的 C—C σ 键也最牢固，这时 C—C—C 的键角为 109.5°。

然而，在环丙烷分子中，情况却不相同，环丙烷中的 3 个碳也是采取 sp^3 杂化，但由于其平面三角形的几何形状的限制，碳碳之间的 sp^3 杂化轨道不可能沿着轨道对称轴进行正面的最大程度重叠，而是偏离一定角度，斜着重叠的，这种重叠程度较小，键较弱，较不稳定，这种键与普通的 σ 键不一样，它的电子云没有轨道对称轴，而是分布在一条曲线上，因此被称为弯曲键，因为形如香蕉，俗称香蕉键。弯曲键的存在，是造成环丙烷能量高、不稳定、容易开环加成的根本原因，如图 3－1 所示。

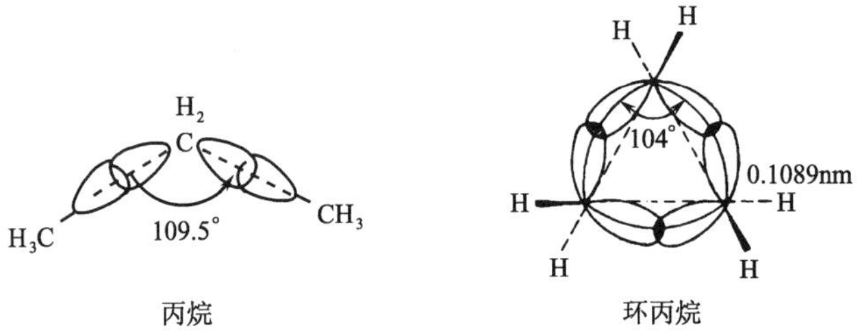

图 3－1　丙烷和环丙烷分子中碳碳键原子轨道重叠情况

环丙烷分子中由于弯曲键的存在，使键角不能达到正常键角，所以分子中存在一定的角张力，因此环丙烷的环为张力环，同样，环丁烷也是张力环，只是张力小于环丙烷，所以环丁烷性质也比较活泼，但不如环丙烷活泼。

三、环己烷的结构

环己烷及其衍生物是自然界中存在最为广泛的脂环化合物，自然界之所以选择了六元环，是因为六元环的稳定性。

1. 环己烷的构象[4]

环己烷如果是平面结构，C—C—C 夹角应是 120°，这与正常的 sp^3 键角有一定的偏差，故这种结构有一定的角张力，不会很稳定，然而实际上环己烷不是平面结构，而是一种折叠式结构，这种结构中，键角基本保持 109.5°，没有角张力，所以是很稳定的。

环己烷有各种构象，可以经过单键的旋转而相互转变，其中较为稳定的两种典型构象是椅型构象和船型构象。

环己烷的椅型构象的透视式和纽曼投影式如图 3－2 所示。

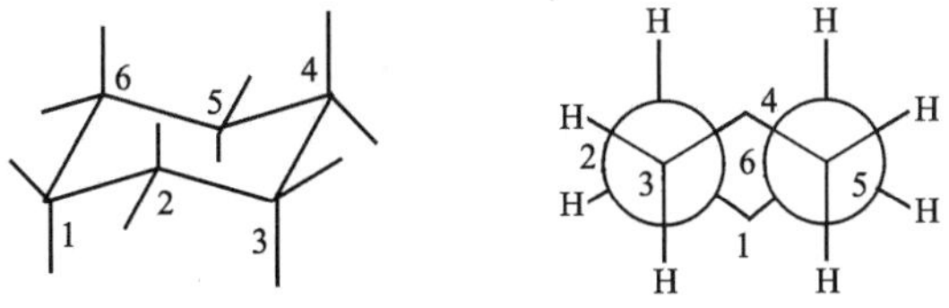

透视式　　　　纽曼投影式

图 3－2　环己烷的椅型构象

在椅型构象中，环己烷的 6 个碳原子并不在同一个平面上，而是分布在 2 个平面上，C(1)、C(3)、C(5)在一个平面上，C(2)、C(4)、C(6)在另一个平面上，两个平面彼此平行。椅型环己烷中有 12 个 C—H σ 键，可以分成两类，有 6 个 C—H σ 键垂直于碳原子所在平面，被称为直立键或 a 键，其中 3 个 a 键方向朝上，3 个 a 键方向朝下，另外还有 6 个 C—H σ 键，它们分别与 6 个直立键成 109.5°，叫做平伏键或 e 键，其中 3 个斜向上方，另 3 个斜向下方，这样每个碳原子上均有一个 a 键和一个 e 键，如图 3－3 所示。

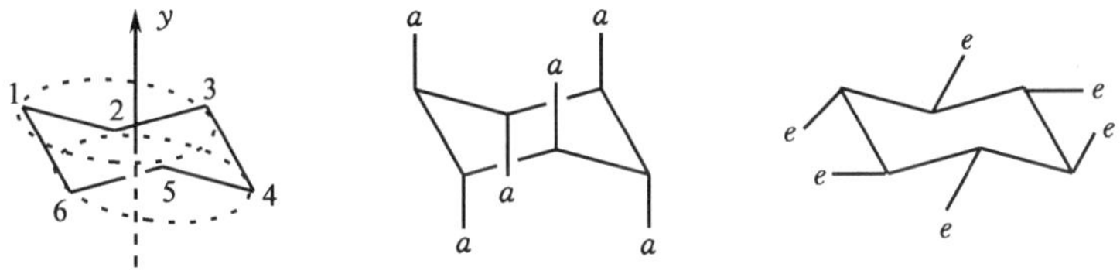

图 3－3　椅型环己烷中的 a 键和 e 键

在室温下，环己烷分子可以由一个椅型构象经过翻转而变成另一个椅型构象，这时原来的 a 键都变成了 e 键，而原来的 e 键都变成了 a 键。如图 3－4 所示。

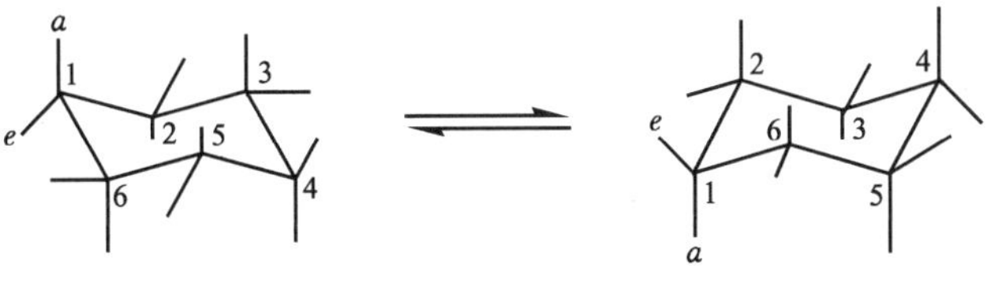

图 3－4　环己烷椅型构象之间的相互转变

环己烷的船型构象的透视式和纽曼投影式如图 3－5 所示。从纽曼投影式中可以看出，椅型构象中的相邻 C—H 键处于交叉式位置，而船型构象中的 C(2)、C(3)和 C(5)、C(6)两对碳原子上的键则是处于重叠式位置，此外在船型构象中，船头与船尾的 C(1)、C(4)两个碳原子的氢距离很近，有一定的排斥力，因此船型构象的能量比椅型的能量高，常温下环己烷几乎以椅型构象存在。

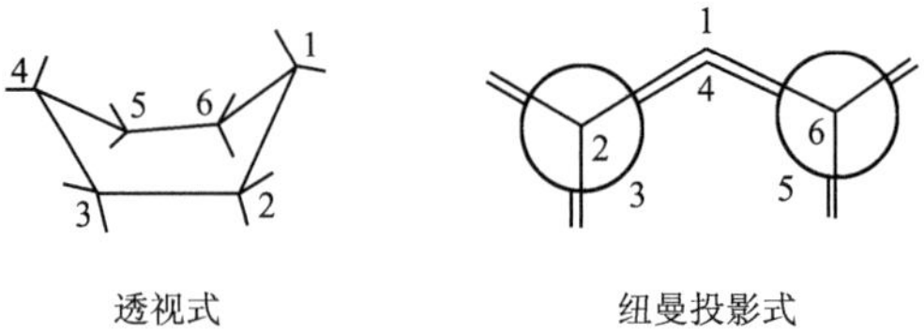

图 3－5　环己烷的船型构象

2. 一取代环己烷的构象

一取代环己烷的取代基可以占直立键，也可以占平伏键，这是两种构象异构体，可以不断地互相转变着，达到平衡。由于以 *a* 键相连的取代基与环上其他方向相同的 *a* 键氢原子距离较近，斥力较大而不稳定，所以一取代环己烷的稳定构象是取代基占据 *e* 键的椅型构象。

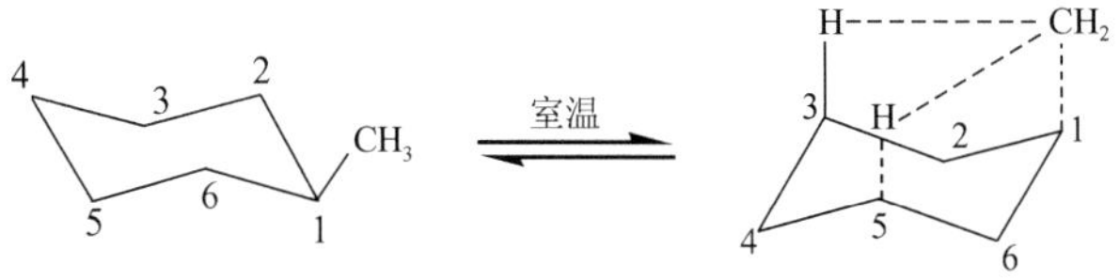

95%　　　　　5%

复习指导

1. 脂环烃的命名

(1)环烷烃的命名。对于简单的环烷烃，直接在相应的直链烷烃名称前加一个“环”即可；被简单烷基取代的环烷烃，烷基作为取代基，碳环为母体，编号时满足取代基的位次和最小，同时把较小的位次先给予较小的取代基；对于复杂的化合物或环上所带的直链不易命名时，将环作为取代基再命名。

(2)不饱和脂环烃的命名。将 1,2 位次留给双键或三键碳原子，满足位置号、取代基位置和最小原则。

2. 环烷烃的化学性质

环烷烃
- ①取代反应(一元取代产物只有一种)

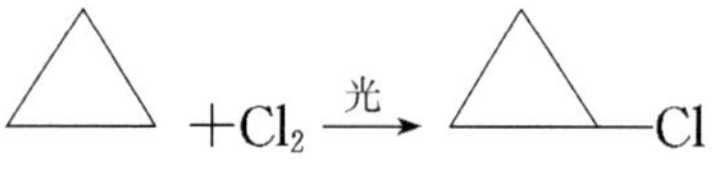

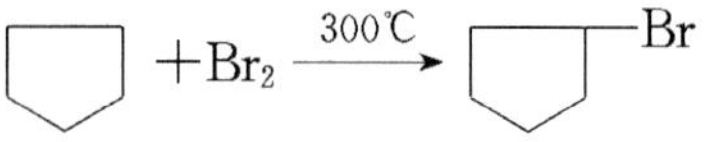

- ②氧化反应　加热，强氧化剂或催化剂存在时，空气直接氧化环烷烃

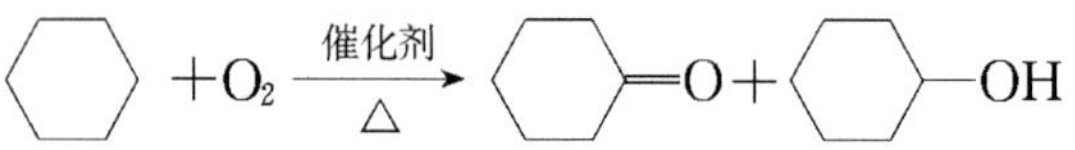

- ③开环加成反应
  - a. 催化加氢：开环，两边各加一个氢原子；环越大，反应越困难
  - b. 加卤素：碳原子数大于等于 5 的环烷烃不易发生开环加成
  - c. 加卤化氢：在含氢最多和含氢最少的碳原子之间开环，遵循马氏规则加成

☞ 思考题与习题

1. 命名下列化合物：

(1) 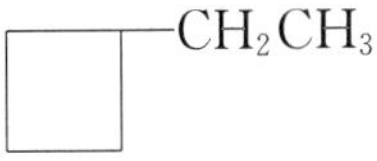

(2) 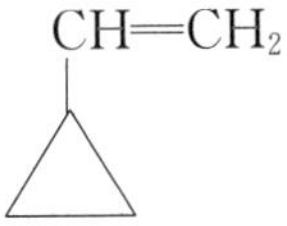

(3) 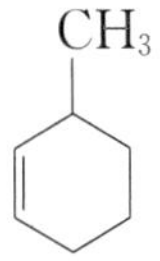

(4) 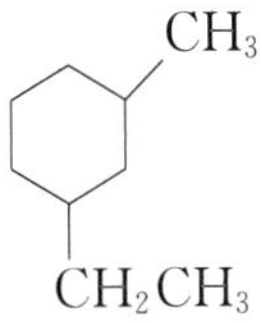

(5) 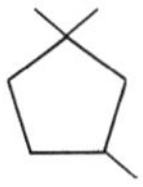
(6) 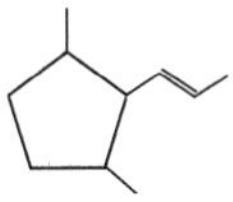

(7) 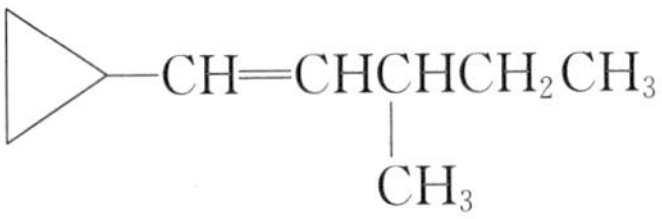

2. 试写出下列化合物的构造式：

(1)甲基环戊烷 (2)1-甲基环己烯 (3)3-甲基环戊烯 (4)1,3-环己二烯 (5)1,3-二甲基-2-异丙基环丁烷

3. 完成下列反应方程式：

(1) 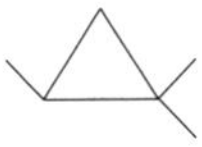 $+HBr \longrightarrow ?$

(2) 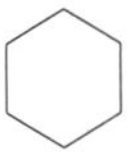 $+Cl_2 \xrightarrow{?} ?$

(3) 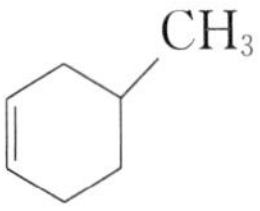

$+Br_2 \longrightarrow ?$

(4)  $+Br_2 \longrightarrow ?$

(5)  $+2H_2 \xrightarrow[\triangle]{Ni} ?$

(6) 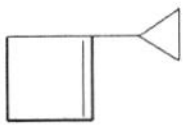 $\xrightarrow[H^+]{KMnO_4} ?$

4. 用化学方法鉴别下列各组化合物：

(1)丙烷 环丙烷 丙烯

(2)环己烷 环己烯 1-己炔

(3)环丁烷和1-丁烯

5. 化合物A的分子式为C_4H_8，它能使溴水褪色，但不能使稀的高锰酸钾溶液褪色。1mol A与1mol HBr作用生成B，B也可以从A的同分异构体C与HBr作用得到。化合物C

既能使溴水褪色，也能使稀的高锰酸钾溶液褪色。试推测化合物 A、B、C 的构造式，并写出各步反应式。

参考文献

[1]邢其毅，徐瑞秋，周政，等. 基础有机化学[M]. 北京：高等教育出版社，2001.
[2]恽魁宏. 有机化学[M]. 北京：高等教育出版社，1986.
[3][美]R. T. 莫里森，R. N. 博伊德. 有机化学[M]. 复旦大学化学系有机化学教研组，译. 北京：科学出版社，1982.
[4]徐寿昌. 有机化学(第二版)[M]. 北京：高等教育出版社，2003.

第四章　芳香烃

芳香烃简称芳烃，是芳香族化合物的母体。最初，芳香族化合物是指从天然的香树脂和香精油中提取得到的具有香味的物质。随着有机化合物的增多，在这类化合物中，有的不仅没有香味，甚至还有臭味，因此，只凭气味作为分类依据是不合适的。现在仍称芳香烃是历史沿用下来的。随着对此类化合物认识的不断深入，发现芳香族化合物大多具有苯环结构，并表现出独特的化学性质，不容易发生加成和氧化反应，容易发生取代反应。这种环的稳定性作为芳香族化合物的特性称为芳香性。因此，通常所指的芳烃是指分子中含有苯环的碳氢化合物。

芳烃可根据其结构的不同分为三类：单环芳烃、多环芳烃和稠环芳烃[1]。

单环芳烃：分子中只含有一个苯环的芳烃，它包括苯和苯的烃基衍生物。例如：

苯

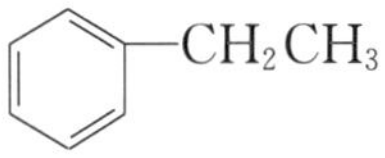

乙苯

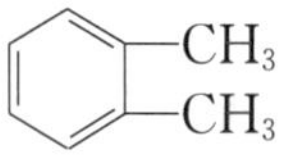

邻二甲苯

多环芳烃：分子中含有 2 个或 2 个以上独立苯环的芳烃。例如：

联苯

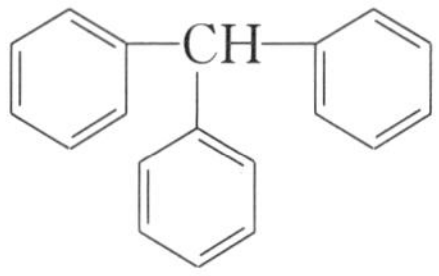

三苯甲烷

稠环芳烃：分子中含有 2 个或 2 个以上的苯环，彼此通过共用 2 个相邻碳原子稠合而成。例如：

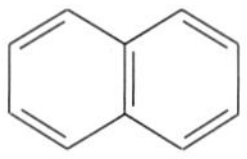

萘

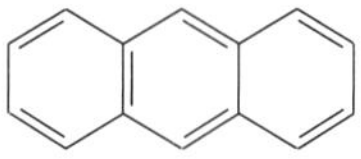

蒽

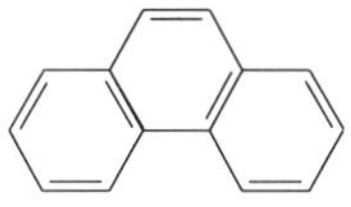

菲

第一节　单环芳烃

一、单环芳烃的命名

烷基苯的命名是以苯环为母体，烷基作为取代基，称为“某烷基苯”，命名时常把“基”字省略。例如：

苯

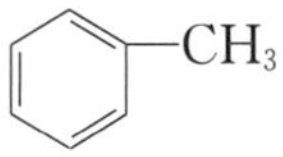

甲苯

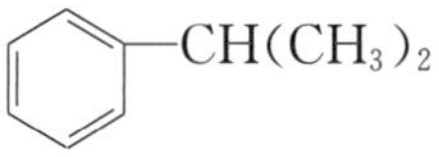

异丙苯

当苯环上连有 2 个或 2 个以上烷基时，为标明它们的相对位置，可用阿拉伯数字来表示。如果苯环上仅有 2 个取代基，也可用“邻”、“间”、“对”字来表示它们的相对位置。如果苯环上仅有 3 个取代基，且 3 个取代基相同时，也可用“连”、“偏”、“均”字来表示它们的相对位置。例如：

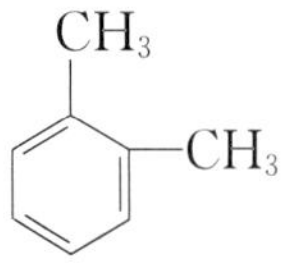

1,2-二甲苯
邻二甲苯
o-二甲苯

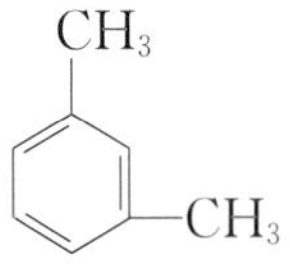

1,3-二甲苯
间二甲苯
m-二甲苯

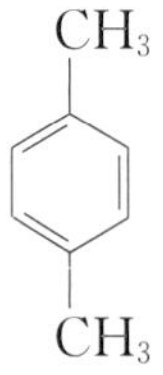

1,4-二甲苯
对二甲苯
p-二甲苯

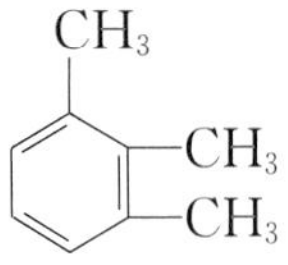

1,2,3-三甲苯
连三甲苯

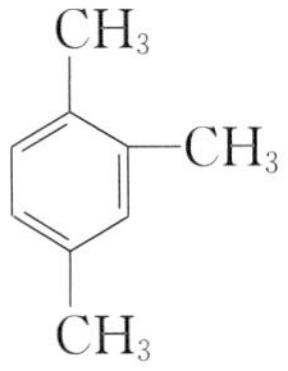

1,2,4-三甲苯
偏三甲苯

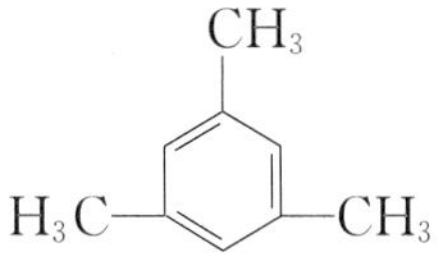

1,3,5-三甲苯
均三甲苯

如果烷基不同，则选择与最简单烷基相连的苯环上的碳为 1 号位，然后将其他烷基位置按尽可能小的方向沿苯环编号。例如：

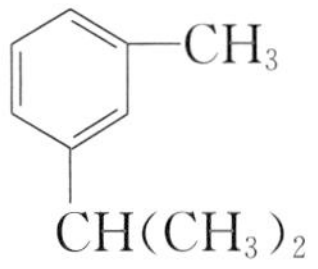

3-异丙基甲苯(或 *m*-异丙基甲苯)

对于结构复杂或支链上有官能团的化合物，也可以把支链作母体，苯环作为取代基来命名。例如：

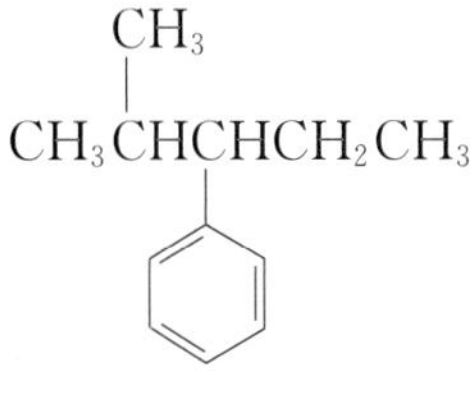

2-甲基-3-苯基戊烷

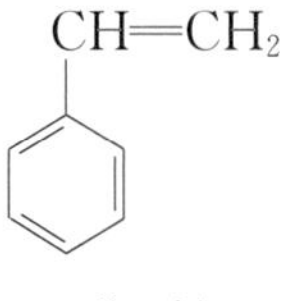

苯乙烯

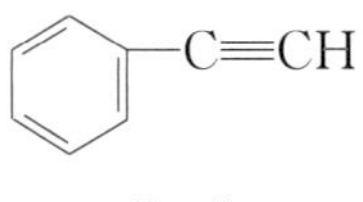

苯乙炔

芳烃分子中去掉一个或几个氢原子后所剩下的基团叫芳基，通常用 Ar—表示。苯分子中去掉 1 个氢原子后所剩下的基团  叫苯基，即 C_6H_5—，也用 Ph 表示。甲苯的甲基上去掉 1 个氢原子后所剩下的基团 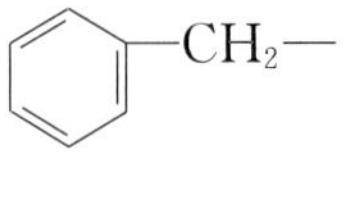 ，称为苯甲基或苄基。

二、苯的结构

1865 年，德国化学家凯库勒(Kekule)提出，苯是一个对称的六碳环，每个碳原子上连有一个氢原子，为满足碳的四价，认为每隔一个单键存在一个双键，其构造式如下：

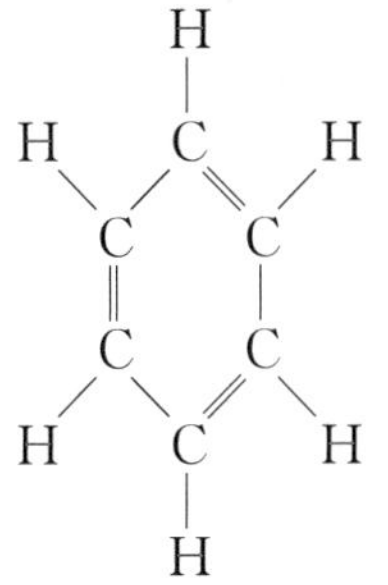

可简写成：

此式称为苯的凯库勒构造式。大量的实验证明，凯库勒的基本观点是正确的，但此式不能说明苯和烯烃性质的差别，因而不能圆满地反映出苯的结构。

近代物理方法证明，苯分子中的 6 个碳原子和 6 个氢原子都在同一个平面内，6 个碳原子组成一个正六边形，C—C 键长完全相等（0.140nm），所有的键角都是 120°。如图 4－1所示。

杂化轨道理论认为，苯分子中的碳原子采取 sp^2 杂化，每个碳原子以 3 个 sp^2 杂化轨道分别与碳和氢形成 3 个 σ 键。由于 3 个 sp^2 杂化轨道都处在同一平面内，所以，苯环上所有的原子都在一个平面内，并且键角为 120°，如图 4－2 所示。

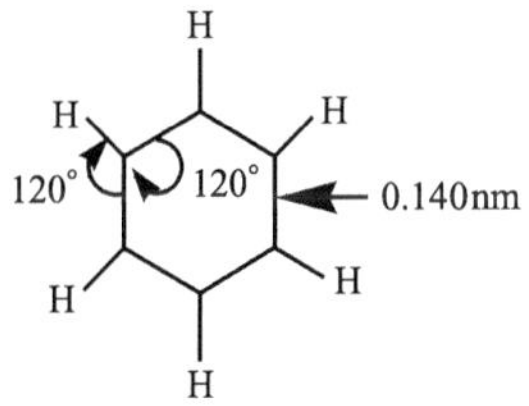

图 4－1　苯的结构

图 4－2　苯分子中的 σ 键

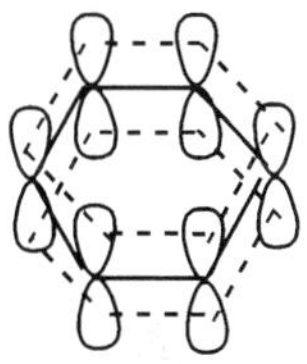

图 4－3　苯分子中的大 π 键

每个碳原子都有未参与杂化的 p 轨道，由于 p 轨道的对称轴都垂直于苯分子形成的平面，所以相互平行，因此所有的 p 轨道之间都可以相互重叠；同时，苯分子中的碳架是闭合的，这就形成了一个“闭合的共轭体系”，这个体系的特点是 p 轨道的重叠程度完全相等，所以 C—C 键长完全相等。这种闭合的共轭体系的能量低，使苯环具有特殊的稳定性。这样的闭合 π 键和烯烃的 π 键不同，通常叫做大 π 键，如图 4－3 所示。

目前尚未有确切体现苯分子结构特征的结构式。常用  或  来表示。

三、单环芳烃的物理性质

苯及其同系物多数是无色液体，比水轻，不溶于水，可溶于汽油、乙醇和乙醚等有机溶剂中，密度一般在 0.86～0.9g/cm^3 之间。甲苯、二甲苯等对某些涂料有较好的溶解性，可用作涂料工业的稀释剂。苯及其同系物有特殊的气味，蒸气有毒，其中苯的毒性较大，长期吸入它们的蒸气，能损坏造血器官和神经系统。一些常见单环芳烃的物理常数如表 4－1 所示。

表 4－1　单环芳烃的物理常数

名　称	沸点(℃)	熔点(℃)	密度(20℃)(g/cm³)
苯	80.1	5.4	0.879
甲　苯	110.60	－95.0	0.867
乙　苯	136.0	－95.0	0.867
丙　苯	159.5	－99.5	0.862
异丙苯	152.0	－96.0	0.862
邻二甲苯	144.0	－25.2	0.880
间二甲苯	139.0	－47.9	0.864
对二甲苯	138.0	13.0	0.861

四、单环芳烃的化学性质

苯的结构已经说明在苯环中不存在一般的 C═C，所以它不具备烯烃的典型性质。苯环相当稳定，不易被氧化，不易发生加成反应，而容易发生取代反应，这些是芳烃共有的性质，常被称为“芳香性”。

(一)取代反应

1. 卤代反应

卤代反应有两种类型，一种是苯环上的卤代，另一种是侧链上的卤代。

(1)苯环上的卤代。在铁粉或三卤化铁催化剂存在下，芳烃和卤素发生反应，苯环上的氢原子被卤原子取代，生成卤代苯。如下式：

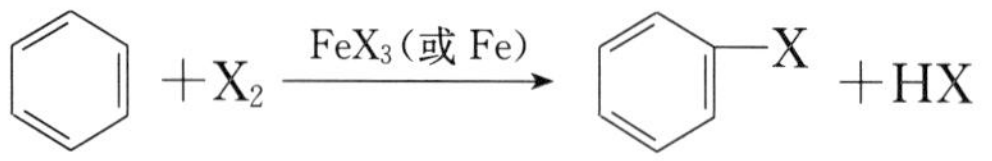

卤素取代苯环上氢原子的活泼次序是：氟＞氯＞溴＞碘。通常的卤代反应是指氯代和溴代反应。例如：

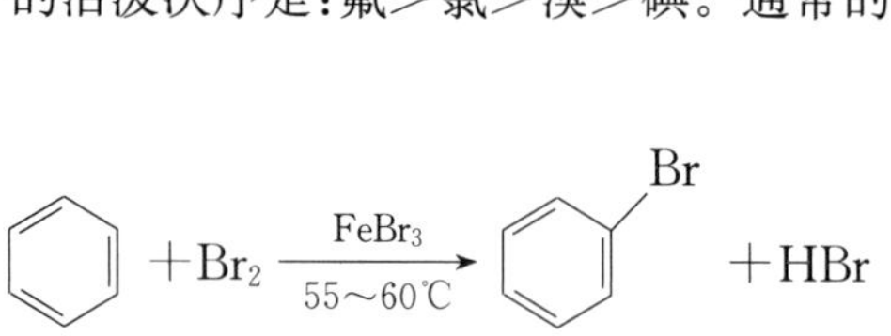

反应温度升高，一卤代苯可以继续卤代，主要产物是邻位和对位二卤代苯。例如：

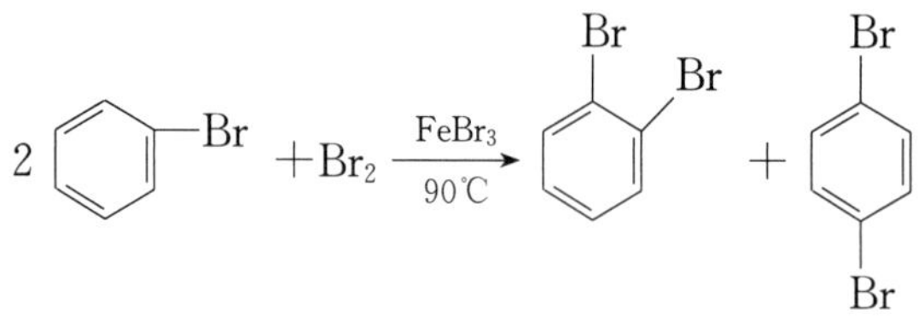

甲苯在催化剂存在下，比苯更容易进行卤代反应，主要生成邻位和对位产物。例如：

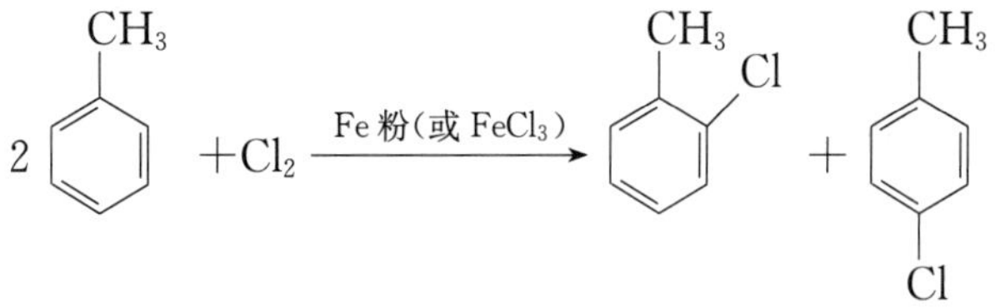

(2)侧链上的卤代。芳烃侧链上的卤代同烷烃卤代一样，属于自由基反应。反应在加热或光照下发生，在光照下或将氯气通入沸腾的甲苯中，苯环侧链甲基上的 α 氢原子能逐个被取代。例如：

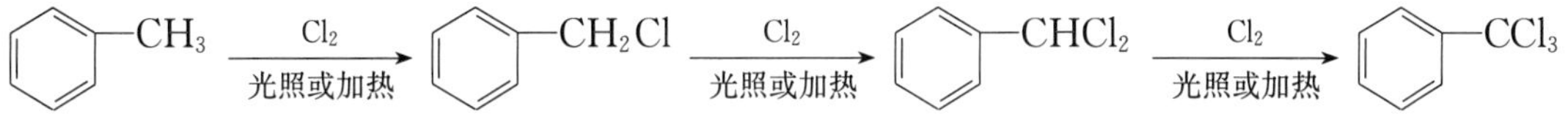

对于侧链含 2 个及以上碳原子烷基的芳烃，侧链卤代反应主要发生在 α 碳原子上。例如：

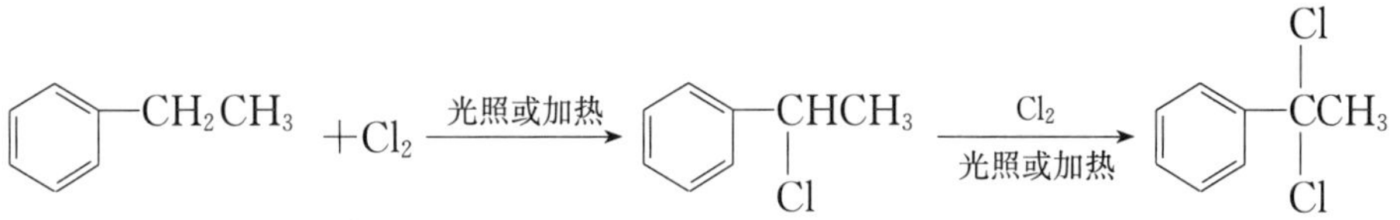

2. 硝化反应

芳烃分子中芳环上的氢原子被硝基(—NO_2)取代的反应称硝化反应。常用的硝化剂是浓硝酸和浓硫酸的混合物，俗称混酸。例如：

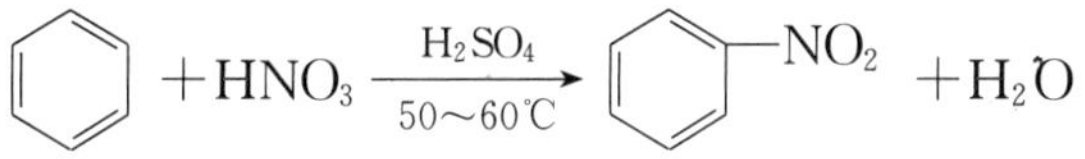

硝基苯不容易继续硝化，但如果增加硝酸的浓度，并提高反应温度，可以得到间二硝基苯。如下式：

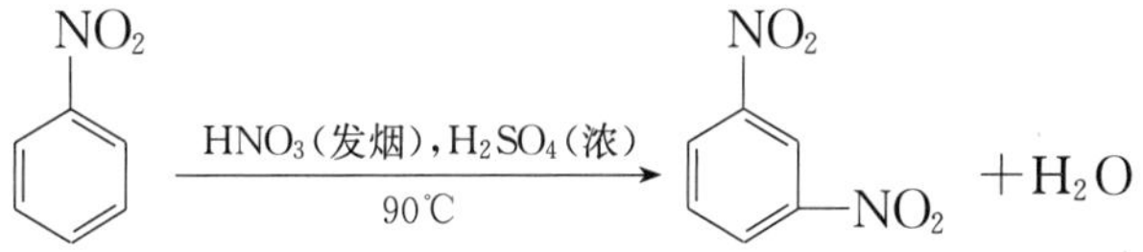

甲苯比苯容易硝化，硝化的主要产物是邻硝基甲苯和对硝基甲苯。如下式：

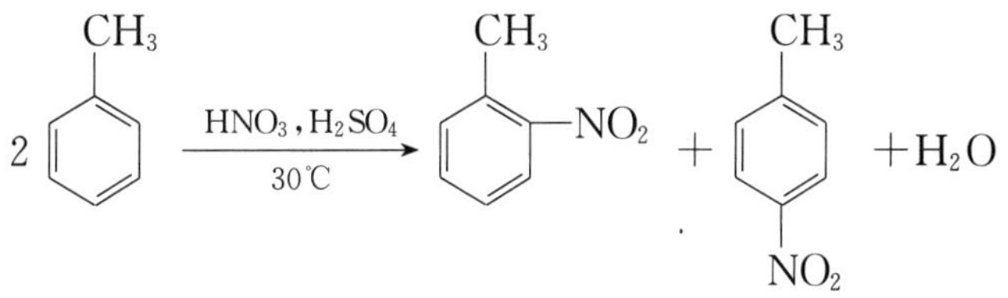

3. 磺化反应

苯以及同系物在加热下与浓硫酸发生反应，苯环上的氢原子被磺酸基(—SO_3H)取代，生成苯磺酸。如下式：

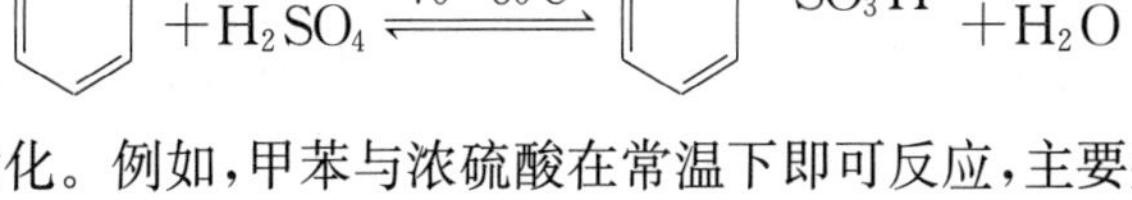

烷基苯比苯容易磺化。例如，甲苯与浓硫酸在常温下即可反应，主要生成邻位和对位产物。

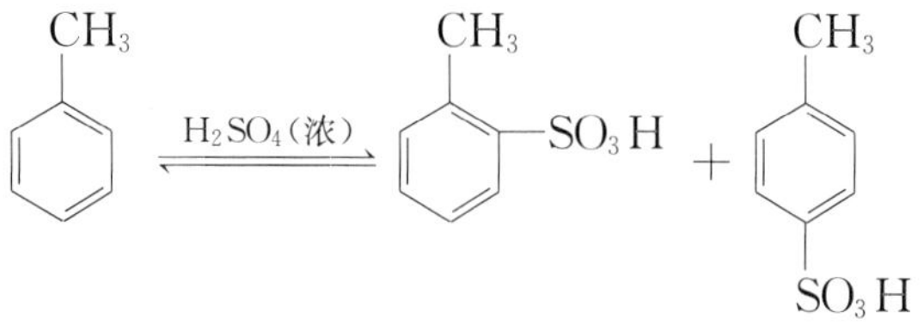

当反应温度升高时，对位产物的比例也相应提高。当温度升高到 100℃时，对位产物占 79%。

苯磺酸再磺化比苯困难，需采用发烟硫酸并在较高温度下进行，主要生成间苯二磺酸。如下式：

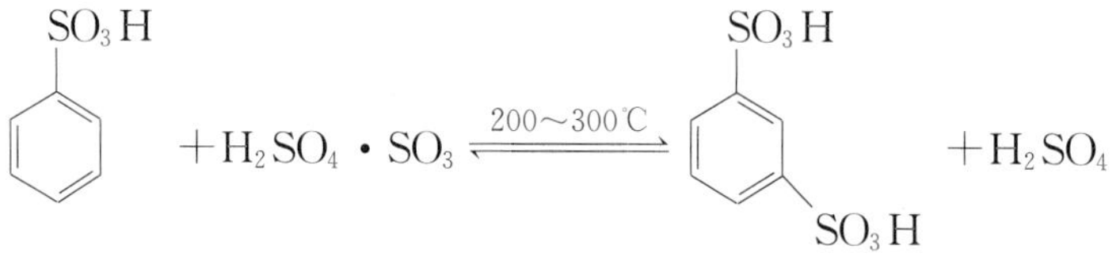

磺化反应是可逆反应，苯磺酸与水共热可脱去磺酸基。在有机合成中可以采取用磺酸基先占位，后除去的方法合成所需的化合物。例如，由甲苯制取邻氯甲苯时，若用甲苯直接氯代，得到难以分离的邻氯甲苯和对氯甲苯的混合物。若甲苯先磺化再氯化，产物经水解即可得到邻氯甲苯。如下式：

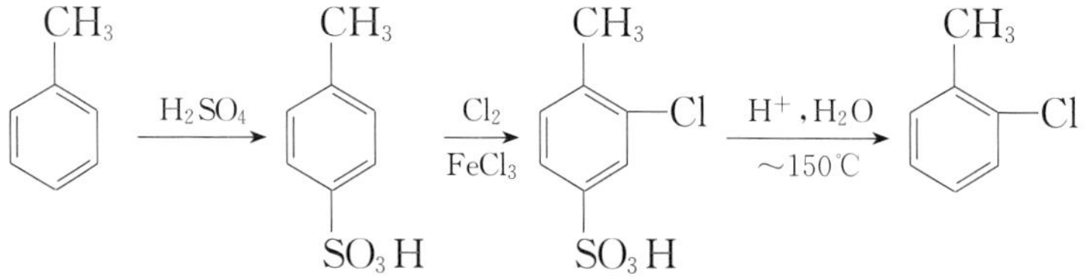

磺酸基极性大，易溶于水，引入磺酸基，可以改变有机物的水溶性。如在染料分子中引入磺酸基可以增加染料的水溶性，改善染色性能。

4. 傅瑞德尔—克拉夫茨(Friedel—Crafts)反应

在无水三氯化铝等路易斯酸的催化作用下，芳烃分子芳环上的氢原子被烷基或酰基取代的反应叫傅瑞德尔—克拉夫茨反应，简称傅—克反应。

(1)烷基化反应。在无水三氯化铝的催化下，苯可以与卤代烷反应，生成烷基苯，这种反应也称为烷基化反应。这是向苯环上引入烷基的方法之一。例如：

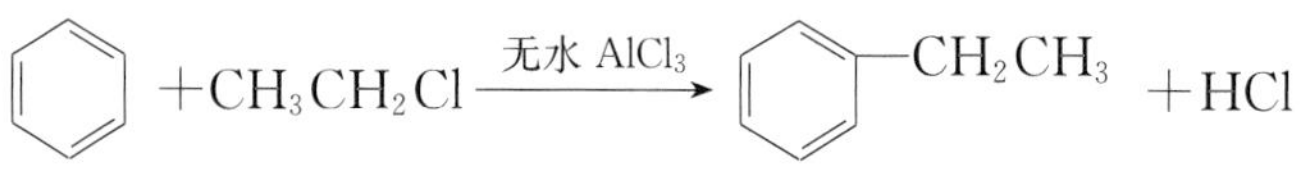

烷基化反应中，常用的烷基化试剂是卤烷、烯烃或醇。在烷基化试剂中，引入的烷基含有 3 个或 3 个以上碳原子时，常常会发生重排，得到重排产物。例如：

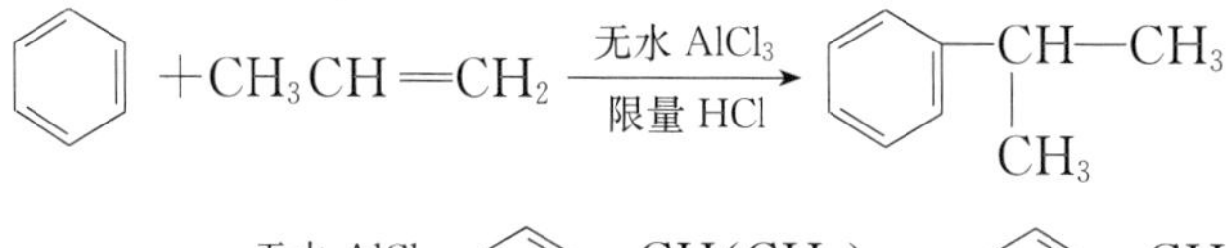

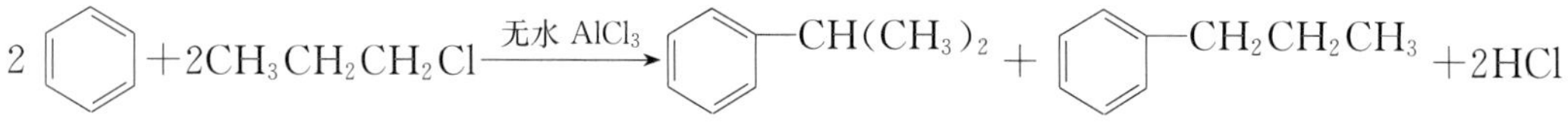

工业上利用烷基化反应来制备合成洗涤剂(即洗衣粉)中的主要成分十二烷基苯磺酸钠。如下式：

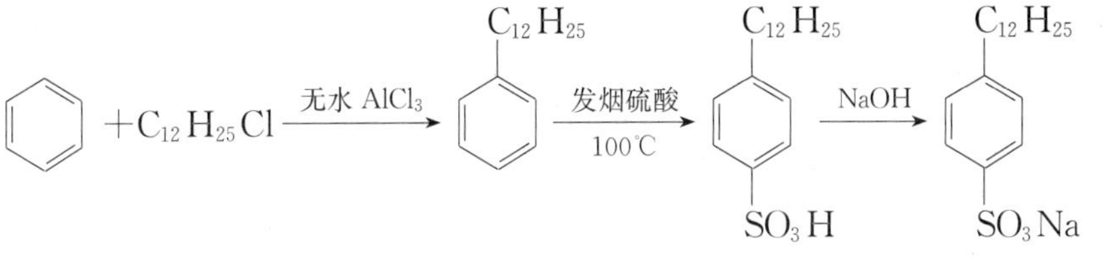

十二烷基苯磺酸钠

（2）酰基化反应。在无水三氯化铝作用下，苯与酰卤或酸酐作用，苯环上的氢原子被酰基取代生成芳酮，此反应称为酰基化反应。例如：

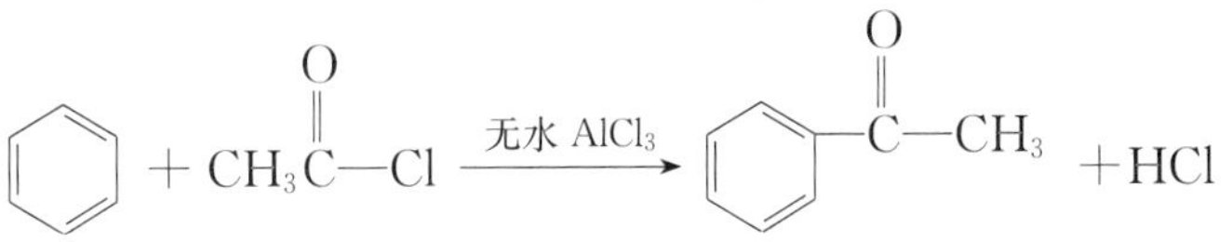

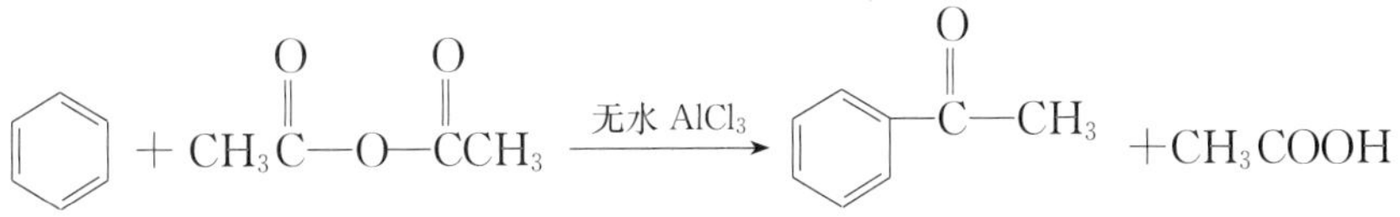

与烷基化不同，酰基化反应不发生异构化。当苯环上连有强的吸电子基团，如硝基、磺酸基、氰基等，一般不发生傅—克烷基化反应[2]。为此常用硝基苯作为傅—克烷基化反应的溶剂，因为苯和三氯化铝都能溶于硝基苯。

（二）加成反应

苯环比较稳定，一般不易发生加成反应，但在一定的条件下，也可以发生加成反应。例如在催化剂的存在下，苯环加氢生成环己烷，是工业生产环己烷的方法。如下式：

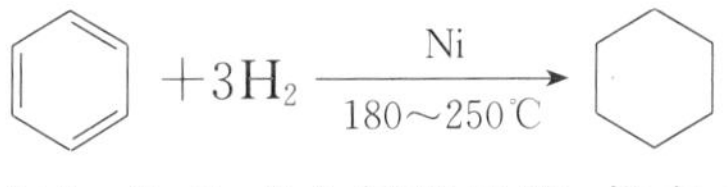

在紫外线的照射下，苯与氯气加成，生成六氯环己烷，俗名六六六，是一种曾经大量使用而早已被淘汰的农药。

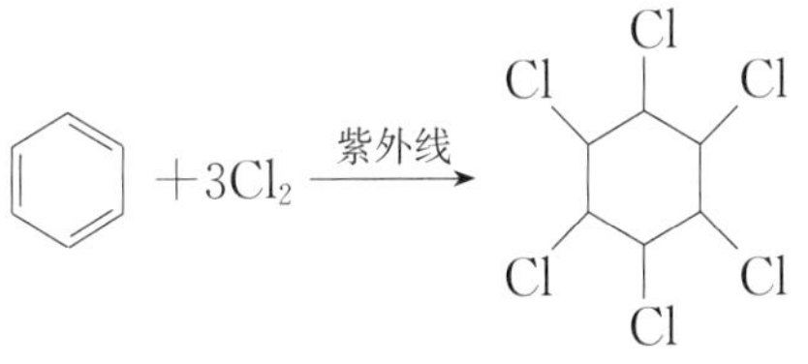

（$C_6H_6Cl_6$）

（三）氧化反应

通常情况下，苯环很稳定，不易被氧化。但在高温或催化剂存在下也可被氧化，例如，苯在高温和五氧化二钒的催化下，被空气氧化，苯环破裂生成顺丁烯二酸酐。如下式：

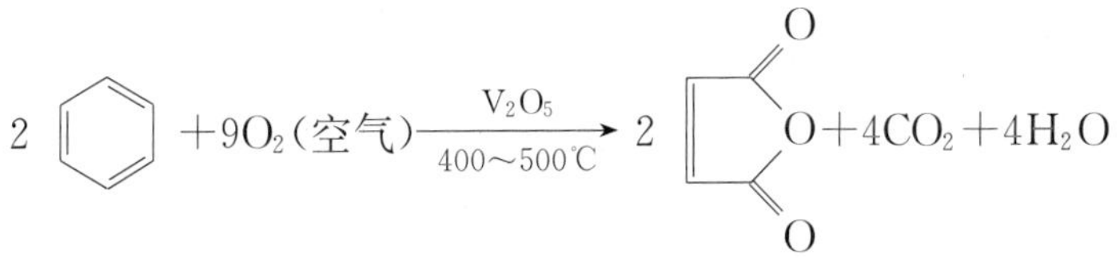

顺丁烯二酸酐

烷基苯比苯容易发生氧化反应。含有 α 氢的侧链与高锰酸钾或重铬酸钾溶液作用,不论侧链长短均被氧化成苯甲酸。例如:

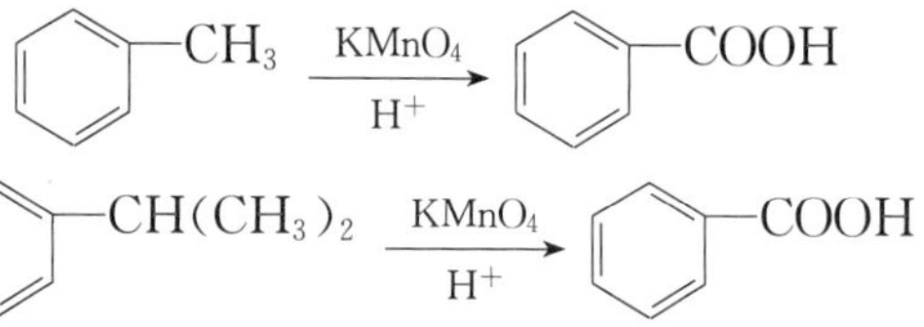

若无 α 氢,如叔丁苯[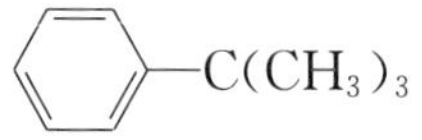],则侧链不易被氧化。

五、苯环上亲电取代反应历程简介

由于苯中大 π 键的电子流动性很大,因此和烯烃类似,有利于亲电试剂的进攻。实验证明,当亲电试剂和苯环上电子云密度较大的碳原子接触时,能够发生取代反应。苯的卤代、硝化、磺化、傅—克反应都属于亲电取代反应。下面以苯的氯代反应为例,对反应历程做简单介绍。

第一步,氯与催化剂三氯化铁作用生成亲电离子——氯正离子:

$$FeCl_3 + Cl—Cl \longrightarrow FeCl_4^- + Cl^+$$

第二步,生成的氯正离子进攻苯环,生成带正电荷的 σ 络合物:

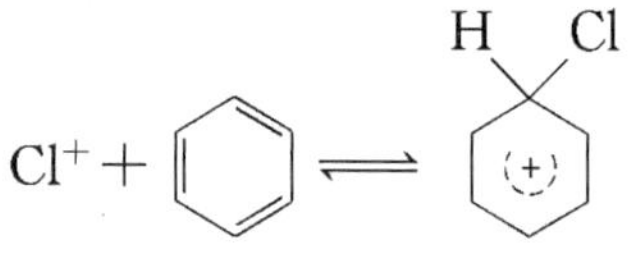

σ 络合物

第三步,σ 络合物脱去一个氢离子,恢复成稳定的苯环结构:

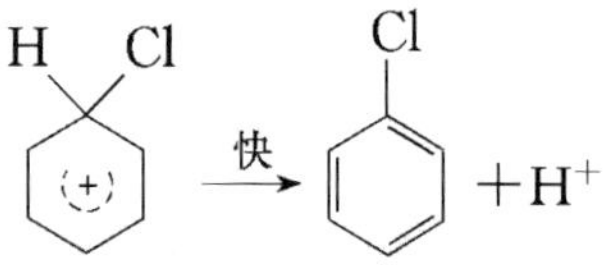

$$H^+ + FeCl_4^- \longrightarrow HCl + FeCl_3$$

像这样,当苯与反应试剂作用时,苯环上的氢原子总是被反应试剂中带正电荷的部分取代,所以叫做亲电取代反应。卤素、硝酸、硫酸等称为亲电试剂。

六、苯环上亲电取代反应的定位规律

(一)一元取代苯的定位规律

苯的一元取代物只有一种。而一元取代苯(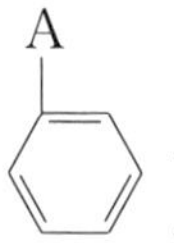)进行取代反应时,第 2 个基团 B 取代

环上不同位置的氢原子，可能得到邻、间和对位三种二元取代产物：

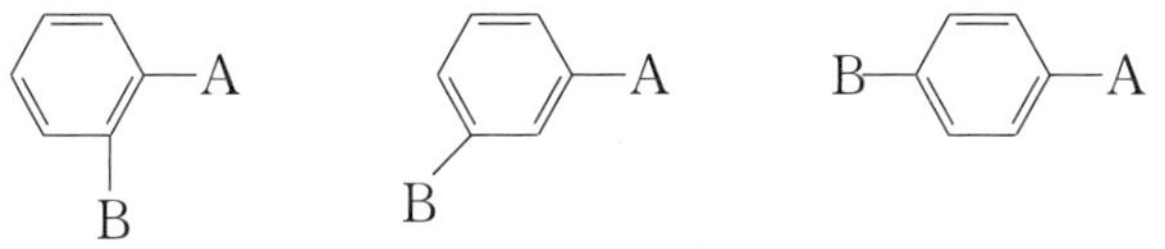

但对一个具体反应来说，这些位置上的氢原子被取代的机会不是均等的。例如，以甲苯和硝基苯的硝化为例，来观察一下反应产物的比例(不计水)：

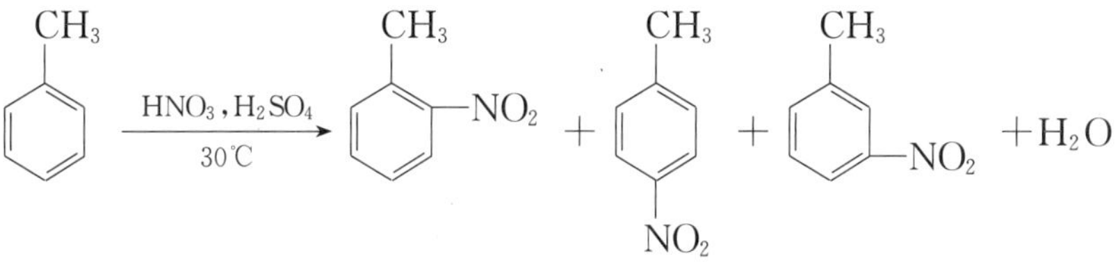

(58%)　　(38%)　　(4%)

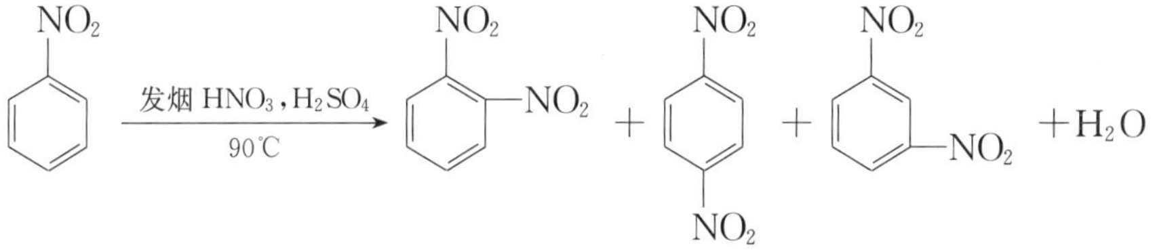

(6.4%)　　(0.3%)　　(93.3%)

因此，第 2 个取代基进入的位置，是由第 1 个取代基的性质决定的，即原有取代基对新取代基的进入有定位效应，所以把原有的取代基称为定位基。

根据实验结果，可把苯环上原有取代基按其定位效应分成两类：

1. 邻、对位定位基(第一类定位基)

这一类定位基能使新引进的取代基主要进入它的邻位和对位(邻位和对位取代物之和大于60%)。同时，一般能使苯环活化(卤原子、氯甲基等除外)，即苯环更容易发生取代反应。例如在同样的条件下，甲苯硝化要比苯硝化快得多。这类取代基与苯环直接相连的原子一般具有孤对电子(烷基例外)。

2. 间位定位基(第二类定位基)

这类定位基能使新引进的取代基主要进入它的间位(间位产物大于 40%)，并使苯环钝化。即当苯环上连有这类取代基时，难以发生取代反应。这类取代基与苯环直接相连的原子以重键与电负性较大的原子结合，或者带正电荷，—CCl_3 除外。

常见定位基的分类及活性顺序如表 4 - 2 所示。

(二)二元取代苯的定位规律

苯环上已有 2 个取代基，再引入第 3 个取代基时，有以下几种情况：

(1)苯环上原有的 2 个基团定位作用不一致时，有两种情况。

①原来的取代基为同一类时，第 3 个取代基进入的位置由定位能力强的确定。例如：

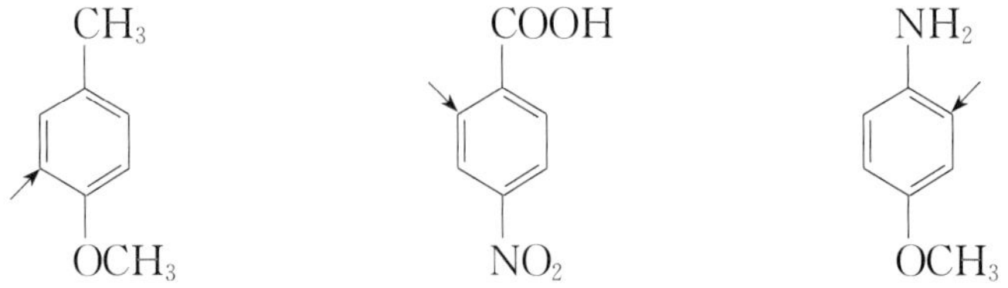

定位基强弱：$—OCH_3>—CH_3$　　$—NO_2>—COOH$　　$—NH_2>—OCH_3$

表 4－2　苯环上亲电取代反应中的两类取代基

<table>
<tr><th colspan="2">邻、对位定位基</th><th colspan="2">间位定位基</th></tr>
<tr><td>强活化作用</td><td>$—O^-$（氧负离子）
$—N(CH_3)_2$（二甲胺基）
$—NHCH_3$（甲胺基）
$—NH_2$（氨基）
—OH（羟基）</td><td rowspan="4">强钝化作用</td><td rowspan="4">$—N^+(CH_3)_3$（三甲铵基）
$—NH_3^+$（铵基）
$—NO_2$（硝基）
$—CF_3$（三氟甲基）
$—CCl_3$（三氯甲基）
—CN（氰基）
$—SO_3H$（磺酸基）
—CHO（醛基）
—COR（烷酰基）
—COOH（羧基）
$—CONH_2$（氨基甲酰基）</td></tr>
<tr><td>中等活化作用</td><td>$—OCH_3$（甲氧基）
$—NHCOCH_3$（乙酰胺基）</td></tr>
<tr><td>弱活化作用</td><td>$—CH_3$（甲基）
—R（烷基）
$—OCOCH_3$（乙酰氧基）</td></tr>
<tr><td>弱钝化作用</td><td>—F（氟原子）
—Cl（氯原子）
—Br（溴原子）
—I（碘原子）
$—CH_2Cl$（氯甲基）</td></tr>
</table>

②原来的 2 个取代基为不同类时，第 3 个取代基进入的位置由邻对位定位基确定。如下例中的（Ⅰ）和（Ⅳ）。

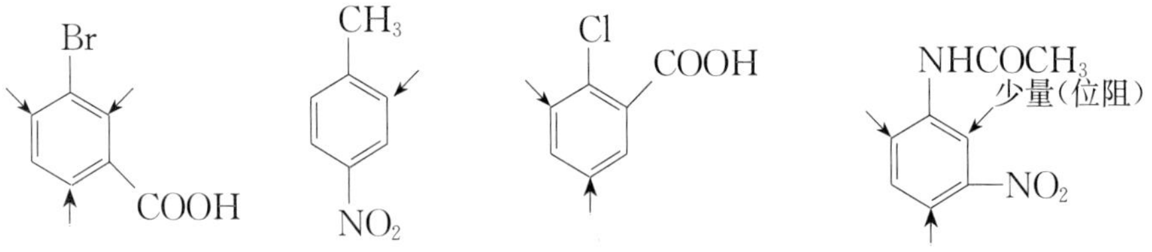

（Ⅰ）　　（Ⅱ）　　（Ⅲ）　　（Ⅳ）

（2）苯环上原有的两个基团定位作用一致时，仍由上述定位规律来决定。如上例中的（Ⅱ）和（Ⅲ）。

（三）定位规律的应用

在科学实验及生产当中，应用定位规律，可以预测反应的主要产物，确定合理的合成路线，得到较高产量的合成产物。

例 1 由苯合成间溴硝基苯。

由苯先硝化再溴代，否则得到的为邻溴硝基苯和对溴硝基苯。

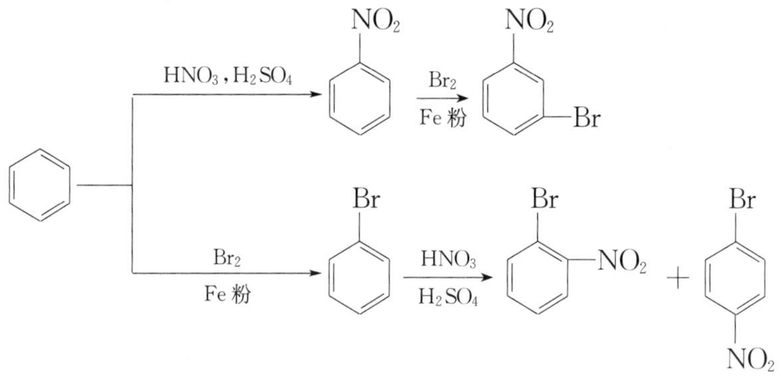

例 2 由甲苯合成4－氯－2－硝基苯甲酸。

甲苯应先卤代再硝化后氧化。

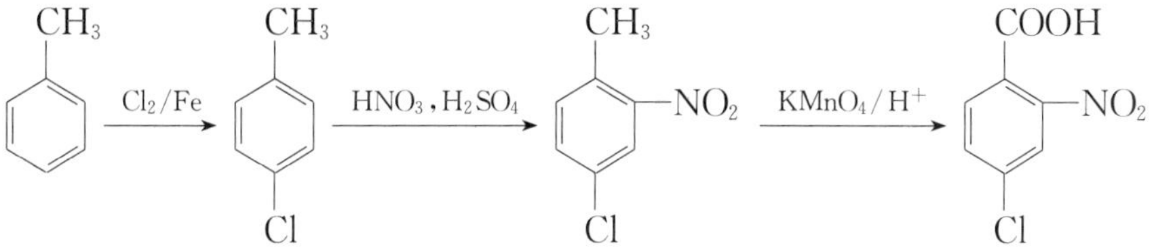

第二节 稠环芳烃

一、萘

(一)萘分子的组成和结构

萘为最简单的稠环芳烃，分子式为 $C_{10}H_8$，萘环碳原子的编号如下：

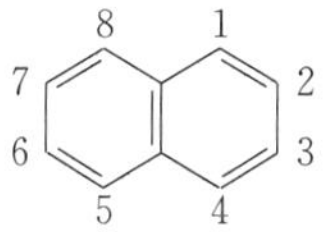

其中的1、4、5、8位是等同的，称为 α 位；2、3、6、7位也是等同的，称为 β 位。所以，一元取代萘有两种不同的异构体，α 取代萘和 β 取代萘。

实验证明：萘分子内的10个碳原子和8个氢原子均处在同一平面内。如同苯分子中的碳原子一样，萘环上的碳原子都是采取 sp^2 杂化，与相邻的碳原子或氢原子形成 C—C 或 C—H σ 键，每一个碳原子都有垂直于萘环平面的 p 轨道，都有一个 p 电子，这10个 p 轨道以“肩并肩”的方式彼此侧面交盖重叠，电子在其中高度离域，形成两个封闭且一部分叠合的环状共轭 π 键。如图4－4所示。由于没有完全平均化，萘分子中碳碳键长并不是完全相同，如图4－5所示。

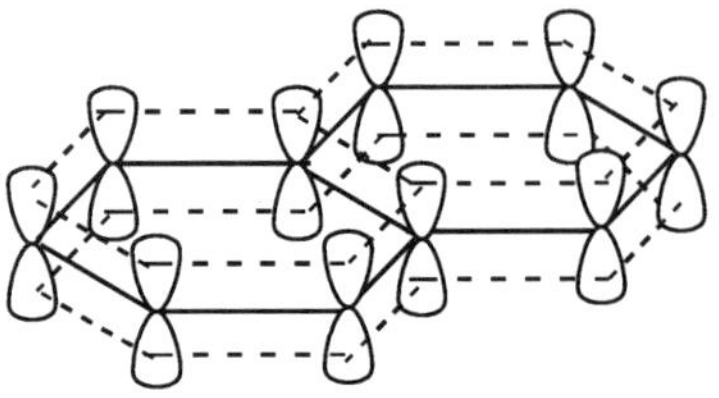

图 4－4　萘环分子中的共轭 π 键

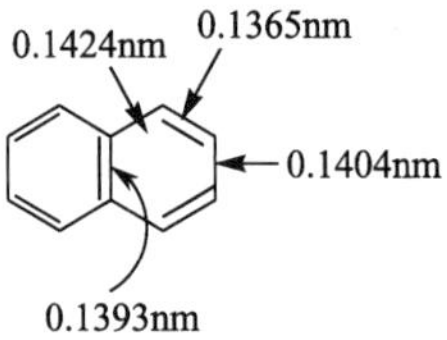

图 4－5　萘环分子中的碳碳键长

(二)萘的性质与应用

萘是无色片状具有光亮的晶体，熔点 80℃，沸点 218℃。有特殊气味，易升华，不溶于水，难溶于冷的乙醇，易溶于乙醚和热的乙醇中。目前市售卫生球就是用萘压制而成的。萘是有机化工基础原料，它的衍生物是合成染料、农药和医药的重要中间体。萘的芳香性小于苯，容易发生取代反应、氧化反应和加成反应。

1. 氧化反应

将萘的蒸气与空气混合，以五氧化二钒为催化剂，在高温条件下，萘被氧化为邻苯二甲酸酐，可用于合成树脂、增塑剂和染料等。如下式：

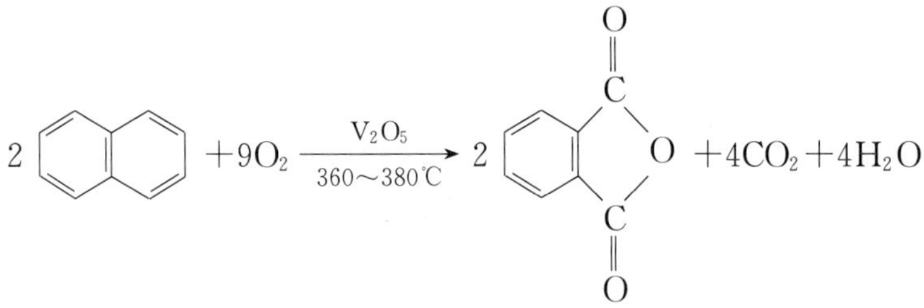

2. 加成反应

萘比苯容易进行加成反应，其中加氢最有意义。根据条件不同，可发生部分加氢和完全加氢。用金属钠和乙醇可使萘还原成 1,4－二氢化萘。如下式：

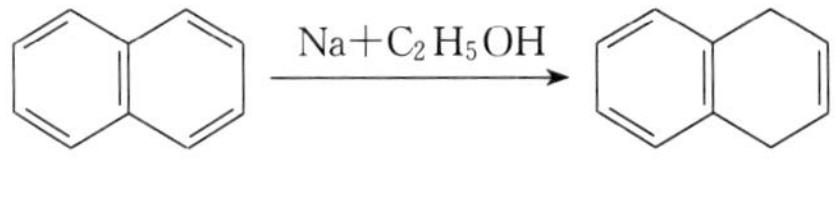

1,4－二氢化萘

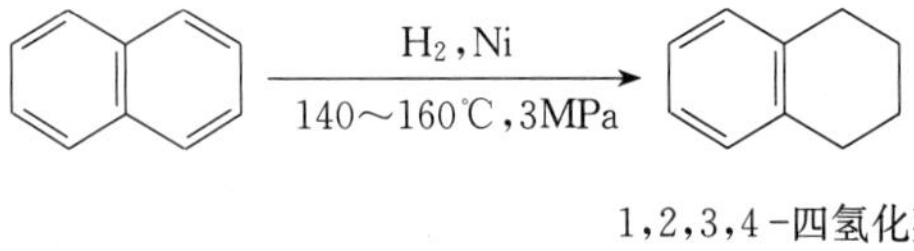

1,2,3,4－四氢化萘

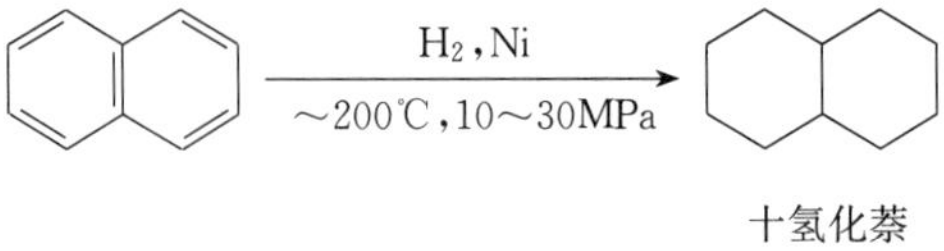

十氢化萘

1,4－二氢化萘、1,2,3,4－四氢化萘和十氢化萘都是性能良好的高沸点溶剂。

3. 取代反应

萘比苯易于发生亲电取代，实验证实，萘的 α 位比 β 位活泼，取代反应一般发生在 α 位。

在无水氯化铁的作用下，将氯气通入萘的苯溶液中，主要生成 α-氯萘。α-氯萘为无色液体，沸点为 259℃，常用作高沸点溶剂和增塑剂。在铁粉存在下，生成多氯化物，包括八氯萘。

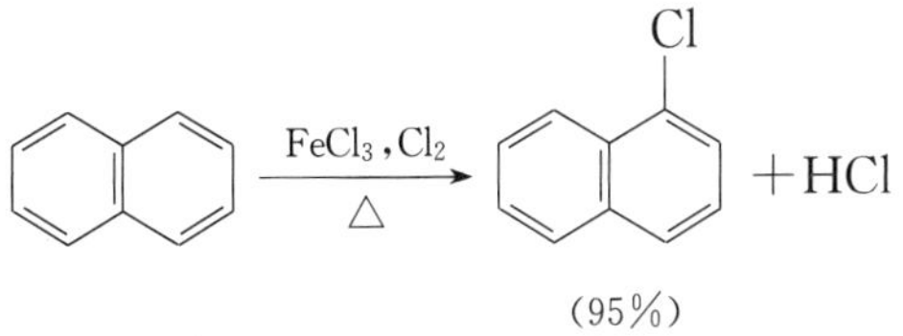

在室温下，萘与混酸反应，主要生成 α-硝基萘。其为黄色针状晶体，熔点为 61℃。

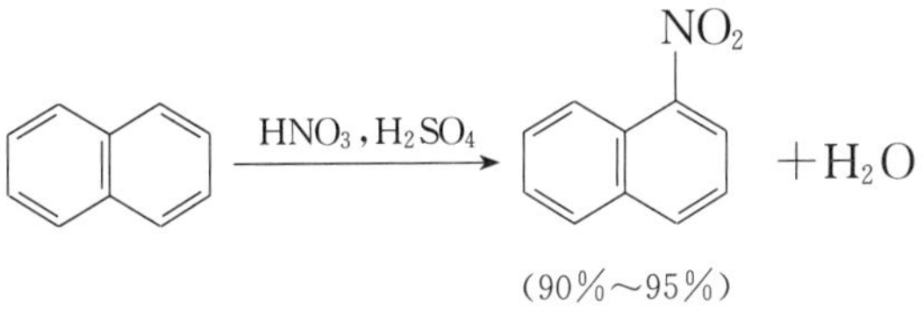

萘与浓硫酸在温度较低（60℃）时磺化主要生成 α-萘磺酸；在高温（165℃）时主要生成 β-萘磺酸。磺化反应是可逆反应，在较高温度下，α-萘磺酸能迅速转变成 β-萘磺酸。

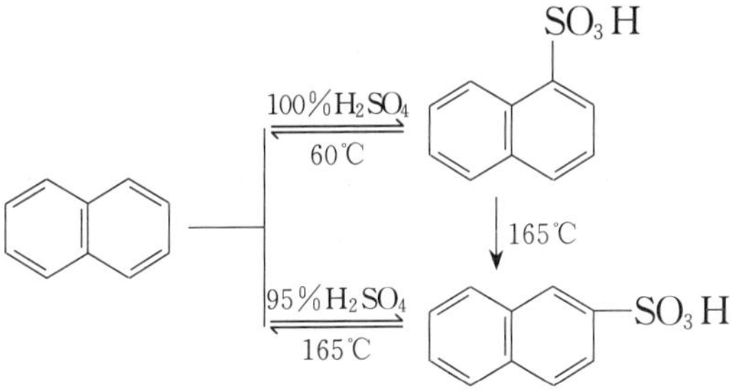

二、蒽

蒽分子的组成为 $C_{14}H_{10}$，构造式如下：

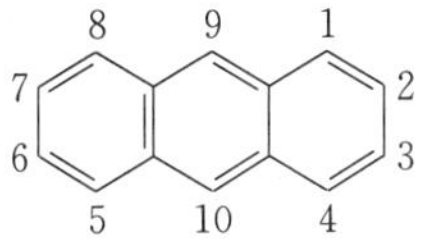

蒽的分子中有三组位置不同的连氢碳原子，1、4、5、8 碳原子称为 α 碳原子；2、3、6、7 碳原子称为 β 碳原子；9、10 碳原子称为 γ 碳原子。蒽分子具有类似萘的结构，分子中的碳原子采取 sp^2 杂化，碳原子和氢原子在同一个平面上，每个碳原子未参加杂化的 p 轨道对称轴相互平行，彼此侧面重叠形成了一个比萘环更大的共轭 π 键，因此蒽也具有芳香性。

蒽为无色片状结晶，具有弱蓝色荧光，熔点 216℃，沸点 340℃，不溶于水而溶于有机溶剂。蒽的芳香性比萘小，γ 位上易发生取代和氧化反应。蒽的 γ 位被氧化生成 9，10-蒽醌，它是合成蒽醌染料的原料。反应式如下：

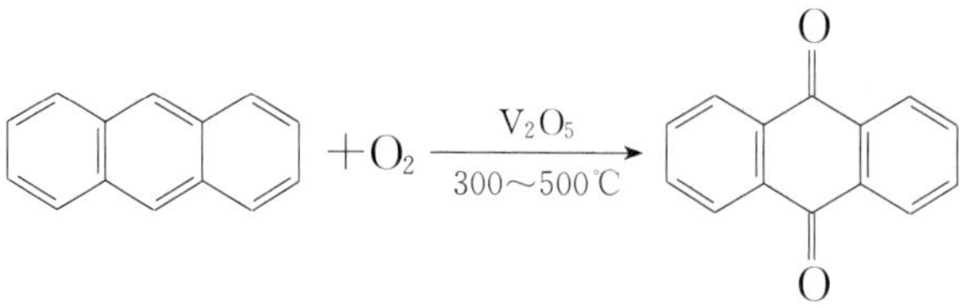

蒽　　　　　　　　9,10-蒽醌

复习指导

1. 芳香烃的结构特点

芳烃通常是指分子中含有苯环结构的一类碳氢化合物。根据分子中苯环的数目及连接方式不同分为单环芳烃、多环芳烃和稠环芳烃。其中以单环芳烃和稠环芳烃较重要。

2. 单环芳烃的命名

烷基苯的命名常以苯环为母体，烷基为取代基；当苯环上连有 2 个或 2 个以上烷基时，可用阿拉伯数字或“邻”、“间”、“对”、“连”、“偏”、“均”来表示其相对位置；最简单烷基相连的碳为 1 号碳，其他烷基位置按尽可能小的方向沿苯环编号；结构复杂或支链上有官能团的化合物，苯环可作为取代基来命名。

3. 单环芳烃的化学性质——芳香性(易取代、难加成、难氧化)

单环芳烃
- ①取代反应
  - a. 卤代（X 通常指氯和溴）
    - Ⅰ. 苯环上(Fe 或 FeX_3 为催化剂)
    - Ⅱ. 侧链上(加热或光照，常发生在 α 碳原子上)
  - b. 硝化(浓硝酸和浓硫酸混合物是常用的硝化剂)

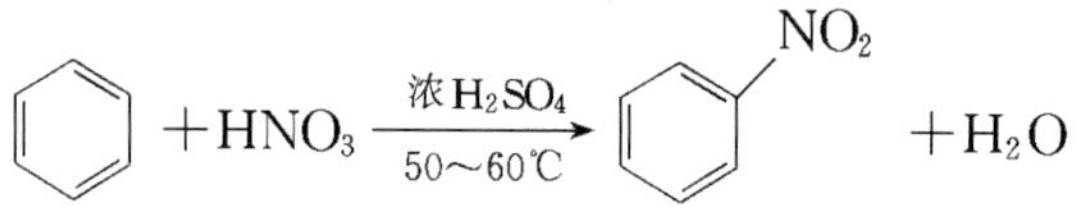

  - c. 磺化(可逆反应)

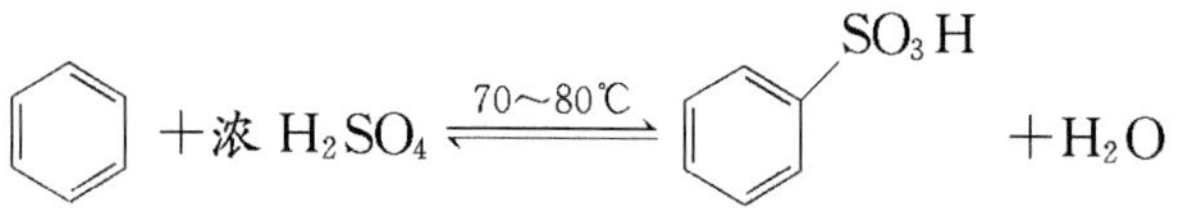

  - d. Friedel－Crafts 反应(无水 $AlCl_3$ 为催化剂)
    - Ⅰ. 烷基化：苯与烷基化试剂反应，生成烷基苯
    - Ⅱ. 酰基化：苯与酰卤或酸酐反应，生成芳酮
- ②加成反应：一般不易加成，但可在催化剂或紫外线照射下反应
- ③氧化反应
  - a. 含有 α 氢的侧链，不论长短均被氧化成苯甲酸
  - b. 在高温或催化剂存在时，苯环被氧化成二酸酐

4. 苯环上的亲电取代定位规律

(1)一元取代苯的定位规律。

①邻、对位定位基使新引进的取代基主要进入它的邻位和对位。同时，一般能使苯环活化(卤原子、氯甲基等除外)，即使苯环更易发生取代反应，邻、对位定位基大部分是供电子基。

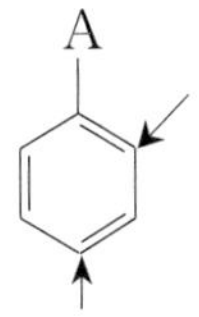

A 的定位能力次序大致为(从强到弱)：$—O^-$，$—NR_2$，—NHR，$—NH_2$，—OH，—OR，—NHCOR，—OCOR，—R，$—CH_3$，$—C_6H_5$，$—CH═OH_2$，—Cl，—Br，—I。

②间位定位基使新引进的取代基主要进入它的间位，并使苯环钝化，即使苯环难以发生取代反应，间位定位基都是吸电子基。

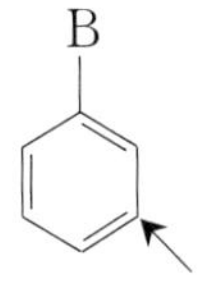

B 的定位能力次序大致为(从强到弱)：$—\overset{+}{N}R_3$，$—NO_2$，$—CF_3$，$—CCl_3$，—CN，$—SO_3H$，—CHO，—COR，—COOH，$—CONH_2$。

(2)二元取代苯的定位规律。

①两个定位基的定位作用一致时，则第 3 个取代基进入其指向一致的位置；

②若定位作用不一致，那么分以下两种情况讨论：

a. 原来的取代基为同一类，第 3 个取代基进入的位置由定位能力强的确定；

b. 原来的取代基不属于同类，第 3 个取代基进入的位置由邻对位定位基确定。

5. 稠环芳烃(以萘为代表：萘是最简单的稠环芳烃)

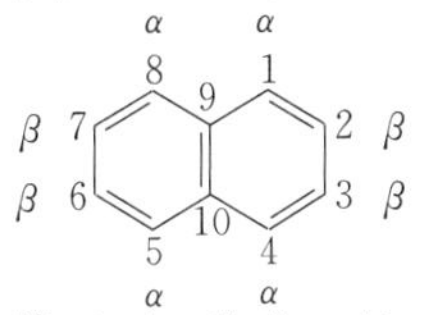

(1)萘的结构。其中 1、4、5、8 位是等同的，称为 α 位；2、3、6、7 位也是等同的，称为 β 位。所以，一元取代萘有两种不同的异构体。与苯相似，萘环也是一个闭合的共轭体系。但由于萘分子中 10 个碳原子的结构不完全相同，所以其对称性比苯差，也不如苯稳定。

(2)萘的化学性质(比苯易发生反应)。

萘
- ①氧化(不同条件下生成不同产物)
- ②加成(加氢最有意义，可部分加氢和完全加氢)

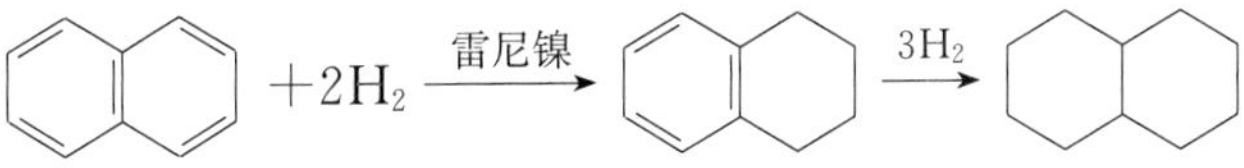

- ③亲电取代(α 位比 β 位活泼)
  - a. 卤代：无水 $FeCl_3$，产物主要是 α-氯萘
  - b. 硝化：与混酸反应，产物主要是 α-硝基萘
  - c. 磺化：低温生成 α-萘磺酸，较高温度转变成 β-萘磺酸

(3)蒽的结构及环碳原子的编号。

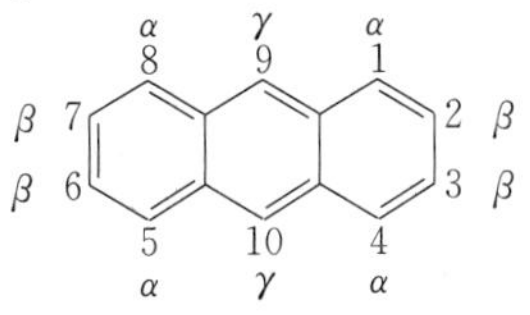

9，10 位特别活泼，大部分反应都发生在这两个位置。

思考题与习题

1. 命名下列化合物：

(1) 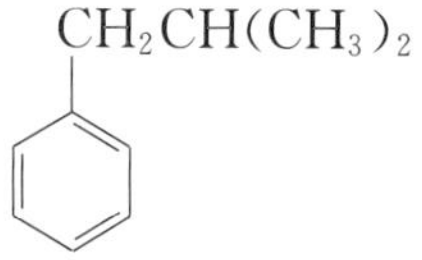

(2) 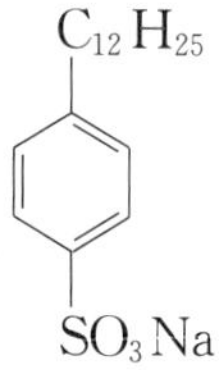

(3) 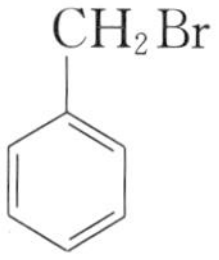

(4) 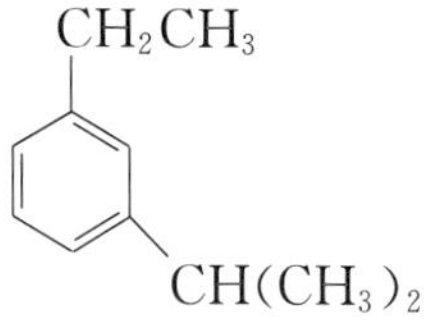

(5) 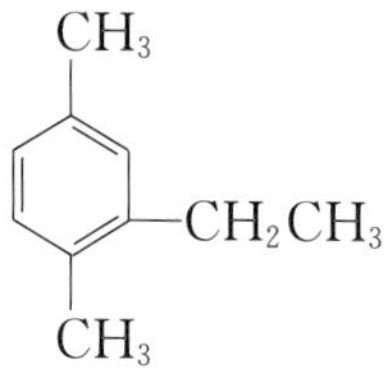

(6) 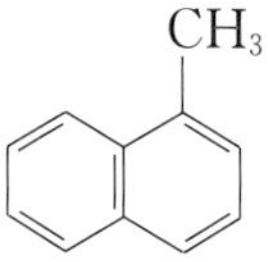

(7) 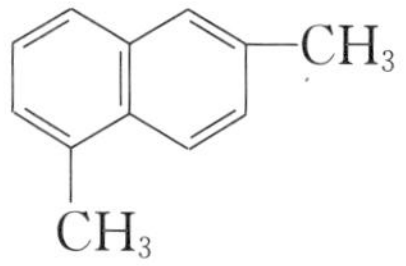

(8) 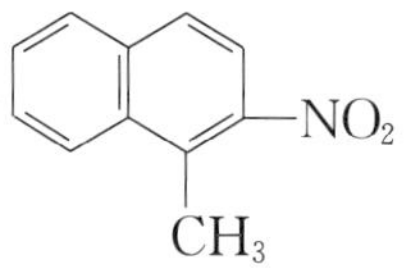

2. 写出下列化合物的构造式：

(1) 叔丁苯 (2)对硝基氯苯 (3)苄氯 (4) 2,4-二硝基苯磺酸 (5) 5-甲基-1-萘酚

(6) β-萘磺酸

3. 用化学方法鉴别下列各组化合物：

(1)环己烯　苯　甲苯

(2)苯乙炔　苯乙烯　乙苯

(3)1,5-己二烯　1-己炔　苯

4. 将下列各组化合物，按其进行硝化反应的难易次序加以排列：

(1)苯　甲苯　氯苯　对二甲苯

(2)苯　硝基苯　甲苯　苯酚

(3)甲苯　乙酰苯胺　硝基苯

(4)氯苯　对硝基氯苯　对甲氯苯

(5)对苯二甲酸　甲苯　对甲苯甲酸　对二甲苯

5. 完成下列反应方程式：

(1) 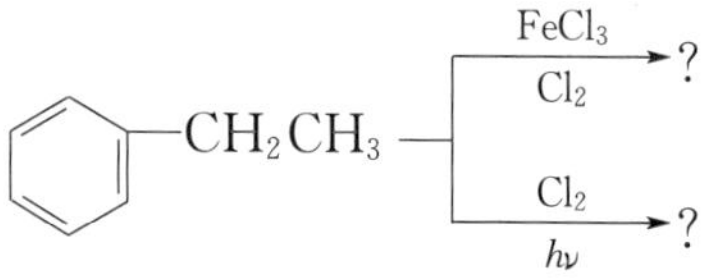

(2) 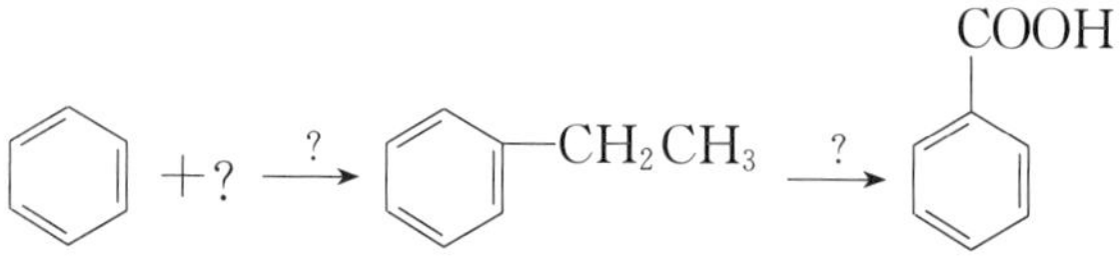

(3) 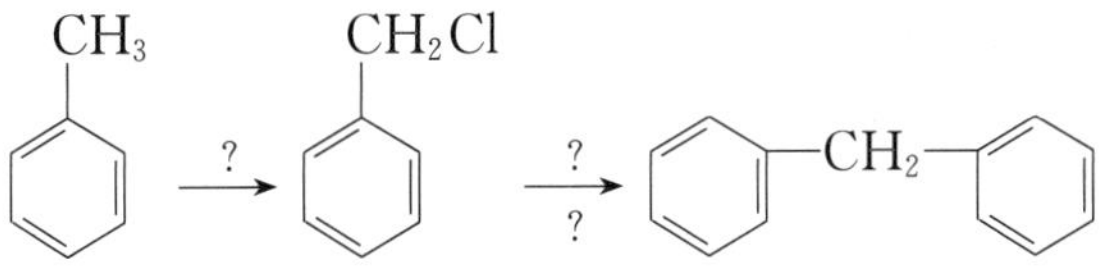

(4) 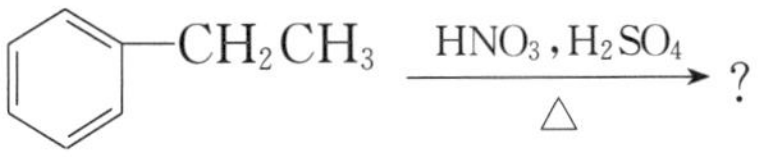

(5) 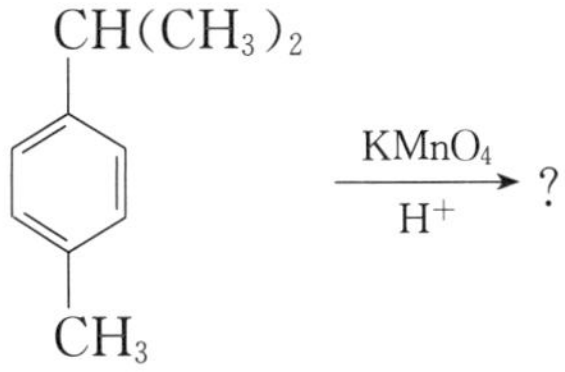

(6) 

(7) 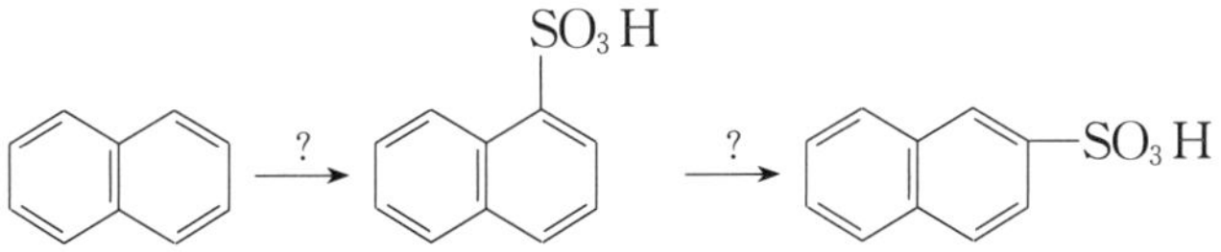

(8) 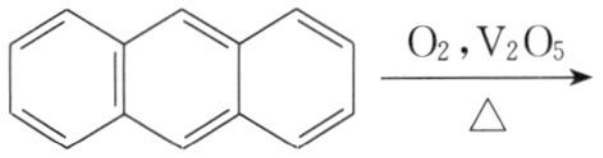

6. 下列化合物进行一元硝化时，硝基进入什么位置，用箭头表示。

(1) 
(2) 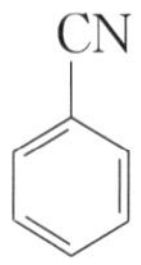
(3) 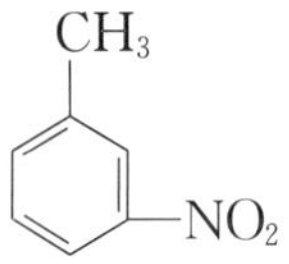
(4) 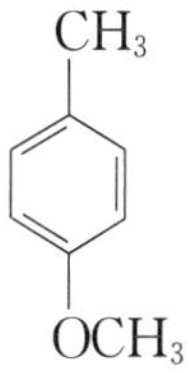

(5) 
(6) 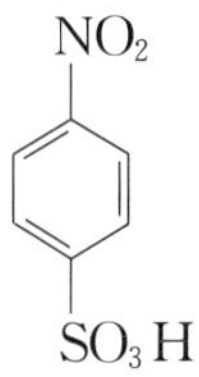
(7) 
(8) 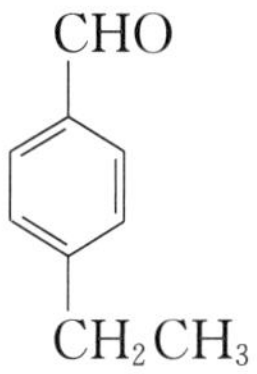

7. 由指定原料合成下列化合物：

(1)甲苯→2-氯-4-硝基甲苯

(2)苯、丙烯→对异丙基苯磺酸

(3)苯、间硝基苯甲酰氯(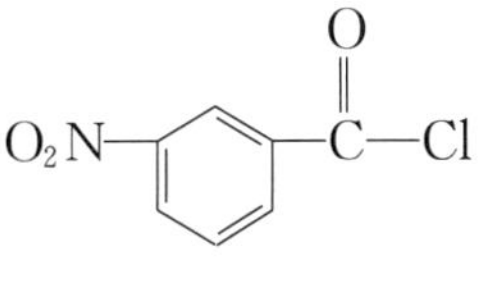)→间硝基二苯甲酮(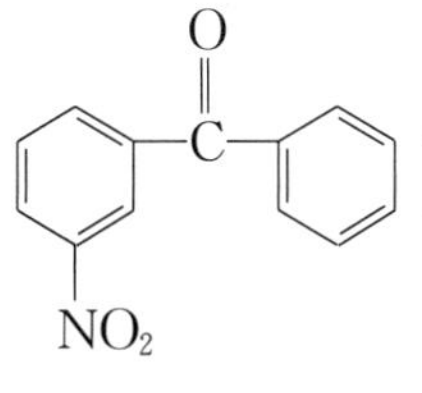)

8. 某芳烃的分子式为 $C_{10}H_{14}$，用重铬酸钾和浓硫酸氧化后，可得一种二元酸。将原来芳烃进行硝化，所得的一元硝基化合物只有一种。写出此芳烃的构造式，并写出有关反应式。

9. 某烃 A(C_9H_8)，它能与氯化亚铜的氨溶液反应生成砖红色沉淀，A 催化加氢得到 B(C_9H_{12})，B 经酸性高锰酸钾氧化后得酸性化合物 C($C_8H_6O_4$)，再将 C 加热得 D($C_8H_4O_3$)。试写出 A、B、C、D 的构造式。

10. 三种芳烃分子式均为 C_9H_{12}，经酸性高锰酸钾氧化后，A 生成一元羧酸、B 生成二元羧酸、C 生成三元羧酸。但硝化后 A 和 B 分别得到两种一元硝化物，而 C 只得到一种一元硝化物。试推测 A、B、C 的构造式。

参考文献

[1]徐寿昌. 有机化学[M]. 北京:高等教育出版社,1982.
[2]尹玉英. 有机化学[M]. 北京:高等教育出版社,1993.

第五章 卤代烃

烃分子中的一个或几个氢原子被其他原子或原子团取代后的产物称为烃的衍生物。氢原子被卤原子(氟、氯、溴、碘)取代后的产物称为卤代烃,简称卤烃,卤原子是这类化合物的官能团,一般可用 RX 表示卤代烃。

第一节 卤代烃的分类和命名

一、卤代烃的分类

按照卤代烃中卤原子的多少,可分为一卤代烃,如 CH_3Cl;二卤代烃,如 CH_2Cl_2;三卤代烃,如 $CHCl_3$ 等。如果按卤原子所连的烃基不同,可分为饱和卤代烃(卤代烷)、不饱和卤代烃、卤代脂环烃、卤代芳烃等。如 CH_3I、$H_2C=CHCl$、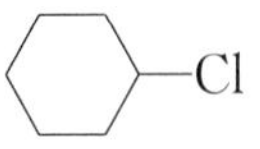、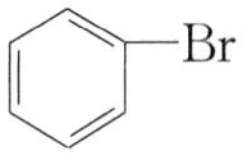 等。

一卤代烷还可根据卤原子连接的碳原子类型的不同,分为伯卤代烷、仲卤代烷、叔卤代烷。卤原子与伯碳原子相连的叫伯(或 1°)卤烷;卤原子与仲碳原子相连的叫仲(或 2°)卤烷;卤原子与叔碳原子相连的叫叔(或 3°)卤烷。例如:

$H_3C—CH_2—CH_2—CH_2—Cl$

1-氯丁烷(伯卤代烷,1°RX)

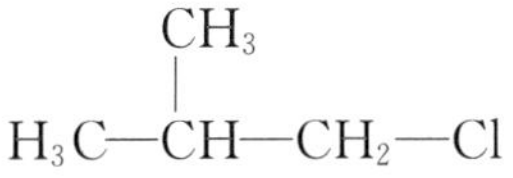

2-甲基-1-氯丙烷(伯卤代烷,1°RX)

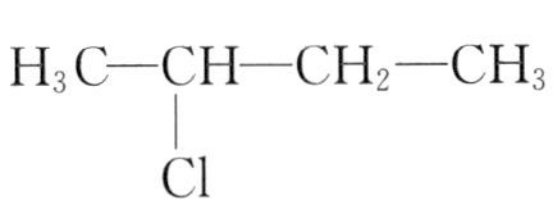

2-氯丁烷(仲卤代烷,2°RX)

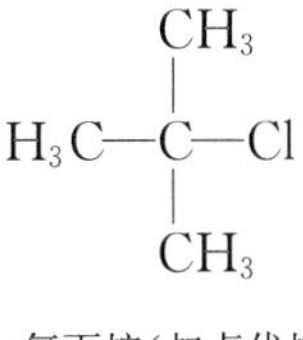

2-甲基-2-氯丙烷(叔卤代烷,3°RX)

二、卤代烃的命名

结构比较简单的卤代烃,可以根据与卤原子相连的烃基名称来命名,例如:

$CH_3—Cl$ 甲基氯

$(CH_3)_2CH—Cl$ 异丙基氯

$(CH_3)_3C—Br$ 叔丁基溴

$CH_2=CH—Cl$ 乙烯基氯

$CH_2=CH—CH_2—Br$ 烯丙基溴

对于比较复杂的卤代烷,可将卤原子作取代基,烷烃作母体,用系统命名法命名。命名时,遵守烷烃的命名原则，当有 2 个或更多的卤原子时，卤原子之间的次序是：氟、氯、溴、碘。例如：

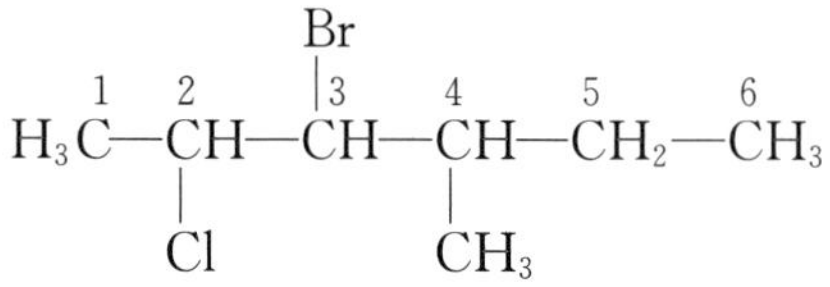

4-甲基-2-氯-3-溴己烷

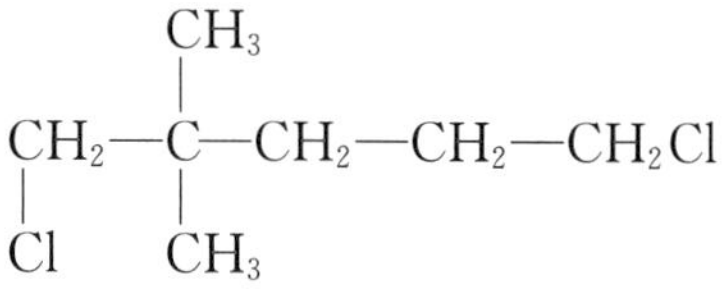

2,2-二甲基-1,5-二氯戊烷

若 2 个取代基与两端等距，编号由与主链直接相连原子的原子序数顺序决定。例如：

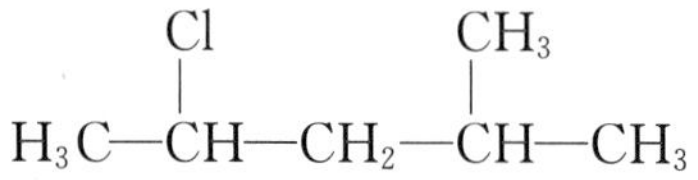

2-甲基-4-氯戊烷（不叫 4-甲基-2-氯戊烷）

不饱和卤代脂肪烃命名时，选择同时含有不饱和键和与卤原子相连的碳原子在内的最长碳链为主链，从靠近不饱和键的一端开始将主链编号，称某烯或某炔。例如：

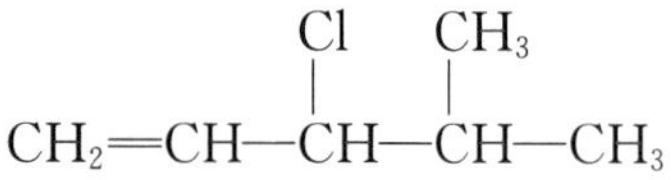

4-甲基-3-氯-1-戊烯

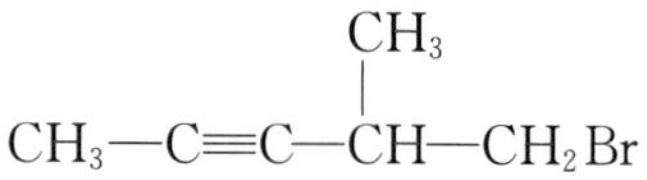

4-甲基-5-溴-2-戊炔

卤原子连在芳环上的卤代芳烃仍以芳烃为母体，卤原子为取代基命名。例如：

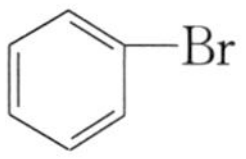

溴苯

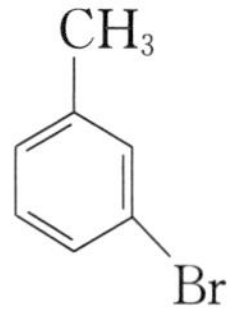

间溴甲苯（3-溴甲苯）

卤原子连在侧链上，则以脂肪烃为母体，芳基和卤素当作取代基命名。例如：

苯氯甲烷（苄氯）

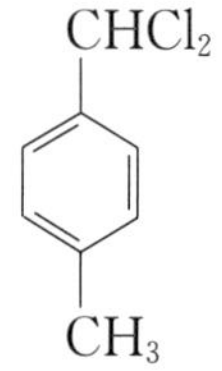

对甲苯基二氯甲烷

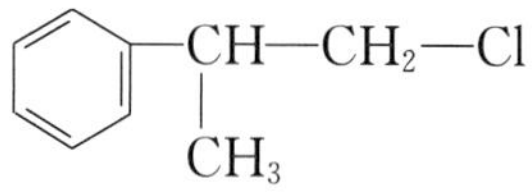

2-苯基-1-氯丙烷

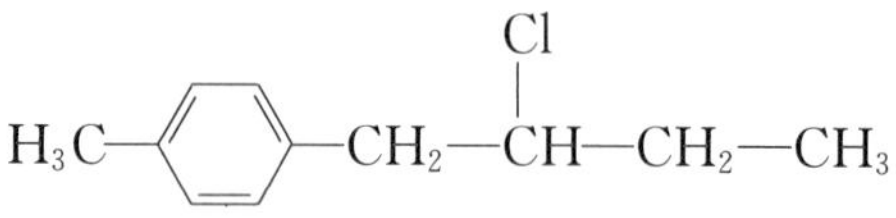

1-对甲苯基-2-氯丁烷

第二节　卤代烷的性质

一、卤代烷的物理性质

在常温常压下，除氯甲烷、氯乙烷、溴甲烷为气体外，其余常见的一卤代烷为液体，C(15)

以上的卤代烷是固体。一般一卤代烷的沸点随碳原子数增多而升高，同一烷基的卤代烷，碘烷沸点最高，其次是溴烷和氯烷。对卤代烷的同分异构体，一般直链的沸点高，支链越多，沸点越低。

卤代烷不溶于水，溶于醇、醚、烃等有机溶剂。

纯净的一卤代烷都是无色的。但碘烷易分解产生游离的碘，因而会显红棕色。所以碘烷应保存在避光的容器或棕色瓶中。

不少卤代烷带有香味，但其蒸气有毒，特别是碘烷，应尽可能防止吸入。

一些卤代烷的物理常数如下表所示。

卤代烷的物理常数

烷基名称或卤代烷名称	氯化物		溴化物		碘化物	
	沸点(℃)	密度(20℃)(g/cm³)	沸点(℃)	密度(20℃)(g/cm³)	沸点(℃)	密度(20℃)(g/cm³)
甲　基	−24.2	0.916	3.5	1.676	42.4	2.279
乙　基	12.3	0.898	38.5	1.460	72.3	1.936
正丙基	46.6	0.891	71.0	1.354	102.5	1.749
异丙基	35.7	0.862	59.4	1.314	89.5	1.703
正丁基	78.5	0.886	101.6	1.276	130.5	1.615
仲丁基	68.3	0.873	91.2	1.259	120.0	1.592
异丁基	68.9	0.875	91.5	1.264	120.4	1.605
叔丁基	52.0	0.842	73.3	1.221	100.0	1.545
二卤甲烷	40.0	1.335	97.0	2.492	181.0	3.325
1,2-二卤乙烷	83.5	1.256	131.0	2.180	分解	2.13
三卤甲烷	61.2	1.492	149.5	2.890	升华	4.008
四卤甲烷	76.8	1.594	189.5	3.27	升华	4.50

二、卤代烷的化学性质[1]

在卤代烃分子中，卤原子的电负性比碳原子大，碳卤键是强极性共价键。卤原子体现出比较强的反应活性，能发生取代、消除等化学反应。

(一) 取代反应

1. 水解

伯卤代烷与稀氢氧化钠水溶液反应时，主要发生取代反应生成醇，称为水解：

$$R—X + NaOH \rightleftharpoons R—OH + NaX$$

例如： $CH_3CH_2CH_2Cl + NaOH \longrightarrow \underset{\text{正丙醇}}{CH_3CH_2CH_2OH} + NaCl$

2. 醇解

伯卤代烷与醇钠在相应的醇中主要发生取代反应生成醚，称醇解：

$$R—X + NaOR' \xrightarrow{R'OH} R—O—R' + NaX$$

例如：$CH_3CH_2CH_2CH_2—Br + CH_3CH_2ONa \xrightarrow[\text{回流}]{C_2H_5OH} \underset{\text{乙(基)正丁(基)醚}}{CH_3CH_2CH_2CH_2—O—CH_2CH_3}$

此反应是制备混醚的好方法，称威廉姆森（Williamson）合成法。

3. 氰解

伯卤代烷与氰化钠或氰化钾在醇溶液中进行反应，卤原子被氰基取代生成腈：

$$R—X + NaCN \xrightarrow{\text{醇溶液}} R—CN + NaX$$

例如： $CH_3Br + KCN \xrightarrow{\text{醇溶液}} \underset{\text{乙腈}}{CH_3CN} + KBr$

由上可以看出，从卤代烃转变为腈时，分子中增加一个碳原子。这是有机合成中增加一个碳原子的方法之一。此外，这也是制备腈的一种方法。

4. 氨解

伯卤代烷与氨主要发生取代反应，生成胺。伯卤代烷与过量的氨反应生成伯胺：

$$R—X + NH_3 \longrightarrow R—NH_2 + HX$$

例如：$CH_3CH_2CH_2CH_2Br + 2NH_3(\text{过量}) \longrightarrow CH_3CH_2CH_2CH_2NH_2 + NH_4Br$

若不是伯卤代烷，而是叔卤代烷分别与上述 4 种试剂作用，那么主要反应不是取代，而是消除反应，消除一分子卤化氢生成烯烃。例如：

$$H_3C—\overset{\displaystyle CH_3}{\underset{\displaystyle CH_3}{C}}—Cl \xrightarrow[\text{或 } NaCN \text{ 或 } NH_3]{NaOH \text{ 或 } RONa} H_3C—\underset{\displaystyle CH_3}{C}{=}CH_2 + HCl$$

5. 与硝酸银醇溶液反应

卤代烷与硝酸银的醇溶液共热时生成硝酸酯和卤化银沉淀：

$$RX \xrightarrow[\text{醇溶液}]{AgNO_3} R—ONO_2 + AgX\downarrow$$

不同结构的卤代烷与硝酸银的醇溶液作用，显示出不同的活泼性。烃基相同时，反应速率为：RI＞RBr＞RCl；卤原子相同时，叔卤代烷最活泼，仲卤代烷次之，伯卤代烷最不活泼。例如：

叔丁基氯、仲丁基氯、正丁基氯与硝酸银的乙醇溶液反应。叔丁基氯室温下立刻产生氯化银沉淀；仲丁基氯片刻后出现沉淀；正丁基氯一般不产生沉淀，加热后才能发生反应。该反应常用于定性分析，鉴别不同类型的卤代烷。例如：

$$(CH_3)_3CCl \xrightarrow[CH_3CH_2OH]{AgNO_3} (CH_3)_3CONO_2 + AgCl\downarrow$$

$$CH_3CH_2\underset{\underset{CH_3}{|}}{C}HCl \xrightarrow[CH_3CH_2OH]{AgNO_3} CH_3CH_2\underset{\underset{CH_3}{|}}{C}HONO_2 + AgCl\downarrow$$

$$CH_3CH_2CH_2CH_2Cl \xrightarrow[CH_3CH_2OH]{AgNO_3} CH_3CH_2CH_2CH_2ONO_2 + AgCl\downarrow$$

(二)消除反应

卤代烃与强碱(KOH 或 NaOH)的醇溶液共热，分子中脱去一分子卤化氢而生成烯烃。这种从分子中脱去简单分子(如水、卤化氢、氨)，生成不饱和烃的反应称消除反应。在消除反应中是从 β 碳原子上脱去氢，故称 β 消除反应。例如：

$$CH_3CH_2CH_2Br \xrightarrow[\text{醇溶液}]{KOH} CH_3CH{=}CH_2 + HBr$$

若 2－氯丁烷与强碱的醇溶液共热，因卤原子可与 2 个 β 碳上的氢发生消除反应，因此有两种产物：

$$2H_3C{-}\underset{\underset{Cl}{|}}{CH}{-}CH_2{-}CH_3 \xrightarrow[\triangle]{KOH/\text{乙醇}} H_2C{=}CH{-}CH_2{-}CH_3 + H_3C{-}CH{=}CH{-}CH_3 + 2HCl$$

(Ⅰ)1－丁烯(19％)　　(Ⅱ)2－丁烯(81％)

实验证明，得到的主要产物是(Ⅱ)。大量实验证明，卤代烷在脱去卤化氢时，主要是从含氢较少的 β 碳原子上脱去氢原子，生成双键上带烃基较多的烯烃。这个规则也叫查依采夫(Saytzeff)规则。例如：

$$(CH_3)_2CH\underset{\underset{Br}{|}}{C}HCH_2CH_3 \xrightarrow[\text{醇溶液}]{KOH} (CH_3)_2C{=}CHCH_2CH_3 + HBr$$

卤代烷消除反应的活泼性次序为：$3°RX > 2°RX > 1°RX$ 。

(三) 与金属镁的反应

在室温下，卤代烷在干醚(不含乙醇和水的乙醚称为无水乙醚，简称干醚)中与金属镁作用，生成有机镁化合物。有机镁化合物是金属有机化合物的一种，称为格利雅(Grignard)试剂，简称格氏试剂。一般用 RMgX(烷基卤化镁)表示：

$$RX + Mg \xrightarrow{\text{干醚}} R{-}Mg{-}X$$

格氏试剂反应活性较强，是常用的合成试剂。发生反应时，一般 C—Mg 发生断裂，由于碳的电负性比镁大，断裂时镁带部分正电荷，碳带部分负电荷。所以格氏试剂中的烃基可以受其他分子中带正电性的部分影响而发生反应。

格氏试剂与水、醇等多种含活泼氢的试剂作用，生成相应的烷烃：

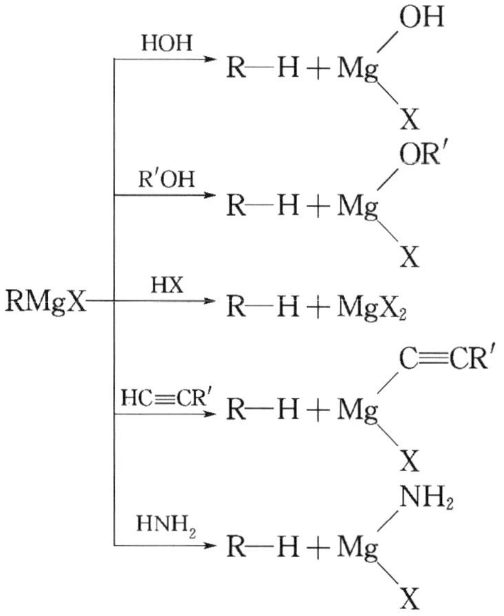

由此可知，在制备及保存格氏试剂时需防止接触水汽、酸、醇、胺等物质。同时也需隔绝空气，因为格氏试剂在空气中能慢慢吸收氧气而变质。反应式如下：

$$2R—Mg—Br + O_2 \longrightarrow 2R—O—Mg—Br$$

第三节　亲核取代反应历程简介[2]

卤代烷发生取代反应时，卤原子能被羟基、氨基、氰基、烷氧基所取代。从表面上看，这些反应互不相同，但将这些离子、基团或分子进行比较分析，可以发现它们之间有相同之处。OH^-、CN^-、OR^-等均是负离子，而 NH_3 的氮原子上具有孤对电子，它们共同的特点是电子云密度比较大。在参加反应时，容易进攻其他分子中电子云密度低的原子。

在卤代烃分子中，由于卤原子的电负性较大，使得与卤原子直接相连的碳原子上的电子云密度降低，与卤原子相比，碳原子带上部分正电荷。因此，容易被负离子（如 OH^-、CN^-、OR^-）或具有孤对电子的分子（如 NH_3）等进攻。由于碳原子上带部分正电荷，因此把进攻的这些负离子或具有孤对电子的分子称为亲核试剂。由亲核试剂进攻而引起的取代反应称为亲核取代反应，用 S_N 表示。S(Substitution)表示取代，N(Nucleophilic)表示亲核的。卤代烷分子的取代反应属于亲核取代反应。

一、单分子亲核取代反应(S_N1)历程

叔丁基溴与 NaOH 水溶液作用时，其反应历程分为两步：

第一步：　$(CH_3)_3C—Br \longrightarrow (CH_3)_3C^+ + Br^-$

第二步：　$(CH_3)_3C^+ + OH^- \longrightarrow (CH_3)_3C—OH$

上述反应历程中的第一步生成碳正离子，比较慢；第二步，生成的碳正离子和氢氧根离子结合，生成产物比较快。因此，第一步决定整个叔丁基溴水解反应的速率。也就是说反应速率只与叔丁基溴浓度有关，与亲核试剂 OH^- 的浓度无关。所以整个反应称为单分子亲核取代反应，常简写为 S_N1。例如：

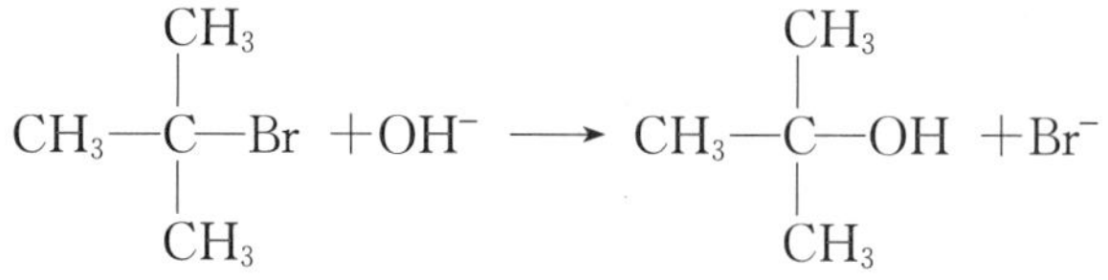

$$v=k \cdot c[(CH_3)_3CBr]$$

式中：v——反应速率；

$c[(CH_3)_3CBr]$——叔丁基溴浓度；

k——反应速率常数。

S_N1 反应历程的特点是：反应分两步完成，反应速率只与一种物质的浓度有关，由活性中间体——碳正离子生成。生成的碳正离子越稳定，反应越易进行。所以不同结构的卤代烃发生 S_N1 反应时，活泼顺序为：叔卤代烷＞仲卤代烷＞伯卤代烷。

二、双分子亲核取代反应(S_N2)历程

溴甲烷与氢氧化钠水溶液的反应一步完成。其反应历程表示如下：

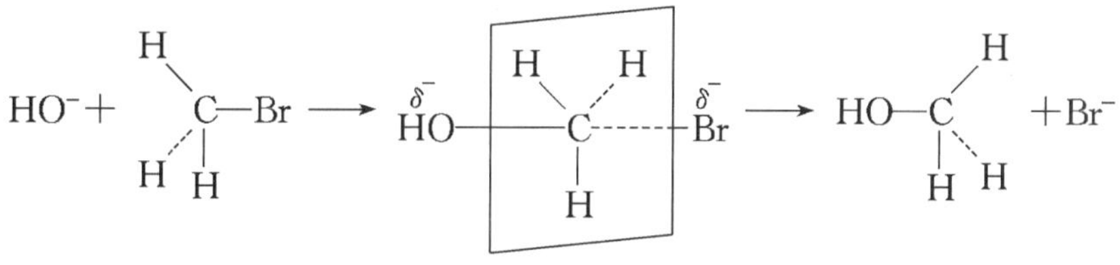

过渡态

反应中，由于溴原子吸电子能力比碳原子强，溴原子带部分负电荷，因此 OH^- 从溴原子背面沿着碳溴键轴线进攻碳原子，碳氧键慢慢形成，碳溴键慢慢变弱。在某一时刻，碳氧键尚未完全形成，碳溴键也未完全断裂的状态称过渡态。过渡态时，体系的能量最高，不稳定。但过渡态只是无数个状态中的一个，所以不能分离出来。随着反应的进行，碳氧键形成，碳溴键彻底断裂。反应速率与溴甲烷和 OH^- 的浓度有关，所以称为双分子亲核取代反应。用 S_N2 表示。反应式如下所示：

$$H_3C{-}Br+OH^- \longrightarrow H_3C{-}OH+Br^-$$

$$v=k \cdot c[CH_3Br] \cdot c[OH^-]$$

式中：v——反应速率；

c——反应物浓度；

k——反应速率常数。

S_N2 反应的特点是：旧键的断裂和新键的形成同时进行，反应一步完成。反应速率与卤代烷和反应试剂两种物质的浓度有关。由于从反应开始到反应结束，溴甲烷分子中 3 个氢原子从

原来都指向左边而翻转过来皆指向右边，就像大风中被吹翻的雨伞一样，构型发生了翻转，所以与卤原子相连的碳（也称中心碳）原子上连的基团体积越小，反应越易进行。因此，不同结构的卤代烷发生 S_N2 反应的活性为：卤代甲烷＞伯卤代烷＞仲卤代烷＞叔卤代烷。

值得注意的是，卤代烷发生亲核取代反应时，S_N1 和 S_N2 同时进行，相互竞争。一般伯卤代烷主要按 S_N2 历程反应，叔卤代烷主要按 S_N1 历程反应，仲卤代烷以 S_N1 和 S_N2 历程同时进行；极性溶剂有利于按 S_N1 历程进行反应，强亲核试剂有利于按 S_N2 历程反应。

第四节　卤代烯烃与卤代芳烃

一、卤代烯烃与卤代芳烃的分类

根据分子中卤原子与双键或苯环的相对位置分为以下三类：

1. 乙烯型卤代烃和苯基型卤代烃

卤原子直接和双键碳原子或芳环相连。例如：

$H_2C{=}CH{-}Cl$

氯乙烯

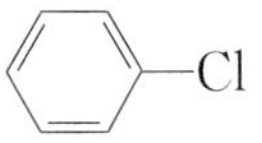

氯苯

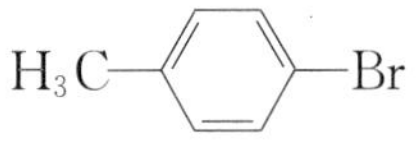

对溴甲苯

2. 烯丙基型卤代烃和苄基型卤代烃

卤原子与双键碳原子或芳环之间相隔一个饱和碳原子。例如：

$H_2C{=}CH{-}CH_2{-}Cl$

3-氯-1-丙烯

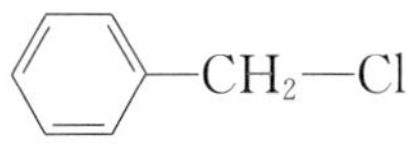

苄氯

3. 隔离型卤代烃

卤原子与双键碳原子或芳环之间相隔 2 个或 2 个以上的饱和碳原子。如：

$H_2C{=}CH{-}CH_2{-}CH_2{-}Cl$

4-氯-1-丁烯

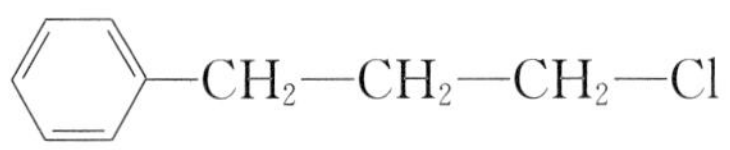

1-苯基-3-氯丙烷

二、卤代烯烃的性质

卤代烯烃中有卤原子和双键两个官能团，一般能表现出卤原子和双键的性质，如碳碳双键能使溴溶液褪色。由于双键和卤原子的相互影响，双键的位置对卤原子的活性有影响。例如，将 3-氯-1-丙烯、4-氯-1-丁烯、氯乙烯分别溶于乙醇中，再分别加入硝酸银的醇溶液。反应后，3-氯-1-丙烯室温下立即生成氯化银沉淀；4-氯-1-丁烯室温下不生成沉淀，受热后有沉淀生成；氯乙烯即使加热也无沉淀生成。

3-氯-1-丙烯中的卤原子活泼，很容易发生亲核取代反应，是因为若按 S_N1 反应历程进行，反应的第一步生成烯丙基碳正离子：

$$H_2C{=}CH{-}CH_2{-}Cl \longrightarrow H_2C{=}CH{-}CH_2^+ + Cl^-$$

生成的烯丙基碳正离子中，碳碳 π 键中的 p 轨道，能和相邻碳上失去一个电子后的空 p 轨道形成 p—π 共轭，如图 5-1 所示。共轭的结果使电子离域，电子云密度趋于平均化，由于碳碳 π 键中的每个 p 轨道上有一个电子，空 p 轨道没有电子，所以正电荷分散，体系能量降低，正离子稳定。正离子越稳定，越容易生成，所以 3-氯-1-丙烯中的卤原子活泼，易于被取代。

氯乙烯分子中的氯原子不活泼，是因为碳碳双键的 p 轨道能和氯原子的 p 轨道形成 p—π 共轭，如图 5-2 所示，在这个共轭体系中，2 个双键碳的 p 轨道上各有 1 个电子，氯原子的 p 轨道上有 2 个电子。共轭的结果使电子离域，电子云密度趋于平均化，氯原子起着供电子作用，由于氯原子供电子共轭效应存在，使得氯乙烯分子中碳氯原子间的电子云密度增加，与卤原子直接相连的碳原子上的正电荷减少，不利于发生亲核取代反应。

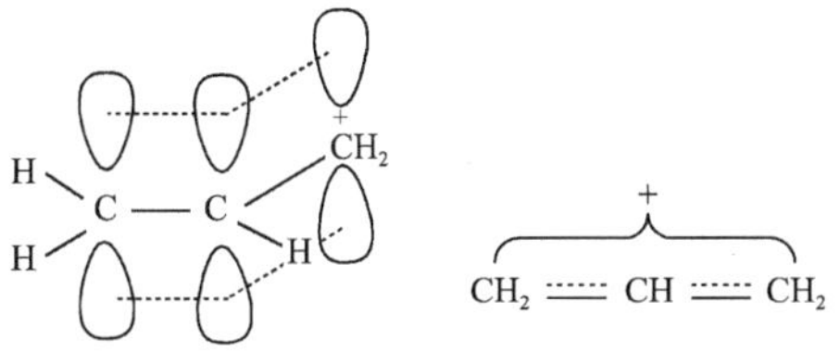

图 5-1　烯丙基碳正离子中共轭体系示意图

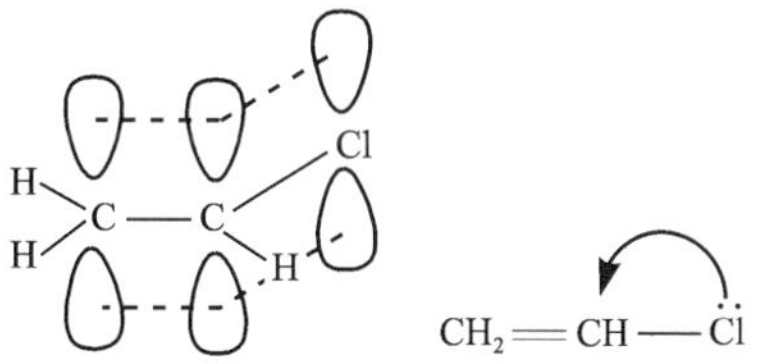

图 5-2　氯乙烯中的 p—π 共轭体系

综上所述，三种类型卤代烯中，卤原子在化学活泼性上有较大的差别，烯丙基型卤代烃中的卤原子最活泼，乙烯型中的卤原子不活泼，隔离型中的双键对卤原子活性的影响不大。

三、卤代芳烃的性质

卤代芳烃中有卤原子和芳环两个官能团，一般能表现出卤原子和芳环的性质。对苯环而言，卤原子是一个 o，p-定位基，能使苯环弱钝化，所以卤原子存在后，苯环上难以发生亲电取代反应，且新引入基团主要进入卤原子的邻位和对位。苯环对卤原子活性的影响与卤代烃类似。苄氯能较快地与硝酸银的醇溶液反应生成沉淀，而氯苯则与硝酸银的醇溶液不作用。

苄氯中的氯原子活泼，很容易发生亲核取代反应，是因为若按 S_N1 反应历程进行，反应的第一步生成苄基碳正离子：

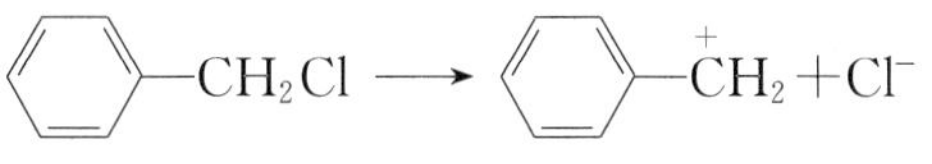

生成的苄基碳正离子中，碳碳 π 键中的 p 轨道，能和相邻碳上失去一个电子后的空 p 轨道形成 p—π 共轭，如图 5-3 所示。共轭的结果使电子离域，电子云密度趋于平均化，正电荷分散，体系能量降低，正离子稳定。正离子越稳定，越容易生成，所以苄氯中的氯原子活泼，容易被取代。

与氯乙烯类似，氯苯分子中氯原子的一对孤对电子与苯环形成一个更大的多电子 p—π 共轭体系，由于在共轭体系中电子云密度趋于平均化，与氯原子直接相连的碳电子云密度增加，亲

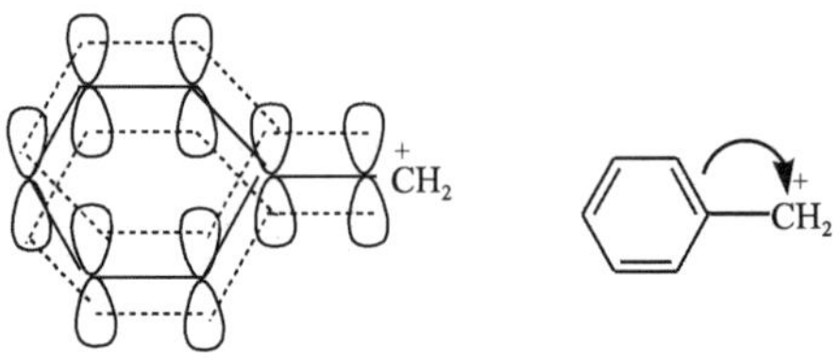

图 5－3　苄基碳正离子中缺电子共轭示意图

电取代不易进行，氯原子不活泼。

所以，卤化苄型的卤原子比较活泼，卤化苯型的卤原子不活泼。

氯化苄碱性水解反应很快，而氯苯水解则需高温、高压并在催化剂存在下才能进行：

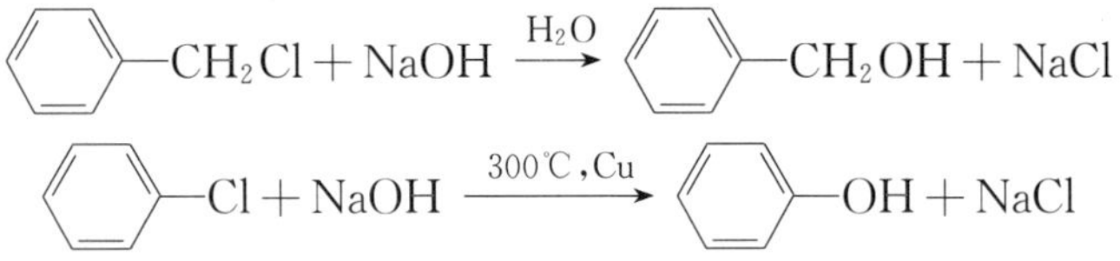

第五节　几种重要的卤代烃

一、三氯甲烷

三氯甲烷（$CHCl_3$）俗称氯仿，是一种无色而有甜味的液体，易挥发，不能燃烧，不溶于水，具有麻醉作用。其沸点 61.2℃，密度 1.492g/cm³。氯仿能溶解油脂、蜡、有机玻璃和橡胶，是一种常用的有机溶剂。

氯仿中由于 3 个氯原子的强吸电子作用，使得碳氢键变得比较活泼，容易在光的作用下被空气中的氧所氧化生成毒性很强的光气。光气吸入肺中会引起肺水肿。如 1L 空气中含 0.5mg 光气，吸入 10min 即可致死。其反应为：

$$2CHCl_3 + O_2 \xrightarrow{\text{日光}} 2\,Cl_2C{=}O + 2HCl$$

光气

因此，氯仿应保存在棕色瓶中，封口，以防止与空气接触。通常还可加入 1%乙醇以破坏可能生成的光气。

二、二氟二氯甲烷

二氟二氯甲烷（CCl_2F_2）是无色、无臭的气体，沸点为－29.8℃，易压缩成液体。解除压力后，立刻气化，同时吸收大量的热，因此常用作制冷剂。商品名称叫氟利昂。氟利昂实际上是一些氟氯烷的总称，它们都是良好的制冷剂，常用数字代表它的结构，在商业上用 F_{XXX} 代号表示。其中 F 表示它是一个氟代烃，F 右下角的数字，个位数代表分子中的氟原子个数，十位数代表氢原子数加一，百位数代表分子中碳原子数减一。如 F_{12}表示 CCl_2F_2，F_{113}表示$CFCl_2CF_2Cl$。

由于在使用和制造氟利昂时，逸入大气中的氟利昂能破坏高空大气中能屏蔽紫外线的臭氧层，导致大量紫外线透射到地面，对人类的生存产生极大威胁，因而引起了世界各国的高度重视。现在各国正在研制和开发环保型的制冷剂，以取代氟利昂。

三、氯乙烯

氯乙烯($CH_2{=}CHCl$)在常温下为无色气体，沸点-13.9℃，能与空气形成爆炸混合物，爆炸极限为3.6%～26.4%(体积分数)。难溶于水，溶于二氯乙烷、乙醇、丙酮等有机溶剂。它是生产聚氯乙烯的原料，也用作冷冻剂等。长期接触高浓度氯乙烯可引起许多疾病，并有致癌作用。

氯乙烯中的氯原子受双键的影响，不活泼，很难发生亲核取代反应，如与硝酸银的醇溶液不发生作用。氯乙烯在过氧化物的存在下可聚合成高聚物，称为聚氯乙烯，简称 PVC，是一种常用的塑料。反应式如下：

$$nH_2C{=}CH_2 \xrightarrow[40\sim80℃,0.63\sim1.5MPa]{\text{偶氮二异丁腈}} \left[CH_2-\underset{\displaystyle Cl}{\underset{|}{CH}}\right]_n$$

复习指导

1. 卤代烃结构特点

卤代烃可看做是烃分子中的氢原子被卤原子取代后的产物。碳卤键为极性键。

2. 卤代烃的命名

结构简单的卤代烃，可以根据与卤原子相连的烃基名称命名；对于复杂的卤代烃，将卤原子作取代基，烷烃作母体，用系统命名法命名。不饱和卤代脂肪烃命名，选择同时含有不饱和键和卤原子相连的碳原子在内的最长碳链为主链，从靠近不饱和键的一端开始编号。卤原子连在芳环上，以芳烃为母体，卤原子为取代基；卤原子连在侧链，以脂肪烃为母体，芳基和卤素为取代基。

3. 卤代烃的化学性质

卤代烃
- ①取代
  - a. 水解：伯卤代烷与氢氧化钠水溶液反应，生成醇
  - b. 醇解：伯卤代烷与醇钠在相应的醇中反应，生成醚
  - c. 氰解：伯卤代烷与氰化钠或氰化钾在醇溶液中反应，生成腈
  - d. 氨解：伯卤代烷与氨反应，生成胺若是叔卤代烷与上述4种试剂作用，主要反应不是取代而是消除，生成烯烃
  - e. 与硝酸银醇溶液反应：共热，生成硝酸酯和卤化银沉淀烃基相同时，反应速率为：RI>RBr>RCl
    卤原子相同时，叔卤代烷最活泼，仲卤代烷次之，伯卤代烷最不活泼
- ②消除：与强碱的醇溶液共热，主要从含氢较少的β碳原子上脱去氢原子，生成双键上带烃基较多的烯烃。卤代烷反应活泼性次序为：3°RX>2°RX>1°RX
- ③与金属镁反应：在干醚(不含乙醇和水的乙醚，又称为无水乙醚)中生成有机镁化合物，此产物为格利雅试剂，可与水、醇等多种含活泼氢的试剂作用，C—Mg键断裂，生成相应的烷烃

4. 卤代烯烃的性质

卤代烯烃中有卤原子和双键两个官能团，一般能表现出卤原子和双键的性质。由于双键和卤原子的相互影响，双键位置对卤原子的活性有影响。烯丙基型卤代烃中的卤原子最活泼，乙烯型中的卤原子不活泼，隔离型中的双键对卤原子活性的影响不大。

5. 卤代芳烃的性质

卤代芳烃中有卤原子和芳环两个官能团，一般能表现出卤原子和芳环的性质。卤原子使苯环弱钝化，难以发生亲电取代反应，且新引入的基团主要进入卤原子的邻位或对位。卤化苄型的卤原子比较活泼，卤化苯型的卤原子不活泼。

思考题与习题

1. 命名下列化合物：

(1) $CH_3CH_2CHClCH_2CH(CH_3)_2$

(2) $CHCl_2HC{=}CHCH_2CH(CH_3)CH_2CH_3$

(3) 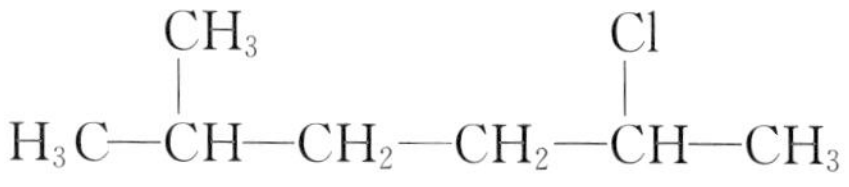

(4) 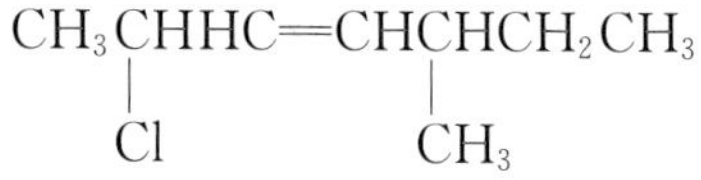

(5) $CH_3CH_2C{\equiv}CCH_2CH(Br)CH_3$

(6) 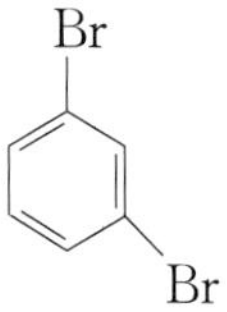

2. 写出下列化合物的构造式：

(1) 异丙基氯　(2) 对溴硝基苯　(3) 3,3-二氯-1-环戊烯　(4) 叔丁基溴

(5) 2,3,6-三氯乙苯　(6) 3-溴丙烯

3. 用化学方法鉴别下列各组物质：

(1) 1-氯戊烷　2-溴丁烷　1-碘丙烷

(2) 1-氯-2-甲基丙烷　2-氯-2-甲基丙烷

(3) 2-溴丙烷　2-溴-1-丙烯

(4) 对氯甲苯　苯氯甲烷

4. 完成下列反应方程式：

(1) $H_3C{-}CH_2{-}CH{=}CH_2 \xrightarrow{HBr} ? \xrightarrow{NaCN} ?$

(2) $H_3C{-}CH_2{-}CH{=}CH_2 \xrightarrow[500^\circ C]{Cl_2} ? \xrightarrow{HOCl} ? \xrightarrow[\triangle]{KOH/H_2O} ?$

(3) $H_3C{-}CHBr{-}CH_3 \xrightarrow[\text{无水乙醚}]{Mg} ?$

(4) 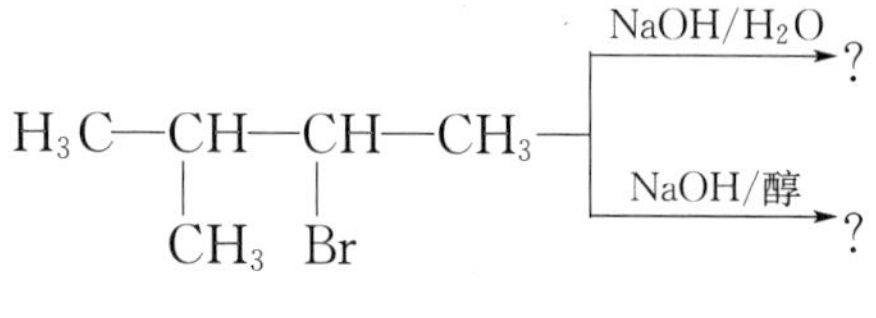

（5）$H_3C—CH=CH—CH_3 \xrightarrow{HCl} ? \xrightarrow{NH_3} ?$

（6）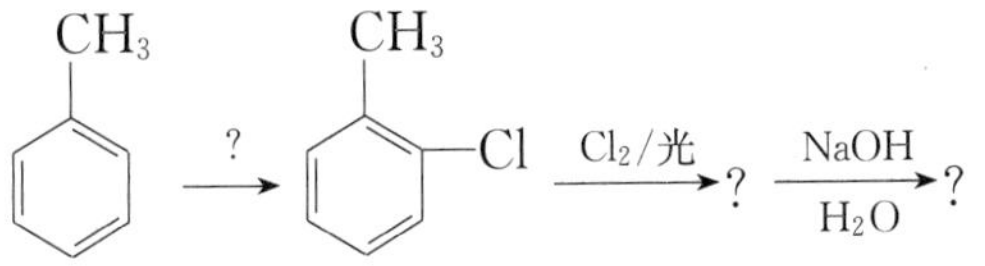

5. 某卤代烃 C_4H_9Br(A)，与氢氧化钾的醇溶液作用，生成 C_4H_8(B)，(B)经氧化后得具有3个碳原子的羧酸(C)、二氧化碳和水；(B)与溴化氢作用，则得(A)的异构体(D)，写出(A)～(D)的构造式。

6. 下列反应式中有无错误？如有错，请指出其错误的地方并加以改正。

（1）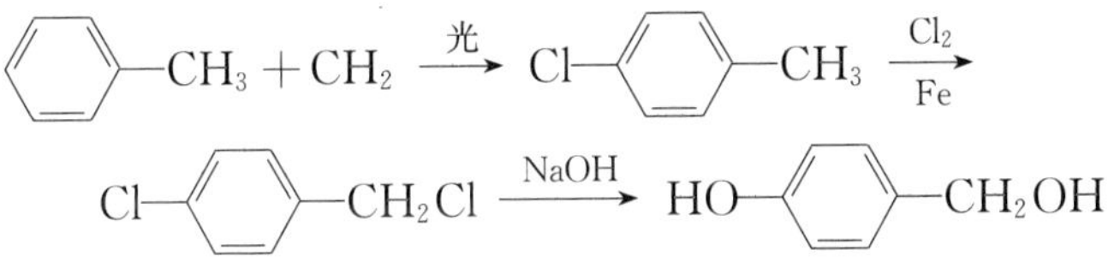

（2）$CH_3CH(Br)CH_3 \xrightarrow[乙醚]{Mg} CH_3—CH(CH_3)—MgBr \xrightarrow{H_2O} CH_3—CH(CH_3)—OH$

（3）$(CH_3)_3C—Br + NaOCH_2CH_3 \longrightarrow (CH_3)_3C—O—CH_2CH_3$

（4）$CH_3—CH(CH_3)CH=CH_2 \xrightarrow[HCl]{过氧化物} CH_3—CH(CH_3)CH_2CH_2Cl \xrightarrow{KOH/C_2H_5OH} CH_3—CH(CH_3)CH_2CH_2OH$

（5）$CH_2=CHCH_2CH(Br)—CH_2CH_3 \xrightarrow[\triangle]{KOH/醇} CH_2=CHCH_2CH=CH—CH_3$

（6）$CH_3CH=CH_2 + HOCl \longrightarrow CH_3—CH(OCl)—CH_3$

参考文献

[1]高职高专化学教材编写组．有机化学[M]．北京：高等教育出版社，2000.

[2]高鸿宾．有机化学简明教程[M]．天津：天津大学出版社，2001.

第六章　醇、酚、醚

醇、酚、醚都可以看做是水分子的氢原子被烃基取代后的衍生物。水分子中的一个氢原子被脂肪烃基或脂环烃基取代后的产物称为醇(R—OH)，被芳基取代后的产物称为酚(Ar—OH)。水分子中两个氢原子都被烃基取代的生成物是醚(R—O—R′，Ar—O—Ar′或Ar—O—R)。

第一节　醇

一、醇的结构、分类和命名

1. 醇的结构

与水分子相似，醇中的氧原子也是采用 sp^3 的杂化方式成键。两个 sp^3 杂化轨道上都分布有未成键的电子对，另外两个 sp^3 杂化轨道上各有一个电子，分别与碳的 sp^3、氢的 s 轨道成键。如甲醇分子的 COH 键角为 108.9°，与甲烷的键角 109.5°相近。如图 6－1所示。

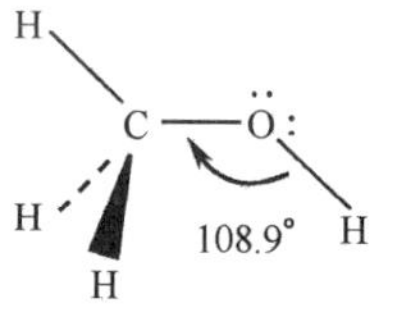

图 6－1　甲醇结构示意图

2. 醇的分类

醇分子由烃基和羟基两部分组成。根据烃基类型的不同、羟基数目的不同和羟基所连碳原子的类型不同，主要有以下几类分类方法。

根据醇分子中烃基所连的碳原子类型不同，醇分为伯、仲、叔醇。羟基(—OH)与伯碳原子相连的醇为伯醇，与仲碳原子相连的醇为仲醇，与叔碳原子相连的醇为叔醇。例如：

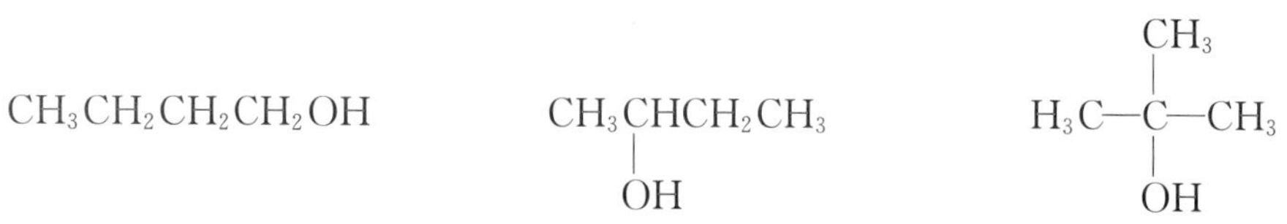

1-丁醇(伯醇)　　2-丁醇(仲醇)　　2-甲基-2-丙醇(叔醇)

(正丁醇)　　(仲丁醇)　　(叔丁醇)

醇可以根据烃基是否饱和分为饱和醇和不饱和醇；根据烃基为脂肪烃基、脂环烃基或芳香烃基分为脂肪醇、脂环醇和芳香醇。芳香醇简称芳醇。例如：

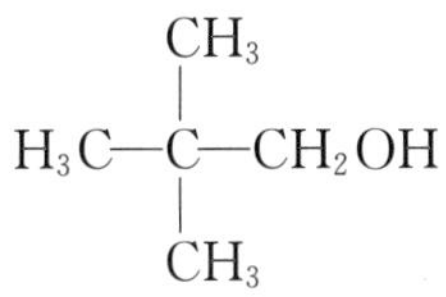
新戊醇(饱和醇)
(脂肪醇)

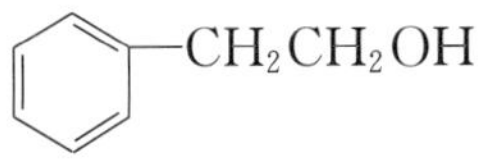
2-苯乙醇(不饱和醇)
(芳醇)

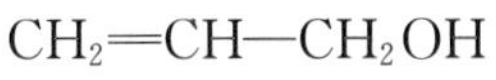
2-丙烯醇(不饱和醇)
(脂肪醇)

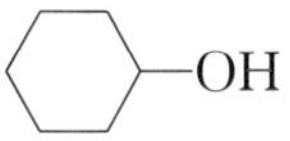
环己醇(饱和醇)
(脂环醇)

醇也可以根据分子中所含羟基数目的不同,分为一元醇和多元醇(二元或二元以上的醇)。例如:

乙醇
(一元醇)

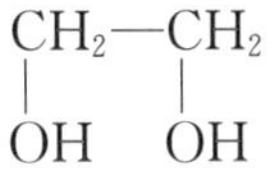
乙二醇(甘醇)
(二元醇)

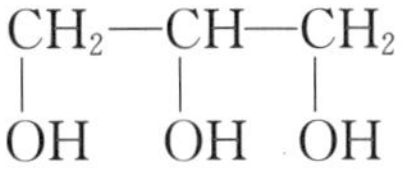
丙三醇(甘油)
(三元醇)

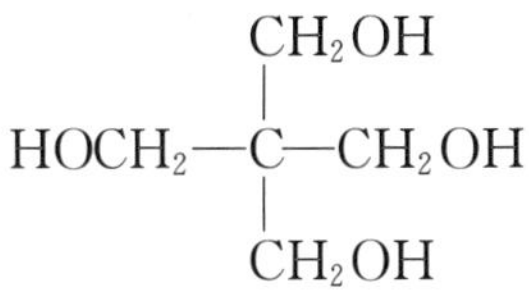
新戊四醇(季戊四醇)
(四元醇)

3. 醇的命名

对于含碳原子数少的一元醇可以用习惯命名法命名:在烃基名称后加“醇”字组成醇的名称;直链烷基冠以“正”字,支链的烷基冠以“异”、“仲”、“叔”等字。对于结构比较复杂的醇,用系统命名法命名,命名原则为:

(1)选主链,确定母体。选择含有羟基所连碳在内的最长碳链为主链,以主链碳原子的数目称为“某”醇。

(2)确定官能团及取代基的位次。把支链作为取代基,主链碳原子的编号从靠近羟基官能团的一端开始,用阿拉伯数字依次编号,用位号标明羟基和取代基的位置。

(3)写出全称。醇名前冠以取代基的位次、数目、名称及羟基的位次、数目。例如:

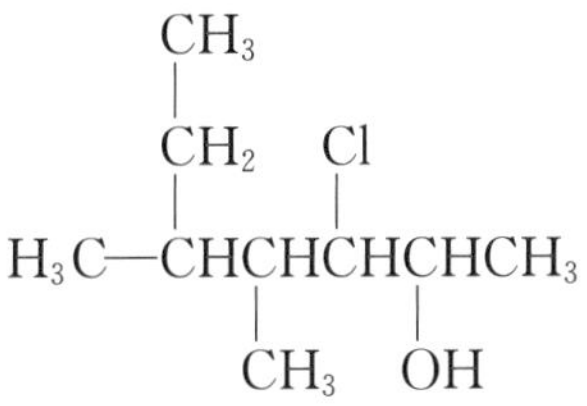
4,5-二甲基-3-氯-2-庚醇

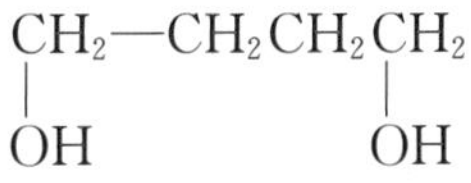
1,4-丁二醇

不饱和醇的命名应选择既含不饱和键又包括连有羟基碳在内的最长碳链为主链,从靠近羟基的一端开始编号。例如:

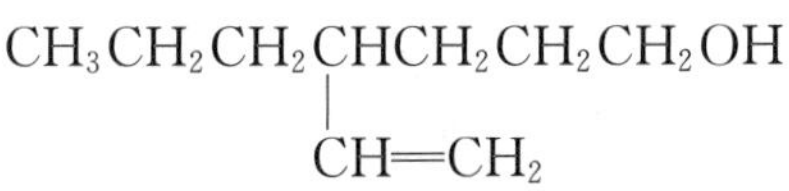
4-丙基-5-己烯-1-醇

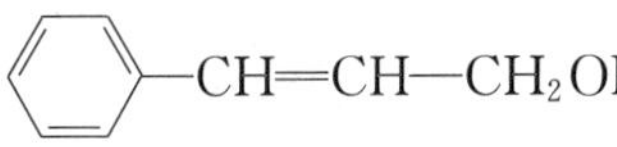
3-苯基-2-丙烯-1-醇

脂环醇则从连有羟基的环碳原子开始编号。例如：

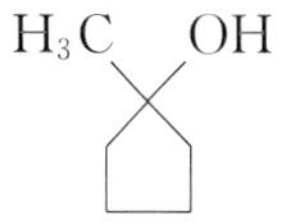

1-甲基环戊醇

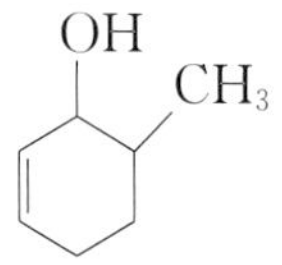

6-甲基-2-环己烯-1-醇

二、醇的物理性质

直链饱和一元醇中，低级醇为无色透明，有酒精气味的液体；含5～11个碳原子的醇为具有一种令人不愉快气味的油状液体；含12个以上碳原子的醇为无臭无味的蜡状固体。一些醇的物理常数如表6-1所示。

表6-1　一些醇的物理常数

名　称	熔点(℃)	沸点(℃)	密度(20℃)(g/cm³)	水中溶解度(g/100g)
甲　醇	-97.1	64.7	0.791	∞
乙　醇	-114.1	78.5	0.789	∞
丙　醇	-127.0	97.2	0.803	∞
正丁醇	-89.8	117.7	0.809	8.00
正辛醇	-16.3	194.5	0.824	0.33
正癸醇	7.0	231.0	0.829	不溶
乙二醇	-16.0	197.4	1.113	∞
丙三醇	18.0	290.0	1.260	∞

从表6-1可以看出，与烷烃相似，直链饱和一元醇的熔点、沸点随着分子内碳原子数目的增加而上升。同时，醇的沸点和相对分子质量比与其相近的卤代烃要高得多（表6-2）。这主要是因为醇分子中含有极性较大的羟基，和水分子相似，醇分子之间存在有氢键缔合（图6-2）。氢键的形成使分子间的作用力增大，醇的沸点升高。羟基越多，能形成的氢键越多，分子间作用力越大，沸点也越高。

表6-2　一些醇和氯代烃的沸点比较

醇	沸点(℃)	氯代烃	沸点(℃)
CH_3OH	64.7	CH_3Cl	-24
CH_3CH_2OH	78.4	CH_3CH_2Cl	13
$CH_3CH_2CH_2OH$	97.2	$CH_3CH_2CH_2Cl$	46
$HOCH_2CH_2OH$	197.4	$ClCH_2CH_2Cl$	83.5
$HOCH_2CH(OH)CH_2OH$	290.0	$ClCH_2CH(Cl)CH_2Cl$	157

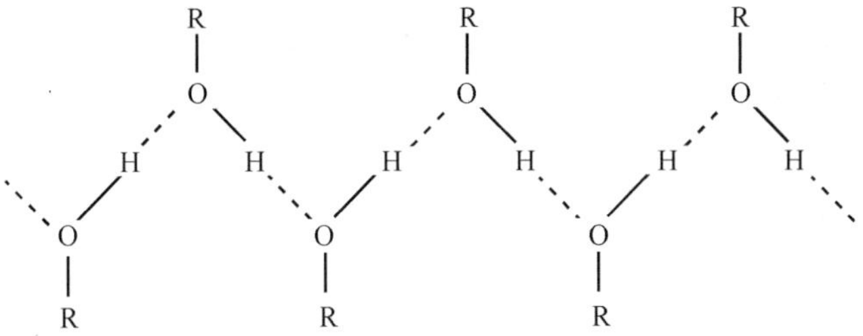

图 6－2 醇分子间氢键示意图

不仅醇分子间可通过氢键缔合，而且醇分子与水分子之间也可以形成氢键（图 6－3），从而使 3 个碳及以下的低级醇能与水混溶。自丁醇开始，随着烃基的增大，醇在水中的溶解度降低。这是因为随着烃基含碳原子数目的增多，羟基在分子中所占的比例减小，醇羟基与水形成氢键的能力减小。所以，含有 4 个碳原子及以上的醇在水中的溶解度减小；高级醇在水中的溶解度很小，甚至不溶于水，而能溶于石油醚等烃类溶剂。

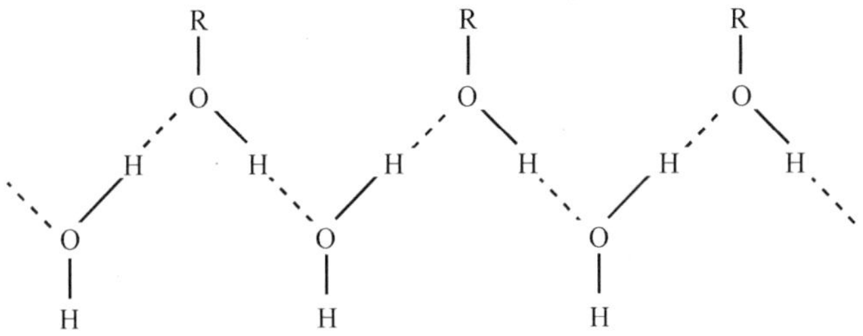

图 6－3 醇与水分子间形成氢键示意图

三、醇的化学性质

羟基（—OH）是醇的官能团，由于氧原子的电负性比较大，C—O 键和 O—H 键具有较大的极性，在发生化学反应时，往往是羟基或羟基上的氢原子被其他原子或原子团取代。同时，受羟基的影响，α 碳原子上的氢也表现出一定的活性，也能发生某些反应。

（一）与活泼金属的反应

醇可以与活泼的金属，如钾、钠、镁、铝等反应，生成氢气和醇金属。例如：

$$2ROH + 2Na \longrightarrow 2RONa + H_2\uparrow$$

$$2CH_3CH_2OH + 2Na \longrightarrow 2CH_3CH_2ONa + H_2\uparrow$$

醇与活泼金属的反应比水与活泼金属的反应要温和得多，放出的热量也不足以使生成的氢气燃烧，故在实验室可利用醇销毁某些反应中残余的金属钠。

由于水的酸性比醇的酸性强（多数醇的 pK_a 为 18），所以醇钠这类弱酸强碱盐易被水分解：

$$RONa + H_2O \rightleftharpoons ROH + NaOH$$

工业上常利用平衡移动的原理，生产乙醇钠。在平衡体系中加入苯进行共沸蒸馏，不断地将体系中的水除去，使平衡向左移动，最后得到醇钠。这样既可以避免使用昂贵的金属钠，降低生产成本，又可以使生产过程更安全。醇金属在有机化学反应中常被用作缩合剂、烷氧化试剂、非水介质中的碱性试剂等。

(二)与氢卤酸的反应

醇与氢卤酸反应生成卤代烃和水。

$$ROH + HX \rightleftharpoons RX + H_2O$$

这个反应是卤代烃水解的逆反应，是制备卤代烃的常用方法之一。为了提高卤代烃的产量，可使醇或氢卤酸过量或移去一种生成物，可使平衡向右移动。

氢卤酸的反应活性次序为：HI＞HBr＞HCl。

制 R—I 时，用氢碘酸的恒沸溶液。例如：

$$CH_3CH_2CH_2CH_2OH + HI(57\%) \xrightarrow{\triangle} CH_3CH_2CH_2CH_2I + H_2O$$

制 R—Br 时，用氢溴酸的恒沸溶液，在硫酸存在下作用而得。例如：

$$CH_3CH_2CH_2CH_2OH + HBr(47.5\%) \xrightarrow[\triangle]{H_2SO_4} CH_3CH_2CH_2CH_2Br + H_2O$$

制 R—Cl 时，除叔醇以外，一般需用浓盐酸的无水 $ZnCl_2$ 溶液，才可得产物。浓盐酸与无水氯化锌组成的试剂称为卢卡斯(Lucas)试剂，常用来区分苄基型醇、烯丙基型醇及多数 6 个碳以下的伯、仲、叔脂肪醇。在适量浓盐酸—氯化锌试剂中，加入两滴醇，混合均匀，可观察到醇由可溶解的变成不溶解的卤代烷，溶液出现混浊，随后分层。而呈现混浊的速度为：苄基型醇、烯丙基型醇和叔醇立即出现；仲醇 5～10min 内出现；伯醇在室温时不出现混浊，需要加热才能出现。例如：

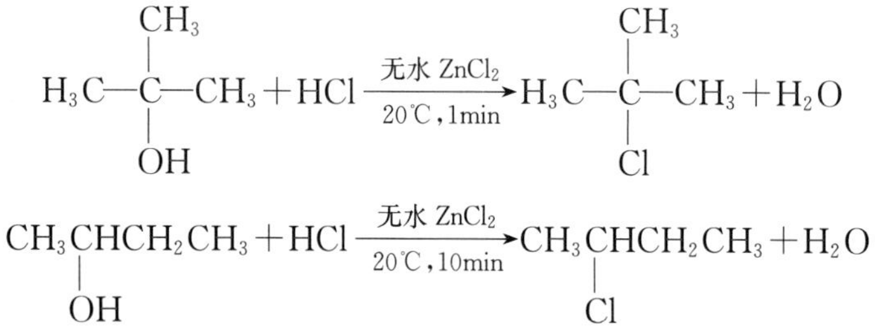

$$CH_3CH_2CH_2CH_2OH + HCl \xrightarrow[\triangle]{无水\ ZnCl_2} CH_3CH_2CH_2CH_2Cl + H_2O$$

(三)酯的生成

醇可以和无机含氧酸生成无机酸酯。例如，乙醇和硫酸作用，生成硫酸二乙酯：

$$CH_3CH_2OH + HOSO_2OH \xrightarrow{-H_2O} \underset{硫酸氢乙酯(单酯)}{CH_3CH_2OSO_2OH} \xrightarrow[-H_2O]{HOCH_2CH_3} \underset{硫酸二乙酯(双酯)}{CH_3CH_2OSO_2OCH_2CH_3}$$

如果用高级醇(碳原子数为 12～18)与硫酸反应，生成硫酸氢酯(单酯)后，再用碱中和即可得到硫酸氢酯钠盐。这是一类很重要的硫酸酯盐型的阴离子表面活性剂。如硫酸氢十二烷基酯钠盐($C_{12}H_{25}OSO_2ONa$)，在印染工业中常用作洗涤剂。

醇与磷酸作用可生成单酯、双酯和三酯。例如：

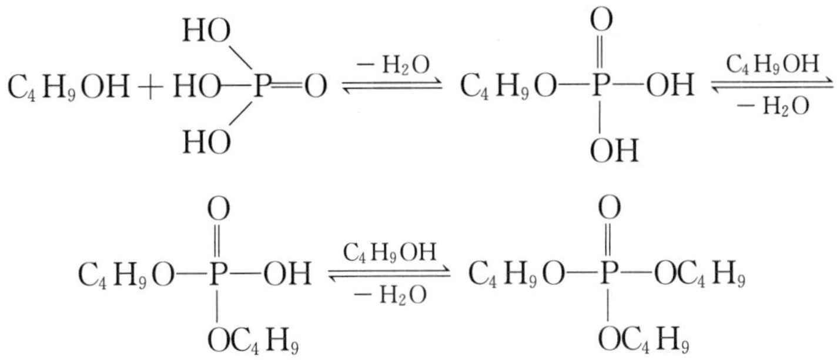

高级醇与磷酸作用生成酸性磷酸酯(磷酸氢酯)后中和,可制得一类磷酸酯盐型的阴离子表面活性剂。如由十二醇与磷酸制得的磷酸十二酯的钾盐$(C_{12}H_{25}O)_2POOK$,广泛用作合成纤维的抗静电剂。

醇与硝酸作用生成硝酸酯。例如:

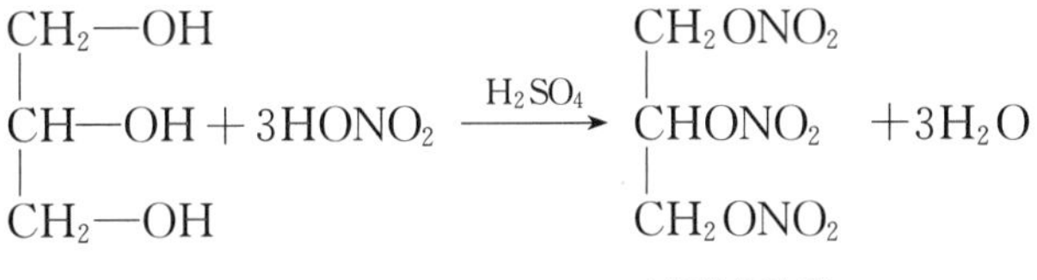

三硝酸甘油酯

三硝酸甘油酯俗称硝化甘油,可作为烈性炸药,还应用于血管舒张,作为治疗心绞痛和胆绞痛药。

(四)氧化反应

1. 氧化剂氧化

伯醇和仲醇都含有 α 氢,α 氢原子受相邻羟基影响易被氧化。常用的氧化试剂为 $K_2Cr_2O_7/H_2SO_4$、$KMnO_4/OH^-$、$KMnO_4/H^+$、$KMnO_4/H_2O$、CrO_3/冰 HAc 等。伯醇氧化首先生成醛,醛很容易继续被氧化成羧酸。由伯醇制备醛时,应将生成的醛及时从混合物中蒸出,以脱离氧化环境。如果使用特殊的氧化剂——三氧化铝—吡啶络合物 $CrO_3 \cdot 2$ 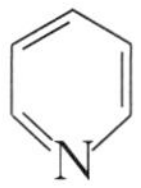(将 CrO_3 小心地加到过量的吡啶中形成),可以使伯醇氧化终止到醛的阶段。例如:

$$RCH_2OH \xrightarrow{[O]} RCHO \xrightarrow{[O]} RCOOH$$

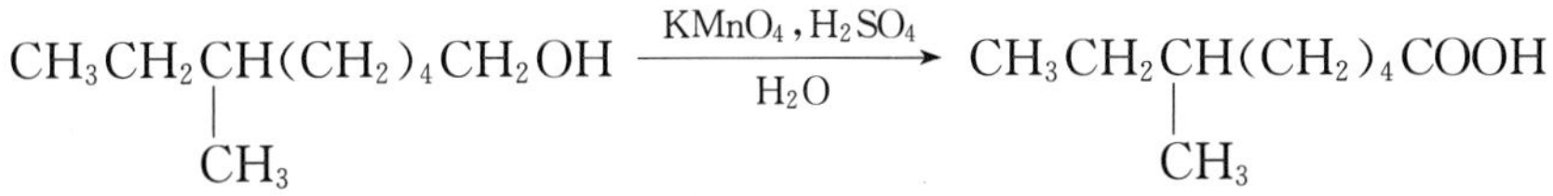

6-甲基-1-辛醇 6-甲基-1-辛酸(66%)

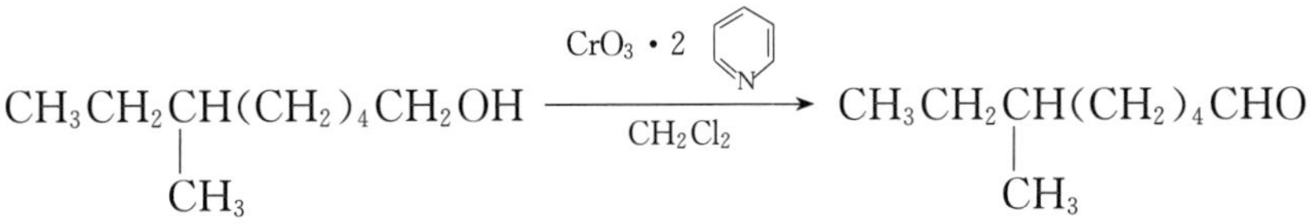

6-甲基-1-辛醇 6-甲基-1-辛醛(69%)

仲醇氧化生成酮，酮不易继续氧化，所以一般用仲醇氧化的方法来制备酮。例如：

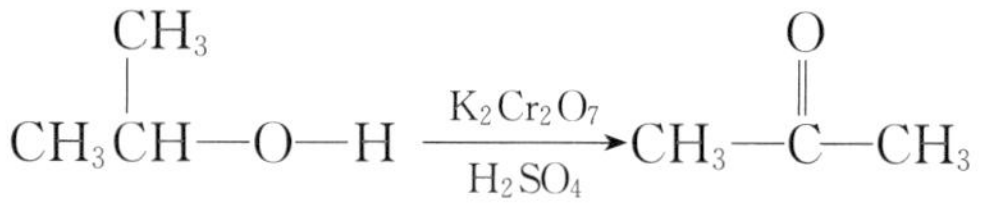

叔醇分子中没有 α 氢原子，在上述同样的条件下不易被氧化。但在强烈的氧化条件下，碳链断裂生成含碳较少的氧化产物，无应用价值。

2. 脱氢氧化

伯醇、仲醇的蒸气在高温下通过高活性的铜或银的催化剂发生脱氢反应，分别生成醛或酮：

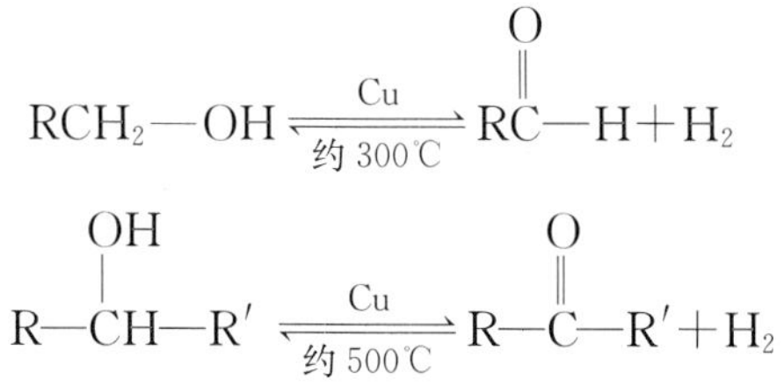

若同时通入空气，那么生成的氢气被氧化成水，反应可进行完全。如：

$$2CH_3CH_2OH + O_2 \xrightarrow[500℃]{Cu(或 Ag)} 2CH_3CHO + 2H_2O$$

叔醇分子中没有 α 氢原子，不发生脱氢反应。而只能发生脱水反应，生成烯烃。

(五)脱水反应

醇在浓强酸或脱水剂的作用下，受热可发生脱水反应。醇分子有两种脱水形式：一种为分子间脱水生成醚，另一种为分子内脱水生成烯。一般而言，温度相对较低，有利于醚的生成；温度较高，有利于烯的生成。例如：

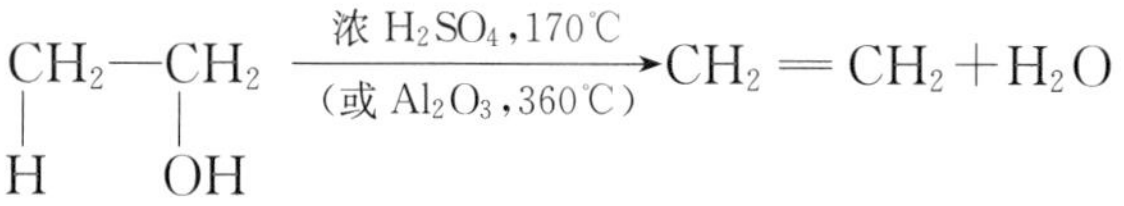

$$CH_3CH_2OH + HOCH_2CH_3 \xrightarrow[140℃]{浓 H_2SO_4} CH_3CH_2OCH_2CH_3 + H_2O$$

脱水的方式不仅与反应条件有关，还与醇的结构有关。只有伯醇能与浓硫酸共热成醚，仲醇易发生分子内脱水，叔醇则只能分子内脱水得到烯烃。仲醇、叔醇发生分子内脱水时遵循查依采夫(Saytzeff)规则：

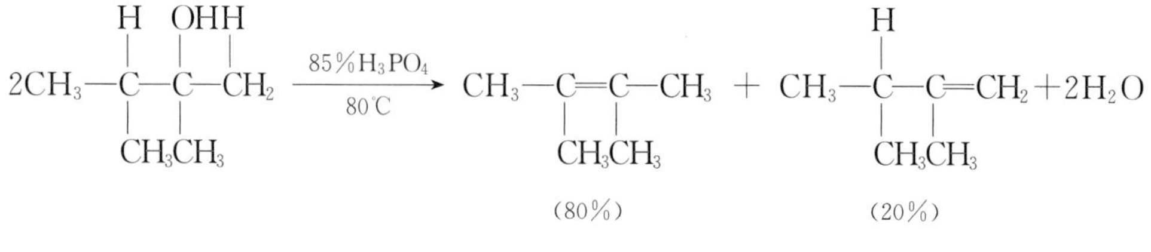

四、几种重要的醇

1. 甲醇

甲醇(CH_3OH)最初是从木材干馏(隔绝空气加热木材)而得，所以又称木醇。它为无色、透明、高度挥发、易燃液体，相对密度 0.7915，沸点 64.9℃。它有类似酒精的气味，其蒸气与空气混合物爆炸极限为 6%～36.5%。它能与水、乙醇、乙醚、苯、酮、卤代烃和许多其他有机溶剂相混溶。遇热、明火或氧化剂易着火，遇明火会爆炸。它与水不形成恒沸混合物，从甲醇的稀溶液中用普通精馏的方法可以得到无水甲醇。甲醇是重要的化工原料，也可用作汽油的掺配剂，以增加汽油的辛烷值，也可单独作为汽车、飞机的燃料。由于甲醇相对分子质量小，自身含氧助燃，能提高热效率，减少排放，因此，氮氧排放特别低。

甲醇毒性很强，饮用 10mL 就可使眼睛失明，再多就使人中毒致死。

2. 乙醇

乙醇（CH_3CH_2OH）俗称酒精，为具有酒气味的无色液体。沸点 78.5℃，无色易燃，在空气中的爆炸极限是 3.28%～18.95%，能与水任意混溶。它可以与水形成低沸点恒沸混合物，其组成是乙醇 95.6%、水 4.4%（质量分数），不可以利用普通精馏的方法制得无水乙醇。工业生产中采用普通的精馏方法从乙醇稀溶液得到 95.6%的乙醇。所以，市售乙醇中乙醇的质量分数约为 95%。

实验室是将工业酒精与生石灰（CaO）共热，水分与生石灰结合生成氢氧化钙，再进行蒸馏可得到 99.95%的乙醇。最后微量的水用适量的金属镁处理，镁与乙醇生成乙醇镁，乙醇镁再与水作用生成氢氧化镁 $Mg(OH)_2$ 沉淀及乙醇，再经蒸馏得到的乙醇称无水乙醇。

工业上制无水乙醇是在工业酒精（95.6%）中加入苯进行蒸馏，苯、乙醇和水形成一种共沸混合物，含水量达 7.5%，沸点为 64.9℃，这样可将水全部蒸出。待水全部蒸馏出后温度上升至 68.3℃，此时蒸出的是苯—乙醇的共沸混合物。待所有的苯完全蒸出后，最后在 78.5℃蒸出的是无水乙醇，也叫绝对乙醇。

乙醇是一种重要的化工原料，也是常用的有机溶剂。70%～75%（质量分数）的乙醇水溶液杀菌力最强，作为外用消毒剂。乙醇是酒的主要成分，可以通过淀粉或糖类物质发酵制得。随着近代化工的飞速发展，已大量利用乙烯水合成生产乙醇。但用甘薯、谷物等为原料的发酵法，仍是工业生产乙醇的方法之一。

3. 乙二醇

乙二醇（$HOCH_2CH_2OH$）是最简单、最重要的二元醇，为黏稠而有甜味的液体，有毒性，由于氢键缔合的缘故，它的沸点、相对密度等比碳原子数相同的一元醇高。沸点为 197℃，能与水、乙醇、丙酮、甘油、乙酸等溶剂混溶，微溶于乙醚，几乎不与石油醚、苯、卤代烃相溶。乙二醇是重要的化工原料，大量用于生产涤纶、树脂、增塑剂等。含 40%（体积分数）的乙二醇溶液，其冰点为 −25℃；含 60%（体积分数）的乙二醇溶液，其冰点为 −49℃。所以乙二醇是很好的防冻剂，常用作汽车、飞机水箱里的抗冻剂。

4. 丙三醇

丙三醇[$HOCH_2CH(OH)CH_2OH$]俗称甘油，为带有甜味的黏稠液体，沸点为 290℃，能与水任意比例混溶，不溶于乙醚、氯仿等有机溶剂。甘油吸湿性很强，对皮肤有刺激性，故用于润滑皮肤时，一定要先经水稀释。甘油是重要的有机化工原料，主要用于生产醇酸树脂涂料，在印刷工业、烟草工业、化妆品工业、制革工业中用作甜味剂或吸湿剂。在纺织工业中，可用于制备多元醇类非离子型表面活性剂，如月桂酸甘油单酯，可用作乳化剂和织物纤维的柔软剂。

第二节　酚

一、酚的结构

酚(Ar—OH)分子中的羟基(—OH)叫酚羟基，是酚的官能团。酚羟基氧原子同芳环碳一样采用 sp^2 杂化的方式参与成键。酚羟基中氧的 3 个 sp^2 杂化轨道的对称轴与芳环 σ 键的键轴处于同一平面，2 个 sp^2 杂化轨道分别与碳(sp^2)、氢(s)形成 2 个 σ 键，另一个 sp^2 杂化轨道上有一对电子占据着。羟基氧原子上未参与杂化 p 轨道上的一对电子与芳烃的大 π 键形成 p—π 共轭体系，如图 6－4 所示。十分稳定的共轭体系使得酚羟基和醇羟基在性质上有明显不同。

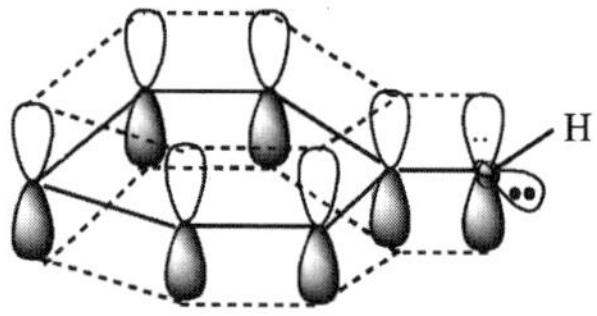

图 6－4　苯酚的 p—π 共轭体系示意图

二、酚的分类和命名

按分子中所含羟基的数目可分为一元酚和多元酚。多元酚应注明酚羟基的位置。例如：

苯酚

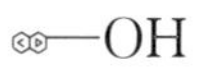

2-萘酚

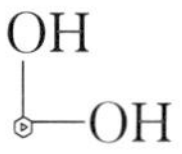

邻苯二酚
1,2-苯二酚

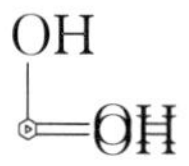

连苯三酚
1,2,3-苯三酚

取代酚的命名要比较芳烃上取代基或官能团在次序规则中的优先次序。例如：

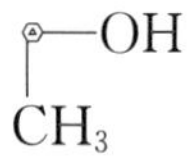

间甲苯酚
3-甲苯酚

对硝基苯酚
4-硝基苯酚

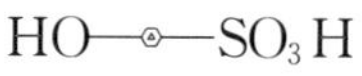

对羟基苯磺酸
4-羟基苯磺酸

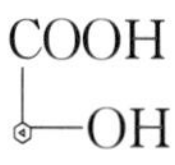

邻羟基苯甲酸
2-羟基苯甲酸

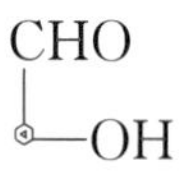

间羟基苯甲醛
3-羟基苯甲醛

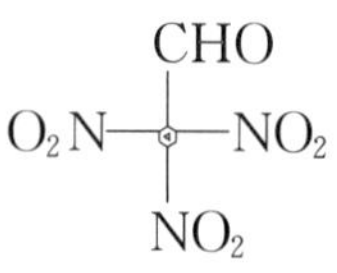

2,4,6-三硝基苯甲醛

三、酚的物理性质

常温下，除少数烷基酚是高沸点液体外，大多数的酚都为无色晶体。酚类在空气中易被氧化而呈现粉红色或红色。一元酚微溶或不溶于水，但易溶于乙醇、醚等有机溶剂。常见酚的物理常数如表 6－3 所示。

表 6－3　常见酚的物理常数[1]

名　称	熔点(℃)	沸点(℃)	溶解度(25℃)(g/100g 水)	pK_a
苯　酚	43	181	9.3	9.98
邻甲苯酚	30	191	2.5	10.28
间甲苯酚	11	201	2.6	10.08
对甲苯酚	35.5	201	2.3	10.14
邻硝基苯酚	44.5	214	0.2	7.23
间硝基苯酚	96	194 (9333Pa)	1.4	8.40
对硝基苯酚	114	279 (分解、升华)	1.6	7.15

名　称	熔点(℃)	沸点(℃)	溶解度(25℃)(g/100g 水)	pK_a
2,4－二硝基苯酚	113		0.56	4.0
2,4,6－三硝基苯酚	122		1.4	0.71
邻苯二酚	105	245	45.1	9.48
间苯二酚	110	281	123	9.44
对苯二酚	170	286	8	9.96
α－萘酚	94	279	难	9.31
β－萘酚	123	286	0.1	9.55
1,2,3－苯三酚	133	309	62	7.0

四、酚的化学性质

(一) 酚羟基的反应

1. 弱酸性

酚羟基上的氢比醇羟基中的氢较易离解成质子，所以酚具有酸性。例如，苯酚能与氢氧化钠的水溶液作用，生成可溶于水的苯酚钠。反应式如下：

苯酚的酸性(pK_a＝10)比碳酸(pK_a＝6.36)弱，因此苯酚不能与碳酸氢钠作用生成二氧化碳。相反，将二氧化碳通入苯酚钠的水溶液中，苯酚即游离出来。

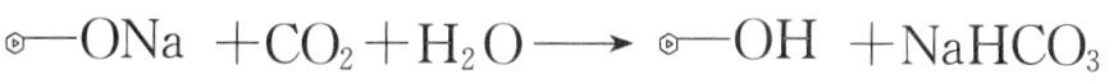

酚羟基中的氧原子以 sp^2 杂化的方式成键，参见图 6－4(苯酚的 $p—\pi$ 共轭体系示意图)。由于酚羟基氧原子上一对电子与苯环 π 电子相互作用形成了 π_7^8 的离域体系，使氧上的电子云密度降低，加剧 O—H 键的极化，从而有利于酚羟基中的氢原子以质子的形式离去；同时离解出氢离子后的阴离子，由 $p—\pi$ 共轭体系分散氧上的负电荷，体系稳定，所以酚显示酸性。

酚的酸性大小与苯环上的取代基有关。当苯环上有吸电子基，尤其是羟基的邻、对位上有吸电子基时，则增强了它的酸性。如苦味酸(2,4,6－三硝基苯酚)的酸性相当于强的无机酸。反之，若酚分子的芳环上，尤其是羟基的邻、对位有给电子基时，这种酚的酸性比苯酚弱，如对甲苯酚的酸性弱于苯酚的酸性。

2. 酚醚的生成

酚与醇相似，也可以生成醚。但酚羟基中因 $p—\pi$ 共轭体系的存在，使得 C—O 键比较牢固，一般不能通过分子间脱水制醚。酚醚一般采用威廉姆森(Williamson)合成法，即由酚钠和卤代烃作用生成。例如：

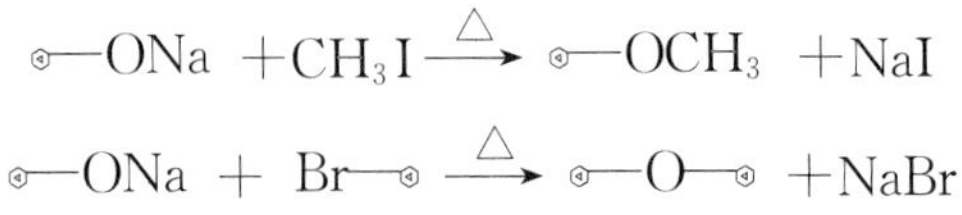

酚醚的化学性质较稳定，但与氢碘酸作用可分解为原来的酚。例如：

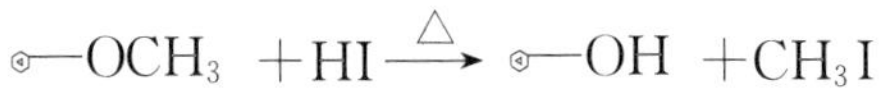

在有机合成上，常用酚醚来“保护酚羟基”，以免羟基在反应中被破坏，待反应完成后，再将醚分解为相应的酚。

3. 成酯反应

醇易与羧酸生成酯，酚与羧酸直接酯化比较困难，一般需与酰氯或酸酐作用，才能生成酯。例如：

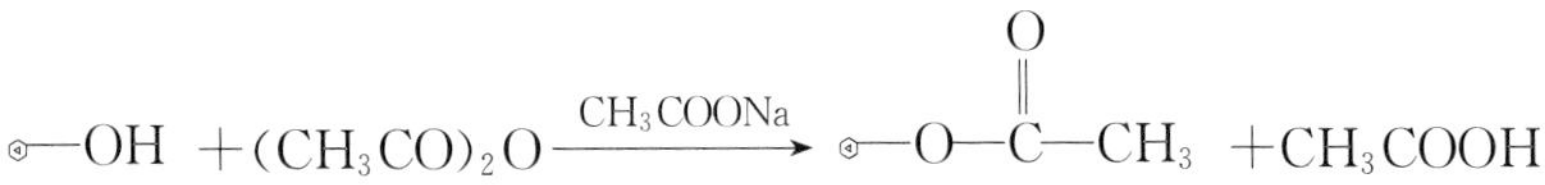

乙酸苯酯

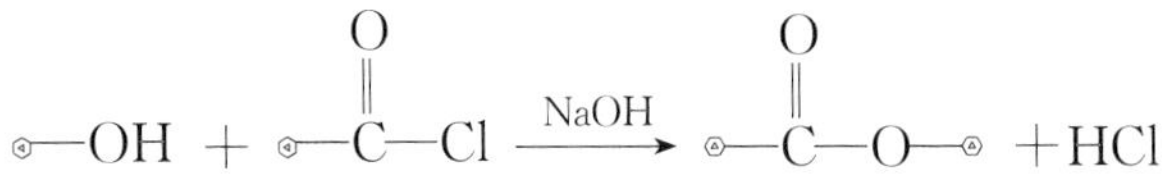

苯甲酰氯　　　　苯甲酸苯酯

(二)苯环上的取代反应

羟基是一个定位能力较强的邻对位定位基，所以酚的芳环上的亲电取代反应比苯容易得多。

1. 卤代反应

苯酚与溴水在室温下，立即生成2,4,6-三溴苯酚的白色沉淀。反应式如下：

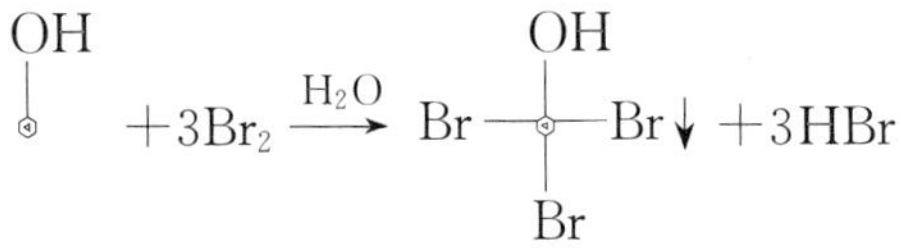

2,4,6-三溴苯酚的溶解度很小，微量苯酚也能与溴水作用生成沉淀，因而此反应可以用于苯酚的定量、定性分析。

将苯酚和溴在低温非极性溶剂(如 CS_2、CCl_4、$CHCl_3$ 等)中反应，主要得到对溴苯酚。反应式如下：

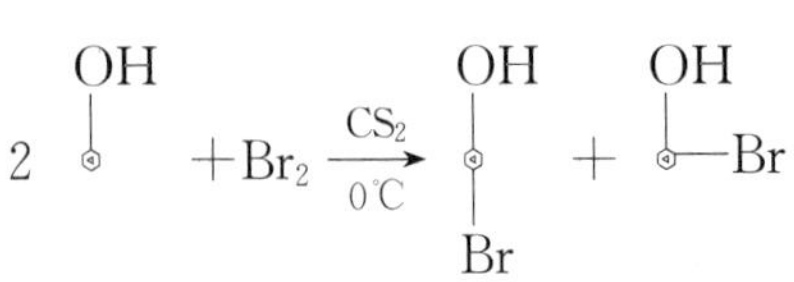

(67%)　　(33%)

如制邻溴苯酚，可先与浓硫酸反应，再进行溴代得到。反应式如下：

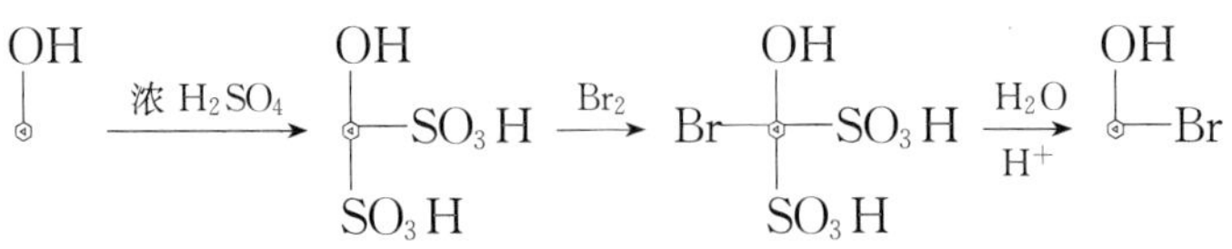

2. 磺化反应

浓硫酸易使苯酚磺化，如果反应在低温下进行，主要生成邻位取代产物；如果在室温下进行，生成几乎等量的邻位和对位取代产物；如果反应在较高的温度下进行，主要生成对位产物。继续磺化对羟基苯磺酸，可得二取代产物 4 -羟基- 1，3 -苯二磺酸。因为磺化反应是可逆反应，形成邻位产物所需活化能低，对位产物空间位阻小，比邻位产物稳定，高温有利于生成稳定的产物。例如：

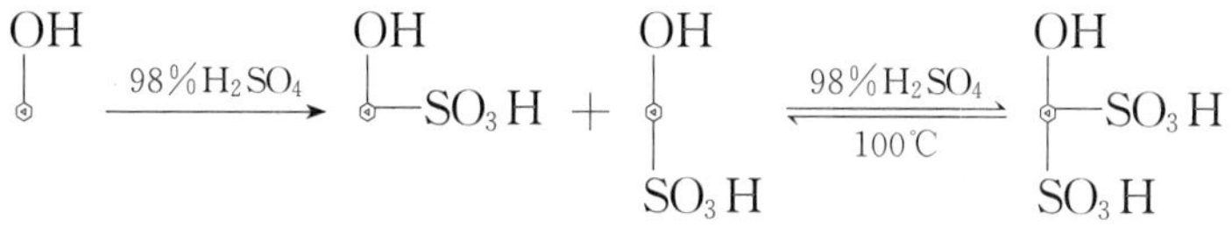

3. 硝化反应

受酚羟基的影响，苯酚易发生取代反应又极易被氧化。在室温下即可进行硝化反应。因为硝酸具有氧化性，使用 20%的稀硝酸进行硝化产率也不高，且伴有焦油状氧化产物生成。反应式如下：

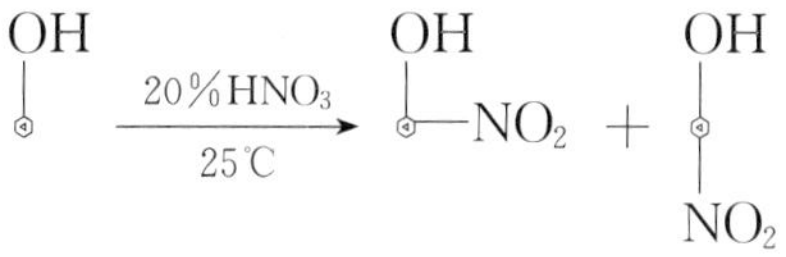

用浓硝酸硝化，可以得到 2，4，6 -三硝基苯酚（苦味酸）和较多焦油状氧化产物。为了减少氧化可以先进行磺化，降低芳环的活性使芳环不易被氧化，再进行硝化；硝基可置换磺酸基，这样产率可达 90%：

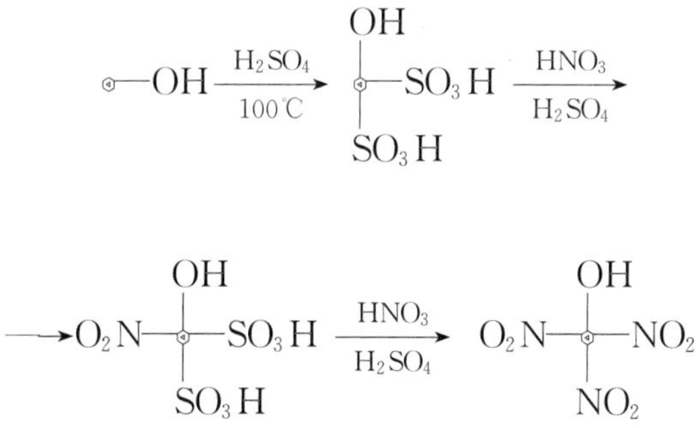

(90%)

2，4，6 -三硝基苯酚

4. 烷基化反应

在 H_2SO_4、HF、H_3PO_4 或 $AlCl_3$ 催化下，酚与卤代烷、烯烃或醇共热，可顺利地在苯环上引进烷基。例如：

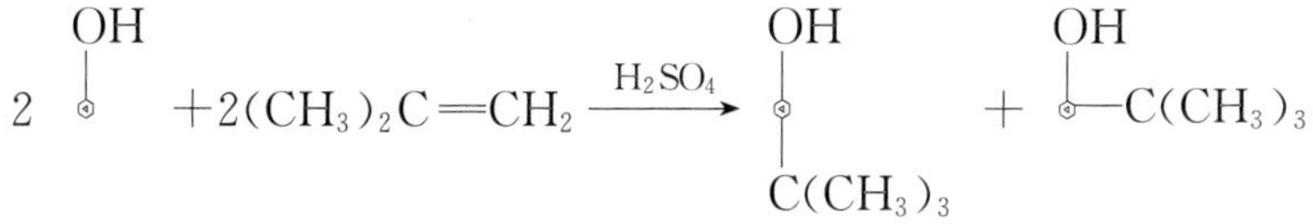

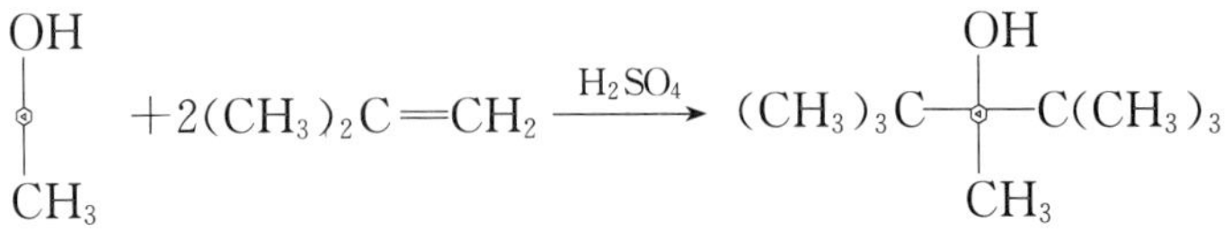

4-甲基-2,6-二叔丁基苯酚

4-甲基-2,6-二叔丁基苯酚为白色固体，熔点为70℃，可用作石油产品及高聚物的抗氧化剂，也可用作食物防腐剂。

(三)催化氢化

在催化剂镍的作用下，酚与氢气加成生成相应的环醇。例如：

环己醇是合成纤维锦纶6和锦纶66的重要原料，也常用作溶剂。

(四)氧化反应

酚容易被氧化，不同的氧化剂有不同的氧化产物。苯酚用重铬酸钠氧化生成对苯醌。反应式如下：

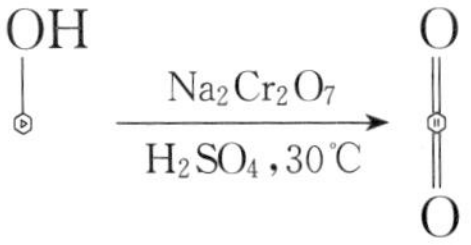

邻位和对位的二元酚比苯酚更容易被氧化，分别生成红色的邻苯醌和黄色的对苯醌。例如：

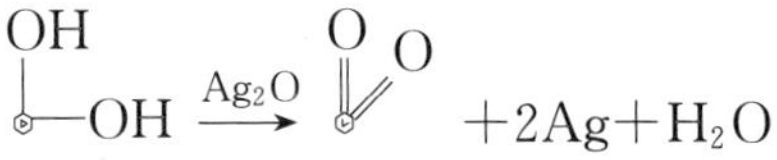

因为不存在间苯醌的关系，间位的二元酚不易被氧化。利用酚类化合物易于氧化的性质，酚可以作为抗氧化剂。

(五)与三氯化铁的显色反应

大多数的酚能与三氯化铁的水溶液发生显色反应。不同的酚显示不同的颜色，如苯酚显蓝紫色，邻苯二酚显深绿色，对苯二酚呈暗绿色结晶，对甲苯酚呈蓝色。可利用此反应检验酚的存在。另外，含有羟基与双键碳原子 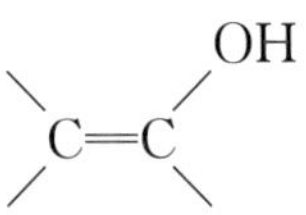 相连的烯醇式结构的化合物也能与 $FeCl_3$ 的水溶液发生颜色反应。一般认为，酚与三氯化铁的反应是生成了配合物。如下式：

$$6ArOH + FeCl_3 \longrightarrow [Fe(OAr)_6]^{3-} + 6H^+ + 3Cl^-$$

五、几种重要的酚

1. 苯酚

苯酚(C_6H_5OH)俗名石炭酸，为无色针状结晶，熔点为43℃，有特殊臭味，易被空气氧化而变成粉红色、红色甚至暗红色。室温时微溶于水，高于65.8℃时可以与水混溶，极易溶于乙醇和乙醚中。苯酚有毒，能灼伤皮肤。苯酚可直接用作消毒剂和防腐剂，在工业上用途很广，大量用于制取酚醛树脂、环氧树脂及其他高分子材料、药物、染料、炸药等。

2. 对苯二酚

对苯二酚（）为无色或浅灰色针状晶体，熔点为 170℃，易溶于热水和乙醇、乙醚、氯仿等有机溶剂中。对苯二酚有毒，渗入皮肤内可引起中毒，它的蒸气可导致眼病。对苯二酚极易氧化成醌，是一种很强的还原剂，可用作抗氧剂、显影剂及高分子单体的阻聚剂。作为显影剂，可使照相底片上感光后的溴化银还原成金属银。反应式如下：

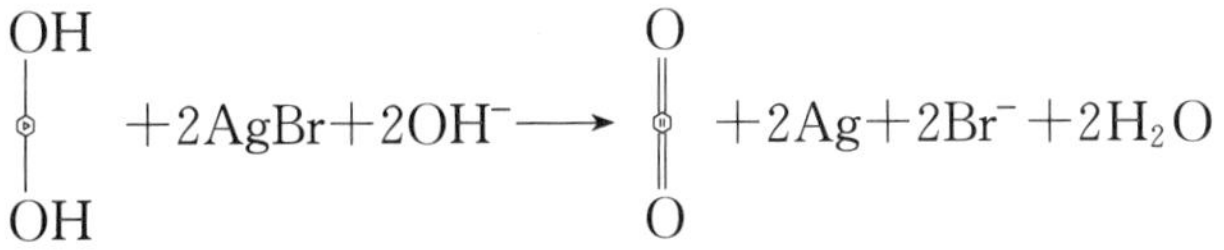

3. 2,4,6－三硝基苯酚

2,4,6－三硝基苯酚（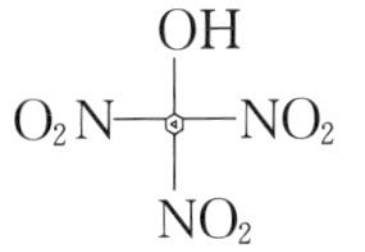）俗名苦味酸，为黄色结晶，熔点为 122℃，不溶于冷水，可溶于热水、乙醇和乙醚中。它是一种烈性炸药，在 300℃以上爆炸。缺点是酸性太强，因而腐蚀性强。它可以用作黄色染料，也可用以制备硫化染料，还可以用于有机化合物的分析鉴定。苦味酸可与芳香烃、芳香胺、脂肪胺、烯烃等形成配合物，这些配合物都是很好的结晶，有一定的熔点，常作为分析使用。

4. 萘酚

萘酚有 α－萘酚（）和 β－萘酚（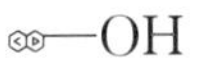）两种异构体。α－萘酚为无色细针状晶体，在空气中或光照下逐渐变为玫瑰色；能升华，熔点 94℃；难溶于水，易溶于乙醇、乙醚、苯及碱溶液中，微溶于四氯化碳；它的粉末与空气能形成爆炸性混合物；有毒性，其毒性比 β－萘酚大 3 倍。β－萘酚为无色或稍带黄色的片状晶体，在空气中或光照下，颜色逐渐变深，熔点为 123℃，溶解性与 α－萘酚相似。两者的化学性质与苯酚相似，呈弱酸性，易溶于 NaOH，与 $FeCl_3$ 水溶液发生显色反应，α－萘酚显紫色，β－萘酚显绿色。萘酚易发生硝化、磺化等反应，生成酚醚和酚酯。

β－萘甲醚是一种香料。萘酚广泛用于制造偶氮染料，是重要的染料中间体。β－萘酚也可用作抗氧化剂。

第三节　醚*

一、醚的分类和命名

醚分子中的氧基（—O—）也称醚键，为醚的官能团。在醚分子中，与氧原子相连的两个烃基相同时称单醚，不同时为混醚。根据醚键所连接的烃基结构不同，醚可以分为饱和醚和不饱和醚。不饱和醚中醚键至少与一个芳基相连的醚为芳醚，二价烃基的两端与醚键相连的为环醚。例如：

乙醚（饱和醚）（脂肪醚）　二苯醚（不饱和醚）（芳香醚）　苯甲醚（不饱和醚）（芳香醚）　环氧乙烷（饱和醚）（环醚）

简单的醚一般采用习惯命名法命名。将氧原子所连接的 2 个烃基的名称(碳原子数少的烃基写在前,多的写在后)写在“醚”字之前。芳醚则将芳基放在脂肪烃基之前来命名。单醚只需在相同的烃基名称之前加“二”字,饱和单醚“二”字可省略。

比较复杂的醚可用系统命名法命名,选取最长碳链的烃基作为母体,以烃氧基(RO—或ArO—)为取代基,称为“某”烃氧基(代)“某”烃。烃氧基的命名只需在相应的烃基名称后加“氧”字即可。例如:

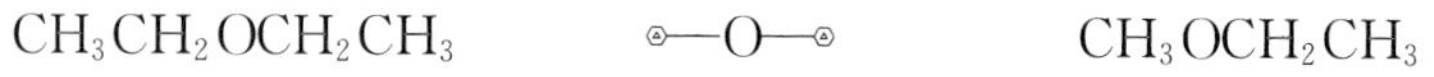

(二)乙醚　二苯醚　甲乙醚

苯甲醚　二乙烯基醚　对甲苯乙醚

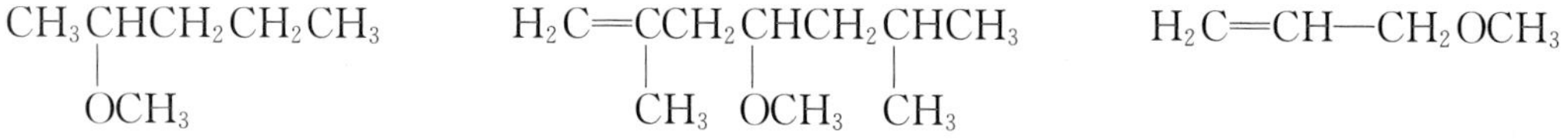

2-甲氧基戊烷　2,6-二甲基-4-甲氧基-1-庚烯　3-甲氧基-1-丙烯

二、醚的性质

(一)醚的物理性质

在常温下,甲醚和甲乙醚是气体,其余大多数醚为无色、有香味的液体。由于醚分子中没有与氧原子相连的氢,所以醚分子之间不能形成氢键,故醚的沸点显著低于相对分子质量相近的醇。如乙醚的沸点为 34.5℃,而正丁醇的沸点是 117.3℃。醚分子中的氧能与水分子形成氢键(图 6-5),使它在水中的溶解度与相对分子质量相同的醇相差无几。如甲醚能与水混溶,乙醚与正丁醇在水中溶解度都约为 8g/100g 水。

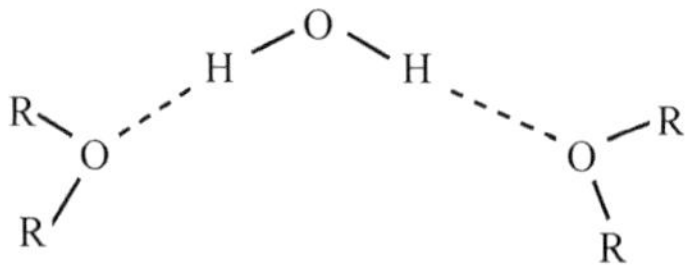

图 6-5　醚和水分子间形成氢键示意图

(二)醚的化学性质

1. 鎓盐的形成和醚键的断裂

除了某些环醚外,醚对大多数的试剂,如碱、氧化剂、还原剂都十分稳定,对稀酸也比较稳定。醚能溶于强酸(如浓硫酸或氢卤酸)生成鎓盐。如下式:

$$CH_3CH_2-\ddot{O}-CH_2CH_3+HCl\longrightarrow[CH_3CH_2-\overset{H}{\underset{+}{O}}-CH_2CH_3]Cl^-$$

锌盐不稳定，遇水很快分解成原来的醚。可以利用此性质区别和分离醚与烷烃或卤代烃。强酸与醚中氧原子形成锌盐而使碳氧键变弱，在加热的情况下，浓的强酸，如 HI、HBr 等，能使醚键断裂。如醚与氢碘酸作用，先生成碘代烷和醇。混醚与氢碘酸反应时，一般是较小的烷基生成碘烷，较大的烷基生成醇；生成的醇与过量的氢碘酸作用生成碘代烷。如下式：

$$R-O-R'+HI(过量)\xrightarrow{\triangle}RI+R'OH$$

$$R'OH\xrightarrow{HI}R'I+H_2O$$

如果醚键一端连接的是芳基，则产物停留在酚的阶段。例如：

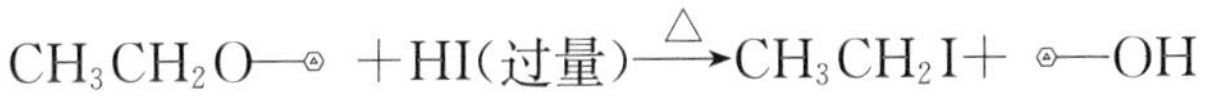

2. 过氧化物的生成

尽管醚对氧化剂稳定，但它长期置于空气中可被氧化成过氧化物。例如：

$$CH_3CH_2OCH_2CH_3\xrightarrow{O_2}CH_3\underset{O-O-H}{\underset{|}{CH}}OCH_2CH_3$$

乙醚的过氧化物是具有臭味的油状液体，沸点比乙醚高，不挥发，蒸馏乙醚时残留在蒸馏器中，如继续受热便会迅速分解爆炸。因此醚类化合物应放在棕色玻璃瓶内保存，并在蒸馏醚之前，用淀粉—碘化钾试纸检验。如果含有过氧化物，可以加入如硫酸亚铁、亚硫酸钠等还原剂除去过氧化物。在贮存时，也可在醚中加少许金属钠或铁屑，以避免过氧化物的生成。

三、几种重要的醚

1. 乙醚

乙醚($CH_3CH_2OCH_2CH_3$)为无色易挥发的液体，沸点为 34.5℃，易燃，它的蒸气与空气混合到一定比例时，遇火则引起爆炸，它的爆炸极限为 2.34%～36.5%。乙醚的蒸气比空气重 2.5 倍，故在制备和使用时要远离火源。乙醚微溶于水，能溶解多种有机物，其化学性质相对稳定，是理想的有机溶剂。乙醚有一定的香味，吸入其蒸气会导致失去知觉，曾在医疗中用作麻醉剂。

2. 环氧乙烷

环氧乙烷（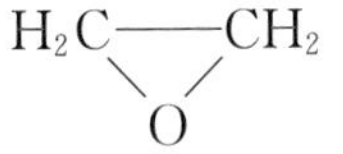）是最简单的环醚，为无色有毒气体，沸点为 13.5℃，易燃，易液化，可与水混溶，也溶于乙醇、乙醚等有机溶剂中，与空气形成爆炸性混合物，爆炸极限为 3.6%～7.8%，环氧乙烷一般保存在高压钢瓶中，使用时应注意安全。

环氧乙烷为三元环醚，分子内存在较大的角张力，环易断开，化学性质非常活泼。与含活泼氢的试剂及格氏试剂等均能发生反应，生成一系列的化合物，所以环氧乙烷是有机合成的重要原料。例如：

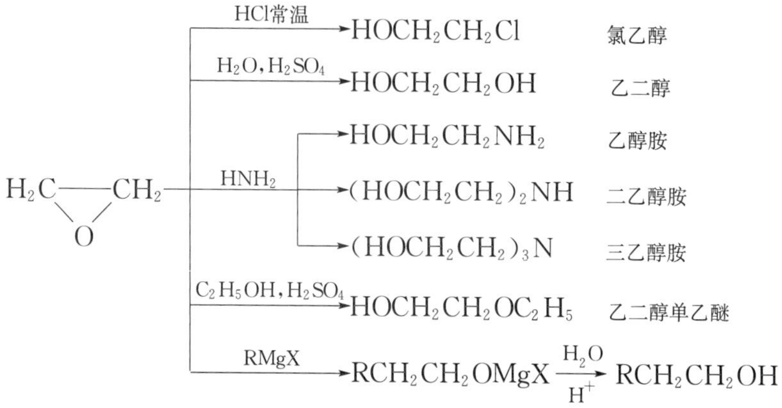

环氧乙烷与格氏试剂作用后水解可制得比格氏试剂中的烷基多两个碳原子的伯醇。乙二醇是制备涤纶的原料，乙二醇醚类具有醇和醚的双重性质，可溶解硝酸纤维素，是喷漆的优良溶剂。乙醇胺、二乙醇胺、三乙醇胺均为无色黏稠液体，能与水混溶，有碱性，可用于净化工业气体，也可以用作表面活性剂。

复习指导

1. 醇

(1)分类。根据羟基所连碳原子类型不同，可以分为伯、仲、叔醇；根据烃基类型不同，可以分为饱和醇与不饱和醇，脂肪醇、脂环醇和芳香醇；根据所含羟基数目的不同，分为一元醇和多元醇。

(2)命名。对于结构比较复杂的醇，用系统命名法命名：选择含有羟基碳在内的最长碳链为主链，支链作取代基，从靠近羟基的一端开始编号，标明羟基和取代基位置。不饱和醇的命名应选择既含不饱和键又包括羟基碳在内的最长碳链为主链，编号也从靠近羟基的一端开始，但不饱和键的位置应写在母体名称前。

(3)化学性质。

醇：

- ①与活泼金属反应：羟基上的氢被金属取代，生成 H_2 和醇金属
- ②与 HX 反应：C—O 键断裂，是制备卤代烃的常用方法之一；HX 反应活泼性次序：HI>HBr>HCl；利用卢卡斯试剂（浓 HCl 和无水 $ZnCl_2$）加入后，呈现浑浊速度的差异可区分伯、仲、叔醇
- ③酯的生成：与无机含氧酸生成无机酸酯（酸脱羟基，醇脱氢）
- ④氧化反应
  - a. 氧化剂氧化：伯醇上的 α 氢在温和氧化剂作用下被氧化成醛；仲醇上的 α 氢被氧化成酮；叔醇无 α 氢
  - b. 脱氢氧化：伯醇、仲醇的蒸气高温下通过催化剂 Cu 或 Ag，分别生成醛或酮；叔醇无 α 氢，只能发生脱水反应
- ⑤脱水反应：温度较低，分子间脱水生成醚；温度较高，分子内脱水生成烯烃。脱水方式还和醇的结构有关

2. 酚

(1)命名。羟基连在苯环上的是酚。取代酚的命名要比较芳烃上取代基或官能团在次序规

则中的优先次序。

(2)化学性质。

酚
- ①酚羟基的反应
  - a. 弱酸性:酸性比醇强,比碳酸弱
  - b. 酚醚的生成(威廉姆森合成法):酚钠和卤代烃作用
  - c. 成酯反应:直接酯化困难,一般需与酰氯或酸酐作用
- ②苯环上的取代
  - a. 卤代:不同的反应条件下得到邻、对位产物
  - b. 磺化:低温下得到邻位产物;较高温度下得到对位产物
  - c. 硝化:室温下即可进行,硝基可置换磺酸基
  - d. 烷基化:在 H_2SO_4、HF、H_3PO_4 或 $AlCl_3$ 催化下,与卤代烷、烯烃或醇共热,可在苯环上引入烷基
- ③催化加氢:在催化剂镍的作用下,加成生成相应的环醇
- ④氧化反应:不同的氧化剂得到不同的产物
- ⑤与 $FeCl_3$ 发生显色反应:检验酚的存在

3. 醚

(1)命名。简单的醚采用习惯命名法,将氧原子所连的 2 个烃基名称写在“醚”之前;芳醚将芳烃放在脂肪烃基之前命名;单醚只需在相同烃基名称前加“二”,饱和单醚“二”可省略。较复杂的醚用系统命名法命名,烃氧基为取代基。

(2)化学性质。除某些环醚外,醚对大多数试剂都十分稳定,能溶于强酸生成𬭩盐。𬭩盐遇水分解成原来的醚,此性质可鉴别和分离醚与烷烃或卤代烃。

在加热条件下,浓的强酸,如 HI 等能使醚键断裂。如果醚长期置于空气中可被氧化成过氧化物。

思考题与习题

1. 命名或写出下列化合物的构造式:

(1) 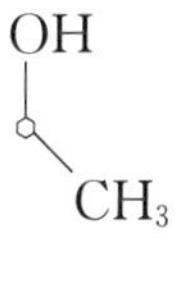

(2) 

(3) $H_2C{=}CH{-}CH(OH){-}CH(CH_3){-}CH_3$

(4) 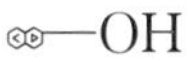

(5) 

(6) 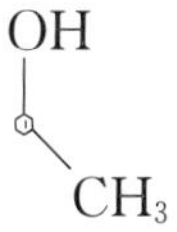

(7) 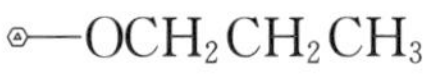

(8) $H_2C{=}CH{-}O{-}CH_3$

(9) $CH_3CH_2CH(OCH_3)CH(CH_2CH_3)CH_2CH_3$

(10) 2-丁烯-1-醇 (11) 甲基乙基异丙基甲醇 (12) 丙三醇

(13) 邻羟基苯乙醚 (14) 间苯二酚 (15) 乙醚

2. 写出 2－丁醇与下列试剂作用后的主要产物：

(1)HBr、H_2SO_4　(2)金属钠　(3)$K_2Cr_2O_7/H_2SO_4$　(4)H_2SO_4(加热条件下)

3. 写出邻甲苯酚与下列试剂作用的反应式：

(1)Br_2 水　(2)先和 NaOH，继之与 CO_2+H_2O

4. 用化学方法鉴别下列化合物：

$CH_2=CHCH_2OH$　$CH_3CH_2CH_2OH$　$CH_3CH_2CH_2Br$

5. 推测下列化合物结构：

(1)某物质 A 的分子式为 $C_5H_{12}O$，与钠反应放出氢气。它经氧化后的产物是 B，分子式为 $C_5H_{10}O$，B 不与钠作用放出氢气。A 在 170℃ 下与浓硫酸作用主要产物为 C。C 经 $K_2Cr_2O_7/H_2SO_4$ 处理得到丙酮和乙酸。写出 A、B、C 的构造式及相关反应式。

(2)某醇依次和 HBr(H_2SO_4)、KOH 的醇溶液、H_2SO_4、H_2O 和 $K_2Cr_2O_7/H_2SO_4$ 作用后得到丁酮。推测原来某醇的构造式，且写出各步反应式。

6. 用化学方法区别下列化合物：

(1)苯甲醚　邻甲苯酚　苯甲醇

(2)苯甲醚　甲苯　对甲苯酚

(3)1－溴丁烷　正丁醇　正丁醚

7. 分离下列各组物质：

(1)苯甲醚和对甲苯酚

(2)环己醇中含有少量的苯酚

8. 在蒸馏乙醚时，需注意什么？为什么？

参考文献

[1]尹英玉. 有机化学[M]. 北京：高等教育出版社，1995.

第七章　醛、酮、醌

醛、酮、醌分子中都含有羰基($\mathrm{>C{=}O}$),醛、酮称为羰基化合物。醌具有特殊的醌型结构,不属于羰基化合物。

第一节　醛和酮

羰基碳原子上至少连有一个氢原子的是醛,醛的一般结构式为 $\mathrm{(H)R-\overset{O}{\overset{\|}{C}}-H}$,并且将 $\mathrm{-\overset{O}{\overset{\|}{C}}-H}$ 称为醛基。醛基总是位于链端。羰基碳原子同时连有两个烃基的是酮,所以也常将酮分子中的 $\mathrm{>C{=}O}$ 叫做酮基,酮可用通式 $\mathrm{R-\overset{O}{\overset{\|}{C}}-R'}$ 表示。其中 R,R′可以相同也可以不同。相同时称为单酮,如丙酮($\mathrm{H_3C-\underset{O}{\underset{\|}{C}}-CH_3}$);不同的称为混酮,如丁酮($\mathrm{H_3C-\underset{O}{\underset{\|}{C}}-CH_2-CH_3}$)。

一、醛、酮的分类和命名

根据羰基所连接的烃基不同,醛、酮可分为脂肪醛(酮)、脂环醛(酮)、芳香醛(酮)。根据烃基是否含有不饱和键,分为饱和醛(酮)与不饱和醛(酮)。按分子中所含羰基数目不同,可分为一元醛、酮和多元醛、酮等。如:$\mathrm{CH_3CHO}$ 为饱和脂肪醛,$\mathrm{H_3C-\overset{O}{\overset{\|}{C}}-CH_3}$ 为饱和脂肪酮,$\mathrm{H-\overset{O}{\overset{\|}{C}}-CH_2-CH_2-\overset{O}{\overset{\|}{C}}-H}$ 为饱和脂肪族二元醛,$\mathrm{H_3C-\overset{O}{\overset{\|}{C}}-CH_2CH_2-\overset{O}{\overset{\|}{C}}-CH_3}$ 为饱和脂肪族二元酮,$\mathrm{CH_3HC{=}CH-CHO}$ 为不饱和脂肪醛,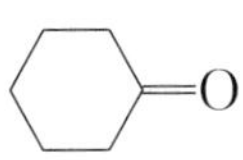 为脂环酮,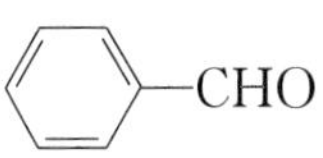 为芳香醛,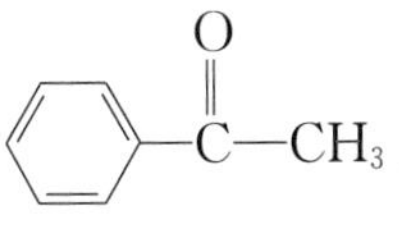 为芳香酮。

醛、酮的命名常采用习惯命名法和系统命名法。

1. 习惯命名法

醛的习惯命名与伯醇相似，只要把“醇”字改为“醛”字即可。例如：

$CH_3CH_2CH_2CH_2OH$

正丁醇

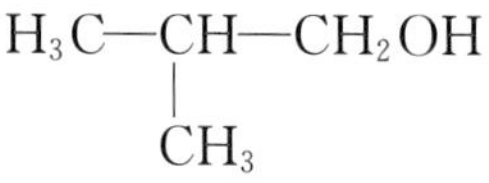

异丁醇

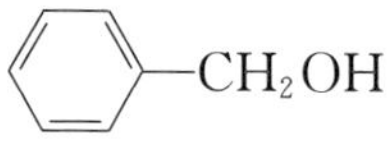

苯甲醇

$CH_3CH_2CH_2CHO$

正丁醛

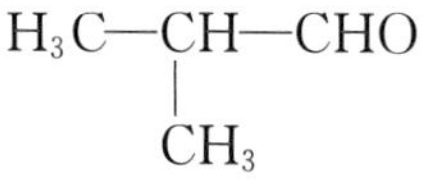

异丁醛

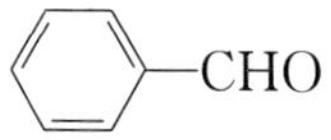

苯甲醛

命名酮时，是将羰基所连的两个烃基名称后面加上“酮”字。例如：

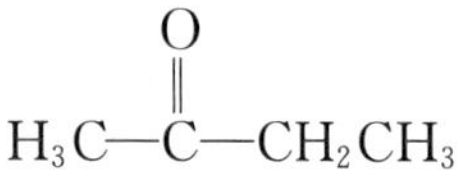

甲(基)乙(基)酮

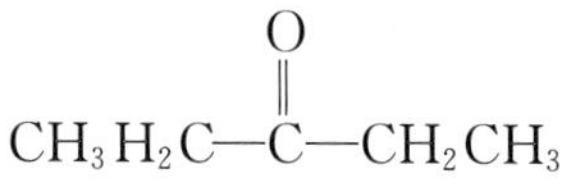

二乙(基)酮

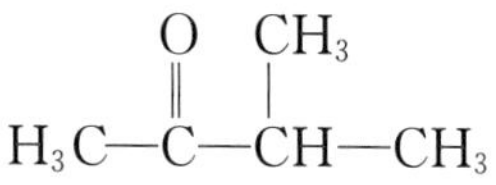

甲基异丙基酮

芳基和烃基的混酮要把芳基写在前面。例如：

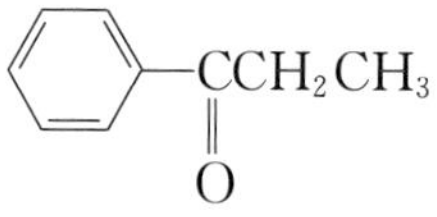

苯基乙基酮

2. 系统命名法

醛、酮的系统命名法和醇的系统命名法相似。选择含有羰基的最长碳链为主链，从离羰基最近的一端开始编号(环酮中羰基的编号为 1)。根据主链的碳原子数叫某醛、酮。在母体名称之前依次写出取代基的位置及名称，且要注明酮基的位置(丙酮和丁酮除外)，醛基总是在链端，不必标明它的位次。例如：

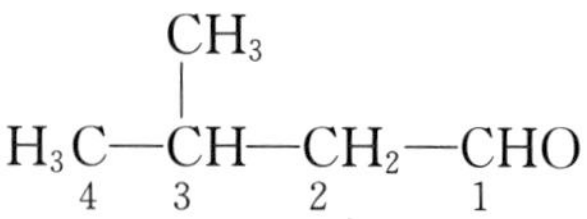

3-甲基丁醛

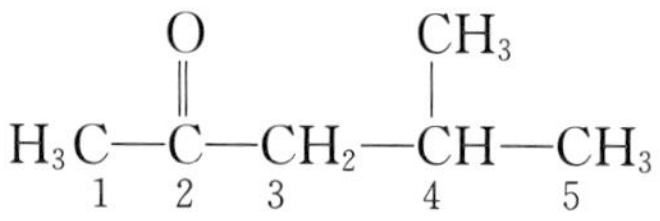

4-甲基-2-戊酮

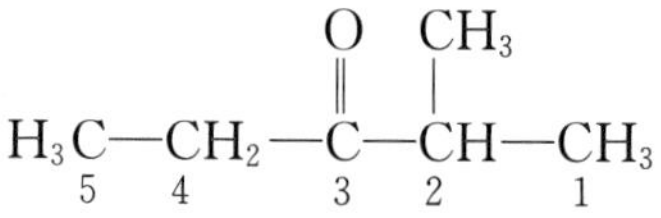

2-甲基-3-戊酮

不饱和醛、酮命名时，应同时选择含有不饱和键的最长碳链作为主链，主链编号时仍从靠近羰基最近的一端开始编号，称为某烯醛或烯酮。例如：

$CH_3HC{=}CH{-}CHO$

2-丁烯醛

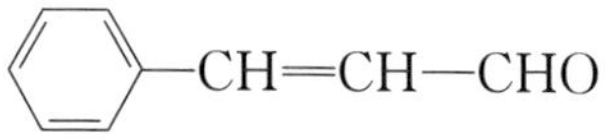

肉桂醛(3-苯基丙烯醛)

有些醛常常用它的俗名。例如：

$CH_3HC{=}CH{-}CHO$

巴豆醛(2-丁烯醛)

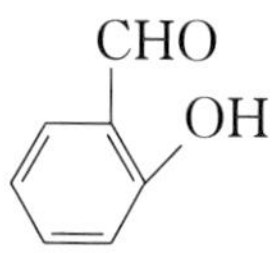

水杨醛(邻羟基苯甲醛)

二、醛、酮的制法[1]

(一)醇的氧化或脱氢

1. 醇的氧化

伯醇容易被 $K_2Cr_2O_7$/稀 H_2SO_4 氧化成醛，而醛更易被氧化生成羧酸。采用此法时，必须在醛生成以后使之立刻离开反应体系，以免被继续氧化成为羧酸。上述方法适用于制备沸点在100℃以下的低级醛。但是，总的来说，这不是制备醛的好方法。

仲醇易被 $K_2Cr_2O_7$/稀 H_2SO_4 氧化生成酮，由于酮不会继续被氧化，不需立即分离，故本法更适合于制备酮。例如：

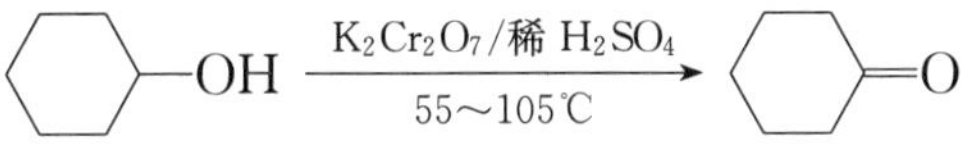

这既是实验室中制环己酮的方法，也是工业上制环己酮的一个重要方法。又如：

$$CH_3(CH_2)_5CHOHCH_3 \xrightarrow{K_2Cr_2O_7/\text{稀 }H_2SO_4} CH_3(CH_2)_5\overset{\overset{\displaystyle O}{\|}}{C}CH_3 + H_2O$$

2. 催化脱氢

工业上还常用催化脱氢制备低级醛酮。例如：

$$CH_3CH_2OH \xrightarrow[250\sim350℃]{Cu} CH_3CHO + H_2\uparrow$$

$$CH_3CHOHCH_3 \xrightarrow[400\sim480℃]{Cu} CH_3\overset{\overset{\displaystyle O}{\|}}{C}CH_3 + H_2\uparrow$$

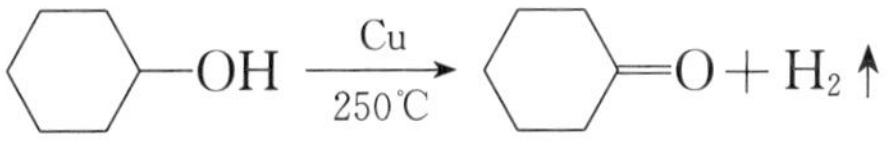

银、镍等也可作为催化剂。

(二)傅氏酰基化反应

芳烃在无水三氯化铝催化下，与酰卤（$R-\overset{\overset{\displaystyle O}{\|}}{C}-X$）或羧酸酐[$(RCO)_2O$]反应生成芳香酮，称作芳烃的酰基化反应，也称为傅氏酰基化反应。羧酸酐和酰卤是常用的酰基化剂。芳烃的酰基化反应是制备芳酮的一个重要方法(详见芳烃的性质)，例如：

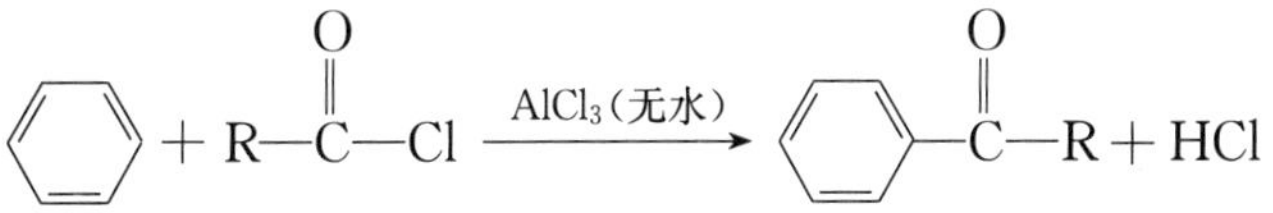

(三)炔烃水合

在硫酸汞和稀硫酸催化下，炔烃与水化合生成羰基化合物。如：

$$R-C\equiv C-R' + H_2O \xrightarrow[\text{稀 }H_2SO_4]{Hg^{2+}} \left[R-\overset{\overset{\displaystyle OH}{|}}{C}=CH-R' \right] \xrightarrow{\text{重排}} R-\overset{\overset{\displaystyle O}{\|}}{C}-CH_2R'$$

除乙炔水合生成乙醛外，其他炔烃水合则生成酮。乙炔水合的反应式如下：

$$CH\equiv CH + H_2O \xrightarrow[H^+]{Hg^{2+}} H_3C-\overset{\overset{\displaystyle O}{\|}}{C}-H$$

因其他炔烃不易制得，所以在工业上，此法主要用于生产乙醛。

三、醛、酮的物理性质

在常温下，只有甲醛是气体，低级醛、酮都是液体。低级醛具有强烈刺激气味，中级醛有花果香味，含 8～13 个碳原子的醛常应用于香料工业中。高级醛、酮为固体。

由于羰基是极性基团，醛和酮是极性分子，故其沸点高于相对分子质量相近的烃或醚。如甲醛（相对分子质量 30）沸点为-21℃，乙烷（相对分子质量 30）沸点为-89℃。但随着相对分子质量的增加，极性官能团在分子中的比例越来越小，沸点越来越接近于相对分子质量近似的烷烃。如正丁醛（相对分子质量 72）沸点为 76℃，丁酮（相对分子质量 72）沸点为 86℃，正戊烷（相对分子质量 72）沸点为 36℃。醛、酮分子间不能形成氢键，因而沸点比相应的醇低。与其他同系列一样，醛、酮的沸点也是随相对分子质量的增大而逐渐升高。

低级醛、酮在水中有相当大的溶解度。甲醛、乙醛、丙酮都能与水混溶。醛、酮都能溶于有机溶剂。丙酮能溶解很多有机化合物，它本身就是很好的有机溶剂。常见的醛、酮的物理常数如下表所示。

一些简单醛、酮的物理常数

名　称	构 造 式	熔点（℃）	沸点（℃）	相对密度 $d_{277.15}^{293.15}$	溶解度（g/100g 水）
甲　醛	HCHO	-91.85	-20.85	0.815	易溶
乙　醛	CH_3CHO	-120.85	20.95	0.7834(291.15K)	∞
丙　醛	CH_3CH_2CHO	-80.85	39.95	0.8058	16
丁　醛	$CH_3CH_2CH_2CHO$	-98.85	75.85	0.8170	7
戊　醛	$CH_3CH_2CH_2CH_2CHO$	-91.35	103.15	0.8095	微溶
苯甲醛	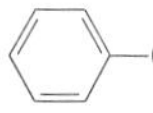—CHO	-25.85	178.25	1.04151	0.3
丙　酮	CH_3COCH_3	-95.2	56.35	0.7899	∞
丁　酮	$CH_3COCH_2CH_3$	-86.2	79.75	0.8054	26
2-戊酮	$CH_3COCH_2CH_2CH_3$	-77.65	102.55	0.8089	6.3
3-戊酮	$CH_3CH_2COCH_2CH_3$	-39.65	121.85	0.8138	5
环己酮	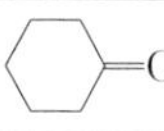=O	-16.25	155.8	0.9478	2
苯乙酮	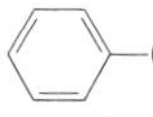—$COCH_3$	20.65	202.15	1.0281	微溶

四、醛、酮的化学性质

醛、酮的化学性质主要由官能团——羰基决定。羰基具有平面三角形结构，碳和氧以双键相连（一个σ键和一个π键）。因为氧的电负性大于碳的电负性，所以羰基中的电子云（尤其是π键电子云）明显地偏向氧原子，形成一个极性不饱和键（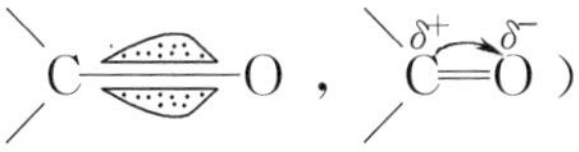），所以羰基是强极性基团。因此，羰基易受亲核试剂进攻而发生亲核加成反应；受羰基影响，α氢具有活性；且醛基氢也具活性，易被氧化。所以醛、酮的化学反应，主要有羰基的亲核加成、α氢的反应及氧化还原反应等。

（一）羰基上的加成反应

C═O双键与C═C双键相同，也能发生加成反应。但它与C═C双键不同的是，由于氧原子上带有部分负电荷，它比带部分正电荷的碳原子稳定些，所以，在加成反应时，首先是带负电荷的试剂（亲核试剂）加到带部分正电荷的碳原子上，而后带正电荷的基团再加到氧原子上。因为反应的第一步是亲核试剂进攻羰基碳原子，所以称亲核加成反应。

1. 与氢氰酸反应

醛、脂肪族甲基酮（R—$COCH_3$）和8个碳以下的环酮都可以与氢氰酸发生亲核加成反应，产物是α-羟基腈（氰醇）。反应式如下：

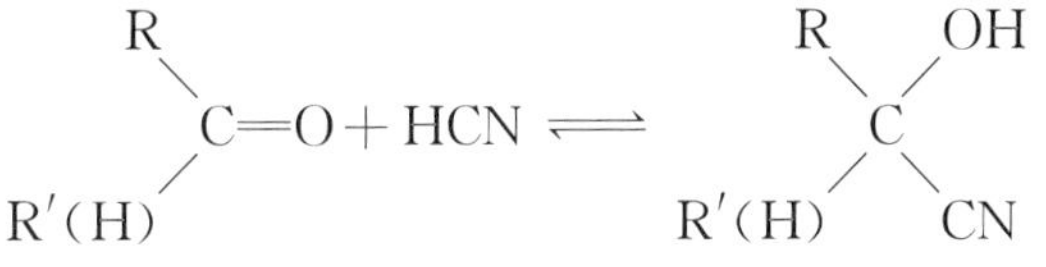

氰醇（或α-羟基腈）

α-羟基腈比原料醛或酮增加了一个碳原子。这是使碳链增长一个碳原子的一种方法。

氢氰酸挥发性大（沸点26℃），有剧毒，实验操作时必须在通风橱内进行。为安全起见，应先把醛或酮与KCN或NaCN水溶液混合，然后慢慢加入硫酸，使生成的HCN立即与醛、酮反应。

生成的α-羟基腈根据不同的条件，可以转化为不同的产物。例如：

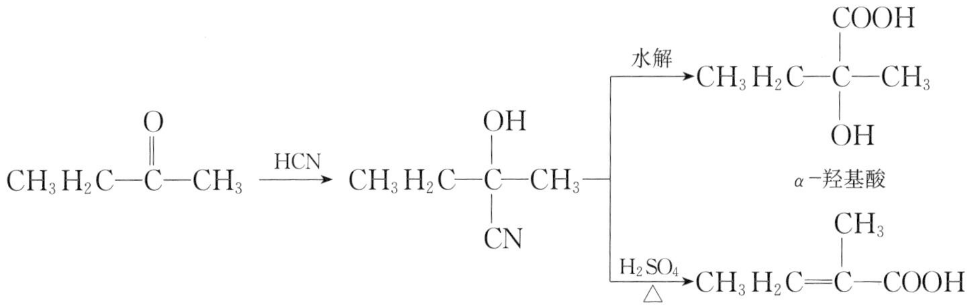

2. 与亚硫酸氢钠反应

与亚硫酸氢钠反应的醛、酮在结构上的要求范围和与HCN反应的醛、酮的结构范围一致。即只有醛、R—$COCH_3$及8个碳以下的环酮才能与饱和亚硫酸氢钠加成。反应式如下：

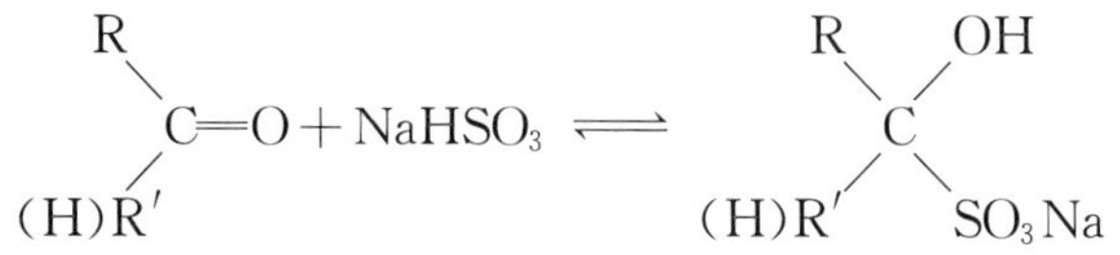

α-羟基磺酸钠

此反应是可逆的，需加过量的饱和亚硫酸氢钠溶液。产物α-羟基磺酸钠不溶于饱和的亚硫酸氢钠溶液而结晶出来，使平衡向右移动。产物也不溶于乙醚。

加成产物α-羟基磺酸钠在稀酸或稀碱存在下能重新分解成原来的醛或酮。利用这个反应可以分离和提纯醛、酮。

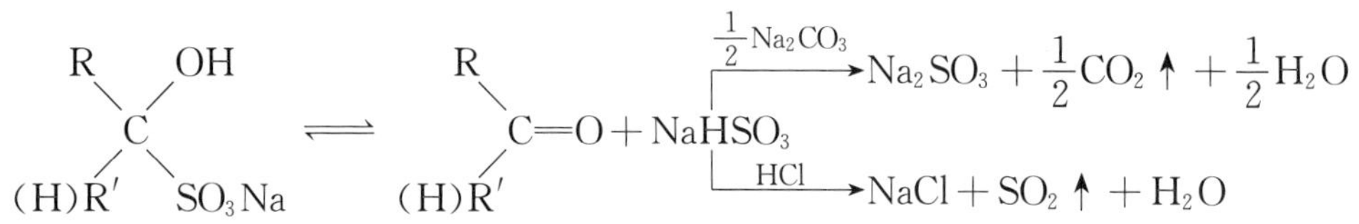

实验室中也常用α-羟基磺酸钠与 NaCN 或 KCN 水溶液反应来制取α-羟基腈，以避免使用易挥发且剧毒的氢氰酸。例如：

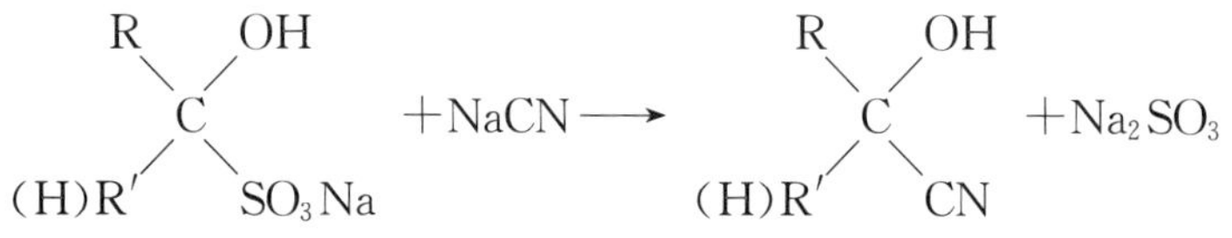

氰醇(α-羟基腈)

3. 与格氏试剂反应

醛、酮都能与格氏试剂加成，加成产物经水解后，分别得到伯醇、仲醇或叔醇。例如：

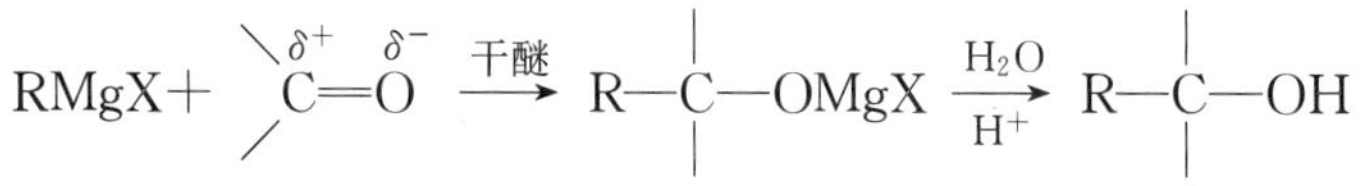

只要选择适当的原料，除甲醇外，几乎任何醇都可以通过格氏试剂来合成。

4. 与醇反应

在酸催化下，醛可以和醇发生亲核加成反应，生成的产物叫半缩醛。半缩醛不稳定再与一分子醇反应，失去一分子水，生成缩醛。反应式如下：

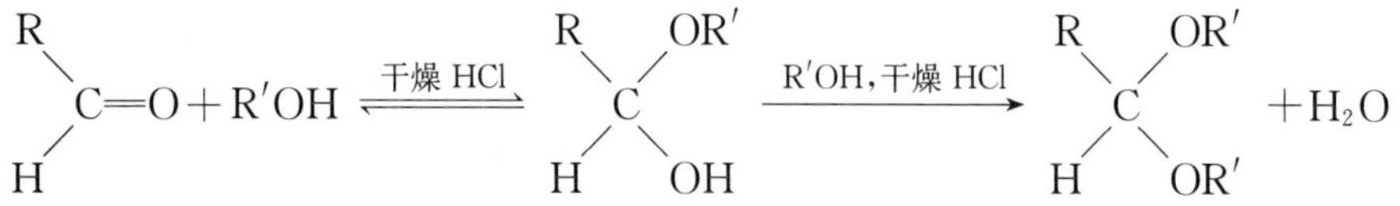

半缩醛(不稳定)　　　　缩醛(稳定)

反应是可逆的。半缩醛不稳定，只能在溶液中存在而不能从溶液中分离出来。

缩醛是一种稳定的化合物，在有机合成上，常用生成缩醛的方式“保护”醛基，使活泼的醛基在反应中不被破坏。一旦反应完成后再水解成原来的醛。例如下面的反应：

$$H_2C{=}CHCH_2CHO \xrightarrow{H_2/Ni} CH_3CH_2CH_2CH_2OH$$

欲从 $H_2C{=}CHCH_2CHO$ 合成 $CH_3CH_2CH_2CHO$，就必须把醛基保护起来。即：

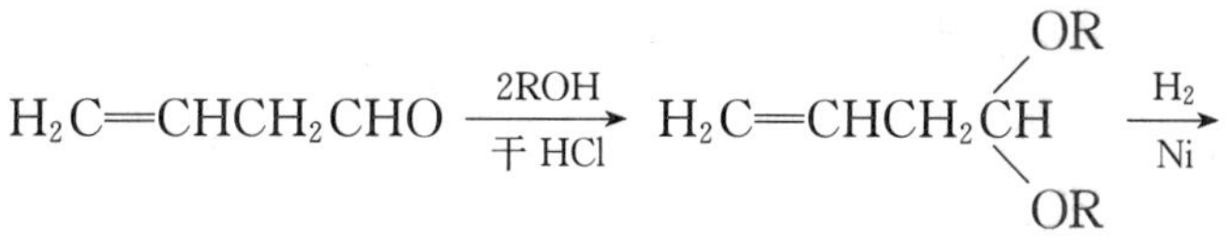

$$H_3CCH_2CH_2CH(OR)_2 \xrightarrow[H^+]{H_2O} CH_3CH_2CH_2CHO + 2ROH$$

醇与醛的缩醛化反应在化纤生产中具有重要意义。维纶就是利用甲醛与聚乙烯醇进行部分缩甲醛化所生成的聚乙烯醇缩甲醛纤维。

在同样条件下，酮一般不与一元醇加成。但在酸催化下，酮能与乙二醇等二元醇反应生成环状缩酮。反应式如下：

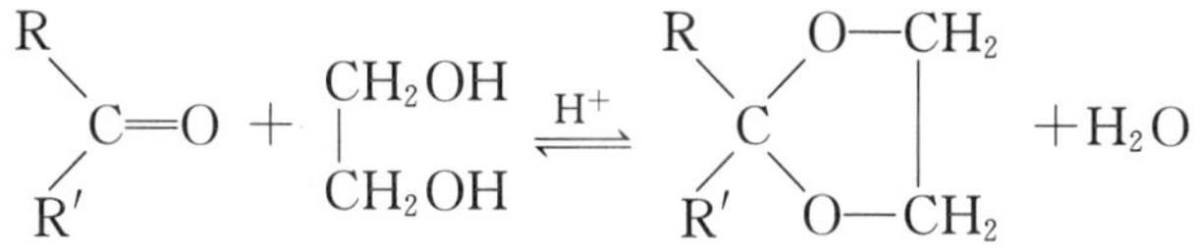

上述反应需及时去掉反应体系中的水，使平衡向右移动。有机合成中也常用这种方法保护酮基。

（二）与氨的衍生物缩合

氨的衍生物即氨分子（H_2N-H）中的一个氢原子被其他基团取代后的产物。包括伯胺、羟胺、肼、苯肼、2,4-二硝基苯肼、氨基脲等（如下所示）。它们都能与羰基化合物发生亲核加成，加成产物的分子内继续脱水得到含有 C═N 双键的化合物。

氨的衍生物名称	氨衍生物的构造式
氨	H_2N-H
伯胺	$H_2N-R(Ar)$
羟胺	H_2N-OH
肼	H_2N-NH_2
苯肼	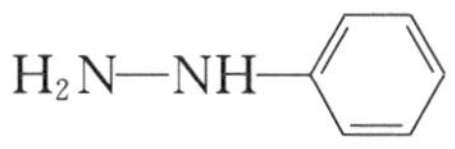
2,4-二硝基苯肼	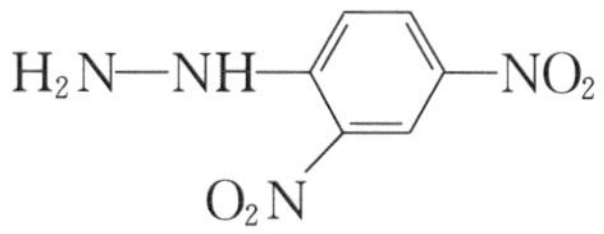
氨基脲	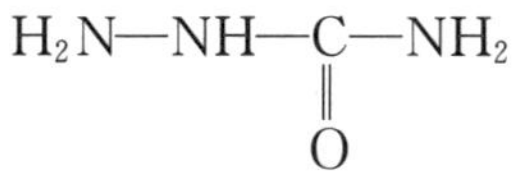

氨的衍生物用 H_2N-Y 代表［Y═—R(Ar)，—OH，—NH_2，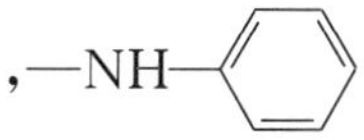，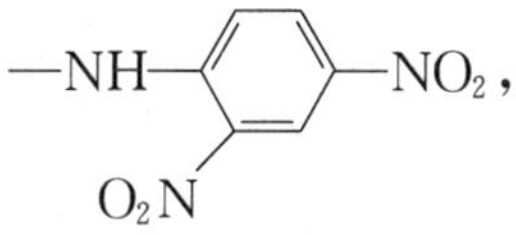，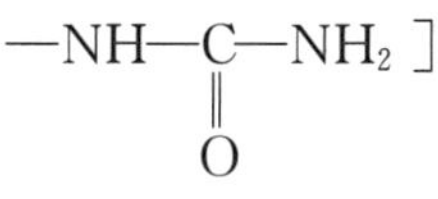］。它们与羰基化合物的反应概括为：

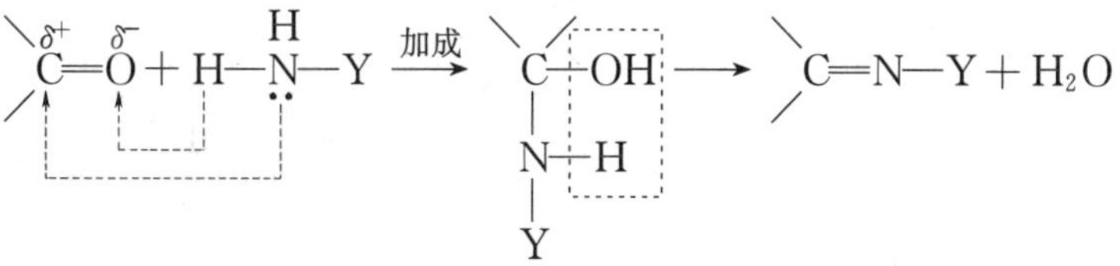

实际上相当于分子之间脱去一分子水：

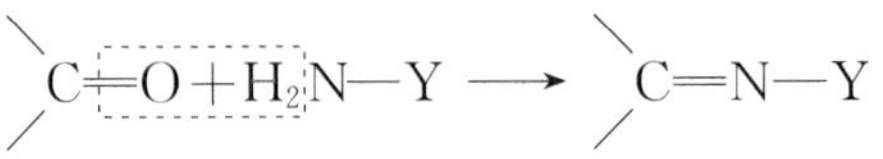

因此，羰基化合物与氨衍生物的反应是一种亲核加成—消除反应。羰基化合物与氨衍生物的反应（缩合反应，或亲核加成—消除反应）产物分别为：

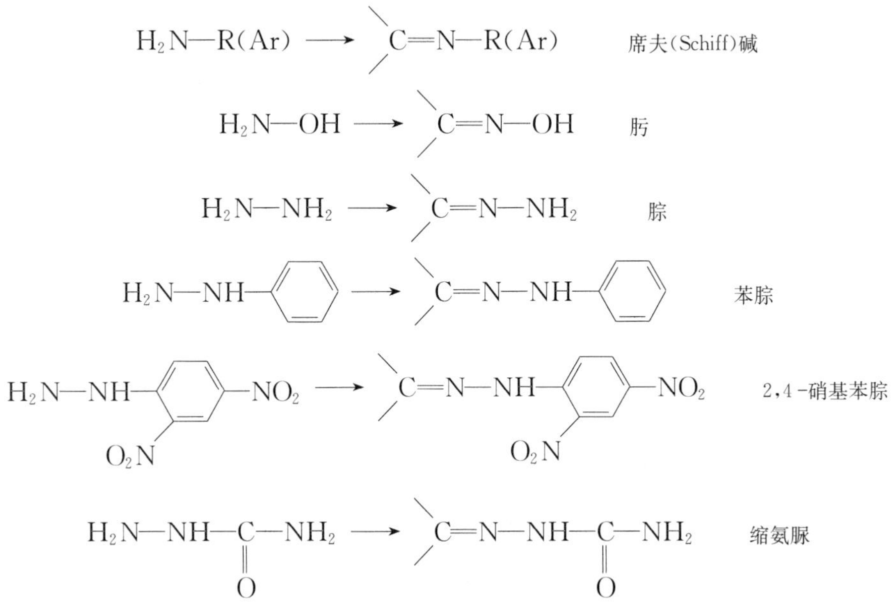

肟、苯腙和缩氨脲大多是不溶于水的晶体，有固定的熔点，在化学手册或文献上可以查到。因此，只要测定反应产物的熔点，与文献或手册上的数据相比较，就能确定反应物是哪种醛、酮。

上述反应产物在稀酸作用下能水解成原来的醛、酮，故又可用来分离和提纯醛、酮。

当醛或酮滴加到 2,4-二硝基苯肼溶液中时，立即出现黄色沉淀，反应灵敏，常用于醛、酮的定性分析。

（三）氧化还原反应

1. 氧化反应

醛、酮结构上的差异，在氧化反应上表现特别明显。不论遇到强氧化剂还是弱氧化剂，醛明显比酮容易氧化。醛很易被氧化生成羧酸。例如，在表面皿上滴几滴苯甲醛，在空气中放置几小时后即变成苯甲酸晶体。光在此自动氧化过程中起着催化作用。因此，苯甲醛应存放在棕色瓶中。

酮不易被氧化。只有在强烈条件下，例如提高反应温度，使用强氧化剂，才能使酮氧化，碳链发生断裂，生成几种羧酸的混合物，故通常没有制备的意义。但一个例外情况是：环己酮在五氧化二矾催化下，用硝酸氧化，生成己二酸。例如：

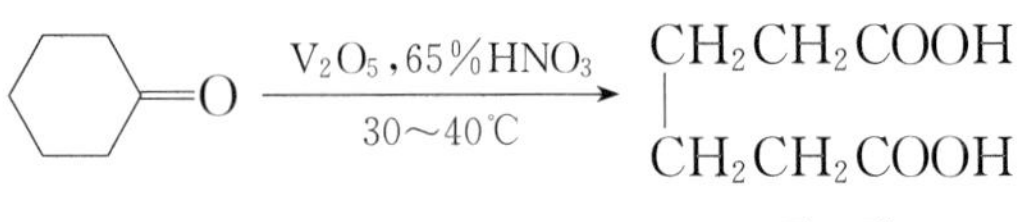

己二酸

这是工业上生产己二酸的重要方法之一。己二酸是合成锦纶 66 的原料。

至于弱氧化剂，只能氧化醛而不能氧化酮。以下介绍两种实验中常用的弱氧化剂。

(1)托伦(B. C. Tollens)试剂。托伦试剂是硝酸银的氨溶液。醛和托伦试剂共热，醛被$[Ag(NH_3)_2]^+$氧化成羧酸，银离子被还原成金属银。如果试管干净，生成的银将附着在试管内壁形成明亮的银镜。为此，该反应称为银镜反应。反应式如下：

$$R-\overset{\displaystyle H}{\overset{|}{C}}=O + 2Ag(NH_3)_2OH \xrightarrow{\triangle} R-\overset{\displaystyle O}{\overset{\|}{C}}-ONH_4 + 2Ag\downarrow + H_2O + 3NH_3\uparrow$$

在相同条件下，酮不发生反应。利用此反应可以区别醛和酮。

(2)费林(Fehling)试剂。硫酸铜溶液和酒石酸钾钠碱溶液等量混合而成的溶液叫费林试剂。因 Cu^{2+} 与酒石酸钾钠生成配离子，从而避免生成氢氧化铜沉淀。

费林试剂是一种弱氧化剂，所有脂肪醛都可被它氧化为羧酸，Cu^{2+} 则还原为砖红色的 Cu_2O 沉淀。反应式如下：

$$RCHO + 2Cu^{2+} + OH^- + H_2O \xrightarrow{\triangle} RCOO^- + Cu_2O\downarrow + 4H^+$$

酮和芳香醛都不能与费林试剂反应。因此，利用费林试剂既可鉴别酮和脂肪醛，又可以区别脂肪醛和芳香醛。

以上这两种弱氧化剂都不能氧化醛分子中的碳碳双键和碳碳三键，以及 β 位或较 β 位更远的羟基，所以是良好的选择性氧化剂。例如：

$$CH_3CH=CHCHO \xrightarrow{\text{托伦试剂(或费林试剂)}} CH_3CH=CHCOOH$$

$$HOCH_2CH_2CHO \xrightarrow{\text{托伦试剂(或费林试剂)}} HOCH_2CH_2COOH$$

2. 还原反应

醛、酮在不同条件下进行还原反应，得到不同的还原产物。

(1)还原成醇。醛、酮经催化氢化分别被还原成伯醇和仲醇。

$$\begin{matrix} R \\ \diagdown \\ C=O \\ \diagup \\ R'(H) \end{matrix} \xrightarrow[Ni]{H_2} \begin{matrix} R \\ \diagdown \\ CH-OH \\ \diagup \\ R'(H) \end{matrix}$$

催化加氢的方法没有选择性，分子中如有碳碳双键也一起被还原。如：

$$CH_3CH=CHCHO \xrightarrow[Ni]{H_2} CH_3CH_2CH_2CH_2OH$$

为保留碳碳双键只使羰基还原，需使用选择性较高的还原剂，如硼氢化钠($NaBH_4$)、异丙醇铝/异丙醇{$[(CH_3)_2CH-O]_3Al/(CH_3)_2CHOH$}、四氢铝锂(或叫氢化铝锂)($LiAlH_4$)等。例如：

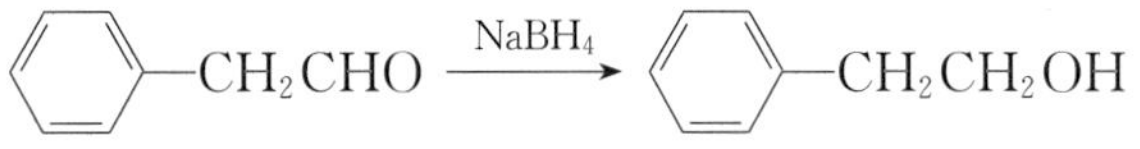

四氢铝锂还原能力最强，它除了还原 $\diagdown C=O$ 外，还可还原 $-\overset{\displaystyle O}{\overset{\|}{C}}-OH$、$-\overset{\displaystyle O}{\overset{\|}{C}}-OR$、

$-\overset{\overset{\displaystyle O}{\|}}{C}-NH_2$ 等基团。

(2)还原成烃[2]。在酸性或碱性条件下，用适当的还原剂，可使醛、酮分子中的羰基直接还原成亚甲基，也就是说，把醛、酮直接还原成烃。以下介绍两种在不同介质中进行还原的方法。

①克莱门森(Clemmensen)还原法：用锌汞齐加浓盐酸，可将醛、酮的羰基还原成亚甲基，此反应称为克莱门森还原法，反应式如下：

$$>C{=}O \xrightarrow[\triangle]{Zn-Hg/浓HCl} >CH_2$$

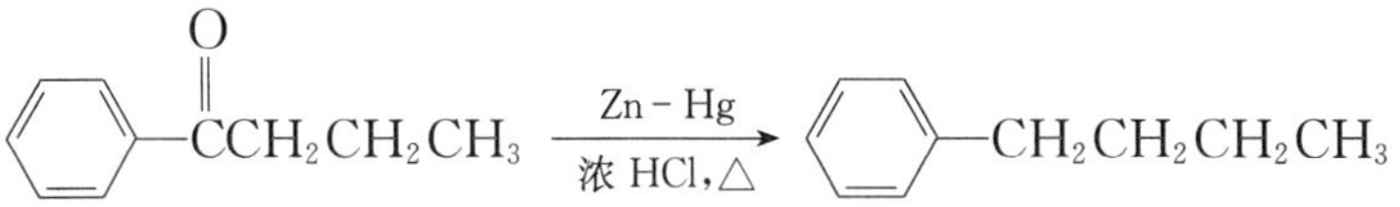

正丁基苯

该反应在强酸性条件下进行，醛、酮分子中不能含有对酸敏感的基团，如醇羟基、碳碳双键等。例如，$H_2C{=}CHCH_2-\overset{\overset{\displaystyle O}{\|}}{C}-CH_3$ 中的羰基就不能用克莱门森还原法。因浓盐酸将与分子中的双键发生加成反应。如有醇羟基，在此酸性环境下会发生消除反应或亲核取代反应。

这个还原反应具有重要的意义，在有机合成上，常用来合成直链烷基苯。例如芳烃与直链卤烷进行傅氏烷基化反应时，主要得到烷基重排后的产物。但芳烃进行傅氏酰基化反应时没有重排现象。为此，想要制得直链烷基苯，可先将芳烃进行酰基化得到芳酮，再将芳酮进行还原。

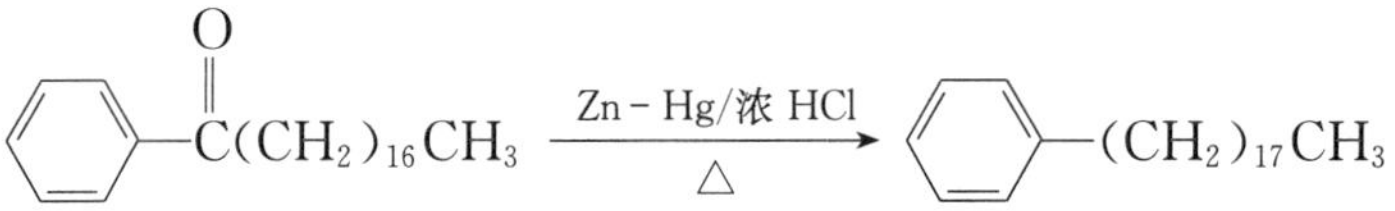

(77%)

十八烷基苯

②乌尔夫(Wolff)—凯惜纳(Kishner)—黄鸣龙反应：醛或酮与无水肼在高沸点溶剂(如一缩乙二醇，$HOCH_2CH_2OCH_2CH_2OH$)中与碱一起加热。羰基先与肼生成腙，腙在碱性加热条件下失去氮，结果羰基变成了亚甲基：

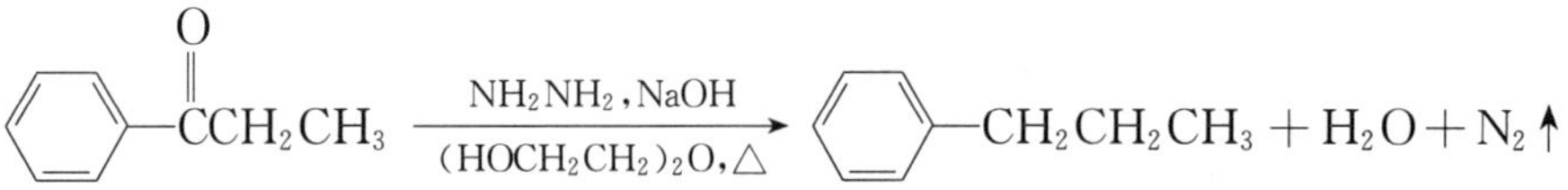

该反应是在碱性条件下进行的，醛、酮分子中不能含有对碱敏感的基团。例如，$CH_3-\underset{}{\overset{\overset{\displaystyle Cl}{|}}{C}H}-\overset{\overset{\displaystyle CH_3}{|}}{C}H-\overset{\overset{\displaystyle O}{\|}}{C}-CH_3$，就不能采用乌尔夫—凯惜纳—黄鸣龙还原法来制备 $CH_3\overset{\overset{\displaystyle Cl}{|}}{C}H\overset{\overset{\displaystyle CH_3}{|}}{C}HCH_2CH_3$，因为在碱性条件下会消去 HCl，生成烯烃。若采用克莱门森还原法就能得到预期的产物。所以，这两种将羰基还原成亚甲基的方法是互为补充的。

(3)歧化反应。不含 α 氢原子的醛，如 HCHO、—CHO、R_3C—CHO 等在浓碱作用下，发生自身氧化还原反应，一分子醛被氧化成羧酸(在碱性条件下变成羧酸盐)，另一分子醛被还原成醇。这种反应称为歧化反应，也叫康尼查罗(Cannizzaro)反应。例如：

$$2HCHO \xrightarrow[\triangle]{\text{浓 NaOH(50\%)}} HCOONa + CH_3OH$$

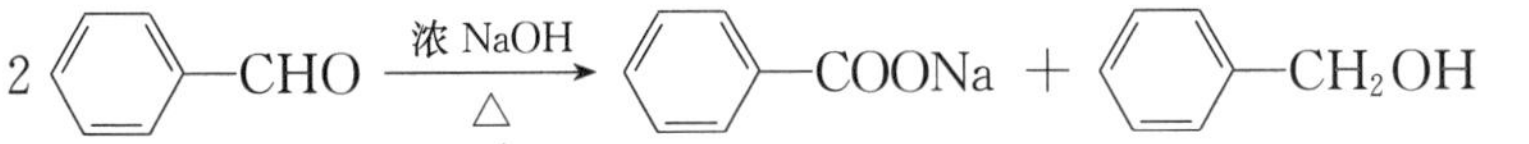

两种不含 α 氢原子的不同醛在浓碱作用下也能进行歧化反应(称交叉歧化反应)，生成4种产物，不易分离，所以无实际意义。但是，如果甲醛和另一种不含 α 氢原子的醛进行交叉歧化反应，由于甲醛具有较强的还原性，反应结果甲醛被氧化成甲酸，而另一种醛被还原成醇。这一反应在有机合成上是很有用的，即把芳醛还原成芳醇。例如：

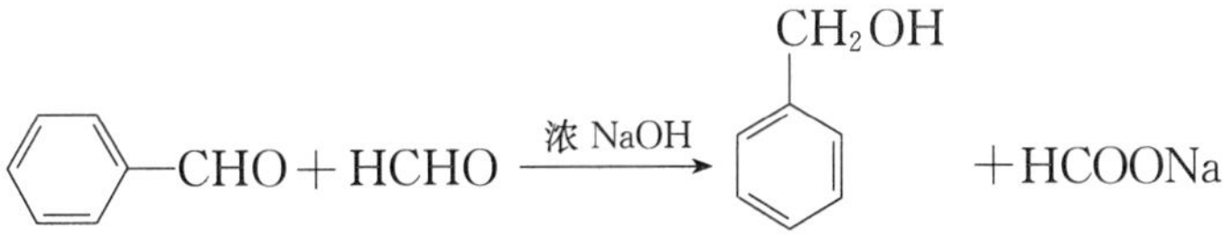

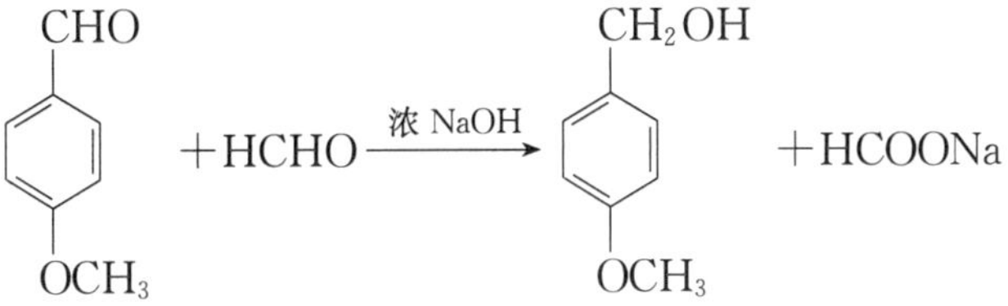

(四)α 氢原子的反应

在醛、酮分子中，因为受羰基的影响(吸电子诱导效应和超共轭效应)，使 α 氢原子具有一定的酸性，化学性质较活泼。含 α 氢原子的醛、酮能够发生以下一些反应。

1. 羟醛缩合反应

(1)羟醛缩合。含有 α 氢原子的醛，在稀碱溶液(如稀 NaOH 溶液)的催化下，两分子之间相互作用生成 β-羟基醛，这种反应称为羟醛缩合。例如：

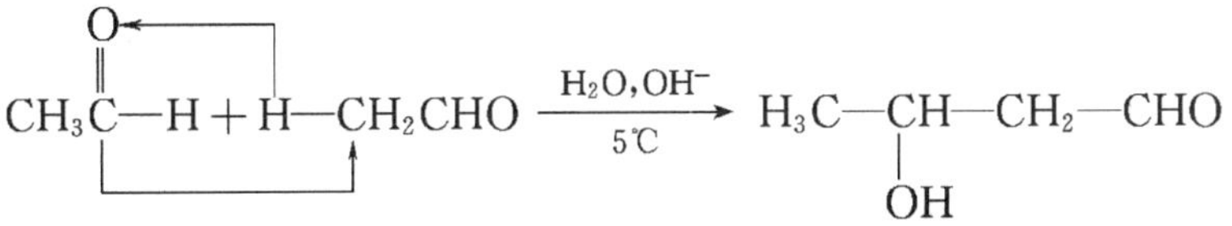

β-羟基丁醛

羟醛缩合反应的历程可简要视为：作为催化剂的碱首先夺取醛分子中的 α 氢原子，生成一个不稳定的碳负离子：

$$OH^- + CH_3CHO \rightleftharpoons H_2O + :\bar{C}H_2CHO$$

形成的碳负离子作为亲核试剂进攻另一分子醛的羰基，发生亲核加成生成了 β-羟基醛：

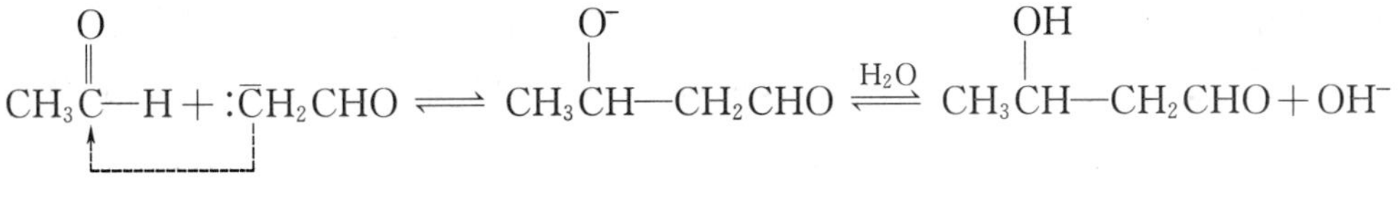

β-羟基醛很易脱水生成α,β-不饱和醛。当受热或碱的浓度较大时,均得不到β-羟基醛,而是生成α,β-不饱和醛:

$$\underset{\displaystyle \begin{array}{c}|\\ OH\end{array}}{H_3C-CH}-CH_2-CHO \xrightarrow{\triangle} H_3C-CH=CH-CHO+H_2O$$

这是制备α,β-不饱和醛的一种方法。α,β-不饱和醛进一步催化加氢,则得到饱和醇:

$$CH_3HC=CHCHO \xrightarrow[Ni]{H_2} CH_3CH_2CH_2CH_2OH$$

通过羟醛缩合可以合成比原料醛多一倍碳原子的醛和醇。例如,工业上从乙醛合成正丁醇。

(2)交叉羟醛缩合。当采用两种不同的含α氢原子的醛进行羟醛缩合(称交叉羟醛缩合)时,有可能得到四种产物,由于分离困难,故没有制备意义。

但是,如果两个醛中有一个是不含α氢原子的醛,这时生成的产物就只有两种。若控制好反应条件,这样的交叉羟醛缩合在合成上还是有实际意义的。例如:

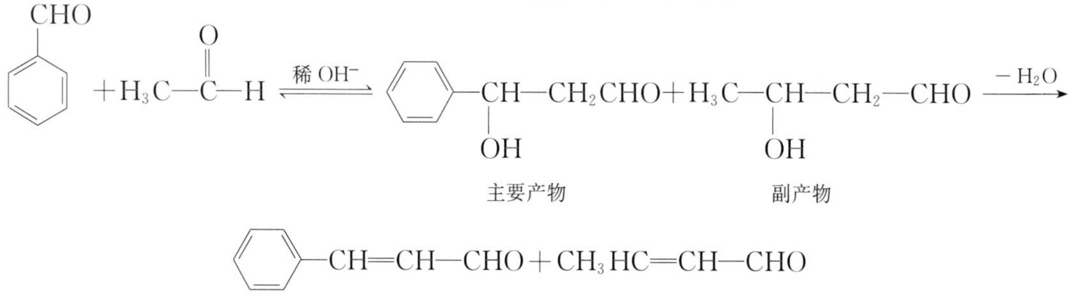

肉桂醛(主要产物)　　巴豆醛(少量)

为了提高肉桂醛的产率,操作时可先把苯甲醛与稀碱混合,然后再慢慢地往混合液中滴加乙醛,这就迫使滴进去的乙醛分子被大量苯甲醛分子包围,从而与之反应生成大量的肉桂醛。

工业上以甲醛和乙醛为原料,先后进行交叉羟醛缩合和交叉歧化反应来制备季戊四醇。反应式如下:

$$3HCHO+CH_3CHO \xrightarrow[55^\circ C]{Ca(OH)_2} HOH_2C-\overset{\displaystyle CH_2OH}{\underset{\displaystyle CH_2OH}{C}}-CHO$$

三羟甲基乙醛

$$HOH_2C-\overset{\displaystyle CH_2OH}{\underset{\displaystyle CH_2OH}{C}}-CHO+HCHO \xrightarrow[55^\circ C]{Ca(OH)_2} HOH_2C-\overset{\displaystyle CH_2OH}{\underset{\displaystyle CH_2OH}{C}}-CH_2OH+(HCOO)_2Ca$$

季戊四醇

季戊四醇是略有甜味的无色固体,熔点为260℃,可用于制造涂料、树脂和炸药。

含有α氢原子的酮也可发生羟酮缩合反应,但反应比醛困难,在同样条件下只能得到少量产物。例如:

$$H_3C-\overset{O}{\overset{\|}{C}}-CH_3+\underset{H}{\underset{|}{CH_2}}-\overset{O}{\overset{\|}{C}}-CH_3 \xrightleftharpoons{OH^-} H_3C-\overset{CH_3}{\overset{|}{\underset{OH}{\underset{|}{C}}}}-CH_2-\overset{O}{\overset{\|}{C}}-CH_3$$

(1%)

如果采取措施，使用特殊装置将产物及时分离出来，则可使平衡向右移动，大部分丙酮转化为β-羟基酮。

羟醛缩合反应在有机合成中具有极其重要的作用，是增长碳链的常用方法，也是制备β-羟基醛、酮以及α-，β-不饱和醛(酮)的方法。

2. 卤代反应和卤仿反应[3]

(1)卤代反应。醛和酮分子中的α氢原子在酸或碱催化下，可以逐步被卤素(氯、溴和碘)取代，生成α-卤代醛(酮)。

酸催化易控制在一元卤代。例如：

$$H_3C-\overset{O}{\overset{\|}{C}}-CH_3+Br_2\xrightarrow[65^\circ C]{CH_3COOH}H_3C-\overset{O}{\overset{\|}{C}}-CH_2Br+HBr$$

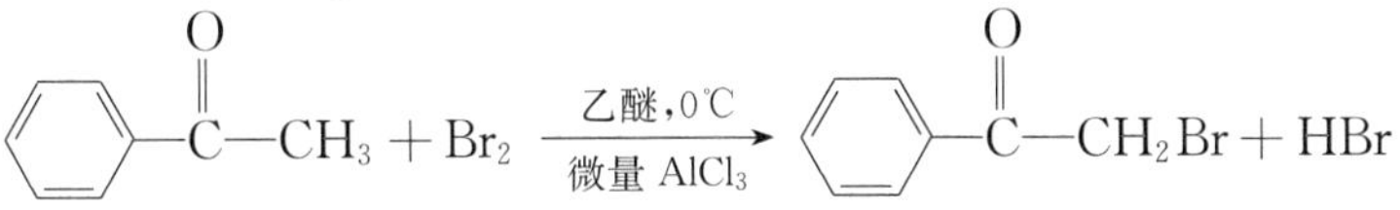

α-溴代苯乙酮

(2)卤仿反应。在碱溶液的催化下，卤化反应很快，具有 $H_3C-\overset{O}{\overset{\|}{C}}-$ 结构的酮和乙醛，一般不易控制生成一卤代物或二卤代物，而是生成三卤代物。例如：

$$RCOCH_3+3Cl_2+3OH^-\longrightarrow RCOCCl_3+3Cl^-+3H_2O$$

在三卤代物分子中，氧原子和3个卤原子强烈的吸电子效应，使碳碳键电子云密度大大降低，在碱作用下，极易发生断裂，生成卤仿和羧酸盐。反应式如下：

$$RCOCCl_3+OH^-\longrightarrow CCl_3^-+RCOOH\longrightarrow CHCl_3+RCOO^-$$

反应的最终结果是生成卤仿，故称卤仿反应。其通式表示如下：

$$R-\overset{O}{\overset{\|}{C}}-CH_3+3X_2+4OH^-\xrightarrow{\triangle}RCOO^-+CHX_3+3X^-+3H_2O$$

(R=Ar，H)　　(X=Cl，Br，I)

因为次卤酸钠(NaOX)或卤素—氢氧化钠溶液具有氧化性，能把乙醇氧化成乙醛，把含有 $R-CHOH-CH_3$ 构造的仲醇氧化成甲基酮($R-\overset{O}{\overset{\|}{C}}-CH_3$)：

$$CH_3CH_2OH+X_2+2OH^-\longrightarrow CH_3CHO+2X^-+2H_2O$$

$$RCHOHCH_3+X_2+2OH^-\longrightarrow R-\overset{O}{\overset{\|}{C}}-CH_3+2X^-+2H_2O$$

(R=Ar)　　(R=Ar)

所以，除乙醛和甲基酮外，乙醇和构造为(Ar)R—CHOH—CH_3的仲醇也可发生卤仿反应。氯仿、溴仿是无色液体，而碘仿(CHI_3)是不溶于水的亮黄色晶体。若使用碘的氢氧化钠溶液(次碘酸钠溶液)进行反应，则生成碘仿，现象很明显。因此，可以通过碘仿反应来鉴别乙醛和 $R-\overset{\overset{O}{\|}}{C}-CH_3$ 以及含 $H_3C-\overset{\overset{OH}{|}}{C}H-$ 结构的醇。

卤仿反应是缩短碳链的反应之一，也可用来制取某些羧酸。例如：

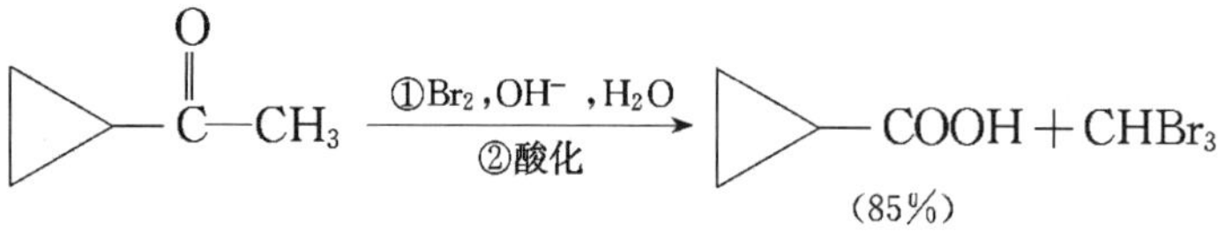

$$(CH_3)_2C{=}CHCOCH_3 \xrightarrow[\text{②酸化}]{\text{①}Cl_2,OH^-,H_2O,\text{二噁烷}} (CH_3)_2C{=}CHCOOH + CHCl_3$$

(49%～57%)

五、几种重要的醛、酮

1. 甲醛[4]

甲醛又名蚁醛，是最简单和最重要的醛。它的构造式为 $H-\overset{\overset{O}{\|}}{C}-H$。工业生产甲醛普遍采用甲醇的催化氧化脱氢。以银—浮石为催化剂，于660～720℃下进行，也可以Cu为催化剂，于250～300℃下进行。反应式如下：

$$2CH_3OH + \underset{(\text{空气})}{O_2} \xrightarrow[660\sim720℃]{Ag\text{—浮石}} 2HCHO + 2H_2O$$

或

$$2CH_3OH + \underset{(\text{空气})}{O_2} \xrightarrow[250\sim300℃]{Cu} 2HCHO + 2H_2O$$

常温下，甲醛是无色、具有强烈刺激性气味的气体。对眼睛、呼吸道黏膜、皮肤等有刺激作用，沸点为-21℃，其蒸气与空气混合能发生爆炸。甲醛易溶于水，其37%～40%的水溶液(通常以含有6%～12%的甲醇作稳定剂)俗称福尔马林。福尔马林可使蛋白质变性，对皮肤有强腐蚀性，广泛用作消毒剂和防腐剂，能保护动物标本。

由于甲醛的羰基碳原子与2个氢原子相连，因此它的化学性质比其他醛活泼。

甲醛非常容易发生聚合反应，在不同条件下生成不同的聚合物。例如，在常温下，甲醛气体能自动聚合为三聚甲醛。60%～65%的甲醛水溶液在少量硫酸存在下煮沸，也可聚合成三聚甲醛：

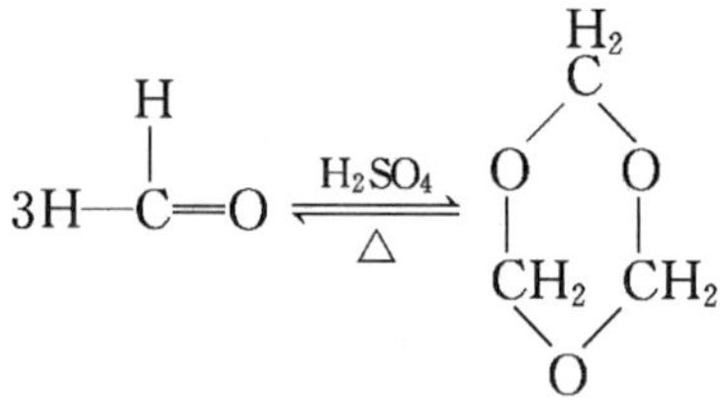

三聚甲醛为无色晶体，熔点为62℃，在中性和碱性条件下相当稳定。三聚甲醛没有醛的性

质，但在酸性条件下加热，容易解聚重新生成甲醛。通常用这个反应来保存和精制甲醛。

福尔马林即使在低温下，放置时间过久，也会因析出多聚甲醛而变混浊。

用甲醛为原料可制得多聚甲醛。多聚甲醛是优良的工程塑料，具有较高的机械强度和化学稳定性，可代替金属材料用于汽车零件和管道装置的制造等。

混合甲醛与氨的水溶液进行蒸发，即得一种环状化合物——环六亚甲基四胺[$(CH_2)_6N_4$]。医药上常用作利尿剂和尿道杀菌剂，称作乌洛托品。反应式如下：

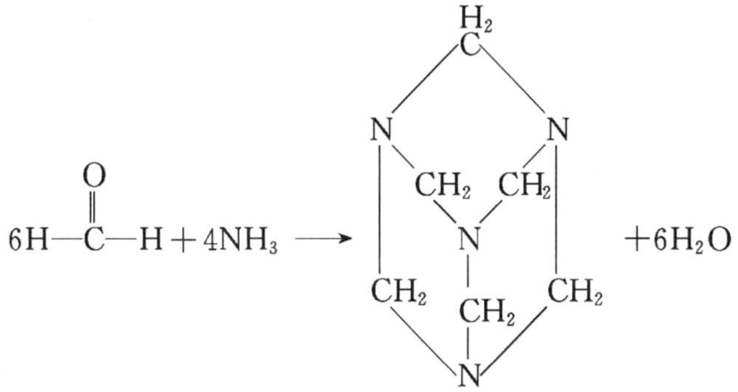

环六亚甲基四胺（乌洛托品）

乌洛托品为无色晶体，熔点为 263℃，易溶于水，有甜味。主要用作酚醛塑料的固化剂、氨基塑料的催化剂、橡胶硫化的促进剂。

甲醛的用途相当广泛，在工业上，甲醛主要用于制造酚醛树脂、脲醛树脂和三聚氰胺等树脂，以及各种黏接剂。甲醛还可用来生产季戊四醇以及其他药剂及染料。

维纶的生产也需要大量的甲醛。农业上甲醛除作农药外，稀释的福尔马林用于浸种，为种子消毒。

印染产品的残留甲醛会影响人们的健康，造成环保问题，必须引起足够重视。

2. 乙醛

乙醛是工业上一种重要的醛，为无色、极易挥发的液体，有刺激性气味，溶于水、乙醇和乙醚，沸点为 20.8℃。乙醛的重要用途是生产乙酸、乙酐、季戊四醇等的原料。

乙醛能聚合成三聚体或四聚体，三聚乙醛在稀硫酸中加热可以解聚而放出乙醛：

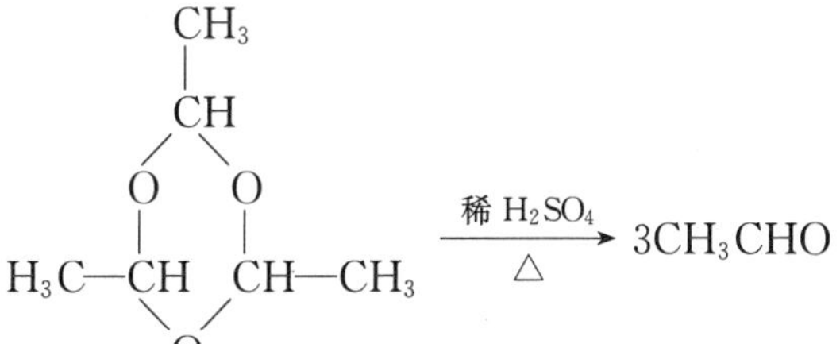

三聚乙醛

由于乙醛的沸点很低，故多以三聚体的形式保存乙醛。

工业生产乙醛的方法有以下几种：

(1)乙炔水合法。反应式如下：

$$HC \equiv CH + H_2O \xrightarrow[98\sim105^\circ C, 152kPa]{HgSO_4/稀 H_2SO_4} \left[\begin{array}{c} H_2C = CH \\ \quad\;\; | \\ \quad\;\; OH \end{array} \right] \longrightarrow CH_3CHO$$

此法工艺成熟，收率也高，但汞盐催化剂毒性较大，存在污染环境问题，原料乙炔价格也较昂贵。

(2)乙烯氧化法。反应式如下：

$$H_2C = CH_2 + \frac{1}{2}O_2 \xrightarrow[120\sim130^\circ C, 304kPa]{PdCl_2, CuCl_2} CH_3CHO$$

3. 苯甲醛

苯甲醛为无色、有毒液体，沸点为 179℃。苯甲醛有苦杏仁气味，故俗称苦杏仁油。它微溶于水，溶于乙醇、乙醚、苯及氯仿等有机溶剂中。

苯甲醛在常温下能自动被空气中的氧缓慢氧化成苯甲酸，光对自动氧化起催化作用。长期贮存苯甲醛时，应避光和隔绝空气。

苯甲醛性质活泼，具有醛的一般化学性质。是芳醛的典型代表，有芳醛的特性。

苯甲醛是重要的有机化工原料，用于合成染料及其中间体，也用于制造肉桂酸、苯甲酸苄酯、合成香料等，还可用作溶剂。工业上用甲苯氧化的方法制备苯甲醛，也可以把甲苯先氯化生成二氯甲苯，然后水解而得：

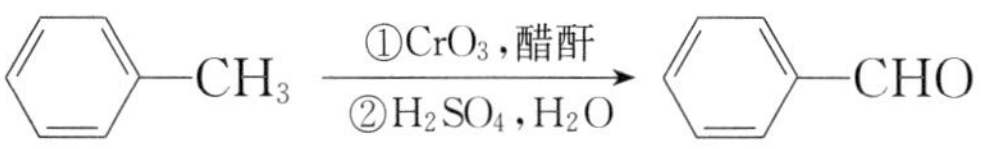

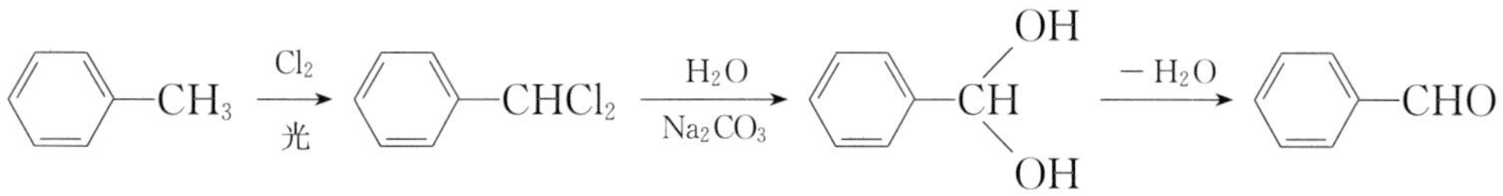

4. 丙酮

丙酮为无色透明、易燃、易挥发的液体，沸点为 56℃，相对密度(20℃)为 0.790，能与水、甲醇、乙醚、氯仿等溶剂混溶。它具有典型的酮的性质，是一种良好的有机溶剂，能溶解许多树脂、油脂、涂料、炸药、胶片、化学纤维等。丙酮也是生产各种维生素和激素时的萃取剂。

丙酮更是一种有机合成原料。如丙酮和 HCN 加成产物可用于制造有机玻璃，还可以用来制造合成环氧树脂、二丙酮醇、氯仿、碘仿、乙烯酮($H_2C = C = O$)等。

丙酮用量大，制备丙酮的方法也较多。丙烯先制成异丙醇，异丙醇再氧化可制得丙酮。此外，异丙苯氧化制苯酚的同时也可得到丙酮。所以，异丙苯氧化法既是制备苯酚又是制备丙酮的方法。丙烯催化氧化也是制备丙酮的方法之一，反应式如下：

$$CH_3CH = CH_2 + \frac{1}{2}O_2 \xrightarrow{PdCl_2, CuCl_2} H_3C - \overset{\overset{\displaystyle O}{\|}}{C} - CH_3 \quad (92\%)$$

该方法产率高，副产物少，是工业生产上的一种新方法。

5. 环己酮

环己酮是脂环族饱和酮，为无色油状液体，有丙酮气味，沸点为 155.7℃。它微溶于水，易溶于乙醇和乙醚等溶剂；毒性不很大，但皮肤经常与之接触会引起皮炎，其蒸气对人的视网膜和上呼吸道黏膜有刺激性。

环己酮具有典型的酮的化学性质，它既是重要的溶剂，又是合成己二酸和己内酰胺的原料。己二酸和己内酰胺分别可以用来合成锦纶 66 和锦纶 6。

环己酮通常以环己烷氧化所得环己酮和环己醇的混合物为原料，在以氧化锌为主的催化剂作用下，于常压和 400℃左右高温下催化脱氢制得。

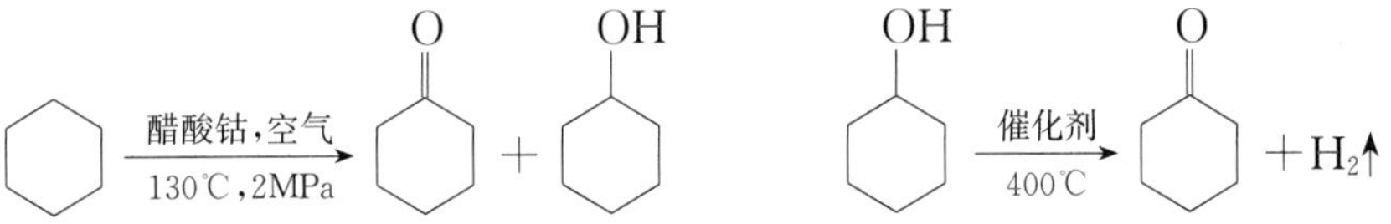

第二节　醌*

一、醌的结构、分类和命名

醌是一类特殊的不饱和环状二酮，我们把具有环己二烯二酮结构的一类有机化合物，称为醌。含有 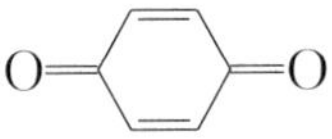 或 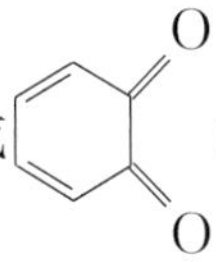 结构单位，称为醌型结构。具有醌型结构的物质都是有颜色的，许多植物和动物的色素属于醌类化合物。对位醌类物质多为黄色，邻位醌类物质常为红色或橙色，是一类重要的染料。

醌类物质分为苯醌、萘醌、蒽醌和菲醌等。

醌是作为相应芳烃的衍生物来命名的。命名时在“醌”字之前加上相应芳烃的名称，且同时标明二羰基的相对位置。例如：

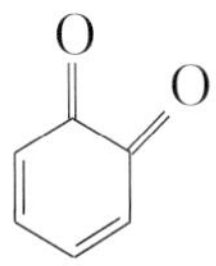

邻苯醌
（1，2－苯醌）
红色结晶

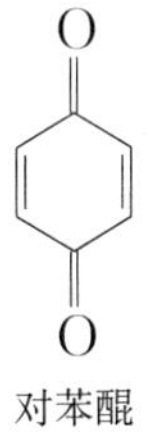

对苯醌
（1，4－苯醌）
黄色结晶

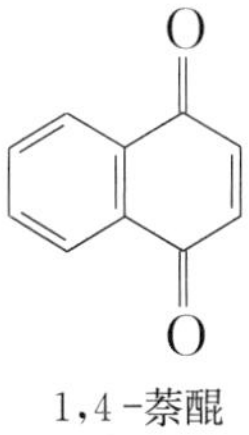

1，4－萘醌
黄色结晶

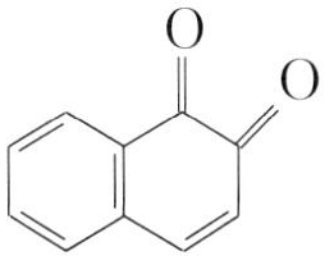

1，2－萘醌
橙黄色结晶

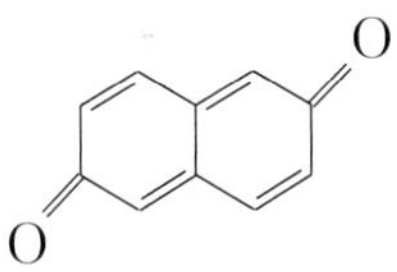

2，6－萘醌
橙色结晶

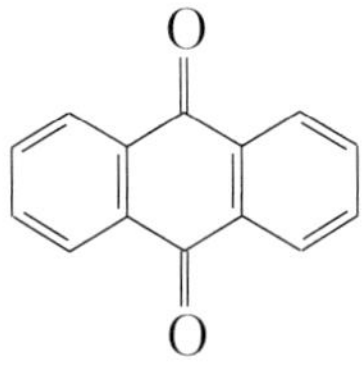

9，10－蒽醌
淡黄色结晶

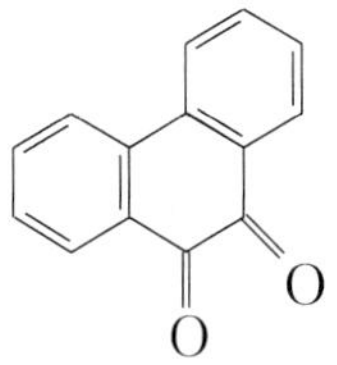

菲醌
橙红色结晶

蒽醌与纺织印染工业的关系最为密切，为此，本节重点简介蒽醌。

二、蒽醌

蒽醌有 9 种可能的异构体，其中以 9,10 -蒽醌最重要。通常所指的蒽醌就是指 9,10 -蒽醌。

蒽醌为淡黄色针状晶体，熔点为 285℃，沸点为 379～381℃，无气味，挥发性小。它不溶于水，易溶于浓硫酸，微溶于乙醇、乙醚、氯仿等有机溶剂。将有蒽醌的硫酸溶液用水稀释，蒽醌即成晶体析出。利用这种性质可使蒽醌与杂质分离。

蒽醌的化学性质比较稳定，不易被氧化，也不易被弱的还原剂（如亚硫酸）还原，但可被连二亚硫酸钠（$Na_2S_2O_4$，俗称保险粉）的碱溶液还原，生成 9,10 -二羟基蒽的钠盐，酸化后生成 9,10 -二羟基蒽。

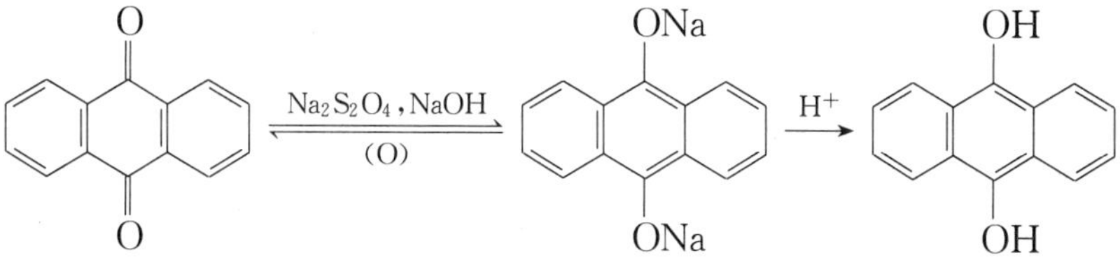

9,10 -二羟基蒽的钠盐是血红色溶液，它易被空气中的氧氧化而使红色褪去，并又析出蒽醌（淡黄色）。这种性质可用于检验蒽醌的存在，也可用于提纯蒽醌，以除去烃类及其他不溶于碱的杂质。

蒽醌分子中，因为有两个吸电子的羰基，钝化了两侧的苯环，导致亲电取代反应难以发生。例如，蒽醌不发生烷基化反应，卤代反应也难以进行。只有在强烈条件下方可发生磺化和硝化反应。

蒽醌磺化时，因反应条件不同，产物也不相同。反应式如下：

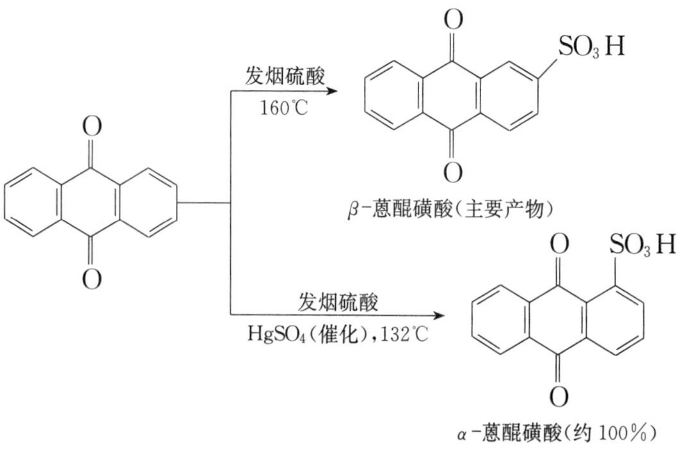

β -蒽醌磺酸是一种重要的染料中间体，通过它可以合成多种染料，如茜素和阴丹士林蓝等。例如合成茜素：

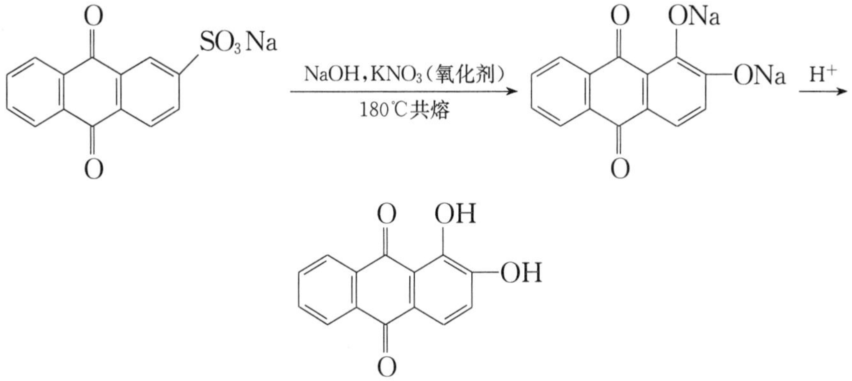

茜素(红色染料)

从以上反应式可以看出,在此共熔反应中,不仅是磺酸基被羟基取代,而且在 α 位发生了亲核取代反应,引进了一个羟基,从而生成了 1,2 -二羟基蒽醌(茜素)。

茜素为红色针状晶体。熔点为 289℃,难溶于水,易溶于乙醇和乙醚,也溶于碱中。它是一种天然红色染料,在我国已有悠久的历史。

所谓蒽醌染料,是指分子中具有蒽醌基本结构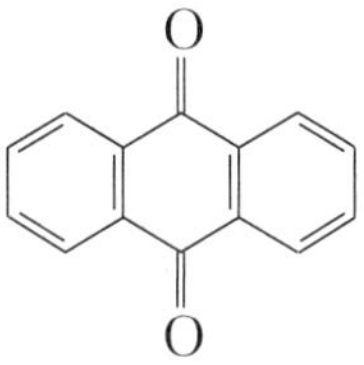的一大类染料。在众多的合成染料中,蒽醌及其衍生物可以制得多种染料,已形成一大类色谱齐全、性能良好的染料,无论是生产数量或是品种数目,蒽醌染料仅次于偶氮类染料。据统计,目前蒽醌染料有 400 多个品种。

复习指导

羰基碳上至少连有一个氢原子的是醛;醛基位于链端。羰基碳上同时连有两个烃基的是酮。

1. 醛、酮的命名

选择含有羰基的最长碳链为主链,从离羰基最近的一端开始编号(环酮中羰基的编号为1),注明酮基的位置;不饱和醛、酮命名应选择含有不饱和键的最长碳链为主链,靠近羰基一端编号,称为某烯醛或烯酮。

2. 醛、酮的制法

(1)醇的氧化适用于制备沸点在 100℃以下的低级醛;醇催化脱氢也可以用于制备低级醛酮。

(2)傅氏酰基化反应:芳烃在无水 $AlCl_3$ 催化下,与羧酸酐或酰卤反应生成芳香酮。

(3)炔烃水合:生成羰基化合物。

3. 醛、酮的化学性质

- 醛酮
  - ①羰基上的加成
    - a. 与 HCN 反应：醛、脂肪族甲基酮和 8 个碳以下的环酮发生反应生成 α-羟基腈

      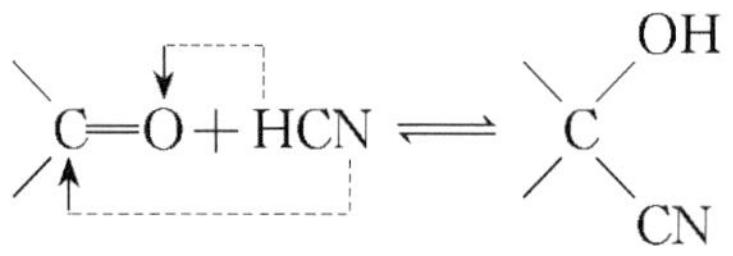

    - b. 与 $NaHSO_4$ 反应：醛、脂肪族甲基酮和 8 个碳以下的环酮发生反应，生成 α-羟基磺酸钠。产物在稀酸或稀碱存在下分解成原来的醛或酮
    - c. 与格氏试剂反应：醛和酮都能反应，产物水解分别得到伯醇、仲醇或叔醇
    - d. 与醇反应：醛在酸催化下，亲核加成生成半缩醛，再与一分子醇反应，失去一分子水，生成缩醛
  - ②与氨衍生物缩合：缩合反应脱去一分子水，生成含有 C=N 双键的化合物
  - ③氧化还原
    - a. 氧化反应：醛比酮容易氧化，弱氧化剂只能氧化醛不能氧化酮托伦试剂（$AgNO_3$ 氨溶液：可区别醛和酮）

      费林试剂（$CuSO_4$ 和酒石酸钾钠碱溶液等量混合；可区别酮、脂肪酮和芳香酮）
    - b. 还原反应
      - Ⅰ. 还原成醇：催化加氢没有选择性，醛、酮分别还原成伯醇和仲醇
      - Ⅱ. 还原成烃：酸性或碱性条件下，适当的还原剂可使醛、酮中的羰基直接还原成亚甲基。有克莱门森还原法和乌尔夫—凯惜纳—黄鸣龙反应
      - Ⅲ. 歧化反应（康尼查罗反应）：不含 α 氢的醛在浓碱作用下，发生自身氧化还原，一分子氧化成羧酸，一分子被还原成醇
  - ④α 氢反应
    - a. 羟醛缩合：含 α 氢的醛在稀碱液催化下，两分子作用生成 β-羟基醛，产物易脱水生成 α,β-不饱和醛。是增长碳链的常用方法
    - b. 卤代反应：在酸或碱催化下，逐步被卤素取代，生成 α-卤代醛（酮）
    - c. 卤仿反应：碱催化，甲基酮和乙醛生成三卤代物，最终得卤仿和羧酸盐

思考题与习题

1. 给下列物质命名（不限命名法）：

(1) 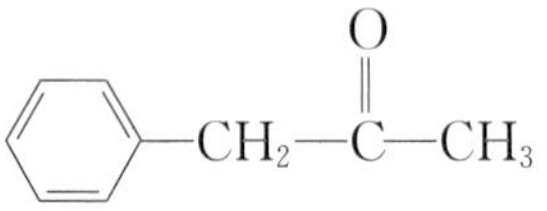

(2) 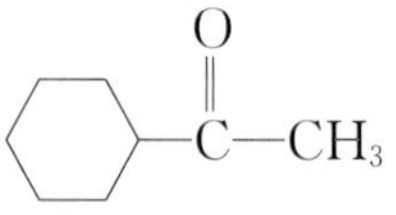

(3) 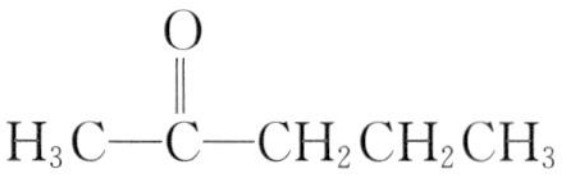

(4) 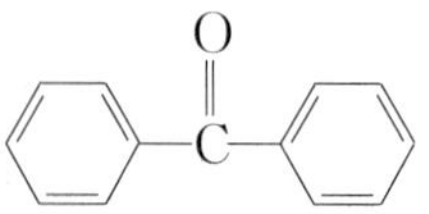

(5) 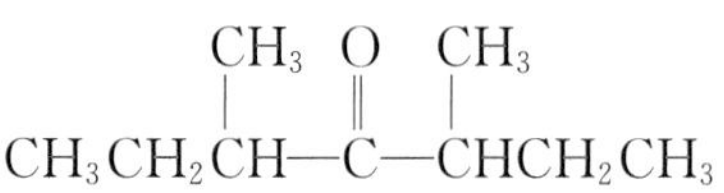

(6) 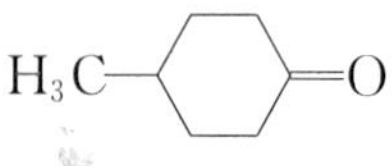

(7) 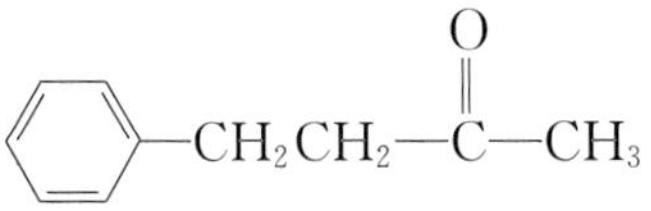

(8) 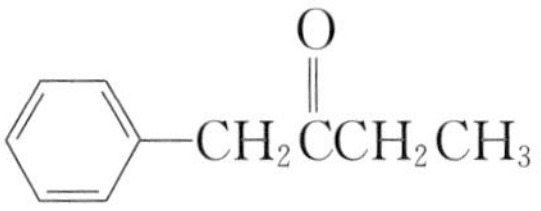

(9) 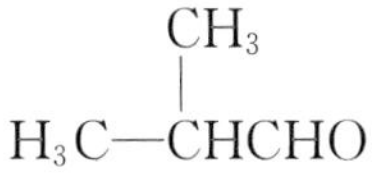

(10) $(CH_3)_3CCH_2CH_2CHO$

(11) 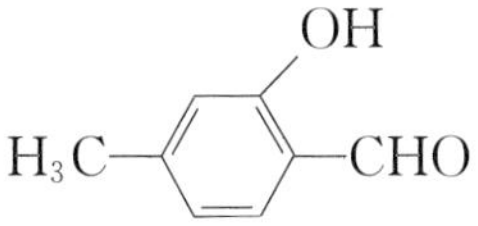

2. 写出下列物质的构造式：

(1)α,β-二甲基丁醛　(2)2-甲基丁二醛　(3)丁二酮　(4)2,4-二硝基苯腙

(5)碘仿　(6)甲基乙基酮　(7)对苯醌　(8)蒽醌

3. 完成下列反应式：

(1) 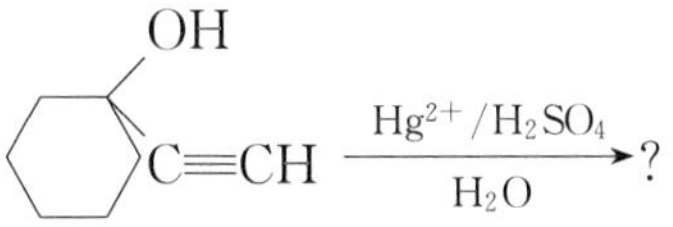

(2) 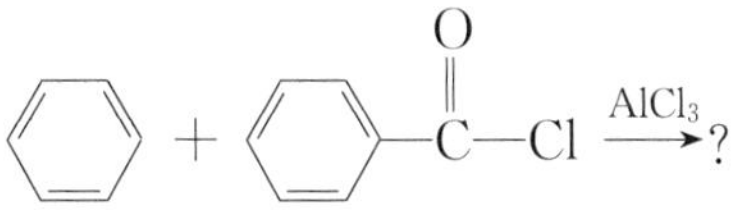

(3) 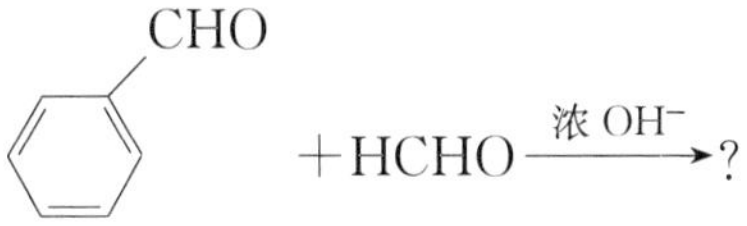

(4) $2CH_3CHO \xrightarrow{\text{稀 } OH^-?} ? \xrightarrow{\triangle} ? \xrightarrow{NaBH_4} ?$

(5) $CH_3CH_2CHO \xrightarrow{\text{稀 } OH^-} ?$

(6) 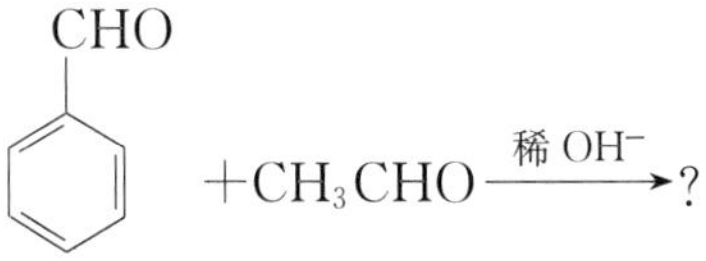

(7) 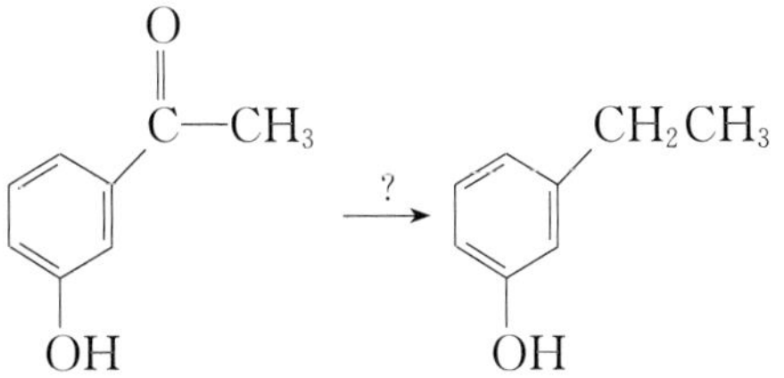

(8) 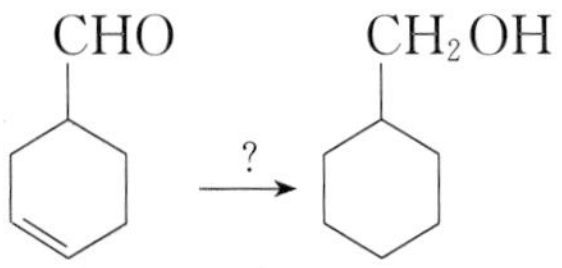

(9) 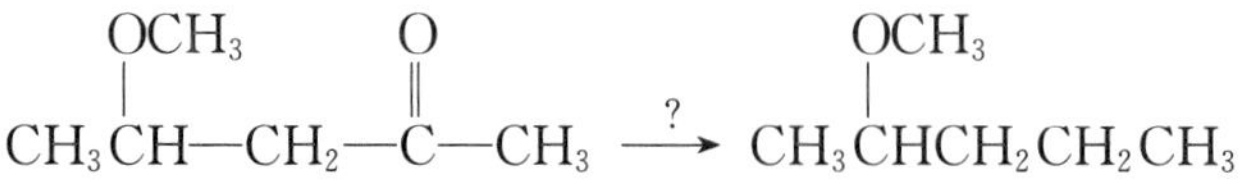

(10) 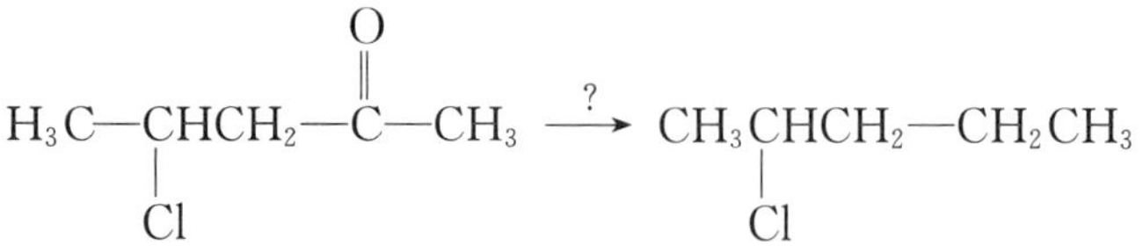

(11) 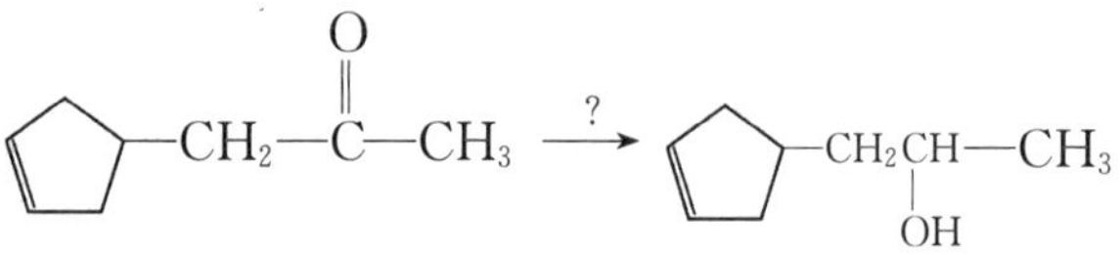

(12) $HC\equiv CH \xrightarrow{?} CH_3CHO \xrightarrow{?} CHI_3$

(13) 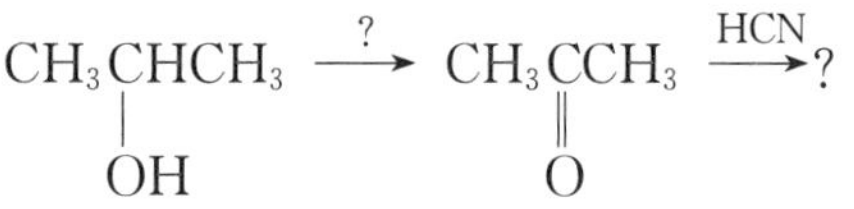

(14) $CH_3CH_2OH \xrightarrow{?} CH_3CH_2Br \xrightarrow{?} CH_3CH_2MgBr \xrightarrow[\text{干醚}]{CH_3CHO} ? \xrightarrow[H_2O]{H^+} ?$

(15) 

4. 推测下列化合物的结构：

(1)化合物 A 的分子式为 $C_8H_{14}O$。A 能使溴水褪色，又能与 2,4-二硝基苯肼反应生成黄色沉淀。A 氧化后生成一分子丙酮和另一化合物 B。B 具有酸性，能与 NaOCl 反应生成氯仿和丁二酸。写出 A 和 B 的构造式。

(2)化合物 A 的分子式为 $C_9H_{10}O_2$，能溶于 NaOH 溶液，既能与羟胺及氨基脲等反应，又能与 $FeCl_3$ 溶液发生显色，但不与托伦试剂反应。A 经 $LiAlH_4$ 还原得到 B，B 的分子式为 $C_9H_{12}O_2$，A 与 B 都能发生碘仿反应。A 经克莱门森反应生成 C，分子式为 $C_9H_{12}O$。将 C 与 NaOH 溶液作用，然后与碘甲烷煮沸，得到化合物 D，分子式为 $C_{10}H_{14}O$。D 用高锰酸钾氧化生成对甲氧基苯甲酸。写出 A、B、C、D 的构造式。

5. 用化学方法鉴别下列各组化合物：

(1)甲醛　乙醛　丙酮

(2)丙酮　丙醛　正丙醇　异丙醇

(3)甲苯　苯甲醛　3-苯基丙醛

(4)苯乙酮　2-戊酮　3-戊酮

(5)乙醛　苯甲醛　苯乙酮　对甲苯酚

6. 合成：

(1)以乙炔为原料合成正丁醇

(2)用环戊酮制环戊烯

(3)乙烯⟶丁酮

(4)苯⟶4-甲基-3-硝基苯乙酮

7. 写出苯甲醛与下列试剂反应(如能发生反应)的主要产物:

(1)NH_2OH　(2)费林试剂　(3)托伦试剂

(4)$LiAlH_4$　(5)甲基溴化镁,继而加水　(6)2,4-二硝基苯肼

(7)$NaHSO_3$　(8)甲醇+干燥氯化氢　(9)酸性高锰酸钾溶液

参考文献

[1]宋欣荣,谢伟,郭世豪.基础化学(中册)[M].长沙:湖南科学技术出版社,1999.

[2]徐寿昌.有机化学[M].北京:高等教育出版社,1982.

[3]尹玉英.有机化学[M].北京:高等教育出版社,1993.

[4]汪小兰.有机化学[M].北京:人民教育出版社,1978.

第八章　羧酸及其衍生物

第一节　羧　酸[1]

羧酸是指分子中含有羧基$-\overset{\overset{\displaystyle O}{\|}}{C}-OH$（—COOH）的化合物，除了甲酸以外，羧酸也可以用RCOOH和Ar—COOH表示。

一、羧酸的分类和命名

根据羧酸分子中烃基的种类不同，羧酸可分为脂肪族羧酸和芳香族羧酸；根据烃基是否饱和，又可分为饱和羧酸和不饱和羧酸；根据羧酸分子中所含羧基数目的多少，还可以分为一元羧酸和多元羧酸。

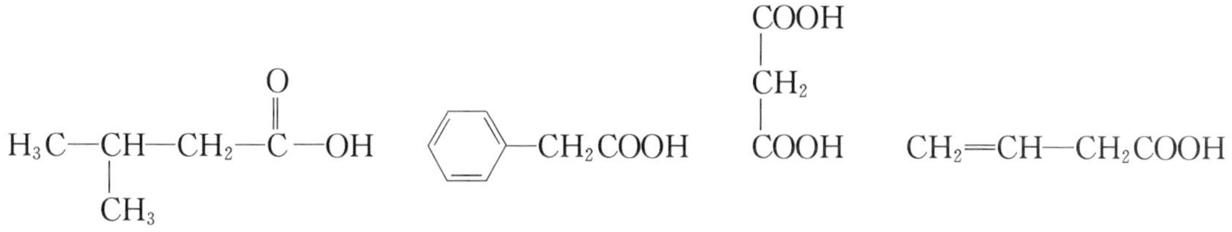

3-甲基丁酸	苯乙酸	丙二酸	3-丁烯酸
（脂肪族羧酸）	（芳香族羧酸）	（脂肪族羧酸）	（脂肪族羧酸）
（一元羧酸）	（一元羧酸）	（二元羧酸）	（一元羧酸）
（饱和羧酸）	（不饱和羧酸）	（饱和羧酸）	（不饱和羧酸）

羧酸常以酯、盐的形式广泛存在于自然界中，往往根据它们的天然来源而有其俗名。如甲酸最初是从蚂蚁中得到，故称蚁酸；乙酸存在于食醋中，俗称醋酸；丁酸俗称酪酸，酸败奶酪中的特殊臭味就含有丁酸的气味。苹果酸、柠檬酸、酒石酸各来自于苹果、柠檬和酿制葡萄酒时形成的酒石。软脂酸、硬脂酸和油酸则都是从油脂水解得到，并根据它们的性状而加以命名。

脂肪族羧酸的系统命名原则与醛相似，即选择含有羧基的最长碳链为主链，根据主链中碳原子的数目称为“某”酸；编号从羧基碳原子开始，用阿拉伯数字标明取代基的位次，也可以从羧基相邻碳原子开始用希腊字母α、β、γ、δ…ω编号；将取代基的位次、数目、名称写在羧酸名称的前面。对于不饱和羧酸，则选取含有不饱和键和羧基在内的最长碳链为主链，按主链碳原子数目称为“某”烯酸或“某”炔酸，并标明不饱和键的位次。例如：

$$\overset{\gamma}{\underset{4}{C}}H_3\overset{\beta}{\underset{3}{C}}H_2\overset{\alpha}{\underset{2}{C}}H\underset{1}{C}OOH \quad (\text{2 位 } -Br)$$

2-溴丁酸

α-溴丁酸

$$ClCH_2HC{=}CHCH_2COOH$$

（δ 5，γ 4，β 3，α 2，1）

5-氯-3-戊烯酸

δ-氯-β-戊烯酸

$$CH_3(CH_2)_7HC{=}CH(CH_2)_7COOH$$

9-十八烯酸(油酸)

$$CH_3(CH_2)_5\underset{OH}{\underset{|}{C}}HCH_2HC{=}CH(CH_2)_7COOH$$

12-羟基-9-十八烯酸(蓖麻醇酸)

芳香族羧酸分为两种情况：对于羧基与苯环直接相连的芳香族羧酸，以苯甲酸作为母体，环上的其他基团作为取代基来命名，多元芳香族羧酸要注明羧基的相对位置；对于羧基连在苯环侧链上的芳香族羧酸，以脂肪酸作母体，以芳基作为取代基来命名。例如：

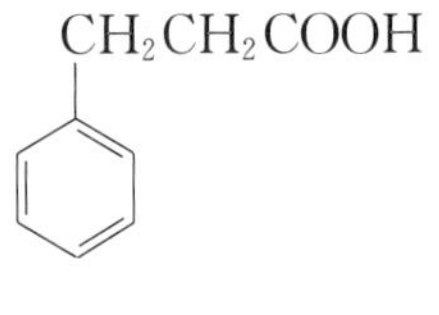

3-苯基丙酸

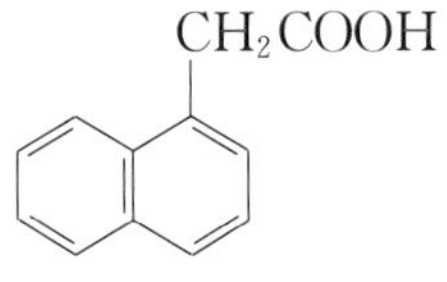

1-萘乙酸

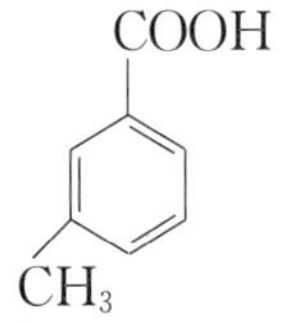

间甲苯甲酸

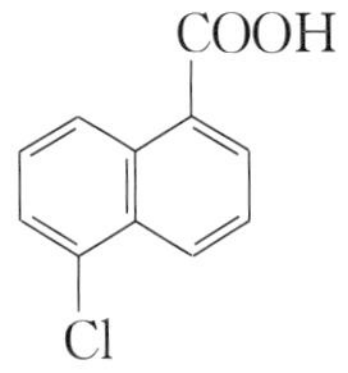

5-氯-1-萘甲酸

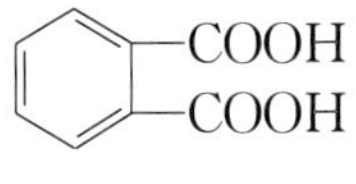

邻苯二甲酸

1,2-苯二甲酸

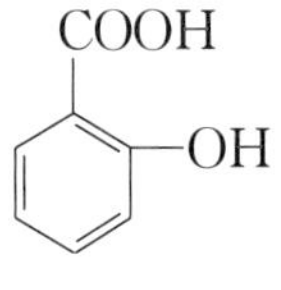

邻羟基苯甲酸

2-羟基苯甲酸

二、羧酸的物理性质

直链饱和脂肪族羧酸中，甲酸、乙酸、丙酸为具有刺激性气味的液体，正丁酸至正壬酸为具有腐败气味的油状液体，癸酸以上为石蜡状固体。二元酸和芳香族羧酸一般为结晶固体。固态羧酸基本没有气味。一些羧酸的物理常数见下页表。羧酸的沸点比相对分子质量相近的醇要高，这是因羧酸分子之间能以氢键彼此缔合，氢键的强度足以使羧酸以双分子缔合，在固态和液态时，羧酸主要以二聚体形式存在。相对分子质量低的羧酸，如甲酸、乙酸，即使在气态，也以二聚体的形式存在。

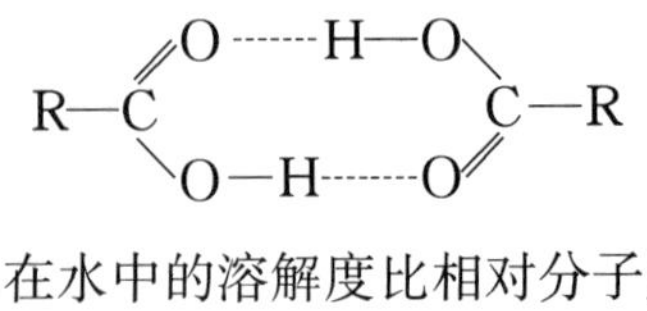

羧酸能与水形成强烈的氢键，在水中的溶解度比相对分子质量相近的醇更大。例如，丙酸与正丁醇的相对分子质量相等，丙酸能与水混溶，而正丁醇在水中的溶解度为 8g/100g 水。与醇类似，羧酸的溶解度也随着碳原子数的增加而降低，分子中含有 10 个碳原子以上的羧酸不溶于水。芳香族羧酸在水中的溶解度都很小。羧酸一般都能溶于乙醇、乙醚、氯仿等有机溶剂中。芳香族羧酸一般具有升华特性，有些能随水蒸气挥发，利用这些特性可以用来分离、提纯芳香族羧酸。

一些羧酸的物理常数[1-3]

名称(俗名)	熔点(℃)	沸点(℃)	溶解度(25℃)(g/100g 水)
甲酸(蚁酸)	8.4	100.5	∞
乙酸(醋酸)	16.6	118	∞
丙酸(初油酸)	−21	141	∞
丁酸(酪酸)	−6	164	∞
戊酸(缬草酸)	−34.5	187	4.97
己酸(羊油酸)	−3	205	1.08
庚酸(毒水芹酸)	−11	223	0.4
辛酸(羊脂酸)	16	239	0.25

名称(俗名)	熔点(℃)	沸点(℃)	溶解度(25℃)(g/100g 水)
壬酸(天竺癸酸)	12.5	254	0.25
癸酸(羊蜡酸)	31	269	0.015
十六酸(软脂酸)	63	219(2.3kPa)	0.0007
十八酸(硬脂酸)	70	235(2.3kPa)	0.0003
乙二酸(草酸)	189(分解)	157(升华)	10.2
丁二酸(琥珀酸)	182	235(脱水分解)	6.8
苯甲酸(安息香酸)	122	250	0.34

三、羧酸的化学性质

(一)酸性

羧基($-\overset{\displaystyle O}{\overset{\|}{C}}-OH$)是羧酸的官能团。羧基碳原子的 3 个 sp^2 杂化轨道分别与 2 个氧原子和 1 个碳原子(甲酸分子中为氢原子)以 σ 键相结合,3 个 σ 键同处于一个平面,碳原子上未参与杂化的 p 轨道与 1 个氧原子的 p 轨道侧面交盖形成 π 键,与氢相连的氧原子同样采取 sp^2 杂化,没参与杂化的 p 轨道上的电子对与碳氧 π 键发生 p—π 共轭,如图 8－1 所示。由于 p—π

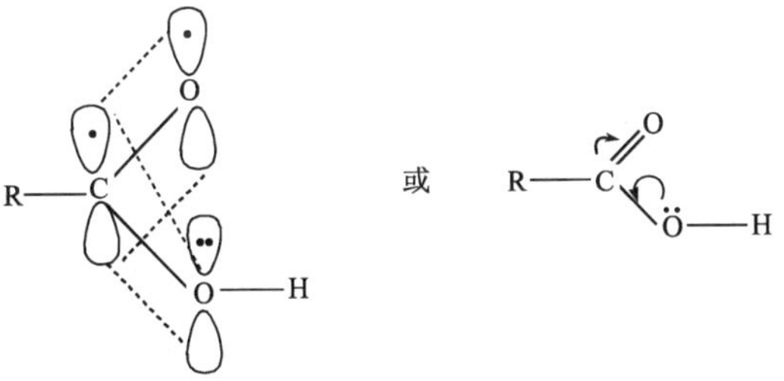

图 8－1　羧酸分子结构示意图

共轭效应的存在,使羧基中的羰基失去了典型的羰基性质;—OH 上的氧原子的电子云向羰基方向趋于平均化,使氧原子周围的电子云密度降低,氢氧 σ 键间成键电子云更靠近氧原子,从而增强了 O—H 键的极性,有利于氢原子解离,而显示明显的酸性。所以,能溶于水的羧酸在水溶液中可离解出氢离子而呈酸性,使蓝色石蕊试纸变红。反应式如下:

$$R-\overset{\displaystyle O}{\overset{\|}{C}}-OH \rightleftharpoons R-\overset{\displaystyle O}{\overset{\|}{C}}-O^- + H^+$$

大多数一元脂肪族羧酸的 pK_a 值在 4～5 范围内。芳香族羧酸及二元酸的酸性强于一元脂肪族羧酸。羧酸的酸性弱于强的无机酸而强于碳酸(pK_a=6.38)和一般的酚(pK_a≈10)。羧酸能与碱中和、能分解碳酸盐或碳酸氢盐释放出二氧化碳,同时生成羧酸盐:

$$R{-}COOH + NaOH \longrightarrow R{-}COONa + H_2O$$

$$2R{-}COOH + Na_2CO_3 \longrightarrow 2R{-}COONa + CO_2\uparrow + H_2O$$

$$R{-}COOH + NaHCO_3 \longrightarrow R{-}COONa + CO_2\uparrow + H_2O$$

羧酸的碱金属盐具有一般无机盐的性质，不挥发，在水中能完全离解为离子。加入强无机酸，可以使酸性较弱的羧酸重新游离出来：

$$R{-}COONa + HCl \longrightarrow R{-}COOH + NaCl$$

利用羧酸的酸性可以分离羧酸和不具酸性的有机化合物，也可以用于羧酸的鉴别和精制。

(二)羧酸衍生物的生成

羧酸分子内羧基上的羟基被其他原子或原子团取代的产物称为羧酸衍生物。常见的羧酸衍生物有四类：酰卤、酸酐、酯和酰胺。

1. 酰卤的生成

除甲酸外，羧酸与三卤化磷、五卤化磷或亚硫酰氯作用时生成酰卤。例如：

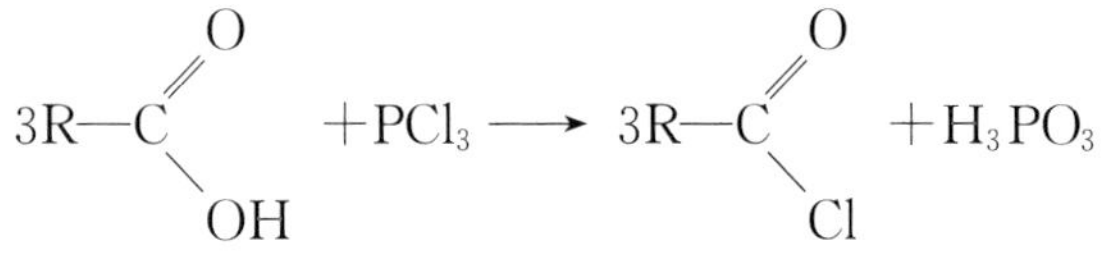

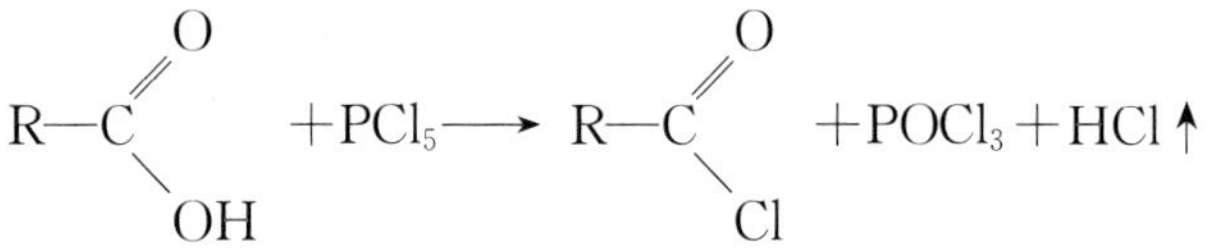

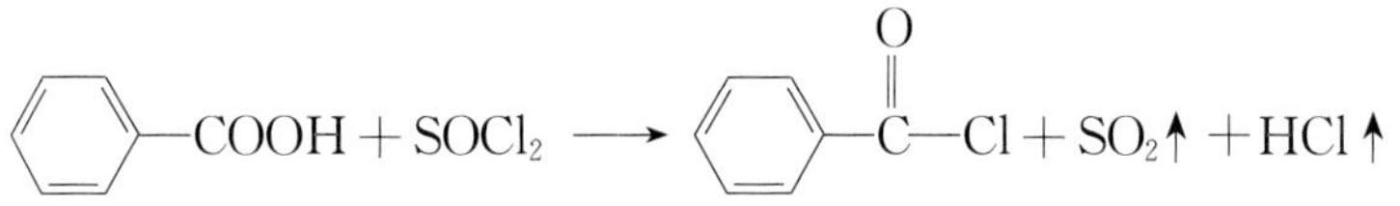

由于酰溴和酰碘在制备时反应难于控制，并且价格昂贵，因此通常使用的是酰氯。

2. 酸酐的生成

两分子羧酸在加热或脱水剂作用下脱去一分子水，生成酸酐。反应式如下：

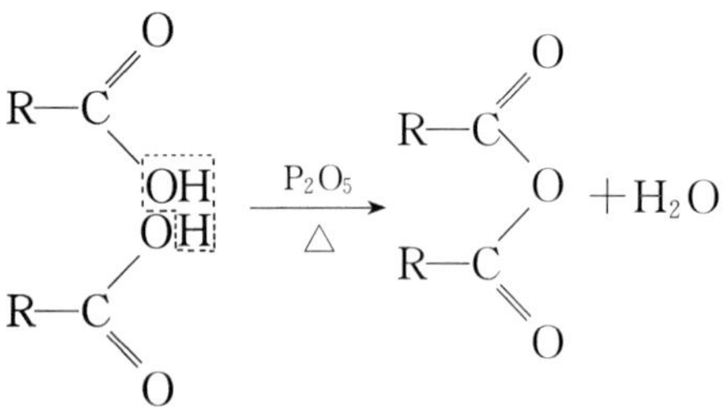

二元酸分子中两个羧基间相隔 2～3 个碳原子，不需要脱水剂，在加热的情况下可脱水生成五元或六元环的酸酐。例如：

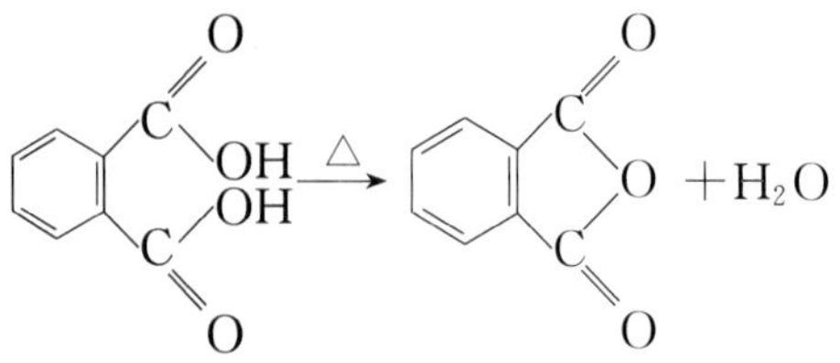

3. 酯的生成

在强酸(如浓硫酸)的催化作用下，羧酸与醇作用生成酯和水，该反应称为酯化反应。反应式如下：

$$R-\overset{\overset{\displaystyle O}{\|}}{C}-OH + HOR' \xrightleftharpoons{H^+} R-\overset{\overset{\displaystyle O}{\|}}{C}-OR' + H_2O$$

例如：　$CH_3COOH + CH_3CH_2OH \xrightleftharpoons{\text{浓硫酸}} CH_3COOCH_2CH_3 + H_2O$

酯化反应是可逆反应，为了提高酯的产率，通常采用加过量的酸或醇。如在实验室制备乙酸乙酯时，采用乙醇过量和蒸出产物酯的方法提高产率。

4. 酰胺的生成

羧酸中通入氨气，首先生成羧酸铵盐，铵盐受热失去水，生成酰胺。反应式如下：

$$R-COOH + NH_3 \longrightarrow R-\overset{\overset{\displaystyle O}{\|}}{C}-O^- \, NH_4^+ \xrightarrow[-H_2O]{\triangle} R-C(=O)NH_2$$

例如：　$C_6H_5-\overset{\overset{\displaystyle O}{\|}}{C}-OH + C_6H_5NH_2 \xrightarrow{225℃} C_6H_5C(=O)NHC_6H_5 + H_2O$

(三)脱羧反应

羧酸脱去 CO_2 的反应称为脱羧反应。脂肪族羧酸的羧基比较稳定不易脱羧。长链脂肪酸的脱羧要求在高温下进行，并常伴有大量的分解产物，在合成上没有什么实用价值。在实验室中利用乙酸钠与碱石灰共热，脱去 CO_2，以制备甲烷。

$$CH_3COONa + NaOH(CaO) \xrightarrow{\triangle} CH_4 + Na_2CO_3$$

如果 α 碳上连有强吸电子基的羧酸或羧酸盐，当加热至 100～200℃时可脱羧。芳基作为吸电子基，使芳香族羧酸的脱羧比脂肪酸更容易。例如：

$$HOOCCH_2COOH \xrightarrow{120\sim140℃} CH_3C(=O)OH + CO_2\uparrow$$

$$Cl_3CC(=O)ONa \xrightarrow[NaOH]{50℃} CHCl_3 + Na_2CO_3$$

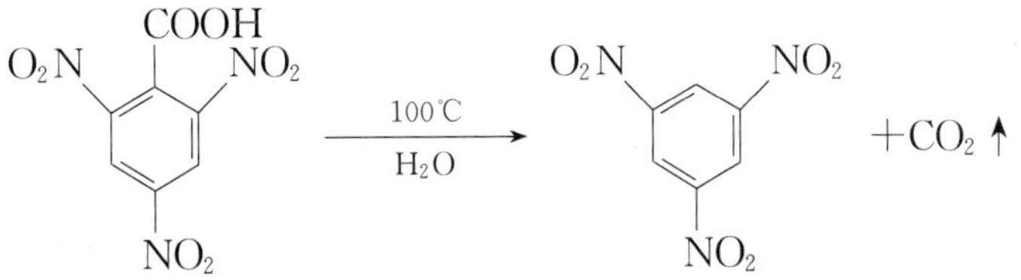

(四)α 氢的卤代反应

羧基和羰基一样，能使 α 氢活化，但羧基的致活作用比羰基小得多。羧酸与卤素需用少量

的红磷(或碘、硫)催化或日光照射等条件,羧酸的α氢可以逐步被卤原子取代。例如:

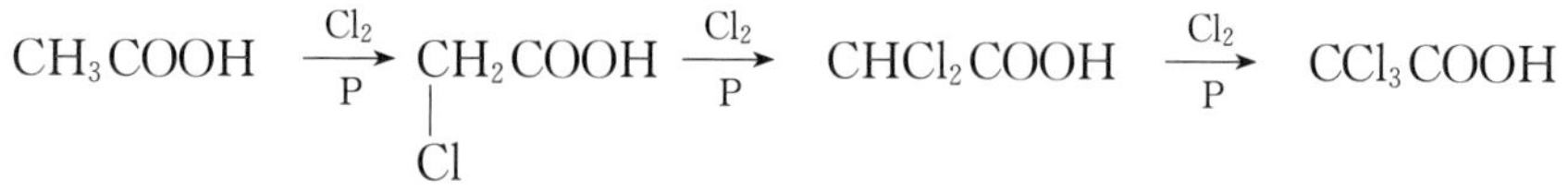

如果控制好反应条件,可使反应停留在一元或二元取代阶段;三氯乙酸可作为合成原料或直接用于印染工业。

α-卤代酸分子中的卤素可发生亲核取代反应,转变成其他的α取代酸,也可以发生消除反应,而得到α,β-不饱和酸,在合成中有着广泛的应用。反应式如下:

发生亲核取代反应:

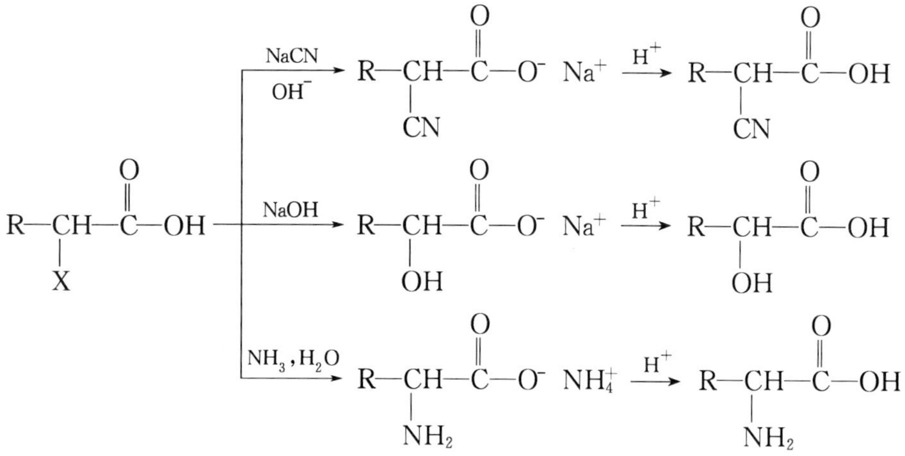

发生消除反应:

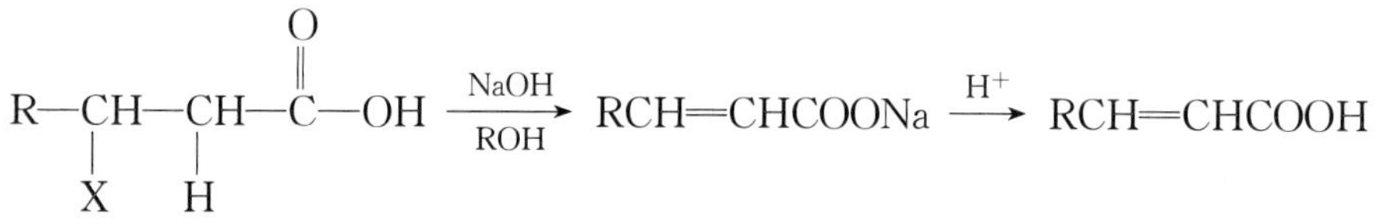

四、几种常见的羧酸

1. 甲酸

甲酸(HCOOH)俗名蚁酸,为无色具有强烈刺激性气味的液体,具有腐蚀性,对皮肤有刺激性,可使皮肤起泡。它存在于某些蚁类和荨麻等植物中,沸点为100.5℃,可与水混溶,也溶于乙醇、乙醚等有机溶剂。

甲酸的分子构造式为 $H-\overset{\overset{\displaystyle O}{\|}}{C}-OH$,甲酸分子既可以看成由一个羧基连一个氢原子,又可视为由一个醛基连接一个羟基。因此,甲酸既显示出酸性,又具有醛的还原性。它能被托伦试剂和费林试剂氧化,也易被高锰酸钾溶液氧化,使高锰酸钾溶液褪色。

甲酸在工业上是重要的合成原料,在印染工业中用作还原剂,还用作橡胶凝聚剂,在医药上用作消毒剂和防腐剂。

2. 乙酸

乙酸(CH_3COOH)是食醋中的主要成分,常温时为无色透明、具有刺激性气味的液体,沸点为118℃,熔点为16.6℃。当低于熔点时,无水乙酸就呈冰状结晶析出,故无水乙酸又称冰醋酸。乙酸既能与水混溶,也溶于乙醇、乙醚等有机溶剂。

乙酸是重要的化工原料,可用于合成多种有机物。如乙酸乙酯、乙酸酐、醋酯纤维等。乙酸不易被氧化,所以乙酸及其酯类化合物广泛用作溶剂。印染工业中常用乙酸的铬盐作羊毛染色的媒染剂,乙酸与其钠盐组成的缓冲溶液也常在染色与印花时使用。

3. 丙烯酸[2]

丙烯酸($H_2C{=}CH{-}COOH$)为无色有刺激性气味的液体,沸点为142℃,熔点为13℃。它易溶于水,是最简单的不饱和羧酸,易发生氧化和聚合反应。它是一种重要的新型化工原料。这类化工产品在人们的衣食住行各方面都有广泛的用途。用丙烯酸树脂生产的高级油漆色泽鲜艳,经久耐用,可用于汽车、冰箱、洗衣机以及医疗器械的涂饰,还可用于对纺织纤维材料的整理、改性、浆纱、印花、植绒黏合等。

4. 乙二酸

乙二酸($HOOC{-}COOH$)俗名草酸,为无色透明晶体。含两分子结晶水的二水合草酸熔点为101.5℃,加热至100℃可失去结晶水而得无水草酸。草酸为结构最简单的二元酸,常以草酸钙、草酸钾的形式存在于自然界的许多植物中。草酸易被氧化成二氧化碳和水,是一种还原剂。在分析化学中,草酸作为基准物可以标定高锰酸钾溶液的浓度。反应式如下:

$$\begin{array}{c}COOH\\ |\\ COOH\end{array} \xrightarrow[H^+]{KMnO_4} 2CO_2\uparrow + H_2O$$

$$5\begin{array}{c}COOH\\ |\\ COOH\end{array} + 2KMnO_4 + 3H_2SO_4 \longrightarrow K_2SO_4 + 2MnSO_4 + 10CO_2\uparrow + 8H_2O$$

草酸可用作草制品的漂白剂,也可用来除去衣服上的铁锈和墨水痕迹。它的铝盐和锑盐可作为印染工业的媒染剂。

5. 苯甲酸

苯甲酸(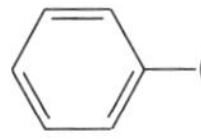—COOH)常以酯的形式存在于树脂和安息香胶中,故有俗名安息香酸。它是白色针状或鳞片状结晶,易升华,蒸气有刺激性,具有抑菌防腐能力,它的钠盐常作食品或一些药物制剂的防腐剂。

6. 苯二甲酸

苯二甲酸有邻、间和对位三种异构体。它们是制造药品、染料、塑料、合成纤维及增塑剂的重要原料。

邻苯二甲酸为白色晶体,在230℃左右便失去水而生成分子内酸酐——邻苯二甲酸酐,俗称苯酐。苯酐是重要的有机合成原料,用于合成染料及塑料,常用的酸碱指示剂酚酞就是由邻苯二甲酸酐与苯酚在一定条件下缩合而成的。

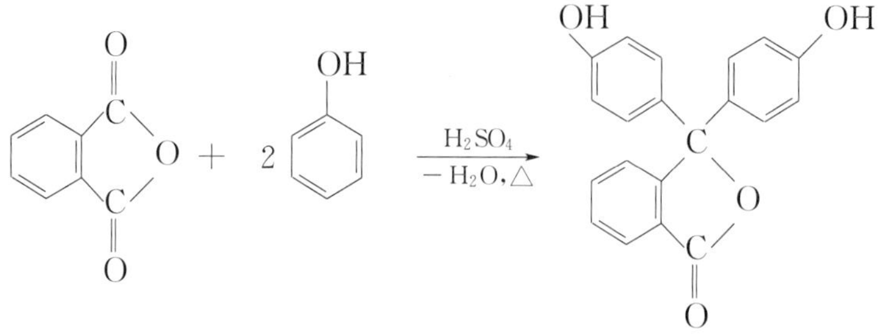

邻苯二甲酸酐　　苯酚　　酚酞

对苯二甲酸也为白色晶体，是制备合成纤维——涤纶的原料，由它与乙二醇缩聚制得的聚合物，经熔融纺丝而得到的聚对苯二甲酸乙二醇酯是一种聚酯纤维，商品名称为涤纶。

第二节　羧酸衍生物[2,3]

一、羧酸衍生物的结构和命名

羧酸分子中羧基去除羟基所剩余的部分为酰基，表示为：$\mathrm{R-\overset{\overset{O}{\|}}{C}-}$、$\mathrm{Ar-\overset{\overset{O}{\|}}{C}-}$。酰基和卤原子相连的化合物称为酰卤；酰基和酰氧基相连的化合物称为酸酐；酰基和烷氧基相连的化合物称为酯；酰基和氨基相连的化合物称为酰胺。它们的通式分别为：

$$\mathrm{R(Ar)-\overset{\overset{O}{\|}}{C}-X} \qquad \mathrm{R(Ar)-\overset{\overset{O}{\|}}{C}-O-\overset{\overset{O}{\|}}{C}-R'} \qquad \mathrm{R(Ar)-\overset{\overset{O}{\|}}{C}-OR'} \qquad \mathrm{R(Ar)-\overset{\overset{O}{\|}}{C}-NH_2}$$

酰卤　　酸酐　　酯　　酰胺

酰卤和酰胺都是以它们所含的酰基来命名，酰基的命名是根据原来酸的名称而得名。例如：

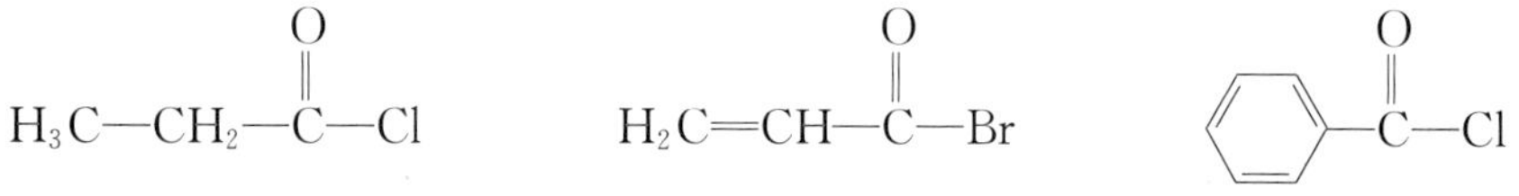

丙酰氯　　丙烯酰溴　　苯甲酰氯

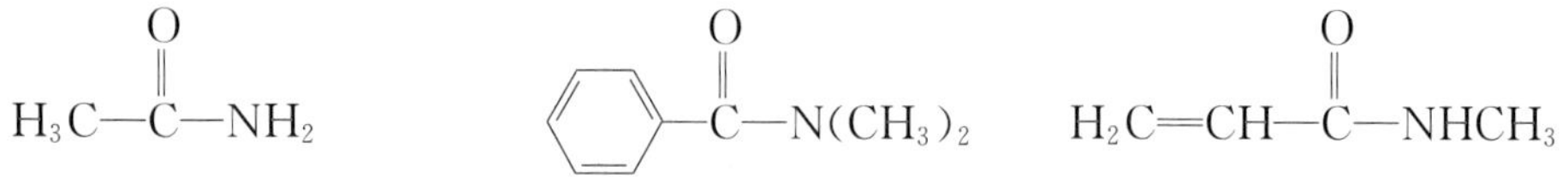

乙酰胺　　*N*,*N*-二甲基苯甲酰胺　　*N*-甲基丙烯酰胺

酸酐是根据相应的酸来命名的。例如：

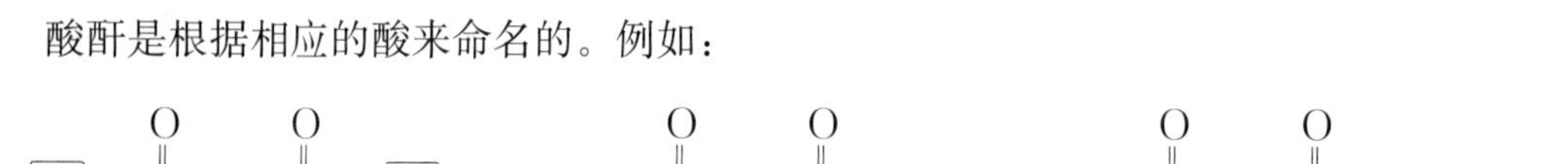

苯甲酸酐　　乙(酸)酐　　乙丙(酸)酐

酯的命名根据形成酯的酸和醇来命名，称某酸某酯。但多元醇形成的酯，一般把酸名放在后面，称为某醇某酸酯。例如：

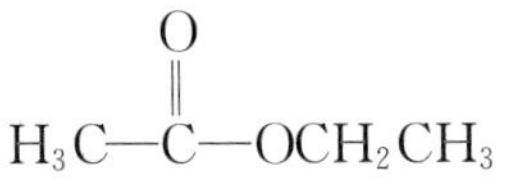

乙酸乙酯

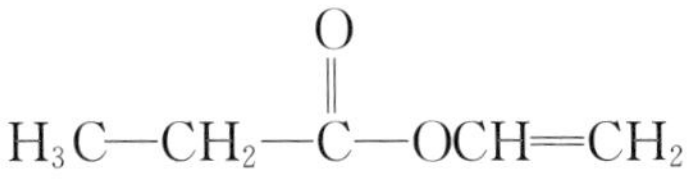

丙酸乙烯酯

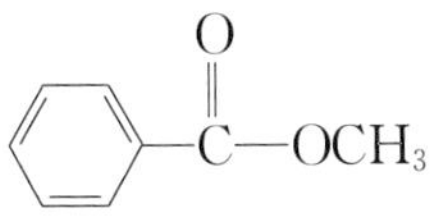

苯甲酸甲酯

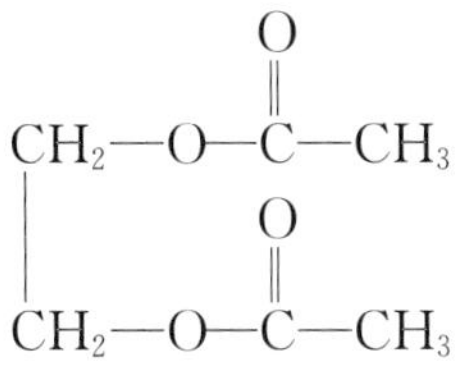

二乙酸乙二醇酯

二、羧酸衍生物的物理性质

酰氯和低级酸酐具有强烈的刺激性气味，而大多数酯却有令人愉快的水果香味，许多花果的香味就是因含有酯类化合物而产生的。如乙酸异戊酯有香蕉香味，正戊酸异戊酯有苹果香味，所以许多酯类化合物可以用作食品或化妆品中的香料。大部分酰胺是固体，没有气味。

酰卤、酸酐和酯类化合物的分子中没有与氧原子直接相连的氢原子，分子间不能形成氢键，故其沸点要比相对分子质量相近的羧酸低得多。例如，丙酸的沸点为 141℃，而相对分子质量相近的乙酰卤的沸点仅为 51℃。

酰胺由于分子内存在氮氢键，分子间能形成氢键，所以熔点、沸点比较高(图 8－2)。当氮原子上的氢原子被烃基取代后，能形成的氢键减少，沸点降低。如甲酰胺沸点为 195℃，*N*－甲基甲酰胺沸点为 180℃，*N*,*N*－二甲基甲酰胺的沸点为 153℃。

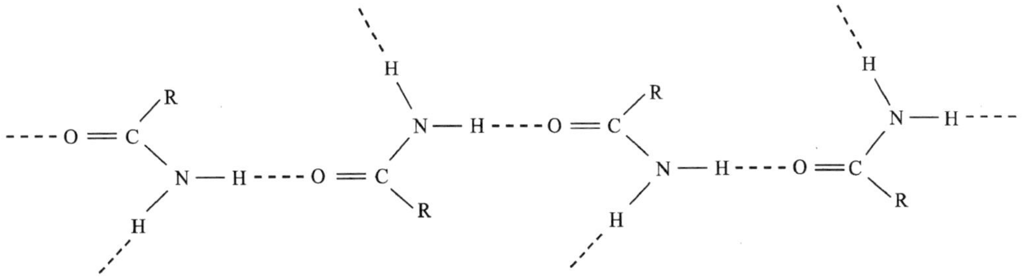

图 8－2　酰胺分子之间氢键示意图

酰卤、酸酐不溶于水，低级酰卤、酸酐在温水中可分解。4 个碳原子及以下的酯类化合物有一定的水溶性，低级酰胺可溶于水，但随着碳原子数的增加溶解度大大降低。*N*,*N*－二甲基甲酰胺及 *N*,*N*－二甲基乙酰胺是无机化合物及有机化合物优良的溶剂。它们都能使许多难溶的高聚物溶解。例如，合成纤维腈纶不溶于一般有机溶剂，而溶于 *N*,*N*－二甲基酰胺。*N*,*N*－二甲基酰胺还能溶解多种染料，实验室常以它为溶剂，来测定纤维上染料的含量。

三、羧酸衍生物的化学性质

(一)酰胺的酸碱性

酰胺分子中的氮原子和 NH_3 分子中的氮原子的成键状态不同。NH_3 分子中的氮原子以 sp^3 杂化的方式成键，一个 sp^3 杂化轨道上分布有未参与成键的电子对，所以显碱性；酰胺分子中的氮原子以 sp^2 杂化的方式成键，氮原子未参与杂化的 p 轨道上有一对电子，这对电子与碳氧 π 键共轭，在 p—π 共轭体系中受电负性比较大的氧原子影响，使酰胺中氨基的碱性减弱。酰胺分子结构如图 8－3 所示。

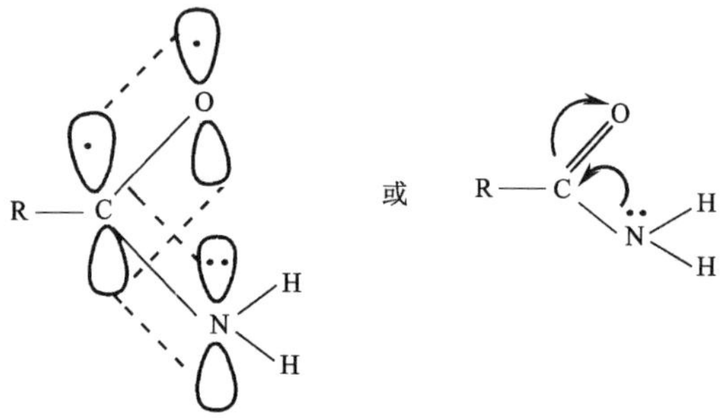

图 8－3　酰胺分子结构示意图

酰胺的弱碱性表现在：在乙酰胺的醚溶液中通入氯化氢气体，可生成不稳定的弱碱强酸盐，遇水即分解。例如：

$$CH_3CONH_2 + HCl \xrightarrow{\text{乙醚}} CH_3CONH_2 \cdot HCl\downarrow$$

再例如，酰胺遇浓硫酸也可以生成盐而溶于浓硫酸中，这也体现了它的弱碱性。另一方面，p—π 共轭体系中电子云密度趋于平均化，增加了氮氢键的极性，因而酰胺还可表现出一定的弱酸性（pK_a 为 14～16），这种酸性很弱，以至于不能使石蕊变色。如酰胺与金属钠在乙醚溶液中可生成钠盐，但遇水就分解。如果氨分子中 2 个氢原子都被酰基取代，则生成的亚酰胺氮原子上的氢原子显示出明显的酸性（pK_a 为 9～10），能与强碱的水溶液作用生成盐。例如：

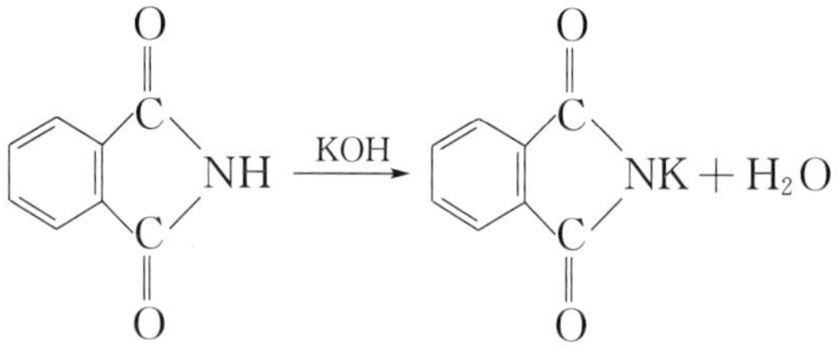

邻苯二甲酰亚胺的盐与卤代烷反应，得到 N－烷基邻苯二甲酰亚胺，后者在碱性条件下水解生成伯胺，这是盖布瑞尔（Gabriel）合成伯胺的方法。

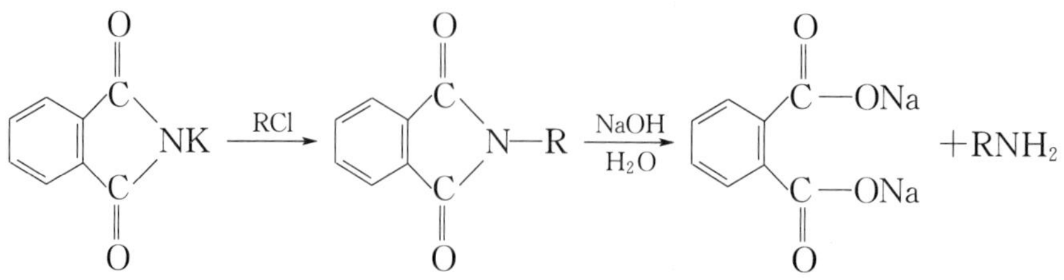

(二)水解反应

酰卤、酸酐、酯和酰胺均能发生水解反应。酰卤、酸酐遇水立即反应。酯、酰胺在常温和无催化剂存在下,水解程度非常小;在酸或碱存在的条件下能水解,水解的主要产物是羧酸。反应式如下:

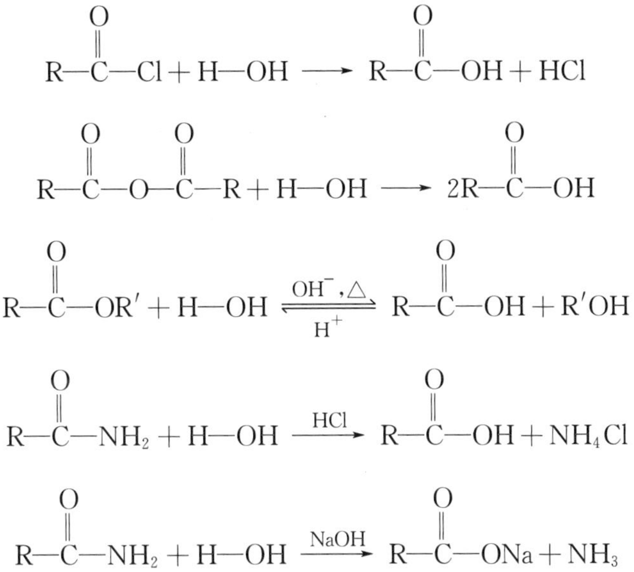

酯的水解反应是酯化反应的逆反应。酯在碱性条件下水解生成的酸,再与碱中和生成羧酸盐和水,使平衡不断移动,使水解进行到底。由于高级脂肪酸所形成的酯(如油脂)在碱性条件下水解得到高级脂肪酸的盐是肥皂中的主要成分,所以酯在碱性条件下的水解反应也称为皂化反应:

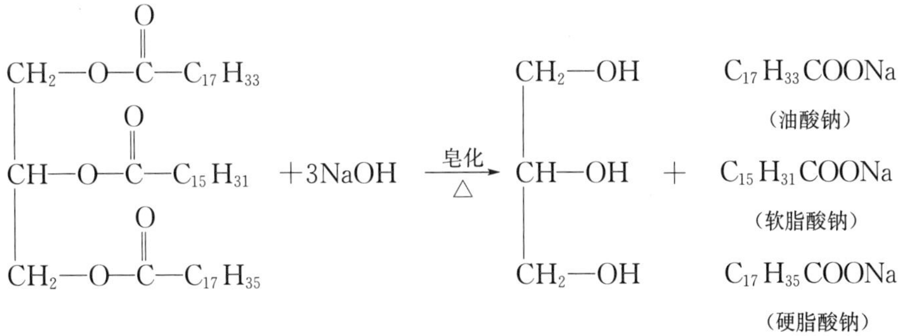

(猪油)油脂　　甘油　　肥皂的主要成分

(三)醇解反应

酰氯、酸酐、酯和酰胺都能与醇发生醇解反应,生成酯。反应式如下:

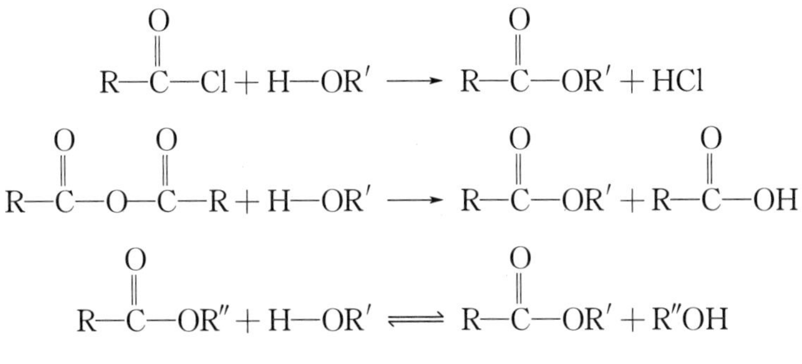

$$R-\overset{\overset{\large O}{\|}}{C}-NH_2 + H-OR' \longrightarrow R-\overset{\overset{\large O}{\|}}{C}-OR' + NH_3$$

酯的醇解是可逆反应。酯和醇在酸的催化作用下生成新醇和新酯，这个反应称酯交换反应。生产涤纶单体工艺中就应用了酯交换反应。涤纶是聚酯纤维的主要品种之一，它是由单体——对苯二甲酸乙二酯进行缩聚反应，生成聚对苯二甲酸乙二酯，再经熔融纺丝而获得。工业生产中首先制得对苯二甲酸二甲酯，然后再与乙二醇进行酯交换而制得对苯二甲酸乙二酯。

(四)氨解反应

酰卤、酸酐和酯与氨作用生成酰胺的反应称氨解反应。酰卤与浓氨水反应是实验室制备酰胺的方法，反应迅速并有高的产率。乙酰氯与氨水的反应太剧烈，常以乙酸酐代替乙酰氯。酯与氨的反应相对较慢。反应式如下：

$$R-\overset{\overset{\large O}{\|}}{C}-Cl + H-NH_2 \longrightarrow R-\overset{\overset{\large O}{\|}}{C}-NH_2 + HCl$$

$$R-\overset{\overset{\large O}{\|}}{C}-O-\overset{\overset{\large O}{\|}}{C}-R' + H-NH_2 \longrightarrow R-\overset{\overset{\large O}{\|}}{C}-NH_2 + R'-\overset{\overset{\large O}{\|}}{C}-OH$$

$$R-\overset{\overset{\large O}{\|}}{C}-OR' + H-NH_2 \longrightarrow R-\overset{\overset{\large O}{\|}}{C}-NH_2 + R'OH$$

化纤工业中，用对苯二甲酰氯（或间苯二甲酰氯）与对苯二胺进行缩聚，生成聚对（或间）苯二甲酰对苯二胺树脂，经抽丝等工艺可制成高强度（强度比铁高 5 倍）、在 220℃下可长期使用且具优良阻燃性能的聚酰胺纤维。反应式如下：

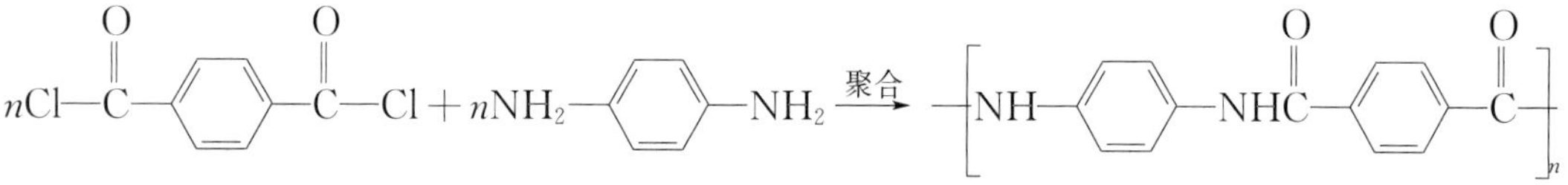

(五)酰胺的特殊反应

1. 降级反应

酰胺与次氯酸钠或次溴酸钠的碱溶液作用时，失去羰基而形成伯胺。此反应称为霍夫曼（Hofmann）降级反应。反应式如下：

$$R-\overset{\overset{\large O}{\|}}{C}-NH_2 + NaOBr + 2NaOH \longrightarrow R-NH_2 + Na_2CO_3 + NaBr + H_2O$$

例如：$CH_3(CH_2)_4-\overset{\overset{\large O}{\|}}{C}-NH_2 \xrightarrow[NaOH]{NaOBr} CH_3(CH_2)_4NH_2 + Na_2CO_3 + NaBr + H_2O$

2. 脱水反应

酰胺与强的脱水剂共热则脱水生成腈。常用的脱水剂是五氧化二磷，这是实验室制备腈的一个方法。反应式如下：

$$R-\overset{\overset{\displaystyle O}{\|}}{C}-NH_2 \xrightarrow[\triangle]{P_2O_5} R-C\equiv N + H_2O$$

腈

四、一种重要的酰胺——尿素

尿素（$NH_2-\overset{\overset{\displaystyle O}{\|}}{C}-NH_2$）简称脲。它不仅是高效的化肥，而且在染整生产中是重要的助剂。尿素可以看做是碳酸（$\begin{matrix}HO\diagdown \\ HO\diagup\end{matrix}C=O$）分子中两个羟基被氨基取代而生成的二酰胺。尿素存在于人及牲畜的尿中，在工业上常用作脲醛树脂的原料。由于尿素具有吸湿性和溶解性，在印染工业中常作为染料助溶剂。尿素能和甲醛作用生成脲醛树脂，其初步反应物为单羟甲基脲及双羟甲基脲。反应式如下：

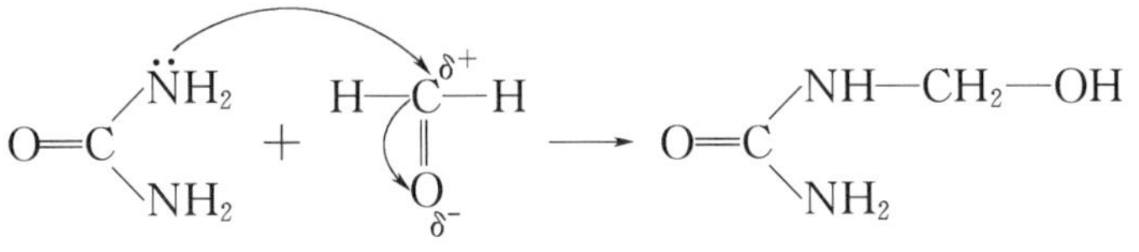

单羟甲基脲

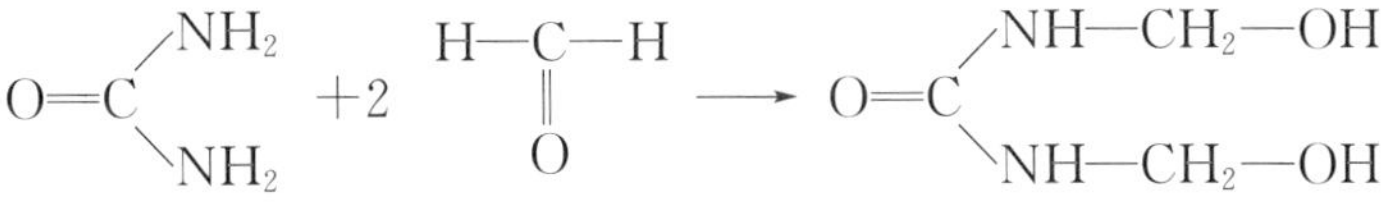

双羟甲基脲

上式反应在 pH 值 8～8.5 之间进行，印染生产上常将以上化合物称为脲醛树脂的初缩体，用于织物的树脂整理。

双羟甲基脲是多官能团的化合物，在酸性条件下能进一步缩聚，生成具有线型或网状结构的脲醛树脂，使织物具有防缩、防皱的性能。

用含有甲醛的树脂加工剂处理过的织物，在服装加工、穿着或使用过程中，产品上的游离甲醛会使人体产生不良反应，刺激眼睛、皮肤和黏膜，出现呼吸道发炎和皮炎等症状。随着全球"绿色消费"浪潮的兴起，国外对纺织品中残留有害物质的量提出了控制指标。日本、欧盟等对甲醛含量有严格规定，我国也贯彻甲醛的限定标准。

复习指导

1. 羧酸的命名

脂肪族羧酸系统命名原则与醛相似；不饱和羧酸，则选取含有不饱和键和羧基在内的最长碳链为主链，注明不饱和键的位次。芳香族羧酸分两种情况：羧基与苯环直接相连时，以苯甲酸为母体；对于羧基连在苯环侧链时，以脂肪酸作母体。

2. 羧酸的化学性质

羧酸：
- ①酸性：可分离羧酸和不具酸性的有机化合物，也可用于羧酸的鉴别和精制
- ②羧酸衍生物的生成
  - a. 酰卤的生成：除甲酸外，羧酸与 PX_3、PX_5、$SOCl_2$ 作用
  - b. 酸酐的生成：两分子羧酸脱一分子水
  - c. 酯的生成：在强酸催化下，羧酸与醇作用（酯化反应）
  - d. 酰胺的生成：羧酸中通入氨气，先生成羧酸铵盐失水生成酰胺
- ③脱羧（羧酸脱去 CO_2）：芳香族羧酸比脂肪族羧酸容易
- ④α 氢的卤代：少量红磷催化或日光照射下，α 氢逐步被卤原子取代

3. 羧酸衍生物的化学性质

酰基和卤原子相连的化合物称为酰卤；酰基和酰氧基相连的化合物称为酸酐；酰基和烷氧基相连的化合物称为酯；酰基和氨基相连的化合物称为酰胺。

羧酸衍生物：
- ①水解：酰卤、酸酐遇水立即反应，酯、酰胺在酸或碱存在时水解成羧酸
- ②醇解：与醇反应生成酯
- ③氨解：酰卤，酸酐和酯与氨作用生成酰胺
- ④酰胺的特殊反应
  - a. 降级（与 NaOCl 或 NaOBr 的碱溶液作用，失去羰基而形成伯胺）
  - b. 脱水（与强脱水剂，如 PCl_5 共热脱水成腈）
- ⑤酰胺的酸碱性：强碱性

思考题与习题

1. 命名下列化合物：

(1) 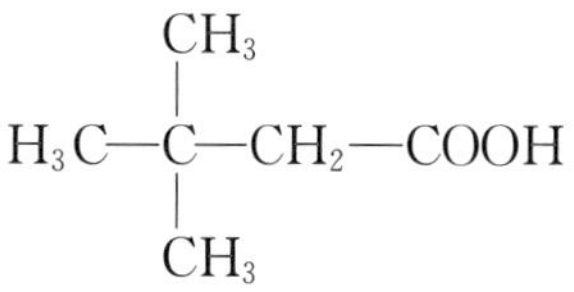

(2) 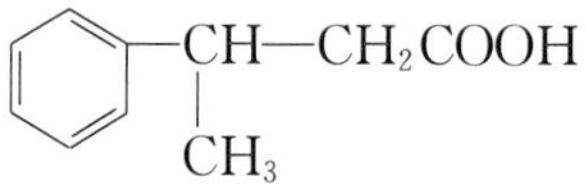

(3) 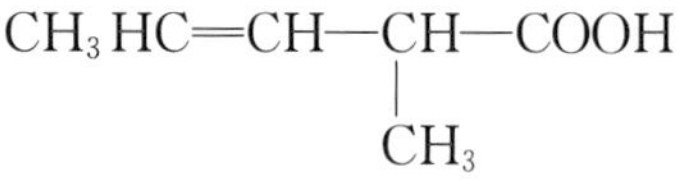

(4) 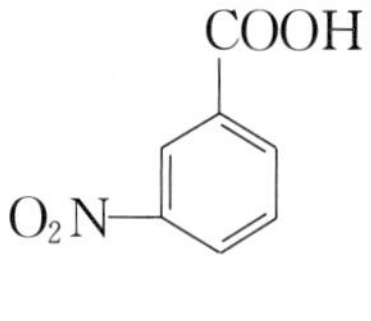

(5) 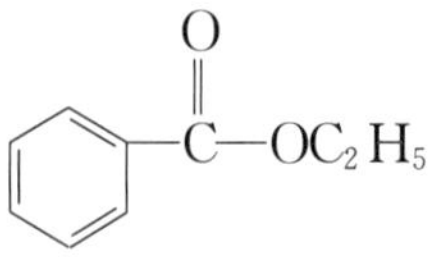

(6) $CH_3CH_2CONHCH_3$

(7) 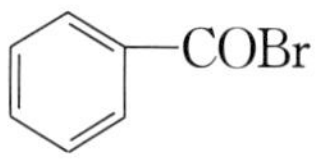

(8) $CH_3COOCOCH_3$

(9) 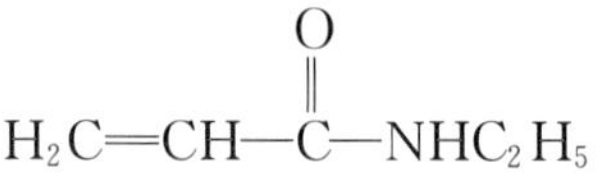

(10) 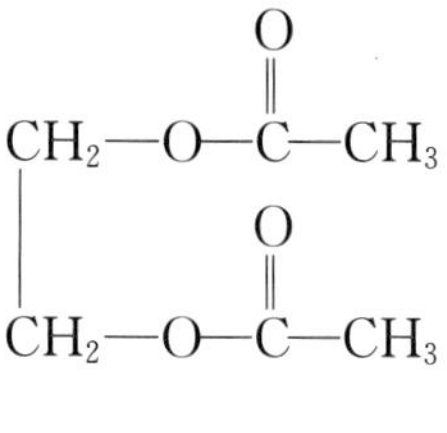

2. 写出下列化合物的构造式或名称：

(1)γ-苯基丁酸　　(2)β-苯基丙烯酸　　(3) 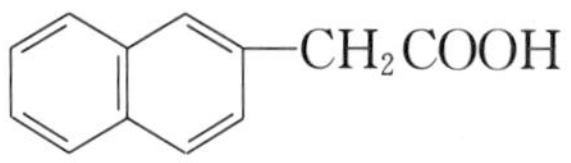

(4) 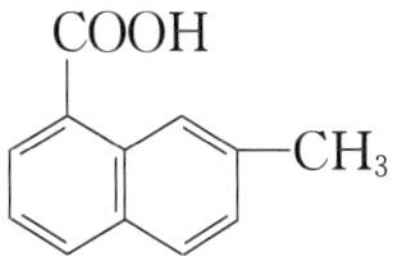　　(5)苯酐　　(6)α-甲基丙烯酸甲酯

(7)对甲苯甲酰氯　　(8)N,N-二甲基苯甲酰胺

3. 试分离正己醇、苯酚和正己酸的混合物。

4. 用简单的化学方法鉴别下列各组化合物：

(1)丙酸和甲酸　　(2)苯甲醇、苯甲酸、对羟基苯甲酸

5. 完成下列反应：

(1)正丁醇⟶正戊酸

(2)2-戊酮⟶正丁酸

(3)从正丙醇制备丙酰氯

(4)从乙烯制备乙酸酐

(5)从乙醇制备丙酸乙酯

6. 依据下列反应式，推导出各化合物的构造式：

$$A(C_2H_4O_2)\xrightarrow{SOCl_2}B(C_2H_3ClO)\xrightarrow[AlCl_3]{C_6H_6}C(C_8H_8O)\xrightarrow{D},\xrightarrow[H^+]{H_2O}E(C_6H_5-\underset{CH_3}{\overset{OH}{\underset{|}{\overset{|}{C}}}}-CH_2-C_6H_5)$$

$$D\xrightarrow[(2)H^+/H_2O]{(1)CO_2(低温)}F(C_6H_5CH_2COOH)$$

7. 完成下列反应式：

(1) 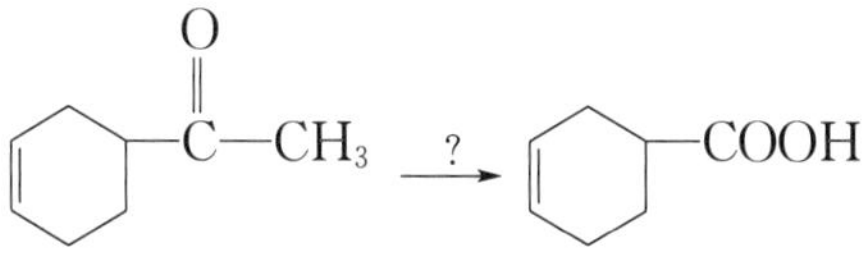

(2) 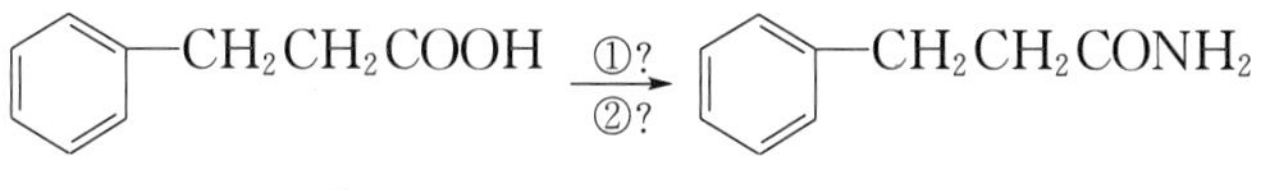

(3) $CH_3-CH_2-\overset{\overset{O}{\|}}{C}-NH_2+NaOBr+NaOH\longrightarrow$?

(4) 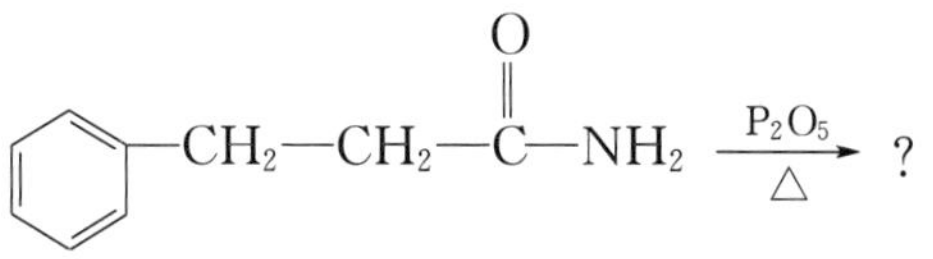

8. 有一种碳氢化合物A，分子式为$C_{11}H_{20}$，催化氢化时1mol A吸收2mol氢生成化合物B($C_{11}H_{24}$)。A经高锰酸钾氧化可得3个化合物：C(C_4H_8O)、D($C_4H_6O_4$)、E($C_3H_6O_2$)。C与2,4-二硝基苯肼反应生成黄色沉淀，但不发生银镜反应。D能与碳酸氢钠水溶液作用释放出

CO_2,D加热生成化合物F($C_4H_4O_3$)。E也能与碳酸氢钠水溶液作用释放出CO_2,推测化合物A、B、C、D、E、F的构造式,并写出有关反应式。

9. 有一未知酯,分子式为$C_5H_{10}O_2$,酸性水解生成酸A和醇B。用PBr_3(或HBr)处理B,生成溴代烷C;当C用KCN处理,则生成D;酸性条件下水解D,生成酸A,写出A、B、C、D的构造式及有关的反应式。

10. 化合物A、B、C的分子式都是$C_3H_6O_2$。A与Na_2CO_3作用,释放出CO_2,B和C不能与Na_2CO_3发生反应,但在NaOH溶液中加热后可水解。在B的水解液中蒸出来的液体有碘仿反应。试推测A、B、C的结构。

参考文献

[1] 尹玉英. 有机化学[M]. 北京:高等教育出版社,1995.

[2] 荣国斌,苏克曼. 大学有机化学基础[M]. 上海:华东理工大学出版社,2000.

[3] 徐景达. 有机化学[M]. 北京:人民卫生出版社,1997.

第九章　含氮有机化合物

前面各章介绍了烃以及烃的含卤、含氧衍生物。本章讨论的是烃的含氮衍生物。含氮有机化合物是指分子内含有氮元素的有机化合物。

含氮有机化合物的种类很多，它们中的许多化合物是重要的试剂、染料、药物和炸药，还有许多是与生命相关的物质。本章只介绍胺、重氮和偶氮化合物、腈等。

第一节　胺

胺可以看做是氨分子中的氢原子被烃基取代后的产物。

一、胺的分类、命名和结构

1. 胺的分类

根据氨分子(NH_3)中被取代的氢原子数目，可分为伯胺（一级胺或1°胺——1个氢原子被取代，RNH_2），仲胺（二级胺或2°胺——2个氢原子被取代，R_2NH）和叔胺（三级胺或3°胺——3个氢原子被取代，R_3N）。

应注意，伯、仲、叔胺和伯、仲、叔醇的含义不同。前者是由氨中所取代的氢原子的数目决定的，后者则是针对醇类分子中与羟基相连的烃基中碳原子的类型。例如：

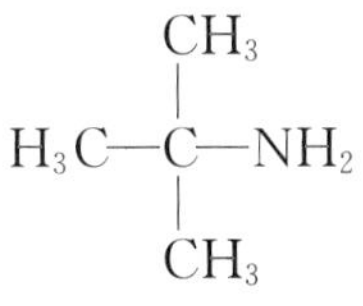

叔丁(基)胺(伯胺)

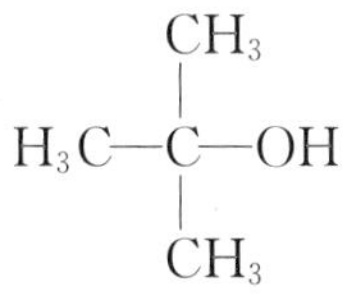

叔丁(基)醇(叔醇)

根据取代烃基类型的不同，胺又可分为脂肪胺，如$CH_3CH_2NH_2$，氨基与脂肪族烃基直接相连；芳香胺，如$-NH_2$，氨基氮原子直接连在芳环上；芳脂胺，如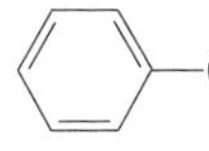$-CH_2NH_2$，氨基氮原子连在芳环的侧链上。

根据胺类分子中所含氨基数目的不同，可分为一元胺、二元胺等。如$CH_3CH_2NH_2$为一元胺，$H_2NCH_2CH_2NH_2$为二元胺。

季铵盐可看成是铵盐分子$(NH_4)^+X^-$中的4个氢原子被4个烃基取代后的化合物。表示为[1]：

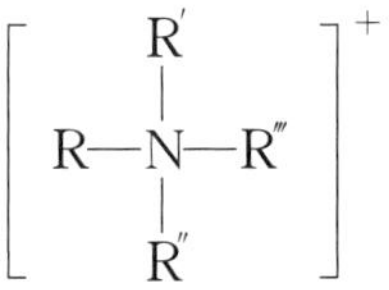 X^-，如 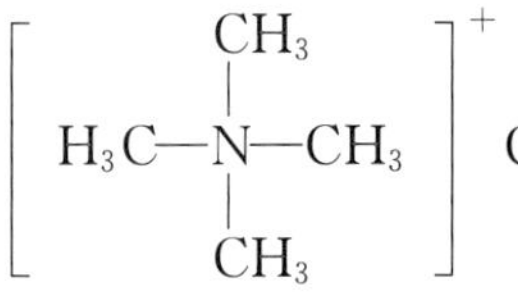 Cl^-，称为氯化四甲铵。

季铵盐中的阴离子(X^-)被 OH^- 取代后的化合物叫季铵碱。表示为：

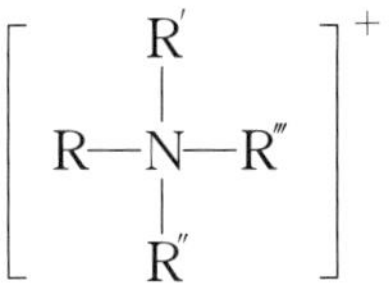 OH^-，如 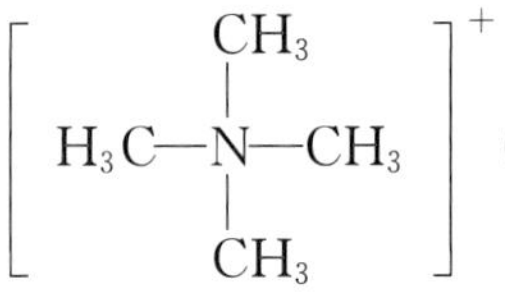 OH^-，称为氢氧化四甲铵。

要注意"氨"、"胺"和"铵"三个字的用法。表示基团时，如氨基、亚氨基，采用"氨"字。表示氨的烃基衍生物时，则用"胺"字。季铵类化合物则用"铵"字。

2. 胺的命名

简单的胺，习惯上按所含的烃基命名，即在"胺"字之前加上烃基的名称和数目，也就是把胺作为母体来命名。命名时常省去"基"字。例如：

$CH_3H_2C—NH_2$ 乙胺

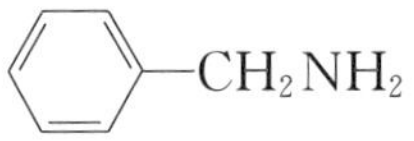
苯甲胺(苄胺)

$CH_3NHCH_2CH_3$ 甲乙胺

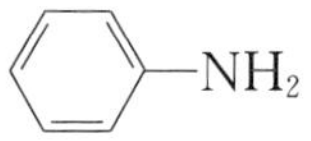
苯胺

$(CH_3CH_2)_2NH$ 二乙胺

$(CH_3CH_2)_3N$ 三乙胺

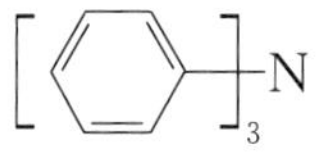
三苯胺

当氮原子上同时连有芳基和脂肪烃基时，在芳香胺名称前加上"*N*"字，以表示脂肪烃基连在氮原子上。例如：

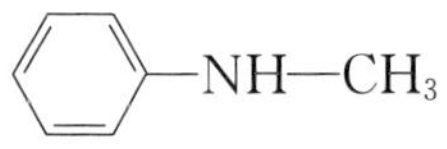
N-甲基苯胺

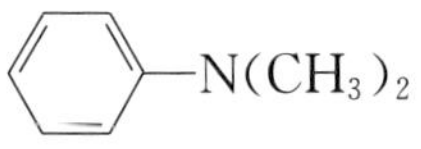
N,*N*-二甲基苯胺

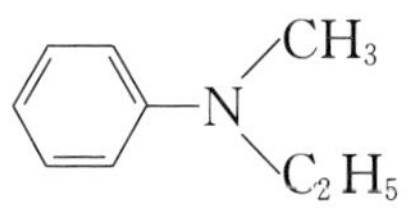
N-甲基-*N*-乙基苯胺

含两个氨基的称为二元胺。例如：

$H_2NCH_2CH_2NH_2$ 乙二胺

$H_2NH_2C—(CH_2)_4—CH_2NH_2$ 1,6-己二胺

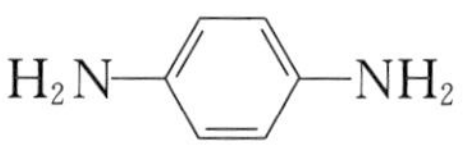
对苯二胺

对于结构比较复杂的胺，常采用系统命名法。命名时以烃为母体，而氨基或烷氨基作为取代基。例如：

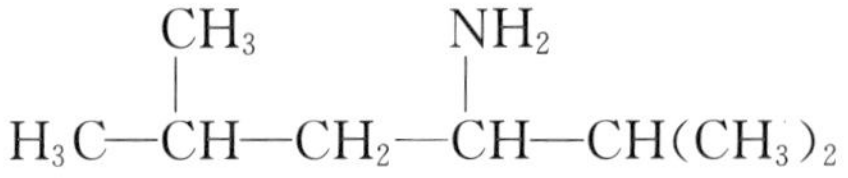
2,5-二甲基-3-氨基己烷

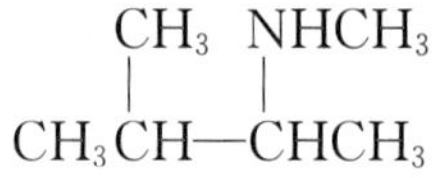
3-甲基-2-甲氨基丁烷

对于芳香胺，如果苯环上有别的取代基，则应表示出取代基的相对位置。例如：

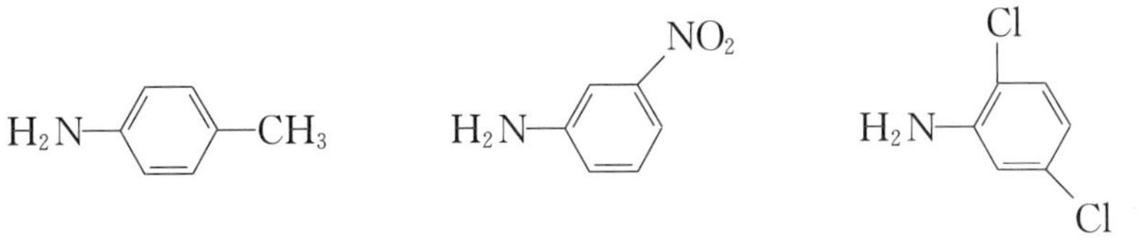

对甲苯胺　　间硝基苯胺　　2,5-二氯苯胺

按照多官能团化合物的命名原则，若氨基的优先次序低于其他基团，氨基作为取代基命名。例如：

对氨基苯磺酸　　间氨基苯乙酮

3. 胺的结构[2]

氮原子的电子排布式为 $1s^2 2s^2 2p^3$。在氨分子和胺分子中，氮原子是处于不等性 sp^3 杂化状态。它的 4 个 sp^3 杂化轨道中有 3 个与氢原子或烃基中的碳原子形成 3 个 σ 键，还有 1 个 sp^3 轨道中有一对孤对电子处于棱锥体的顶点。氨、甲胺、三甲胺的结构如下图所示。

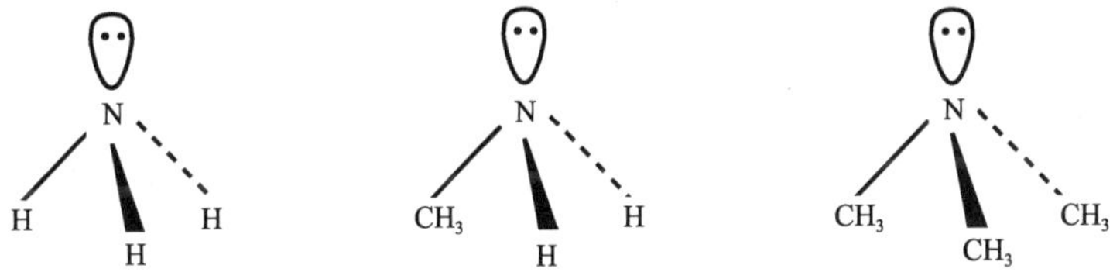

氨　　甲胺　　三甲胺

氨、甲胺、三甲胺的结构

二、胺的制法

（一）氨或胺的烃基化

1. 卤代烃与氨的反应

氨与卤代烃反应，首先生成伯胺：

$$RX + 2NH_3 \longrightarrow RNH_2 + NH_4X$$

伯胺可继续与卤代烃反应生成仲胺：

$$RNH_2 + RX + NH_3 \longrightarrow R_2NH + NH_4X$$

仲胺再反应生成叔胺：

$$R_2NH + RX + NH_3 \longrightarrow R_3N + NH_4X$$

叔胺再与卤代烃作用，最后生成季铵盐。因此，反应的产物是伯、仲、叔胺及季铵盐的混合物。

$$R_3N + RX \longrightarrow R_4N^+X^-$$

当氨大大过量时，则可以得到以伯胺为主的产物。例如：

$$ClCH_2COOH \xrightarrow{NH_3(过量)} H_2NCH_2COO^- \ NH_4^+$$

$$ClCH_2CH_2Cl \xrightarrow{NH_3(过量)} H_2NCH_2CH_2NH_2$$

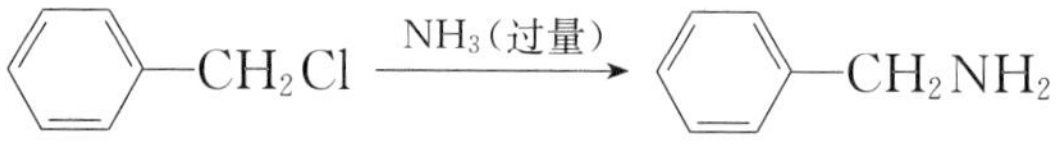

反应中使用的卤代烃一般是伯卤(RX)、$H_2C=CHCH_2X$ 和 $ArCH_2X$。叔卤(RX)与 NH_3 发生的反应主要是消除反应，而不是亲核取代反应。$H_2C=CHX$ 和 ArX 活性小，一般条件下不与 NH_3 发生反应。

2. 氨与醇或酚的反应

在工业生产中，常用醇与氨反应制备胺。这是因为醇来源方便，生产过程中对设备腐蚀小，对生产较为有利。这个反应一般在催化剂存在下进行。例如：

$$6CH_3OH+3NH_3 \xrightarrow[300℃]{Al_2O_3} CH_3NH_2+(CH_3)_2NH+(CH_3)_3N+6H_2O$$

工业上，甲胺、二甲胺和三甲胺就是用上述方法生产的。得到的混合物通过精馏可以将它们分离出来。在亚硫酸铵或亚硫酸氢铵的催化下，氨与萘酚反应生成相应的萘胺：

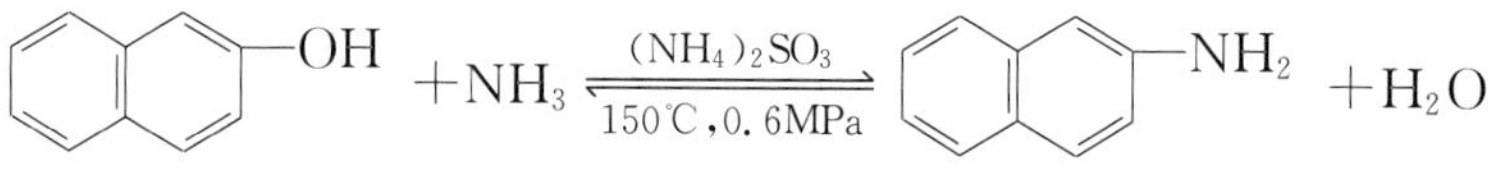

这是工业生产 β-萘胺的方法。上述反应是可逆的，在酸性条件下，萘胺也能转变成相应的萘酚。

(二)硝基化合物还原[3]

脂肪族硝基化合物和芳香族硝基化合物还原都可以得到伯胺。由于脂肪烃的硝化比较困难，所以，这个方法不是制备脂肪族伯胺的主要方法。相反，芳香烃硝化制备芳香族硝基化合物却是容易的，因此，还原芳香族硝基化合物以制取芳伯胺是一个常用的重要方法。可以用金属(铁、锡或锌)加酸(盐酸或醋酸)作为还原剂，把硝基(—NO_2)还原成氨基(—NH_2)，也可使用催化加氢的方法。例如，工业上制苯胺就是用铁粉和水在酸性介质中还原硝基苯而制得，这在工业生产上有很大的实际意义：

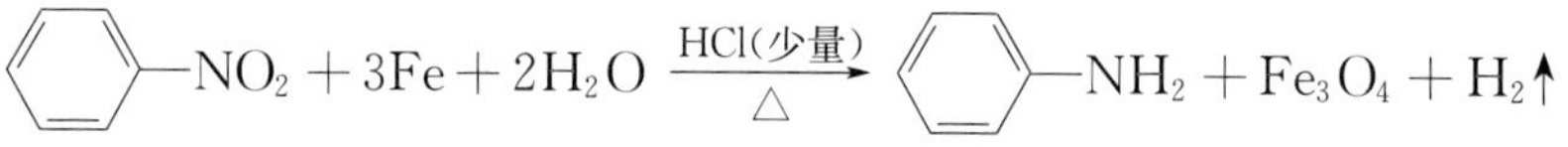

该法虽然工艺简单，不需特殊设备，但会产生大量废渣“铁泥”，环境污染严重。现多采用催化氢化法制备苯胺：

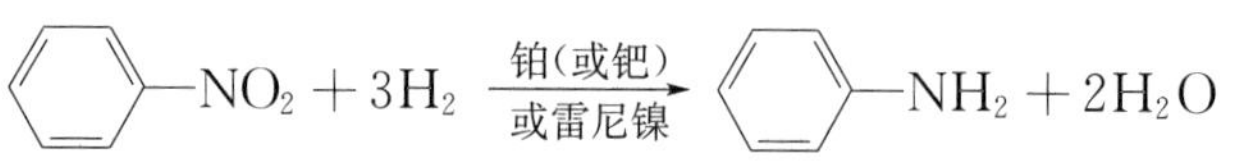

萘胺有 α 和 β 两种异构体。α-萘胺较为重要，是制取偶氮染料中间体的原料，用α-硝基萘经还原剂还原可制得：

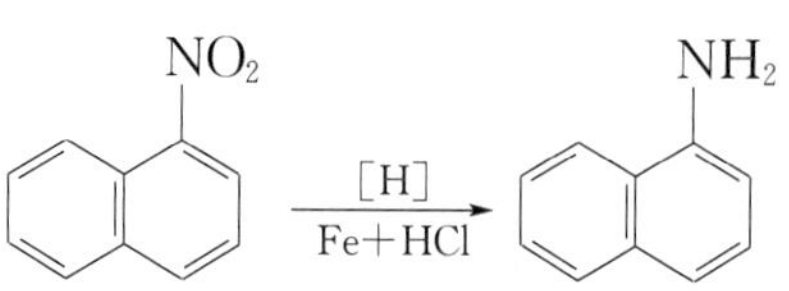

β-萘胺则不能用此法制取，因为用萘硝化时得到的主要是 α-硝基萘。

(三)腈的还原

腈还原生成伯胺，这是制备伯胺的一种方法。常用的还原方法有两种，一种是催化氢化，另一种是用氢化铝锂还原。催化氢化的反应式如下：

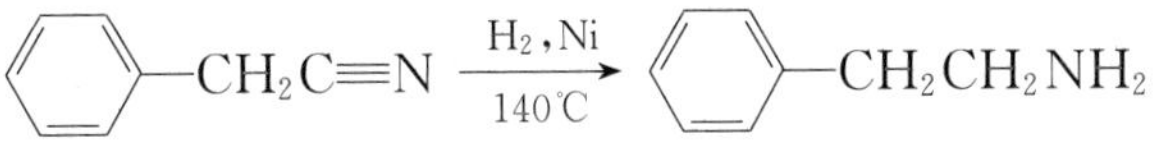

苯(基)乙腈(苄氰)　　　β-苯基乙胺(或 2-苯基乙胺)

腈还原成伯胺在工业上已得到应用。例如，己二胺是合成锦纶 66 的原料。工业上从己二酸经己二腈再经还原得到己二胺：

$$NC—CH_2CH_2CH_2H_2C—CN \xrightarrow{H_2,Ni} H_2N(CH_2)_6NH_2$$

己二腈　　　己二胺

用氢化铝锂还原腈生成伯胺，收率较高。例如：

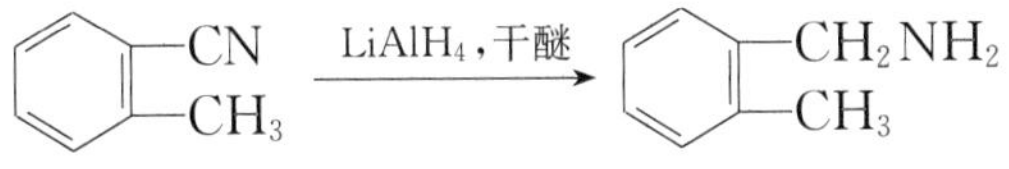

(88%)

(四)霍夫曼酰胺降级反应

酰胺与次卤酸钠的碱溶液共热，可得到比原来的酰胺少一个碳原子的伯胺：

$$RCONH_2+NaOX+2NaOH \longrightarrow RNH_2+Na_2CO_3+NaX+H_2O$$

(五)盖布瑞尔(Gabriel)合成法*

盖布瑞尔合成法是合成纯伯胺的方法。邻苯二甲酰亚胺具有弱酸性，可与 KOH 的乙醇溶液作用生成钾盐，后者与卤代烃作用生成 N-烃基邻苯二甲酰亚胺：

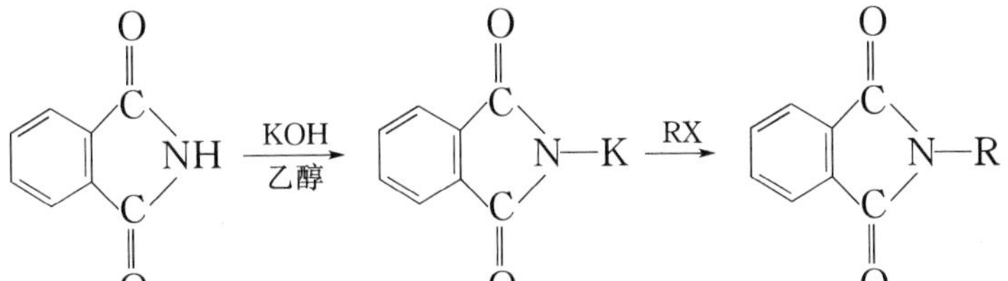

邻苯二甲酰亚胺　　　N-烃基邻苯二甲酰亚胺

N-烃基邻苯二甲酰亚胺在 NaOH 溶液中水解，生成伯胺：

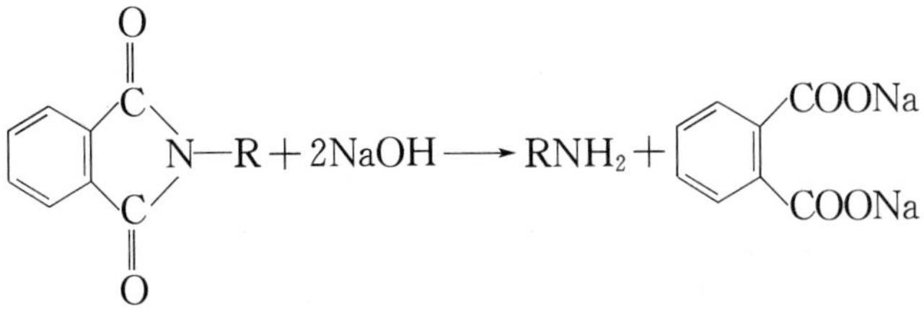

邻苯二甲酰亚胺为无色固体，熔点为 238℃，用邻苯二甲酸酐与氨作用而制得：

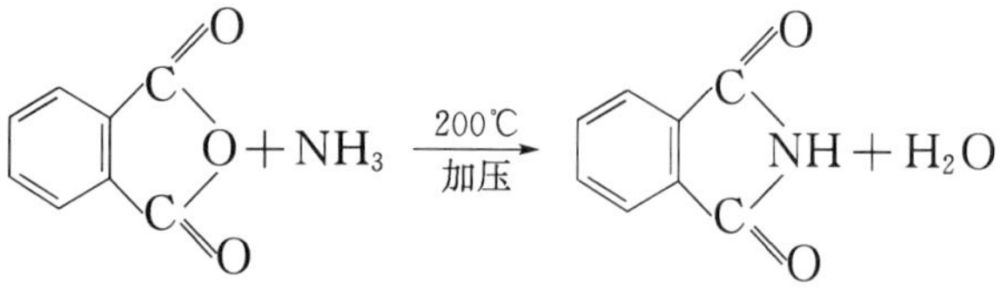

邻苯二甲酰亚胺的氮原子上只有一个氢原子，只能引入一个烃基，因此可以制备纯伯胺。

三、胺的物理性质

脂肪胺中甲胺、二甲胺、三甲胺及乙胺为气体，丙胺以上为液体。低级胺的气味和氨相似，三甲胺有鱼腥味，某些二元胺有恶臭，例如1,4-丁二胺又叫腐肉胺、1,5-戊二胺又叫尸胺。低级胺溶于水；高级胺是固体，不挥发，几乎没有气味，不溶于水。芳香胺为高沸点液体或低熔点固体，具有特殊气味，水溶性很小，毒性很大。如苯胺还能通过吸入、食入或透过皮肤吸收而引起中毒。空气中有百万分之一的苯胺，几小时后就会产生中毒征象。β—萘胺与联苯胺等还有强烈的致癌作用。

伯、仲、叔胺在水中能与水形成氢键，而伯胺和仲胺本身的分子间也能形成氢键。因为氮的电负性不如氧的电负性强，胺分子间的氢键不如醇分子间的氢键强，所以胺的沸点比相对分子质量相近的非极性化合物的沸点高，而低于相对分子质量相近的醇的沸点。例如：

	CH_3NH_2	$H_3C—CH_3$	CH_3OH
相对分子质量	31	30	32
沸点	-7℃	-88℃	64℃

碳原子数相同的胺中，伯胺的沸点最高，仲胺次之，叔胺最低。如正丙胺沸点为48℃，甲乙胺为36℃，三甲胺为3℃。伯、仲、叔胺都能与水形成氢键（叔胺利用氮原子上的孤对电子与水形成氢键），因此低级胺都可溶于水。随着相对分子质量的增大，水溶性逐渐减小。胺也溶于醚、醇和苯。一些胺的物理常数如表9-1所示。

表9-1 几种胺的物理常数

名称	熔点(℃)	沸点(℃)	溶解性	相对密度 d_{277}^{293}	$pK_b^\ominus$
甲胺	-92.0	-6.3	易溶	0.7961	3.36
二甲胺	-96.0	-7.5	易溶	0.6604	3.28
三甲胺	-117.0	3.0	91g/100g水	0.7229	4.26
乙胺	-81.0	17.0	易溶	0.706	3.27
正丙胺	-83.0	49.0	易溶	0.719	—
乙二胺	-8.5	116.5	稍溶	0.899	—
己二胺	41.0	196.0	易溶	0.8313	—
苯胺	-6.2	184.0	难溶(3.6g/100g水)	1.023	9.38
二苯胺	54.0	302.0	—	1.159	13.21
三苯胺	126.0	348.0	—	0.774	—

四、胺的化学性质

胺的官能团是氨基($—NH_2$)，它决定了胺类的化学性质。

(一)碱性

因为胺分子中的氮原子上有未共用电子对，使胺具有给电子能力，所以它既可作为亲核试剂，又是一种路易斯碱。胺在水溶液中，存在下列平衡：

$$RNH_2 + H^+ \longrightarrow RNH_3^+$$

$$RNH_2 + H_2O \rightleftharpoons RNH_3^+ + OH^-$$

$$K_b^{\ominus} = \frac{[RNH_3^+][OH^-]}{[RNH_2]}$$

式中：$K_b^{\ominus}$——离解常数；

$[RNH_3^+]$、$[OH^-]$、$[RNH_2]$——分别为 RNH_3^+、OH^-、RNH_2 的浓度。

一般，脂肪胺的 $pK_b^{\ominus}=3\sim5$，芳香胺的 $pK_b^{\ominus}=7\sim10$(NH_3 的 $pK_b^{\ominus}=4.76$)。

胺类的碱性呈现以下的一般规律：

(1)对于脂肪胺，在气态时，碱性强度通常是：

叔胺＞仲胺＞伯胺＞氨

但在水溶液中则有所不同，碱性强度是：

	$(CH_3)_2NH$ >	CH_3NH_2 >	$(CH_3)_3N$ >	NH_3
$pK_b^{\ominus}$	3.27	3.38	4.21	4.76

因为在水溶液中，除电子效应外，还有溶剂化效应以及空间效应等因素。在此不做讨论。

(2)芳香胺的碱性比氨弱。如苯胺的 $pK_b^{\ominus}$值为 9.38，而氨的 $pK_b^{\ominus}$为 4.76。这是因为苯胺分子中氮原子上的未共用电子对与苯环的 π 键形成了更大的共轭体系，使氮原子上的电子云部分地移向苯环，从而降低了氮原子上的电子云密度，减弱了它接受质子的能力，如下所示：

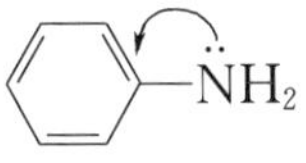

胺类化合物的碱性强度为：脂肪胺＞氨＞芳香胺，芳香胺的碱性强度为：

	$C_6H_5NH_2$ >	$(C_6H_5)_2NH$ >	$(C_6H_5)_3N$
$pK_b^{\ominus}$	9.38	13.8	中性

(3)当芳环上连有取代基时，芳香胺的碱性强弱，取决于取代基的性质。取代基若为给电子基团(如$—NH_2$、$—OR$、$—R$ 等)，则碱性增强；若为吸电子基(如$—\overset{+}{N}H_3$、$—NO_2$、$—COOH$、$—X$ 等)，则碱性减弱。例如：

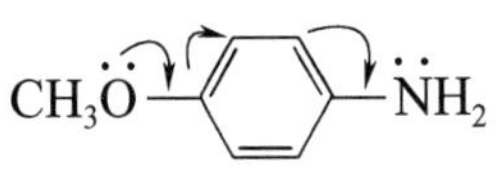

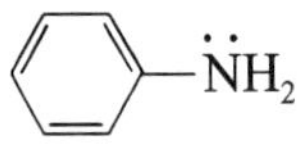

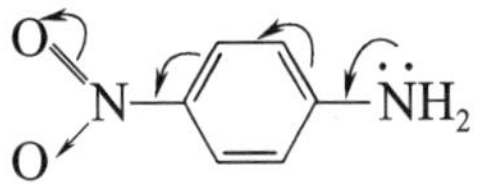

$pK_b^{\ominus}$	8.66	9.38	12.00

胺是一种弱碱，它同强无机酸反应，生成相应的盐。例如：

$$CH_3NH_2 + HCl \longrightarrow [CH_3NH_3]^+Cl^-$$

甲胺盐酸盐

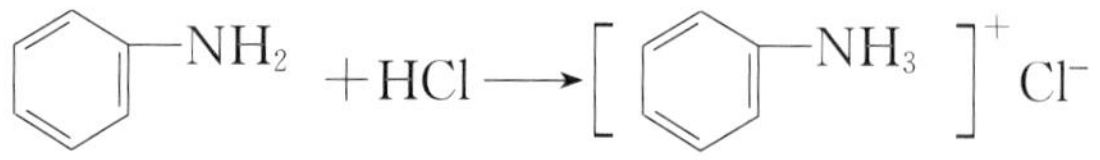

苯胺盐酸盐

它们是强酸弱碱盐，遇强碱时，又生成原来的胺。例如：

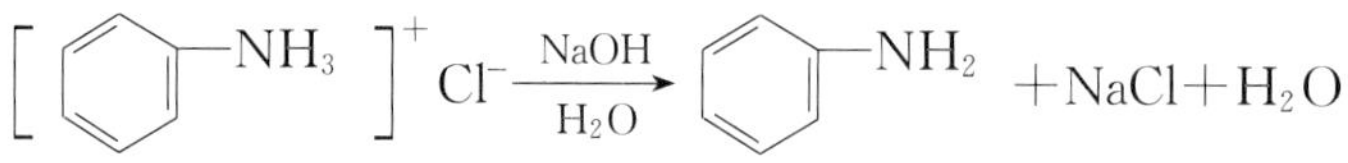

利用这个性质，可以把胺从其他非碱性物质中分离出来，也可定性鉴别胺。

(二)烃基化反应

烃基化反应已在胺的制法中讨论，此处不再赘述。

(三)酰基化反应

伯胺或仲胺与酰氯或酸酐发生反应，氨基上的氢会被酰基取代，生成 *N*－取代酰胺或 *N*，*N*－二取代酰胺，这类反应称为胺的酰基化反应，简称酰化。反应式为：

$$R-\overset{\overset{O}{\|}}{C}-Cl + H_2NR \longrightarrow R-\overset{\overset{O}{\|}}{C}-NHR + HCl$$

N－取代酰胺

$$R-\overset{\overset{O}{\|}}{C}-Cl + HNR_2 \longrightarrow R-\overset{\overset{O}{\|}}{C}-NR_2 + HCl$$

N，*N*－二取代酰胺

叔胺 R_3N 不能发生酰基化反应，因为叔胺分子中的氮原子上没有可以被取代的氢原子。芳香胺也容易发生酰基化反应，生成芳香胺的酰基衍生物。例如：

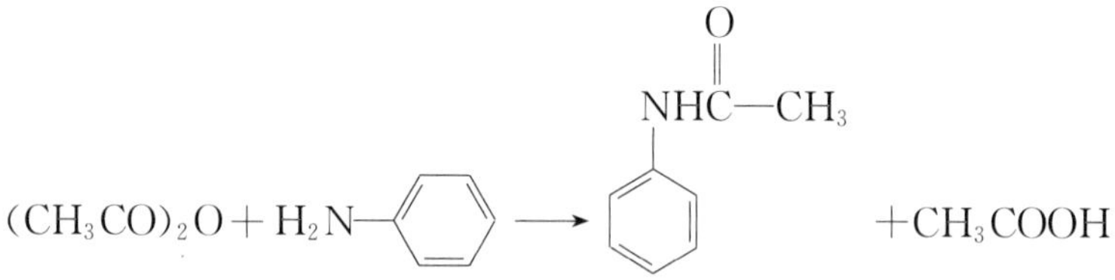

乙酰苯胺

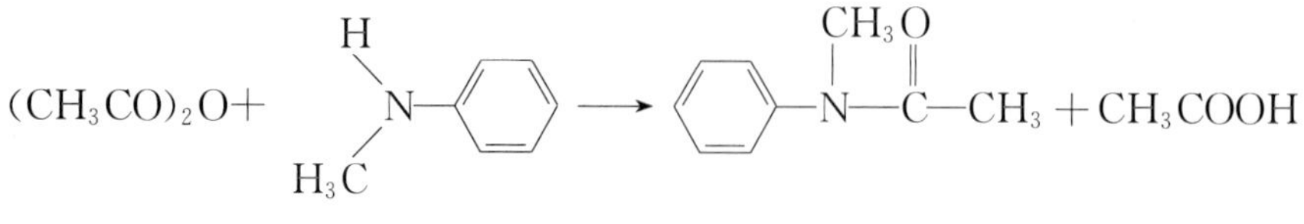

N－甲基乙酰苯胺

胺的酰化产物在酸或碱的催化下，可水解为原来的胺。例如：

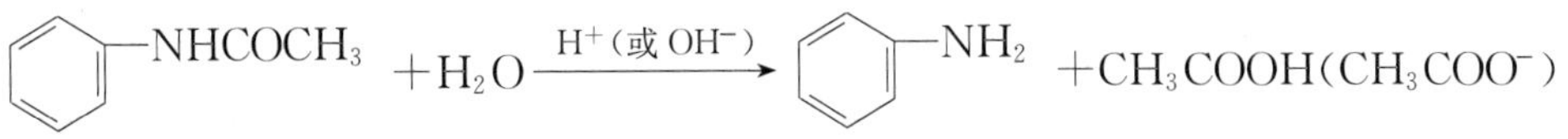

芳香胺酰化反应在有机合成中有广泛的应用。芳香胺酰化后生成的酰氨基不易被氧化，常用于氨基的保护，防止氨基被氧化破坏。例如，要想在苯胺分子中的苯环上引进硝基，不能直接将苯胺硝化，否则苯胺会氧化成苯醌。为此，需将氨基进行酰化，把氨基保护起来，然后再硝化，引入硝基后，再利用酰胺易水解的性质将酰基水解除去，从而得到硝基苯胺：

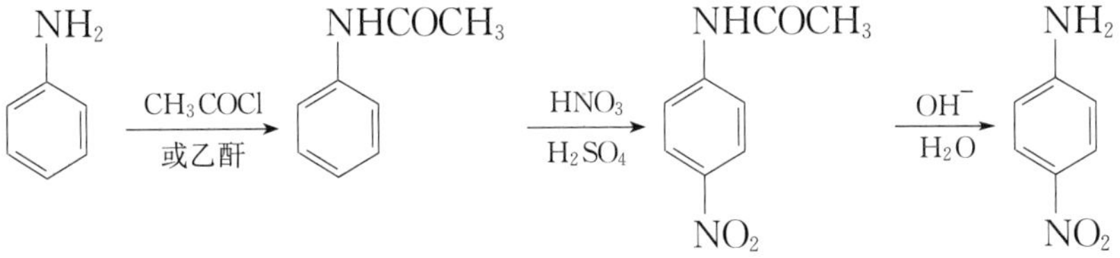

另外，氨基酰化成乙酰氨基后，它仍是邻对位定位基，但活性比氨基低。因此，芳香胺酰化还可调节氨基的定位活性。

(四)磺酰化反应*

碱性条件下，伯胺、仲胺分子中的氮原子上有氢原子，它们和氨一样都能与芳磺酰氯[如苯磺酰氯(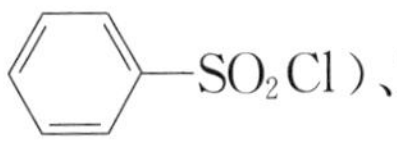)、对甲苯磺酰氯(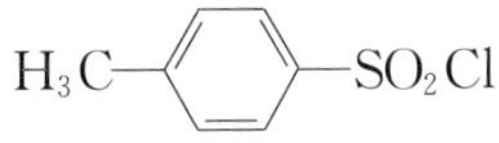)]反应，生成芳磺酰胺，此反应称为磺酰化反应。例如：

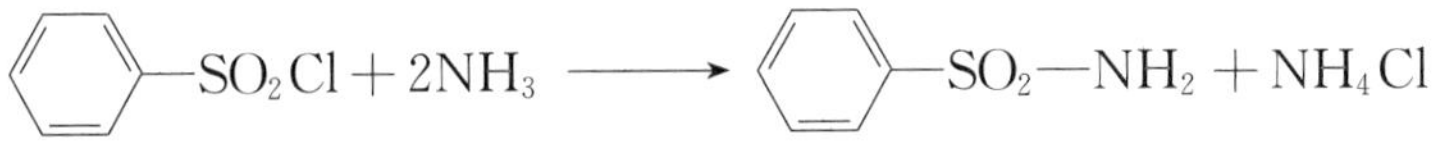

苯磺酰胺

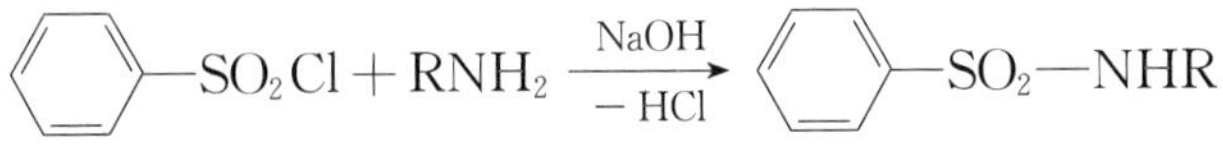

N-烃基苯磺酰胺

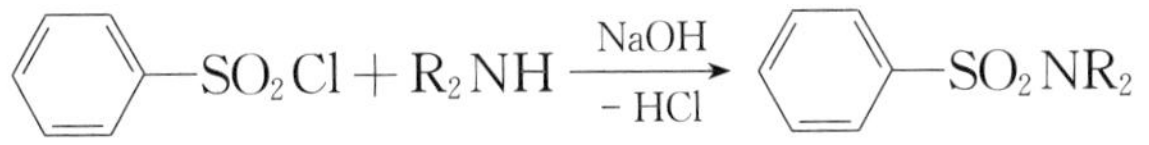

N,*N*-二烃基苯磺酰胺

芳磺酰胺为结晶体，具有一定熔点，通过测定芳磺酰胺熔点，可推测出原来的胺。为此，磺酰化反应可用于伯胺、仲胺的定性鉴定。

由伯胺生成的芳磺酰胺，因氨基上的氢原子受到较强的吸电子基团磺酰基的影响而呈弱酸性，能与碱成盐，所以可溶于碱中：

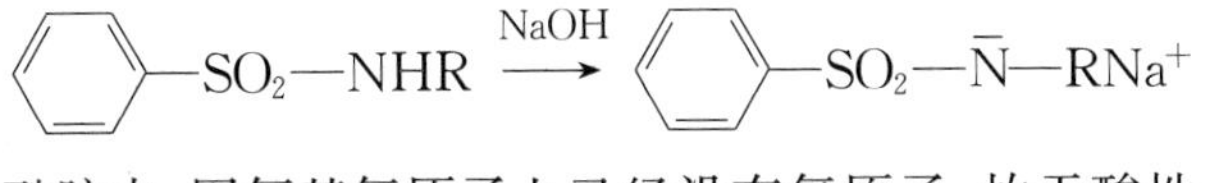

仲胺生成的芳磺酰胺中，因氨基氮原子上已经没有氢原子，故无酸性，不能与碱成盐，所以不能溶于碱液中，而是以固体析出。

叔胺分子的氮原子上没有氢，在碱液中不与芳磺酰氯发生反应。

利用上述反应可以鉴别伯、仲、叔胺，也可分离、纯化伯、仲、叔胺。例如，将三种胺与芳磺酰氯反应后的混合液蒸馏。因为叔胺不与芳磺酰氯作用，故叔胺先被蒸馏出来。把蒸出叔胺之后剩下的混合蒸馏液加碱后再过滤，滤出的固体为仲胺的芳磺酰胺。滤液酸化后得到伯胺的芳磺酰胺。将伯胺的芳磺酰胺和仲胺的芳磺酰胺分别进行酸性水解可得到原来的伯胺和仲胺。例如：

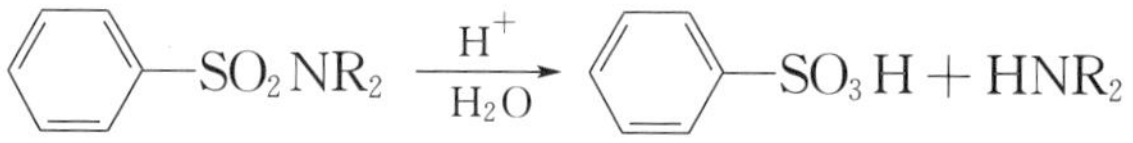

磺酰氯称为兴斯堡(O. Hinsberg)试剂，胺和磺酰氯的反应称为兴斯堡反应。

(五)与亚硝酸反应[1]

亚硝酸不稳定，只能现用现配制，由亚硝酸钠与盐酸或硫酸作用而生成。不同类型的胺与亚硝酸作用生成不同的产物。

1. 脂肪胺

脂肪胺与亚硝酸的反应可以用于鉴别脂肪族伯、仲、叔胺。

(1)伯胺与亚硝酸生成极不稳定的重氮盐，立即分解释放出氮气，生成醇、烯烃、卤代烃等混合物。在有机合成中没有实际意义。但是因为反应中放出的氮气是定量的，故此反应可用于氨基($-NH_2$)的定量分析。例如：

$$CH_3CH_2CH_2CH_2NH_2 \xrightarrow[\text{常温}]{NaNO_2,HCl} [CH_3CH_2CH_2CH_2-N\equiv N]^+Cl^- \xrightarrow{\text{分解}} N_2\uparrow + \text{醇、烯烃、卤代烃}$$

(2)仲胺与亚硝酸反应，生成黄色、难溶于水的油状 *N*-亚硝基化合物(也称亚硝基胺)。它是一种很强的致癌物。如：

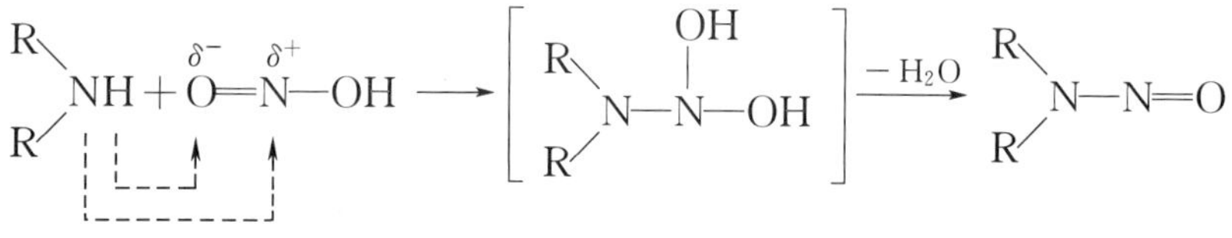

$$(CH_3CH_2)_2NH \xrightarrow[HCl]{NaNO_2} (CH_3CH_2)_2N-NO$$

N-亚硝基二乙胺

N-亚硝基胺与盐酸共热，水解重新生成原来的仲胺。为此，该反应可用来鉴定和精制仲胺。

(3)叔胺在强酸性条件下，与亚硝酸不发生反应。

2. 芳香胺

芳香胺与亚硝酸的反应可以鉴别芳香族伯、仲、叔胺。

(1)在过量的强酸溶液中，芳香族伯胺与亚硝酸在低温下(<5℃)反应得到重氮盐。例如：

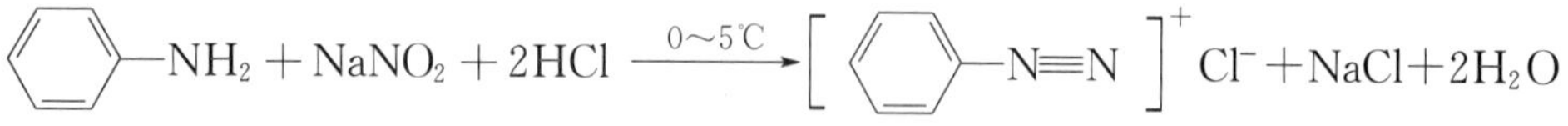

氯化重氮苯(或重氮苯盐酸盐)

该反应称为重氮化反应。芳香族伯胺形成的重氮盐相对而言比脂肪族伯胺生成的重氮盐要稳定，但也只能在水溶液中和较低温度下存在。温度升高则分解放出氮气。干燥的重氮盐遇热或受撞击容易爆炸。重氮盐在有机合成中极为重要。

（2）芳香族仲胺与亚硝酸的反应很像脂肪族仲胺，生成黄色油状液体或黄色固体。例如：

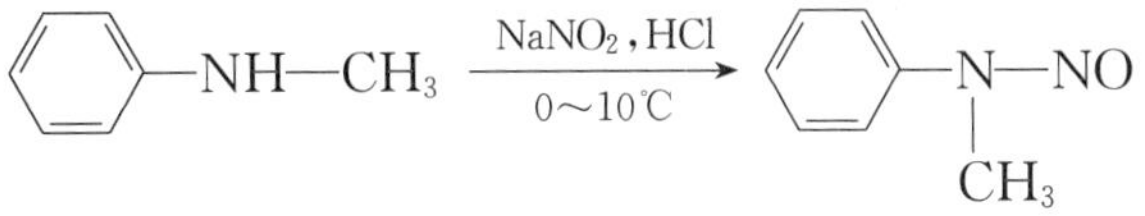

N-亚硝基-*N*-甲基苯胺
（黄色油状液体）

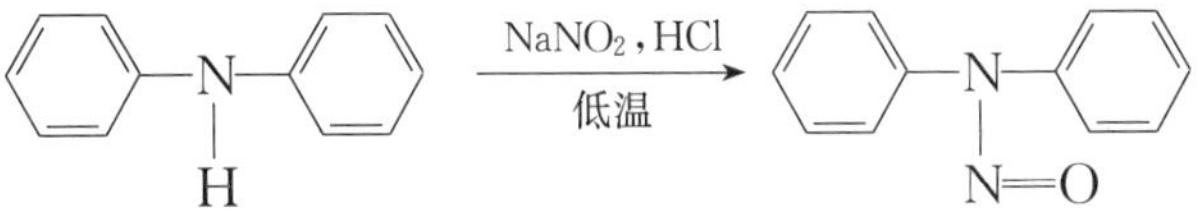

N-亚硝基二苯胺
（黄色固体）

无论是脂肪族或芳香族的亚硝基胺类化合物，都是强致癌物质。

（3）芳香族叔胺与亚硝酸反应，生成氨基对位取代的亚硝基化合物。若对位有取代基，则生成邻位取代物。例如：

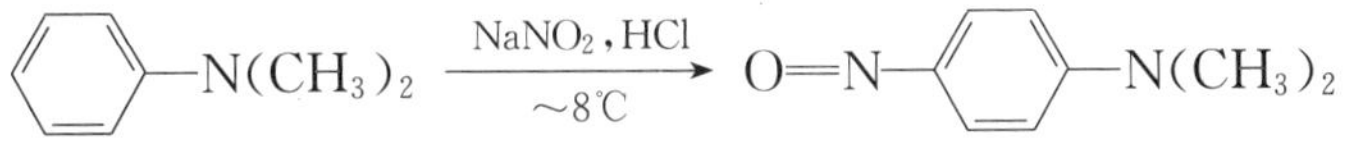

对亚硝基-*N*，*N*-二甲基苯胺
（80%～89%）
熔点为86℃，绿色固体

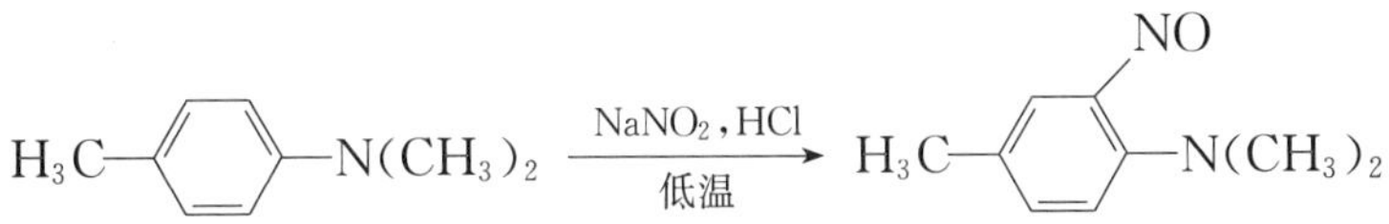

（六）胺的氧化

脂肪胺常温下不易氧化，而芳香胺却容易被氧化，如无色的苯胺为油状液体，在空气中放置，颜色会逐渐加深，由无色变成黄色、棕色、红棕色，这就是氧化所致。用适当的氧化剂，如酸性重铬酸钾氧化苯胺，产物为苯胺黑，这是一种结构很复杂的黑色染料。苯胺用漂白粉氧化呈现紫色，该反应常用于苯胺的鉴定。在酸性条件下，苯胺用 MnO_2 低温氧化，生成对苯醌：

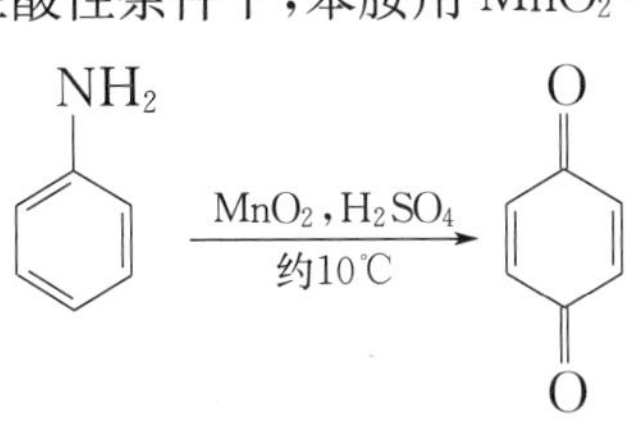

对苯醌

这是实验室和工业上制备对苯醌的方法。对苯醌主要用于制备对苯二酚和染料等。

利用芳香胺易被氧化的性质可将其作为高聚物的防老(化)剂和抗氧(化)剂。将其加入高聚物中,它被优先氧化,从而可防止或延缓高聚物的老化过程。例如,丙纶原料丰富、价格低廉,而且强力高,但其主链上大量存在叔碳原子,易被氧化。在光和热的作用下老化更快。为防止、延缓丙纶的老化,常在其中加入各种防老剂,如苯基-β-萘胺(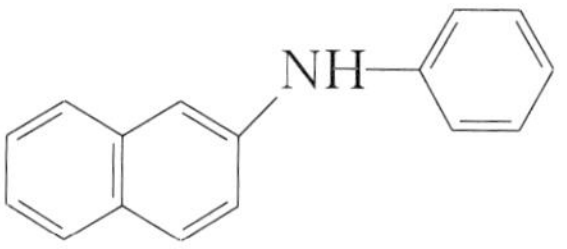)是芳香族仲胺类化合物,它是广泛使用的防老剂。

(七)芳胺环上的亲电取代反应

氨基是活性很强的邻对位定位基,它使芳环活化,因此芳香胺容易发生苯环上的亲电取代反应。

1. 卤代

芳香胺与氯或溴很易发生取代反应。例如:

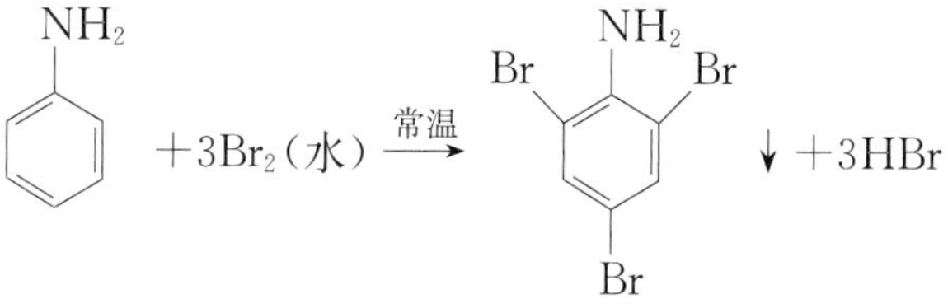

(白色)

上述反应灵敏且为定量进行,因此该反应可用于苯胺的鉴别和定量分析。如果要制备一取代的苯胺,必须设法降低氨基的致活能力,为此采用酰基化手段,使氨基转变成致活能力弱的 $NHCOCH_3$ 基团,使溴代几乎完全发生在对位:

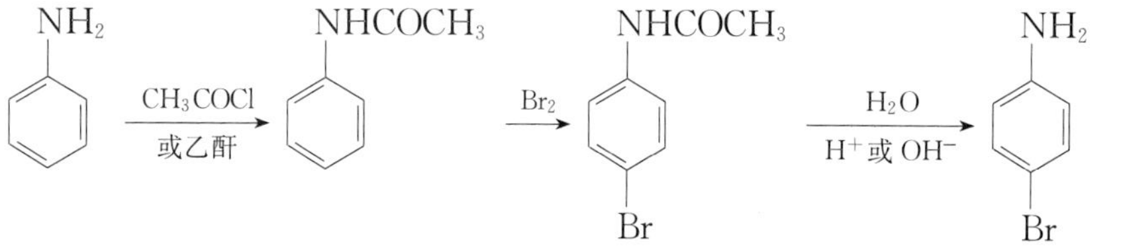

2. 硝化

苯胺硝化时,很容易被硝酸氧化成焦油状物。为了防止硝化时氨基被氧化,常采用乙酰化措施,先“保护”好氨基,待引入硝基后再水解恢复成原来的氨基:

(主要产物)

在强酸性条件下,苯胺生成铵盐,硝化时不会被氧化。但成盐后形成的铵基($-NH_3^+$)为间位定位基,同时也钝化了苯环,硝化需在较强烈的条件下才能进行。例如:

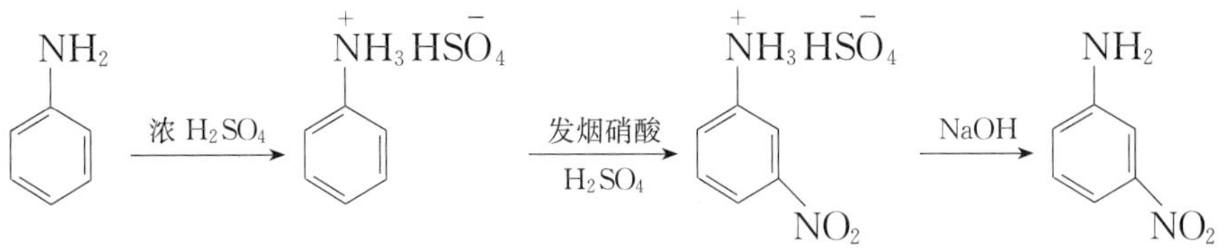

3. 磺化

于 180～190℃下，加热等物质的量的苯胺和浓硫酸，即得对氨基苯磺酸：

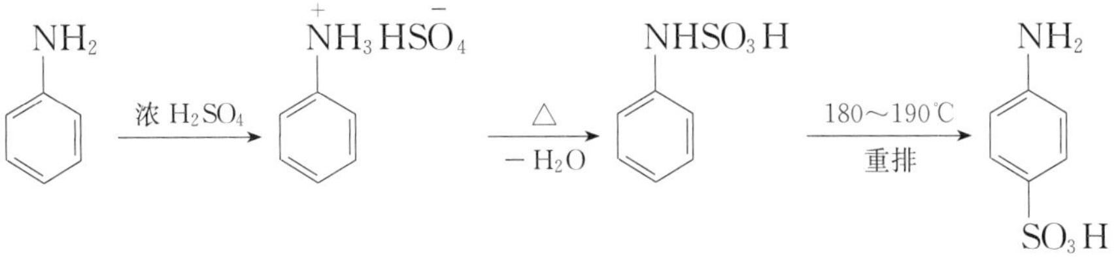

上述反应是工业上生产对氨基苯磺酸的方法。对氨基苯磺酸分子中同时存在酸性基团(磺酸基)和碱性基团(—NH_2)，故分子内部成盐(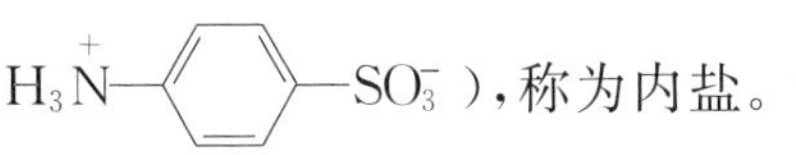)，称为内盐。它为无色晶体，是重要的染料中间体。

五、几种重要的胺

1. 己二胺

己二胺(1,6-己二胺)是重要的二元胺。它为无色片状晶体，熔点为 41℃左右。有吡啶气味，具刺激性，微溶于水，易溶于乙醇、乙醚和苯等有机溶剂。

己二胺可用己二酸与氨作用生成己二酰胺，再经脱水生成己二腈，最后通过催化氢化而制得：

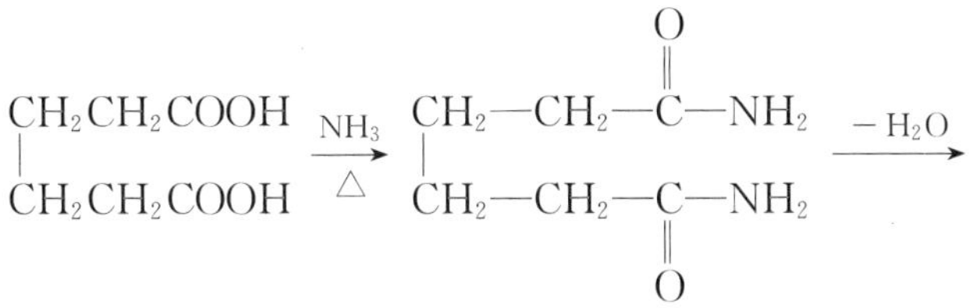

$$NC(CH_2)_4CN \xrightarrow[\triangle,加压]{H_2,雷尼镍} H_2N(CH_2)_6NH_2$$

己二胺是制造合成纤维锦纶 66 的重要原料。

2. 苯胺

苯胺为无色油状液体，在空气中会逐渐变为深棕色，久置则变成棕黑色，有特殊气味，沸点为 184℃，熔点为-6℃，微溶于水，密度大于水，易溶于醇及醚。苯胺有毒，能被皮肤吸收引起中毒。空气中允许浓度为 $5mg/m^3$，爆炸极限为 1.3%～11%(体积分数)。

苯胺存在于煤焦油中。工业上一般采用还原硝基苯的方法制取。

苯胺是有机化工原料。用苯胺可制备染料和染料中间体，也用于生产橡胶促进剂、磺胺类药物、农药等。

3. N,N-二甲基苯胺

N,N-二甲基苯胺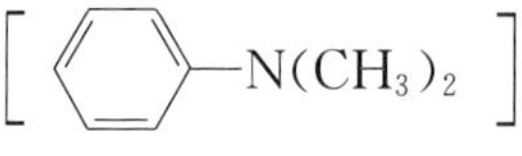常温下为液体，沸点为194℃。作为氧化剂，它比苯胺稳定。工业上以苯胺和甲醇为原料制取：

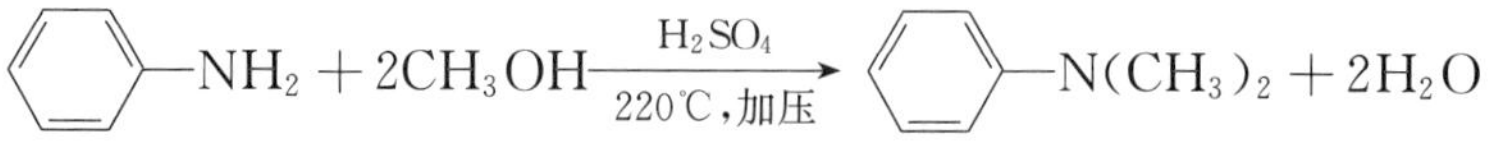

它是合成染料的重要中间体，也用于合成其他有机化合物。

4. 萘胺

萘胺有α-萘胺和β-萘胺两种异构体，两者均为制备染料中间体的重要原料。其中尤以α-萘胺更为重要。

(1)α-萘胺为无色针状晶体，熔点为50℃，难溶于水，易溶于乙醇和醚。它具有令人不愉快的气味，有毒，空气中允许浓度为1mg/m³。α-萘胺由α-硝基萘还原制得，主要用于制造染料中间体，也可用来制造火药、橡胶防老剂等。

(2)β-萘胺为无色、有光泽的片状晶体，熔点为112℃，不溶于冷水，溶于热水、乙醇、乙醚中，能随水蒸气挥发，有毒，有致癌作用。在亚硫酸铵存在下，β-萘酚与氨水经加压、加热可制得β-萘胺，其主要用于制取染料中间体。

六、季铵类化合物*

(一)季铵盐

叔胺与卤代烷作用生成季铵盐：

$$R_3N + RX \longrightarrow [R_4N]^+X^-$$

季铵盐为白色结晶状固体，具有盐的性质，易溶于水，在水中全部解离。

具有一个长链烷基的季铵盐，如溴化三甲基十二烷基铵{$[CH_3(CH_2)_{11}N(CH_3)_3]^+Br^-$}、溴化二甲基苄基十二烷基铵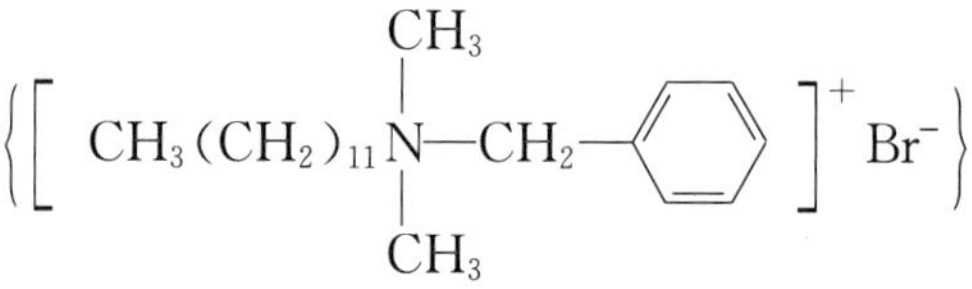属于季铵盐型的阳离子表面活性剂，具有较强的去污能力，且能杀菌。

相对分子质量较大的季铵盐可作为相转移催化剂。例如：

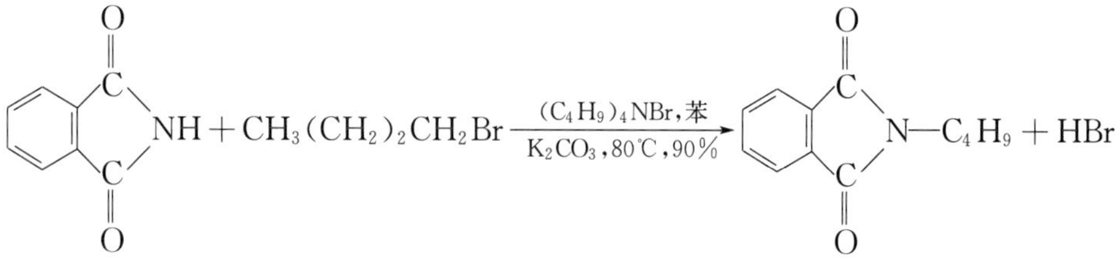

(二)季铵碱

用潮湿氧化银处理季铵盐，可得到季铵碱。如下式：

$$Ag_2O + H_2O \rightleftharpoons 2AgOH$$

$$[(CH_3)_4N]^+ I^- + AgOH \rightleftharpoons [(CH_3)_4N]^+ OH^- + AgI\downarrow$$

滤去碘化银沉淀，减压蒸馏滤液即可得到结晶的季铵碱。

季铵碱是强碱，相当于氢氧化钠或氢氧化钾。它具有一般碱的特性，如能吸收空气中的二氧化碳，易潮解，溶于水等。季铵碱受热（>125℃）发生分解反应，因季铵碱结构的不同，分解产物也不同。例如：

$$[(CH_3)_4N]^+ OH^- \xrightarrow{\triangle} (CH_3)_3N + CH_3OH$$

如果季铵碱分子中有碳原子数为 2 及以上大于甲基的烷基，并有 β 氢原子存在，那么分解产物为叔胺及烯烃。例如：

$$[(CH_3)_3NCH_2CH_3]^+ OH^- \xrightarrow{\triangle} (CH_3)_3N + H_2C{=}CH_2 + H_2O$$

$$[CH_3H_2C{-}\underset{\displaystyle N(CH_3)_3}{\underset{|}{CH}}{-}CH_3]^+ OH^- \xrightarrow{\triangle} (CH_3)_3N + \left\{\begin{array}{l} H_2C{=}CH{-}CH_2CH_3 \\ \quad (94.6\%) \\ H_3C{-}CH{=}CH{-}CH_3 \\ \quad (5.4\%) \end{array}\right. + H_2O$$

从上面第 2 个反应可以看到，生成的两种烯烃中主要是双键碳原子上取代基较少的烯烃，而不是按查依采夫规则生成双键碳原子上取代基最多的烯烃。

第二节　芳香族重氮和偶氮化合物

分子中含有—N ═ N—基团的化合物称为重氮化合物或偶氮化合物[4]。这个原子团的两端都和烃基直接相连的化合物称为偶氮化合物。如果偶氮基两端所连的烃基相同，称为“偶氮X”，如果偶氮基两端所连接的烃基不同，称为“X 偶氮 Y”。X 和 Y 分别代表两烃基名。例如：

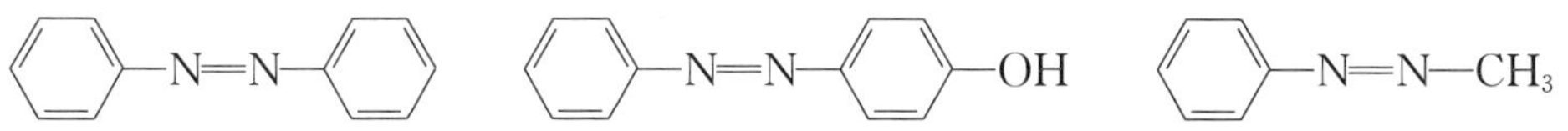

偶氮苯　　　　对羟基偶氮苯　　　　甲偶氮苯

重氮化合物分子中也含有—N═N—基团，但是这个基团的一端与烃基直接相连，另一端不与碳原子相连。如氯化重氮苯（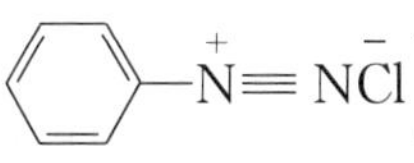）、苯重氮氨基苯（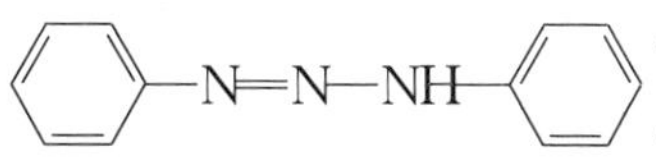）。

芳香族重氮盐是合成芳香族化合物的重要试剂。可以说它在有机合成上的重要性并不亚于格氏试剂。芳香族偶氮化合物广泛用作染料，称为偶氮染料。偶氮染料是有机染料中品种数量最多的一大类染料，其产量也居首位，占全部产量的一半。本节重点讨论重氮盐及其偶合反应。

一、重氮盐的制备——重氮化反应

在低温和强酸性溶液中，芳香族伯胺与亚硝酸作用生成重氮盐的反应称为重氮化反应。例如：

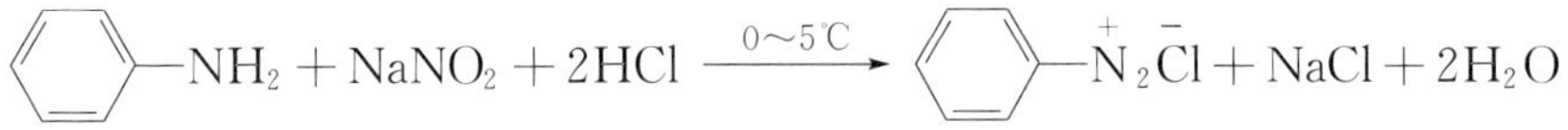

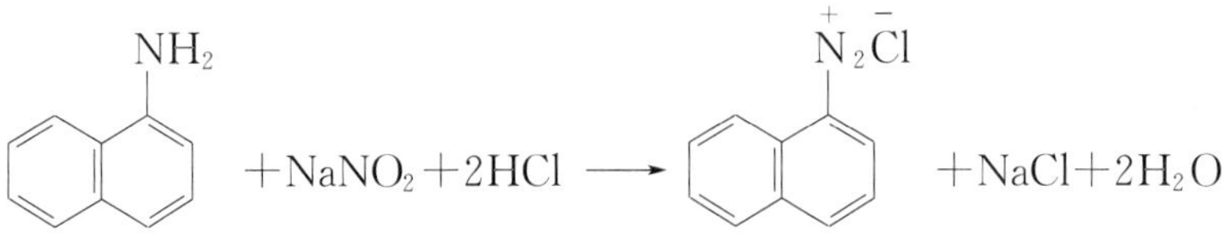

重氮化反应所用的酸通常是盐酸或硫酸。如果是盐酸，生成的重氮盐则是重氮苯的盐酸盐（或 α-重氮萘的盐酸盐）；如果使用硫酸，生成的是重氮苯的硫酸盐（或 α-重氮萘的硫酸盐）。重氮化温度一般为 0～5℃。

进行重氮化反应时，先把芳香族伯胺溶于盐酸（或硫酸）中，在低温下（0～5℃）滴加冷的亚硝酸钠溶液至反应完成。重氮化时，酸要过量，一般为 2.3～3mol 之间，以避免生成的重氮盐与尚未反应的芳香族伯胺发生偶合反应。用淀粉碘化钾试纸检验过量的亚硝酸，当试纸显蓝色时，表示反应已经到达终点。生成的重氮盐不需分离，就可以在原溶液中进行下一步反应。亚硝酸只能稍微有点过量，绝不能太过量，因为亚硝酸的存在会促使重氮盐分解。过量的亚硝酸可用尿素除去，反应式如下：

$$H_2N-\overset{\overset{\displaystyle O}{\|}}{C}-NH_2 + 2HNO_2 \longrightarrow 2N_2\uparrow + CO_2\uparrow + 3H_2O$$

二、重氮盐的性质

重氮盐具有盐的典型性质。它易溶于水，不溶于有机溶剂。在水溶液中能离解成正离子 ArN_2^+ 和负离子 X^-，故其水溶液能导电。

干燥的重氮盐很不稳定，受热或受振时容易爆炸。在水溶液中或低温下，比较稳定，温度升高时容易分解。许多重氮盐于室温下即分解。重氮盐的邻对位上有吸电子基时，比较稳定，例如对硝基苯胺和对氨基苯磺酸形成的重氮盐比较稳定。重氮盐中的酸根对重氮盐的稳定性也有影响。一般来说，芳香基重氮硫酸盐（或称芳香基重氮酸式硫酸盐 ArN_2HSO_4）比芳香基重氮盐酸盐（ArN_2Cl）稳定些。

三、重氮盐的反应及其在合成上的应用

重氮盐的化学性质非常活泼，可以发生许多化学反应。反应分为两大类：重氮基被其他原子或原子团取代，同时放出氮气的反应，称为放氮反应；另一类反应中不放出氮气，重氮基保留在反应产物中，称为保留氮反应。

（一）放氮反应

反应时重氮盐分解，放出氮气，重氮基被其他原子或基团取代。

1. 被卤素取代

在氯化重氮苯的水溶液中加入碘化钾，在加热条件下生成碘苯且放出氮气。这是在苯环上

引进碘原子的好方法，产量较高。反应式如下：

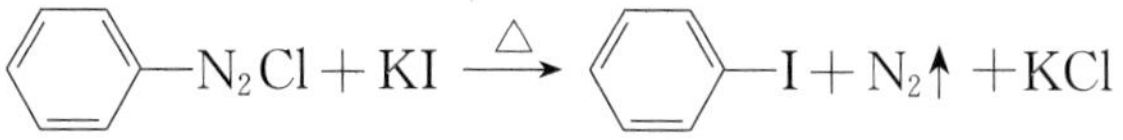

如果在加热条件下，用氯化亚铜的浓盐酸溶液或溴化亚铜的浓氢溴酸溶液与氯化重氮苯反应，重氮基可被氯原子或溴原子取代。这是著名的桑德迈尔(Sandmeyer)反应。反应式如下：

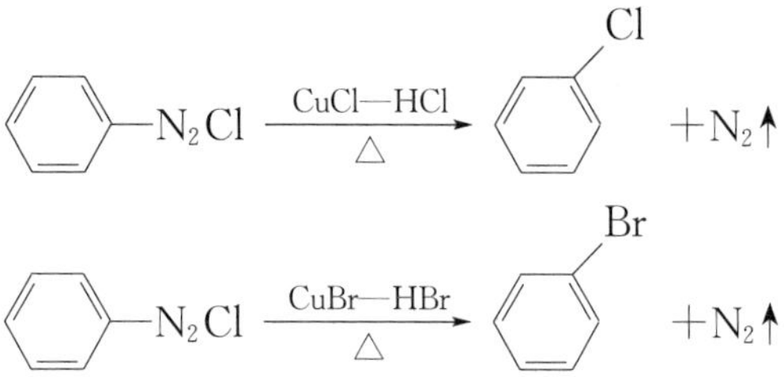

2. 被氰基取代

把氰化亚铜的氰化钾溶液与重氮盐溶液共热，重氮基被氰基(—CN)取代，生成苯甲腈。反应式如下：

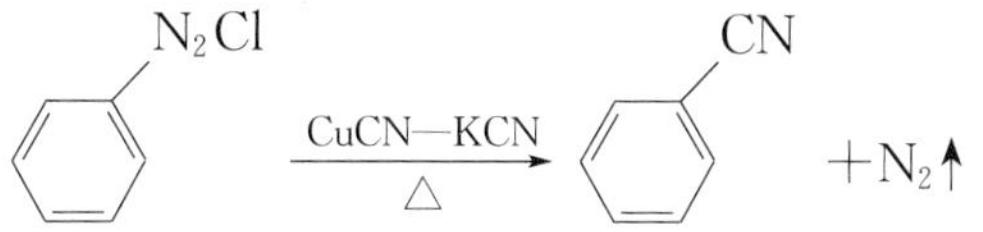

苯甲腈

氰基很易水解生成羧基，因此可用此反应由芳香胺合成芳香族羧酸，也可还原成芳脂胺。例如：

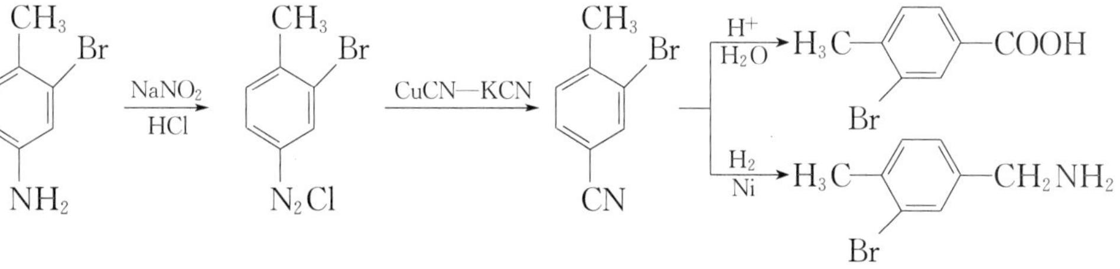

3. 被羟基取代(重氮盐水解)

重氮硫酸盐和硫酸共热发生水解，生成酚，放出氮气。例如：

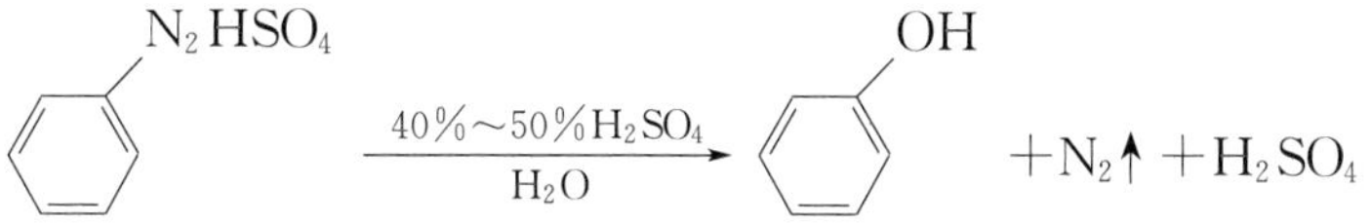

此反应一般在40%～50%的硫酸溶液中进行，否则，生成的酚与未发生反应的重氮盐发生偶合反应。重氮盐酸盐不适用于这个反应，因为有氯衍生物等副产物生成。有机合成中常通过生成重氮盐的途径使氨基转变成羟基，由此制备一些不能由芳香族磺酸盐碱熔而制得的酚类。如要合成间溴苯酚，只能通过以下途径：

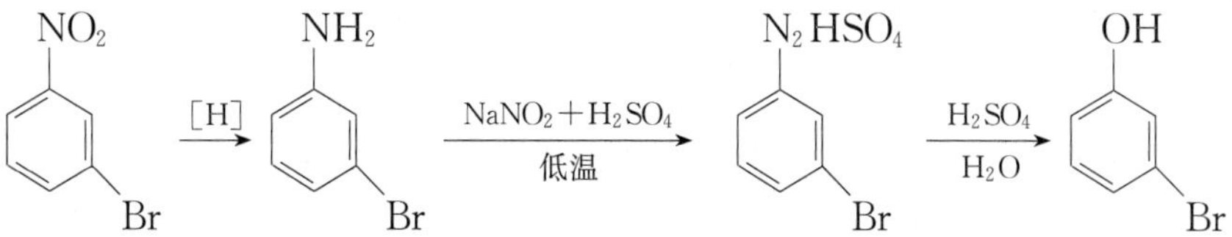

若用间溴苯磺酸碱熔方法来制取间溴苯酚是不能成功的，因为碱熔时，溴原子也会在碱熔时水解。

4. 被氢原子取代

用次磷酸（H_3PO_2）或乙醇等还原剂还原重氮盐，重氮盐分解放出氮气，重氮基被氢原子取代：

$$ArN_2HSO_4 + H_3PO_2 + H_2O \longrightarrow ArH + H_3PO_3 + N_2\uparrow + H_2SO_4$$

$$ArN_2HSO_4 + CH_3CH_2OH \longrightarrow ArH + CH_3CHO + N_2\uparrow + H_2SO_4$$

可利用上述反应除去氨基或硝基，从而合成某些不易用其他方法得到的芳香族化合物。例如：

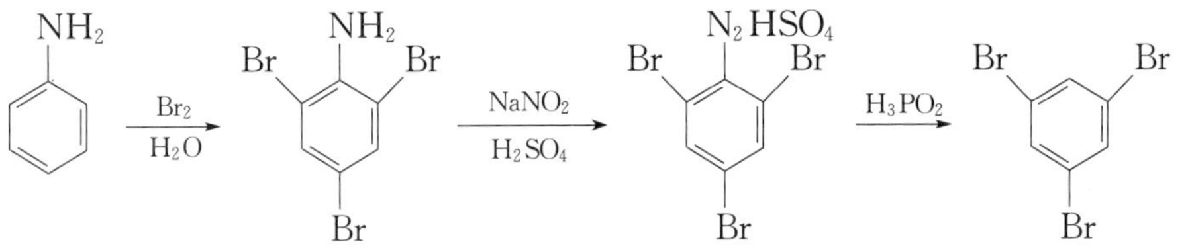

又如：

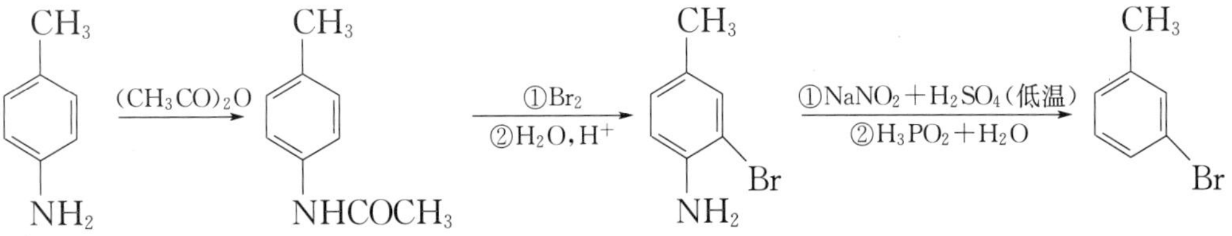

（二）保留氮反应

通过保留氮反应，重氮基的两个氮原子保留在产物分子中。

1. 还原反应

重氮盐可被还原成肼的衍生物。常用的还原剂为氯化亚锡的盐酸溶液和亚硫酸钠等。例如：

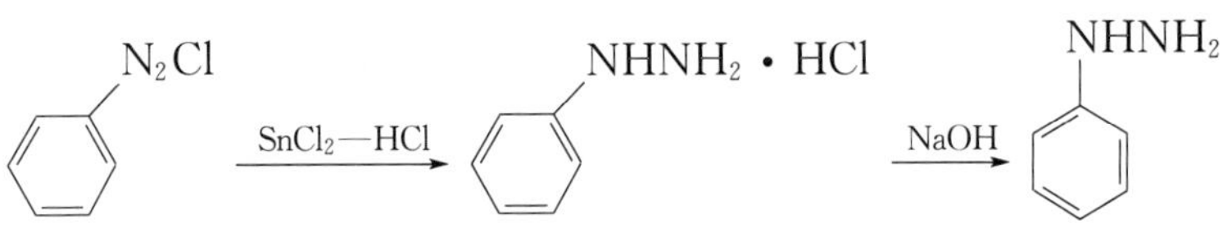

苯肼盐酸盐　　苯肼

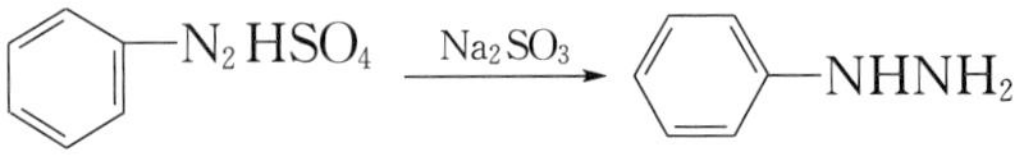

苯肼为无色油状液体，熔点为 24℃，沸点为 243℃。其毒性较强，使用时应注意安全[5]。苯肼是羰基试剂，也是合成药物及染料的原料，如合成“安乃近”。

2. 偶合反应

重氮盐在适当条件下与酚或芳香胺反应，生成有颜色的偶氮化合物。这类反应称为偶合反应，是制备偶氮染料的基本反应。

（1）与酚偶合。例如：

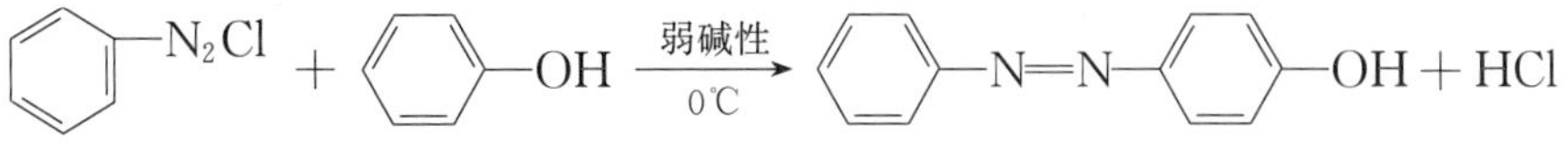

对羟基偶氮苯（橘红色）

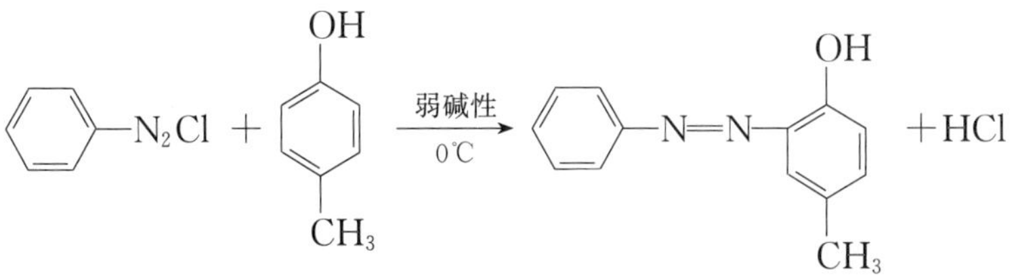

（2）与芳香胺偶合。例如：

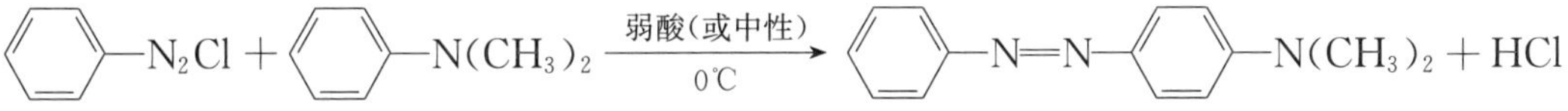

对二甲氨基偶氮苯（黄色）

参加偶合反应的重氮盐称为重氮组分，酚和芳香胺称为偶合组分。偶合反应实质上是芳环上的亲电取代反应。重氮盐正离子是弱亲电试剂，必须和苯环上带有最强的第一类定位基团的化合物才能发生反应。所以，通常只限于与酚和芳香胺偶联。反应常发生在羟基或氨基的对位，如对位被占据时，则发生在邻位。

重氮盐与酚偶合反应一般是在稀碱溶液中进行。因为在稀碱中，酚羟基转变成负离子（—O^-），后者比前者活化苯环的能力更强，更有利于偶合反应的进行。

重氮盐与芳香胺的偶合反应一般在弱酸性或中性介质中进行。这是因为胺难溶于碱，易溶于酸。但是在强酸性溶液中，胺会生成铵盐（—$\overset{+}{N}H_3$），这是个间位定位基，会钝化芳环，不利于发生偶合反应。这就是芳香胺重氮化反应必须在强酸性溶液中进行的原因。因为在弱酸或中性溶液中进行重氮化，生成的重氮盐易与尚未反应的芳胺发生偶合反应。

四、偶氮化合物和偶氮染料[6]

芳香族偶氮化合物一般都具有颜色，性质稳定。许多偶氮化合物都是优良的染料，被称为偶氮染料。这类染料不仅品种多，而且产量大，占整个染料产量的60%左右。在《染料索引》中列入的已超过2000个品种。从黄到黑，各色品种俱全，其中又以黄、橙、红、蓝品种最多，色调最为鲜艳，广泛用于棉、毛、丝、麻织品以及合成纤维的染色，也用于塑料、皮革、橡胶制品的染色。

纺织行业所使用的染料中大约70%为偶氮染料，包括了直接、酸性媒染、活性、中性、阳离子、分散、不溶性偶氮染料等。

1. 直接染料

染色时，把纤维直接放入染料的热水溶液中进行染色，多为带有磺酸或羧酸等水溶性基团的偶氮染料。例如：

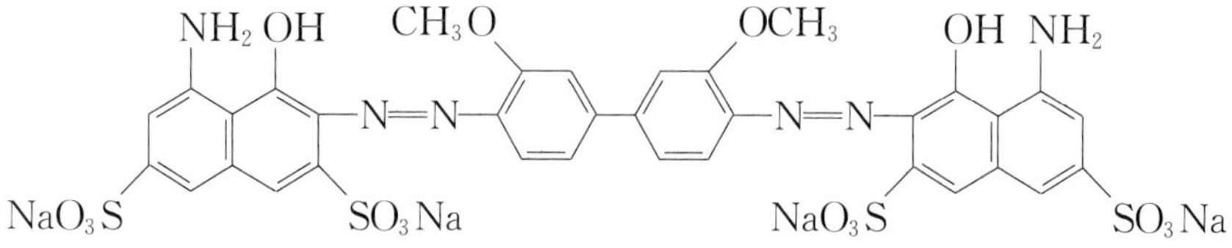

直接湖蓝 5B

直接湖蓝 5B 是一种双偶氮染料，5B 中含有 4 个磺酸基，故可溶于水，能直接染色，经处理后，是色泽鲜艳、色牢度好的蓝色染料。

2. 冰染染料

这类染料是由偶合组分与重氮组分在一定的 pH 值条件下发生偶合反应，在纤维上形成不溶性偶氮染料，并牢固地附着在纤维上。由于重氮化和偶合时常用冰冷却，故称冰染染料。例如：

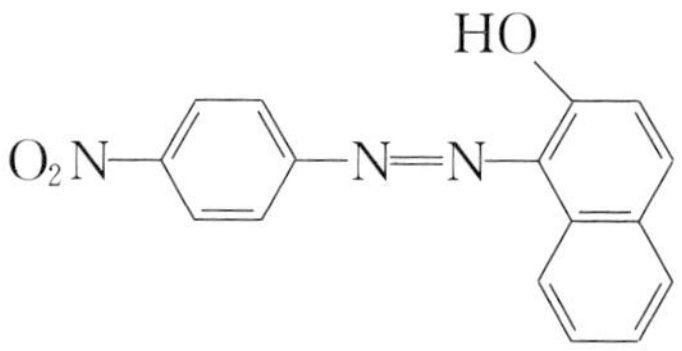

对位红

对位红是一种红色的偶氮染料，可以通过 β-萘酚与对硝基苯胺的重氮盐偶合而得，常作为布的染料。反应式如下：

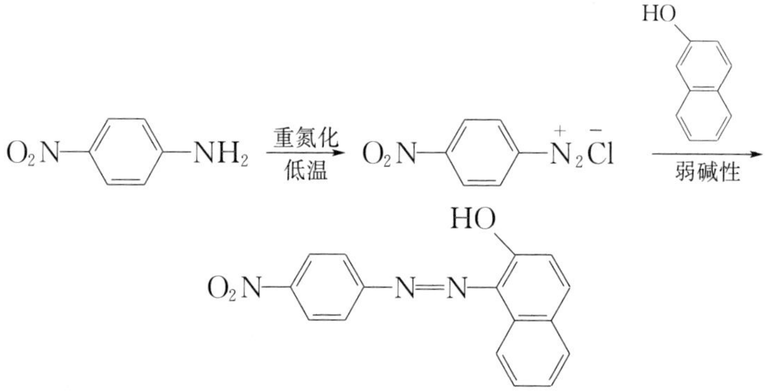

3. 分散染料

这类染料需借助于分散剂的作用以分散悬浮液形式存在。它的分子较小，不含水溶性基团，适用于醋酯纤维、聚酰胺纤维和聚酯纤维的染色，由于本身的不溶性而不能用于天然纤维的染色。例如分散黄用作涤纶的染色，其构造式为：，是双偶氮染料。可用苯酚与对氨基偶氮苯的重氮盐经偶合制取。反应式如下：

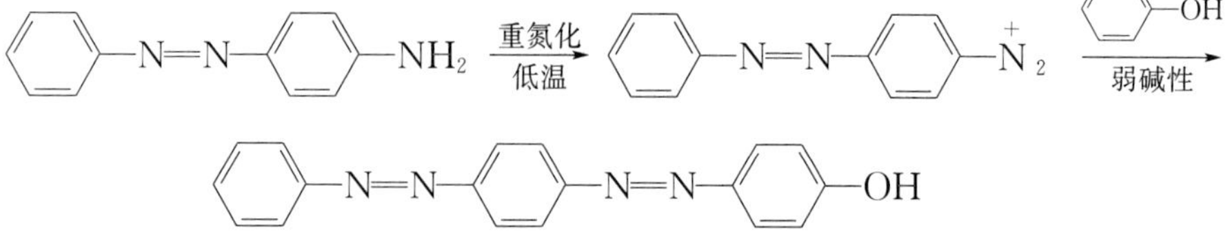

从上述介绍可知，合成偶氮染料时，重氮化和偶合是两个基本反应。

第三节 腈*

一、腈的结构和命名

腈可以看成是氢氰酸（H—C≡N）分子中的氢原子被烃基取代后的产物，通式为 RCN 或 ArCN，官能团为—CN，称为氰基。氰基（—C≡N）具有三键结构。氰基中的碳和氮都是 *sp* 杂化，两个原子之间各用 *sp* 杂化轨道构成一个 C—N σ 键。另外，各自提供两个 *p* 轨道，且两两平行重叠，形成两个相互垂直的 C—N π 键。也就是说，氰基中有一个 C—N σ 键和两个相互垂直的 C—N π 键。

腈的命名是按腈分子中的碳原子（包括氰基中的碳原子）数目称为“某腈”；或把烃当作母体，氰基作为取代基称作“氰基某烷”。如 CH_3CN 称为乙腈或氰基甲烷；CH_3CH_2CN 称为丙腈或氰基乙烷。

腈类中以脂肪族腈比较重要。工业上重要的腈多数为脂肪族腈。如丙烯腈、己二腈、癸二腈等。

二、腈的性质

（一）物理性质

低级腈为无色液体，高级腈为固体。乙腈能与水混溶，随着腈的相对分子质量的增大，水中溶解度迅速降低。腈的沸点比相对分子质量相近的烃、醚、醛和酮、胺的沸点高得多。如乙腈（相对分子质量为 41）的沸点（82℃）比二甲胺（相对分子质量为 45）的沸点（7.5℃）和乙醛（相对分子质量为 44）的沸点（21℃）高很多，但比甲酸（相对分子质量为 46）的沸点（100℃）低，而与乙醇（相对分子质量为 46）的沸点（78.3℃）相近。这是因为腈分子的极性强，分子间的引力也大，结果使沸点升高。正由于腈分子极性强，所以低级腈易溶于水，而且还能溶解许多无机盐类，所以乙腈是一个很好的溶剂。纯的腈类无毒。几种重要的腈的物理常数如表 9－2 所示。

表 9－2 几种腈的物理常数

名 称	构造式	沸点（℃）	相对密度 d_{277}^{293}	溶解度（g/100mL）
乙 腈	CH_3CN	81.6	0.782	∞
丙 腈	CH_3CH_2CN	97.1	0.7720	易溶
丙烯腈	$H_2C=CHCN$	77.3	0.8060	7.4（25℃）
己二腈	$NC(CH_2)_4CN$	295 181（20mm）	0.962	6
癸二腈	$NC(CH_2)_8CN$	199～200 （15mm）	—	不溶

(二)化学性质

腈分子中的官能团氰基，其氮原子的电负性较大，而且氰基中有两个 π 键，π 键电子云易被极化，故氰基中的氮原子明显地显负性，而氰基碳显正性 $R—\overset{\delta^+}{C}\equiv\overset{\delta^-}{N}$ 。因此腈分子中的氰基和醛、酮分子中的羰基 $\rangle\overset{\delta^+}{C}=\overset{\delta^-}{O}$ 相似，腈的化学反应主要表现为氰基中碳氮三键的加成反应。

1. 水解

在酸或碱的催化下，腈被水解生成羧酸或羧酸盐。酸催化下，产物为游离的羧酸和铵盐：

$$R—C\equiv N + 2H_2O \xrightarrow{H^+} R—\overset{\overset{\displaystyle O}{\|}}{C}—OH + NH_4^+$$

碱催化下，产物为羧酸盐和氨：

$$R—C\equiv N + H_2O \xrightarrow{OH^-} R—\overset{\overset{\displaystyle O}{\|}}{C}—O^- + NH_3$$

一般认为，腈的水解是分步进行的，先生成酰胺，但在此反应条件下不能把酰胺分离出来。

$$R—C\equiv N \xrightarrow[H_2O]{H^+\text{或}OH^-} \left[\begin{array}{c} OH \\ | \\ R—C=NH \end{array}\right] \longrightarrow R—\overset{\overset{\displaystyle O}{\|}}{C}—NH_2 \xrightarrow[H_2O]{H^+\text{或}OH^-} \begin{cases} RCOOH + NH_4^+ \\ RCOO^- + NH_3 \end{cases}$$

采用骨架铜作催化剂，可使腈水解停止在酰胺阶段。例如：

$$H_2C=CHCN + H_2O \xrightarrow[\triangle]{\text{骨架铜}} H_2C=CH—CONH_2$$

丙烯腈在骨架铜催化下水解生成丙烯酰胺，后者聚合反应得聚丙烯酰胺。聚丙烯酰胺在很多工业部门作絮凝剂，在纺织印染工业中聚丙烯酰胺类浆料是一类新型的合成浆料。

卤代烷烃和氰化钠反应可制得腈，这是一个容易进行的反应，产物腈的分子中比卤代烷分子中多了一个碳原子。通过腈水解反应可制得比原来的卤代烷多一个碳原子的羧酸。

2. 醇解

腈的醇溶液和浓硫酸或盐酸共热，醇解生成酯(浓硫酸和盐酸中都有水存在)。反应式如下：

$$R—C\equiv N + R'OH + H_2O \xrightarrow{\text{浓}H_2SO_4} RCOOR' + NH_3$$

3. 加氢

腈经催化氢化得伯胺。也可以采用化学还原试剂如金属钠/乙醇或氢化铝锂来进行还原。反应式如下：

$$R—C\equiv N \xrightarrow[Ni]{H_2} R—CH_2NH_2$$

三、腈的制法

1. 由伯卤代烷烃与氰化钾(或氰化钠)作用制得腈

以生产正丁腈、苯乙腈为例,反应式如下:

$$CH_3CH_2CH_2Cl + KCN \xrightarrow{\text{乙醇}} \underset{\text{正丁腈}}{CH_3CH_2CH_2CN} + KCl$$

苯(基)乙腈(苄腈)

二元腈可用二卤代烷与氰化钾(或氰化钠)反应制得。例如:

$$\begin{matrix} CH_2CH_2-Cl \\ | \\ CH_2CH_2-Cl \end{matrix} + 2NaCN \longrightarrow \underset{\text{己二腈}}{\begin{matrix} CH_2CH_2CN \\ | \\ CH_2CH_2CN \end{matrix}} + 2NaCl$$

2. 酰胺或羧酸铵盐与五氧化二磷(或亚硫酰氯)共热,脱水制得腈

反应式如下:

$$R-\overset{\overset{\displaystyle O}{\|}}{C}-NH_2 \xrightarrow[\triangle]{P_2O_5(\text{或 } SOCl_2)} R-C\equiv N + H_2O$$

四、丙烯腈和己二腈

1. 丙烯腈

丙烯腈为无色液体,沸点为 78℃,可溶于水,有毒。它是合成纤维、合成树脂、合成橡胶的重要原料,也是有机合成中的常用试剂。

丙烯腈可用乙炔与氢氰酸在氯化亚铜催化下加成而制得;也可以用丙烯为原料,经氨化氧化反应来制取。丙烯的氨化氧化法是工业制丙烯腈的主要方法。

在引发剂(如过氧苯甲酰)的作用下,丙烯腈可聚合成线型高分子化合物聚丙烯腈。聚丙烯腈纤维的商品名称叫腈纶,是一种常见的合成纤维。它强度高、保暖性好、耐晒、不被虫蛀,被称为人造羊毛。反应式如下:

$$nH_2C=\underset{\underset{\displaystyle CN}{|}}{CH} \xrightarrow{\text{引发剂}} \left[CH_2-\underset{\underset{\displaystyle CN}{|}}{CH} \right]_n$$

丙烯腈还可与丁二烯共聚生产丁腈橡胶,这是一类有名的合成橡胶。其特点是耐油、耐热、耐磨和耐老化性好。丁腈橡胶用于制造各种耐油垫圈、飞机油箱、电缆材料。此外,丙烯腈又是重要的化工原料,例如丙烯腈水解可制得丙烯酰胺或丙烯酸,醇解可制得丙烯酸酯。

丙烯腈通过电解还原二聚法制得己二胺。己二胺是合成锦纶 66 的单体。反应式如下:

$$2H_2C=CH-CN + H_2O \xrightarrow{\text{电解二聚}} \underset{\text{己二腈}}{NC(CH_2)_4CN} + \frac{1}{2}O_2\uparrow$$

$$NC(CH_2)_4CN \xrightarrow[Ni]{H_2} \underset{\text{己二胺}}{H_2N(CH_2)_6NH_2}$$

2. 己二腈

己二腈为无色油状液体，沸点为 295℃，微溶于水，可溶于乙醇、苯、氯仿等有机溶剂中。

己二腈是制取己二胺的原料，因为己二腈经催化氢化可还原成己二胺。己二胺和己二酸通过缩聚反应可得到聚己二酰己二胺高聚物。聚己二酰己二胺高聚物经过熔融、抽丝、拉伸后合成锦纶 66。

工业生产己二腈的方法主要有己二酸法、丁二烯法和丙烯腈法。丙烯腈法制己二腈已在上述内容中进行了介绍，在此不再重复。己二酸法制己二腈是以己二酸为原料，于 200～280℃下通入 NH_3，先生成己二酸铵盐，而后己二酸铵盐再经脱水形成己二腈。反应中使用了催化剂磷酸三丁酯：

$$\begin{array}{c} COOH \\ | \\ (CH_2)_4 \\ | \\ COOH \end{array} + NH_3 \longrightarrow \begin{array}{c} CO\overset{-}{O}\overset{+}{N}H_4 \\ | \\ (CH_2)_4 \\ | \\ CO\overset{-}{O}\overset{+}{N}H_4 \end{array} \xrightarrow[200^{\circ}C,\ -H_2O]{(C_4H_9)_3PO_4} \begin{array}{c} CONH_2 \\ | \\ (CH_2)_4 \\ | \\ CONH_2 \end{array} \xrightarrow[280^{\circ}C]{-H_2O} \begin{array}{c} CN \\ | \\ (CH_2)_4 \\ | \\ CN \end{array}$$

丁二烯法制己二腈是以 1，3－丁二烯为原料，经过加氯、催化加氢和氰解制成。反应式如下：

$$H_2C{=}CH{-}CH{=}CH_2 \xrightarrow{Cl_2} Cl{-}CH_2{-}CH{=}CH{-}CH_2Cl \xrightarrow[Ni]{H_2}$$

$$ClCH_2CH_2CH_2CH_2Cl \xrightarrow{NaCN} NC(CH_2)_4CN$$

复习指导

1. 胺的命名

烃基结构简单的胺，以胺为母体，烃基作为取代基命名；结构比较复杂的胺，常采用系统命名法，以烃为母体，氨基为取代基。当氮原子上同时连有芳基和脂肪烃基时，在芳香胺的名称前加“*N*”，以表示脂肪烃基连在氮原子上。

2. 胺的制法及其化学性质

(1)胺的制法。

①氨或胺的烃基化：氨与卤代烃反应，相继生成伯胺、仲胺、叔胺，最后生成季铵盐；氨与醇或酚反应制备甲胺、二甲胺、三甲胺。

②硝基化合物还原：还原芳香族硝基化合物制取芳伯胺。

③腈的还原：催化氢化或氢化铝锂还原腈生成伯胺。

④霍夫曼酰胺降级反应：酰胺与 NaOX 的碱溶液共热，得到少一个碳原子的伯胺。

⑤盖布瑞尔合成法：合成纯伯胺。

(2)胺的化学性质。

胺：

①碱性：胺是弱碱，与强无机酸反应生成相应的盐。气态脂肪族胺，其碱性强弱是叔胺>仲胺>伯胺>氨；芳香胺的碱性比氨弱，当连有取代基时，取代基的性质决定了芳香胺碱性的强弱

②烃基化反应：胺的制法中已述

③酰基化反应：伯胺、仲胺易与酰氯、酸酐或羧酸等酰基化剂作用，氨基中的氢原子被酰基取代，生成 N-取代酰胺。叔胺没有 N-氢原子，不发生酰化

④磺酰化反应（兴斯堡反应）：胺与磺酰化试剂反应生成磺酰胺的反应叫做磺酰化反应。常用的磺酰化试剂是苯磺酰氯和对甲基苯磺酰氯

⑤与亚硝酸反应：可鉴别脂肪族或芳香族伯、仲、叔胺

⑥胺的氧化：芳香胺易被氧化，颜色变深

⑦芳胺环上的亲电取代：主要发生卤代、硝化和磺化反应

3. 芳香族重氮和偶氮化合物

重氮和偶氮化合物分子中都含有重氮键（—N═N—）官能团。—N═N—基团的两端都分别与烃基相连的化合物称为偶氮化合物。若—N═N—基团的一端与烃基相连，另一端与非碳原子相连的化合物称为重氮化合物。

(1)重氮盐的制备——重氮化反应。在低温和强酸性溶液中，芳伯胺与亚硝酸作用，生成重氮盐的反应，称为重氮化反应。

(2)重氮盐的性质。重氮盐的化学性质活泼，通过重氮盐可以把氨基转换成许多其他基团。因此，重氮盐的转换反应是有机合成中的一类重要反应。

重氮盐的反应主要为两类：一类是重氮基被其他的原子或基团（如卤素、氰基、羟基或氢原子）取代，同时放出氮气，称为放氮反应；另一类是重氮基保留在分子中，无氮气放出的反应（还原或偶合），称为保留氮反应。

思考题与习题

1. 给下列化合物命名：

(1) $CH_3CH_2CH_2CN$

(2)

(3) $[(CH_3)_3\overset{+}{N}C_2H_5]Cl^-$

(4) $(CH_3)_3C—NH_2$

(5) $NC(CH_2)_4CN$

(6) 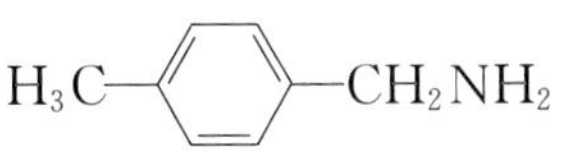

(7) $(CH_3)_2CHCN$

(8) 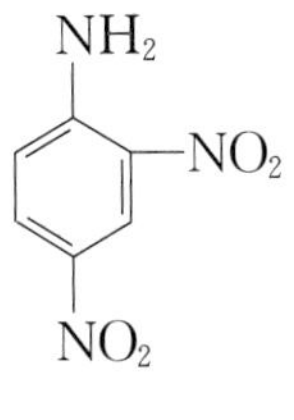

(9) $H_2C═CH—CN$

(10) $[(CH_3)_2CH\overset{+}{N}(CH_3)_3]I^-$

(11) $[(C_2H_5)_4N]^+OH^-$

(12) 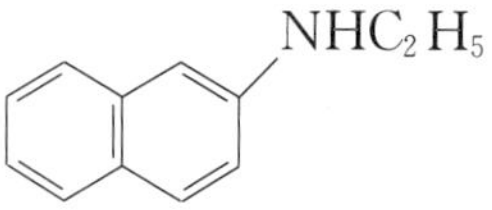

(13) 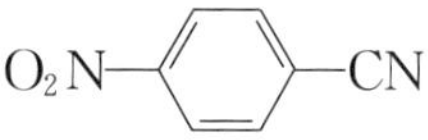

(14) 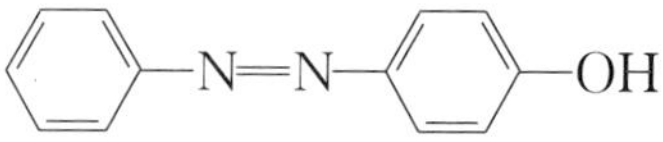

(15) $C_6H_5CON(CH_3)_2$

(16) $C_6H_5CH_2CN$

2. 写出下列化合物的构造式：

(1)甲基苄基胺

(2)三甲胺

(3) *N*-甲基-*N*-乙基苯胺

(4) 2-硝基-4-氰基苯基重氮硫酸盐

(5) 3,3-二甲基戊腈

(6)氯化四正丙基铵

(7)间硝基乙酰苯胺

(8)氢氧化四乙铵

(9)苄胺

(10) 1,4-丁二腈

3. 把下列各组化合物按碱性从强到弱排列：

(1) $CH_3CH_2NH_2$ $BrCH_2CH_2NH_2$ $CF_3CH_2NH_2$ $CH_3OCH_2CH_2NH_2$

(2) 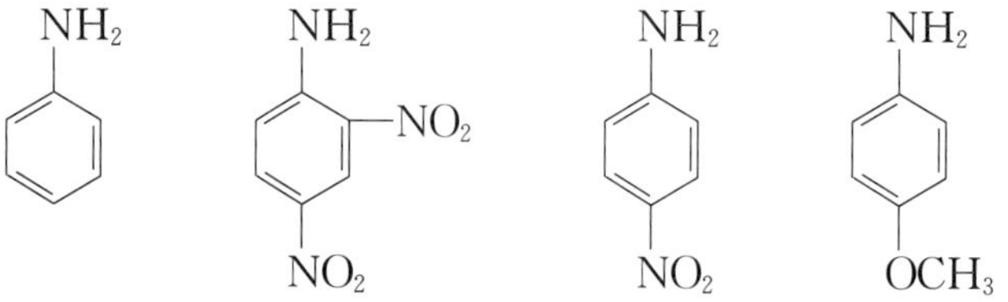

(3)氨 乙胺 苯胺 乙酰胺 氢氧化四甲铵

4. 完成下列化学反应式：

(1) 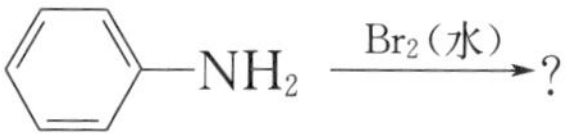

(2) $H_2C{=}CH_2 \xrightarrow{?} ? \xrightarrow{?} ? \xrightarrow{?} \begin{array}{l} CH_2CH_2{-}NH_2 \\ | \\ CH_2CH_2{-}NH_2 \end{array}$

(3) $H_2C{=}CH_2 \xrightarrow{?} ? \xrightarrow{?} ? \xrightarrow{?} \begin{array}{l} CH_2OH \\ | \\ CH_2COOH \end{array}$

(4) $CH_3CH_2OH \xrightarrow{?} ? \xrightarrow{?} ? \xrightarrow{?} CH_3CH_2CH_2NH_2$

(5) 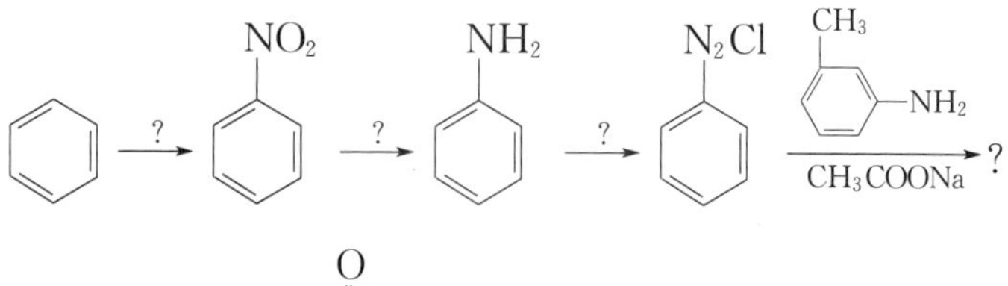

(6) 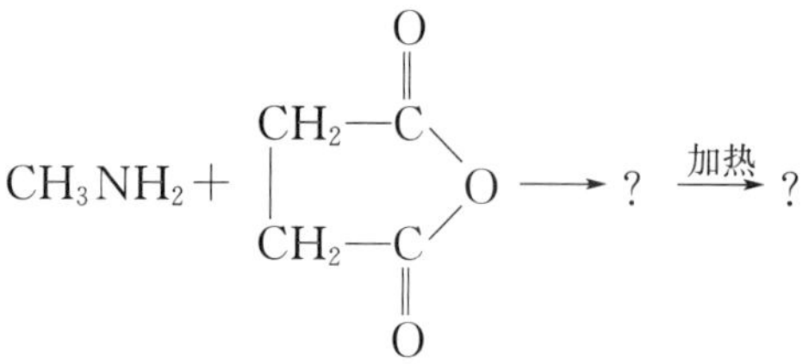

(7) 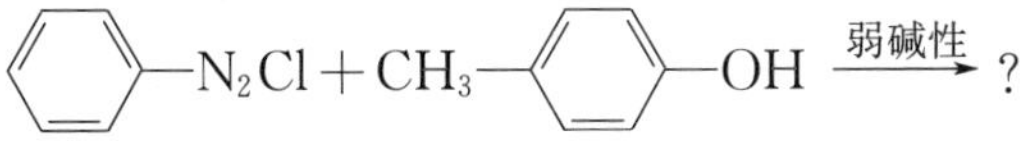

(8) 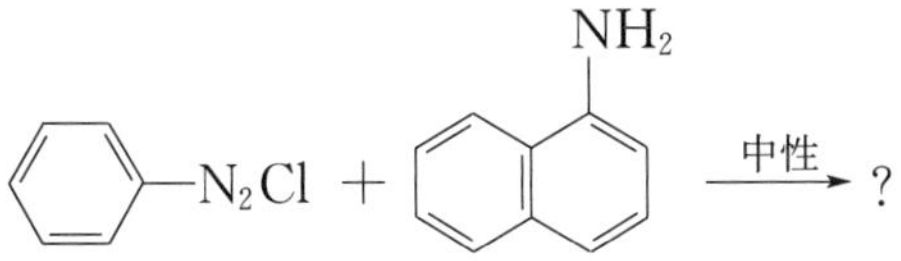

5. 用化学方法区别下列各组化合物：

(1) 邻甲苯胺　*N*-甲基苯胺　苯甲酸　邻羟基苯甲酸

(2) 乙醇　乙醛　乙酸　乙胺

(3) 邻甲基苯胺　*N*-甲基苯胺　*N*,*N*-二甲苯胺

(4) 苯胺　对氨基苯甲酸　苯酚

6. 根据给定条件，合成下列有机化合物：

(1) 以苯为原料，其他所需有机或无机试剂任意自选，合成下列物质：

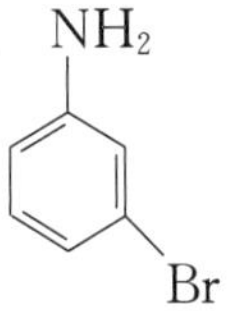

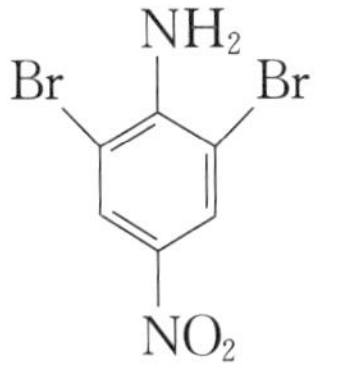

(2) 以苯或甲苯为原料，其他所需试剂任意自选，合成下列物质：

① 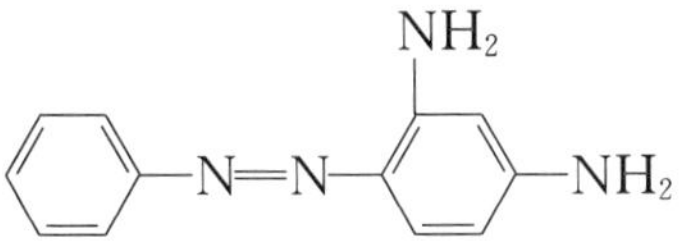

② 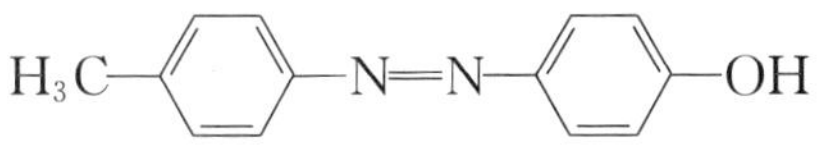

③ 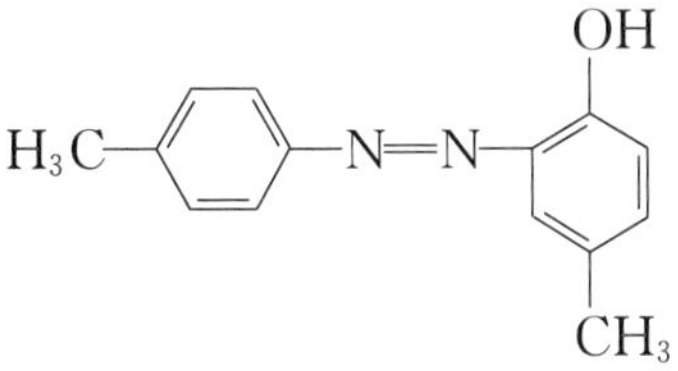

(3) 由指定原料合成下列物质：

①由甲苯合成 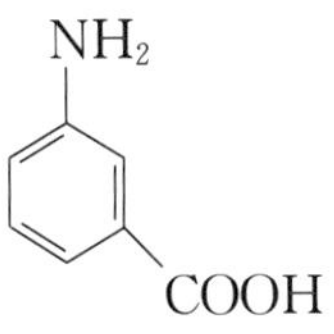

②由甲苯合成 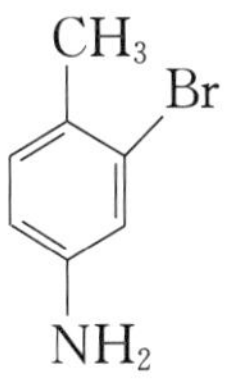

③由乙烯合成丙酰胺

④由正丁醇合成正戊胺和正丙胺

7. 指出下列偶氮染料的重氮组分和偶合组分：

(1) 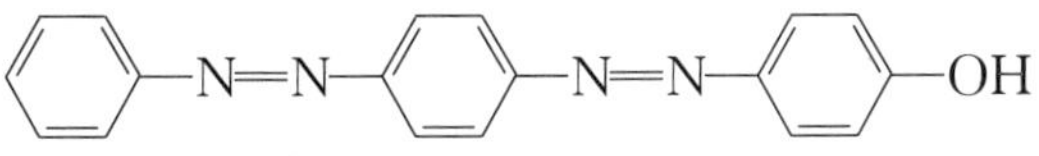

(2) 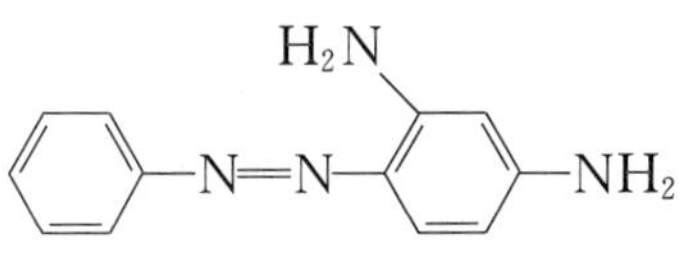

（3）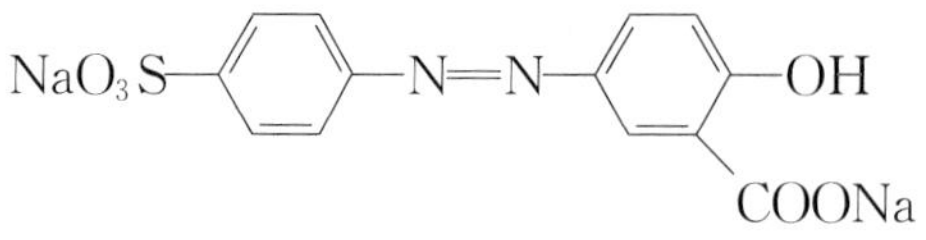

（4）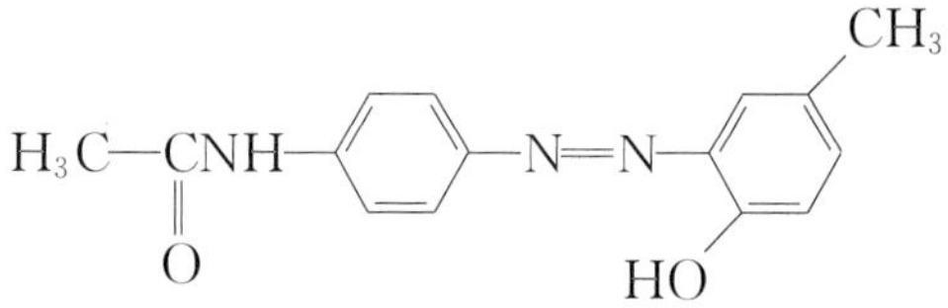

8. 完成下列反应：

（1）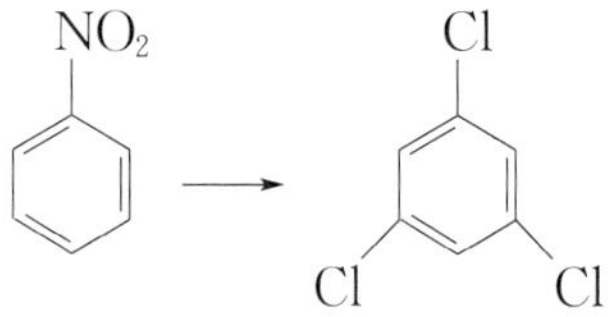

（2）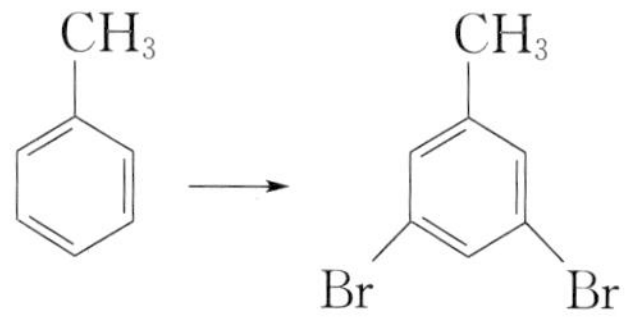

（3）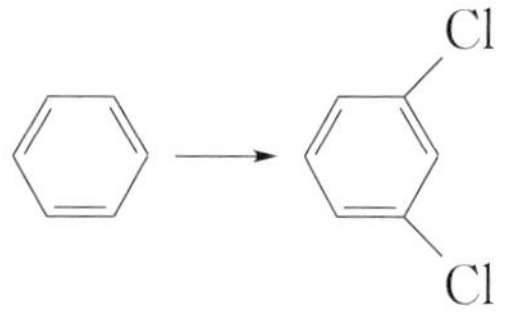

（4）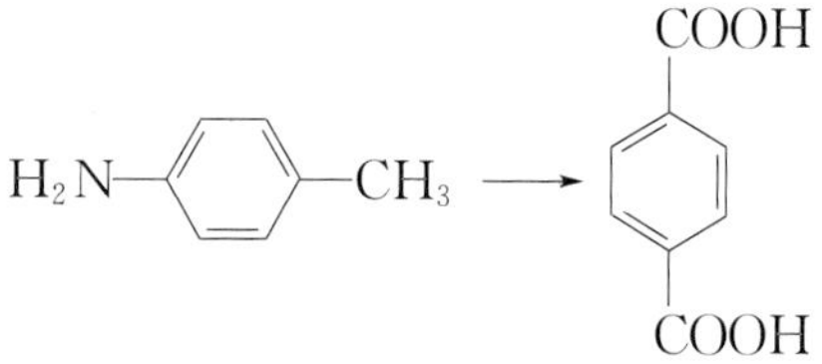

9. 某芳香族化合物A的分子式为$O_2NC_6H_4CH_3$，根据下列发生的一系列反应，试推断出化合物A的构造式。

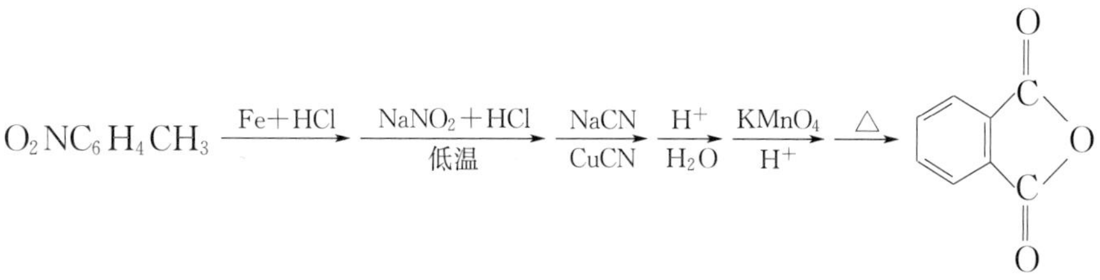

参考文献

[1] 宋欣荣，谢伟，郭世豪. 基础化学（中册）[M]. 长沙：湖南科学技术出版社，1999.

[2] 徐寿昌. 有机化学[M]. 北京：高等教育出版社，1986.

[3] 汪叔度，李群，等. 纺织化学[M]. 青岛：青岛海洋大学出版社，1994.

[4] 高鸿宾. 有机化学简明教程[M]. 天津：天津大学出版社，2001.

[5] 高职高专化学教材编写组. 有机化学[M]. 北京：高等教育出版社，2000.

[6] 戴正明. 染整化学基础[M]. 北京：高等教育出版社，2002.

第十章 杂环化合物*

环状化合物中，构成环的原子除碳原子外，还有其他元素的原子。一般把成环的非碳原子称为杂原子，最常见的杂原子为氧、硫、氮原子。凡含有杂环，具有类似苯环的稳定结构，表现一定芳香性的化合物统称为杂环化合物[1]。例如：

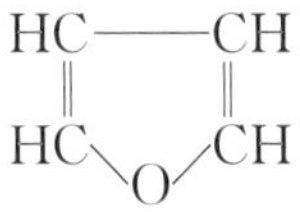
呋喃

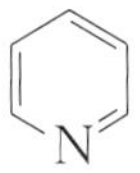
吡啶

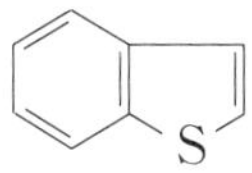
苯并噻吩

前面章节中涉及的环氧乙烷、顺丁烯二酸酐等化合物，虽然环上也含有氧原子，但它们的性质与脂肪族化合物的性质类似，因此不属于杂环化合物的范畴。

杂环化合物在自然界分布极广，种类繁多，数量上约占整个有机化合物总数的 1/3，应用范围极其广泛。例如：不少染料和药物中含有杂环化合物；在动物体内有着重要生理作用的血红素、叶绿素、核酸都是含有氮的杂环化合物；一些植物色素、植物染料、维生素和抗生素都含有杂环。

第一节 杂环化合物的分类和命名

一、杂环化合物的分类

杂环化合物成环规律与碳环相同，最稳定和最常见的是 5 个原子和 6 个原子组成的环，称为五元杂环和六元杂环。杂环化合物一般可分为单杂环和稠杂环两大类。常见的单杂环有五元杂环和六元杂环；稠杂环常由苯环与单杂环或单杂环与单杂环稠合而成。环中的杂原子可以是 1 个、2 个或多个，而且杂原子可以相同，也可不同。一些简单杂环化合物的分类如下页表所示。

二、杂环化合物的命名

杂环化合物的命名有两种方法。一种按英文名字音译，选用同音汉字，加上“口”字旁命名，如下页表所述。另一种是把杂环当作杂原子取代相应碳环上的碳原子而得的化合物，命名时在相应的碳环名字前面加上杂原子的名字。例如：

茂

苯

氧(杂)茂

硫(杂)茂

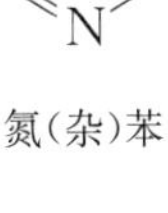
氮(杂)苯

杂环化合物的分类及名称

<table>
<tr><th colspan="2">类　别</th><th>含 1 个杂原子</th><th>含 2 个杂原子</th></tr>
<tr><td rowspan="2">单杂环</td><td>五元杂环</td><td> furan 呋喃
 hiophene 噻吩
 pyrrole 吡咯</td><td> oxazole 噁唑
 thiazole 噻唑
 imidazole 咪唑
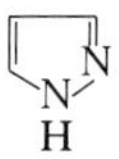 pyrazole 吡唑</td></tr>
<tr><td>六元杂环</td><td>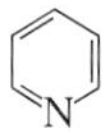 pyridine 吡啶
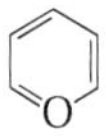 γ－pyran 吡喃</td><td>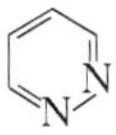 pyridazine 哒嗪
 pyrimidine 嘧啶
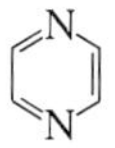 pyrazine 吡嗪</td></tr>
<tr><td colspan="2">稠杂环</td><td colspan="2">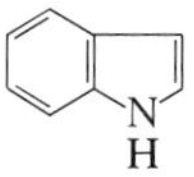 indole 吲哚
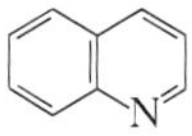 quinoline 喹啉
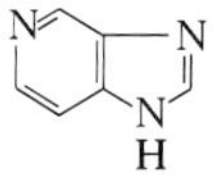 purine 嘌呤
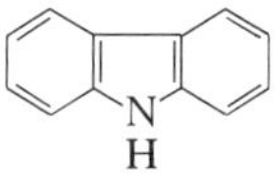 carbazole 咔唑
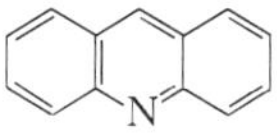 acridine 吖啶
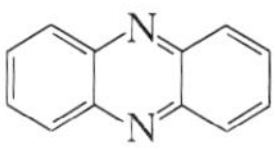 phenazine 吩嗪</td></tr>
</table>

在实际运用中，以音译命名法应用较为广泛。

当杂环上有取代基时，命名时以杂环为母体；但当环上连有—SO_3H、—CHO、—COOH 等基团时，则把杂环当作取代基。杂环上的编号从杂原子开始，顺着环编号。当环上含有 2 个或 2 个以上相同的杂原子时，从连有取代基或氢原子的杂原子开始编号，并使杂原子的位号和最小。当含有不相同的杂原子时，则按氧、硫、氮顺序依次编号。例如：

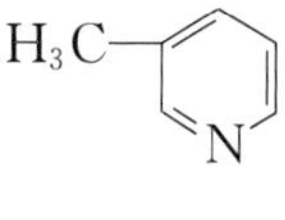

3-甲基吡啶

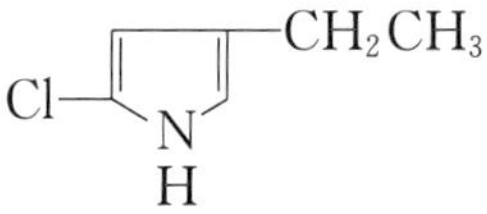

4-乙基-2-氯吡咯

2-噻吩磺酸

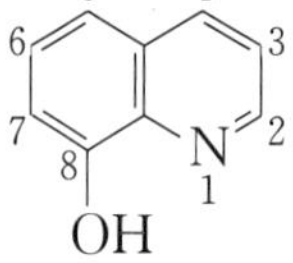

8-羟基喹啉

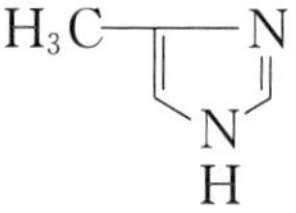

4-甲基咪唑

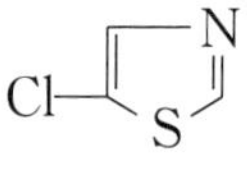

5-氯噻唑

环上只有一个杂原子时，有时也用 α、β、γ 编号。靠近杂原子的为 α 位，其次为 β 位、γ 位。五元环中有 α、β 位，六元环中有 α、β、γ 位。例如：

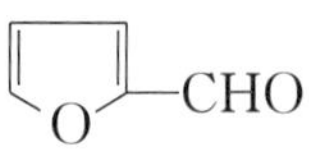

α-呋喃甲醛（糠醛）

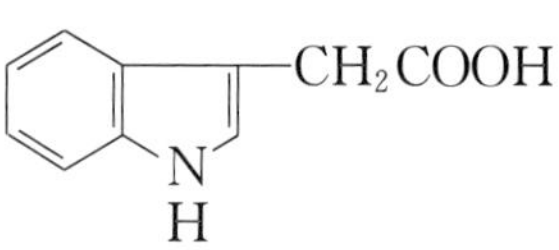

β-吲哚乙酸

第二节 呋喃、噻吩、吡咯及吡啶的化学性质

一、取代反应

与苯相似，呋喃、噻吩、吡咯及吡啶等芳杂环碳原子上的氢原子，也能被亲电试剂取代，生成芳杂环的衍生物。

呋喃、噻吩、吡咯是平面形分子，分子内都存在封闭的共轭体系，具有类似苯环的结构。由于成环的原子只有5个，而杂原子有2个电子参与共轭，所以，环上的电子云密度比苯环的大，比苯容易发生亲电取代反应；由于杂原子的吸电子作用，使得α位的电子云密度大于β位的，亲电取代一般发生在α位。

吡啶也是一平面形分子，分子内也存在封闭的共轭体系。与五元杂环不同的是，氮原子只有一个电子参与共轭，形成的大π键中也只有6个电子。由于氮原子的电负性比碳原子的大，吡啶环碳原子上的电子云密度比苯环的小，所以亲电取代反应比苯要难，而且主要发生在β位。

1. 卤代

呋喃、噻吩、吡咯的卤代反应比苯容易。例如：

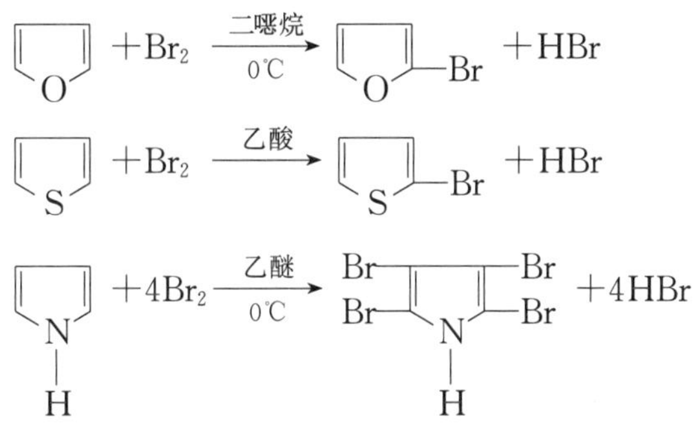

吡啶则在较剧烈的条件下才被卤代。例如：

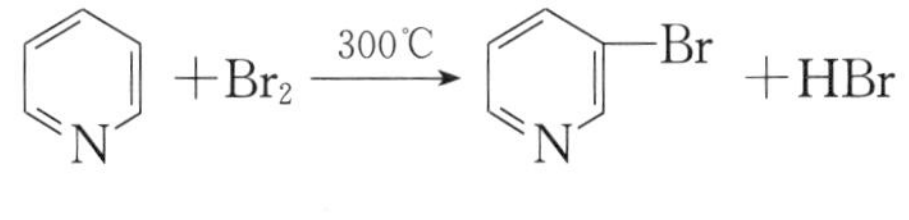

2. 硝化

呋喃、噻吩、吡咯在强酸性条件下易发生环的破裂，所以硝化时不用浓硝酸和浓硫酸的混合物，而是使用比较缓和的试剂，如乙酰基硝酸酯（CH_3COONO_2）。乙酰基硝酸酯为无色、发烟、易吸潮液体，因易爆炸，应即用即配。例如：

$$(CH_3CO)_2O + HONO_2 \longrightarrow CH_3COONO_2 + CH_3COOH$$

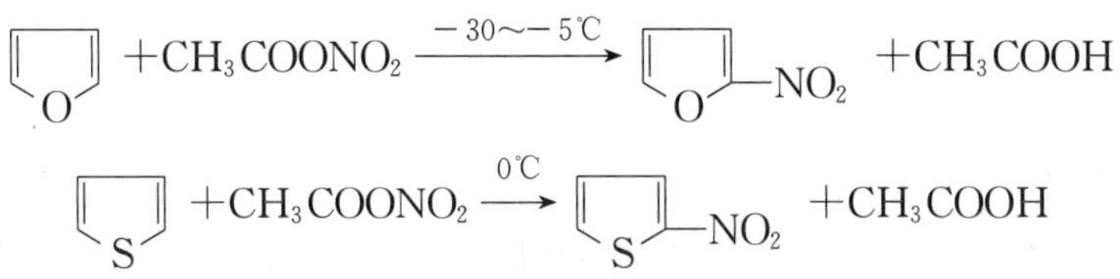

吡啶硝化比较难，需要剧烈的条件和较长的反应时间，而且产率很低。例如：

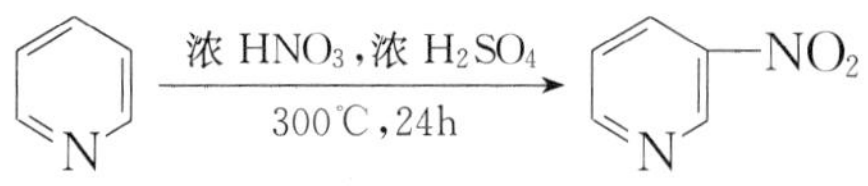

（8%）

3. 磺化

呋喃、吡咯容易在强酸条件下发生环的破裂，所以磺化时用吡啶三氧化硫。例如：

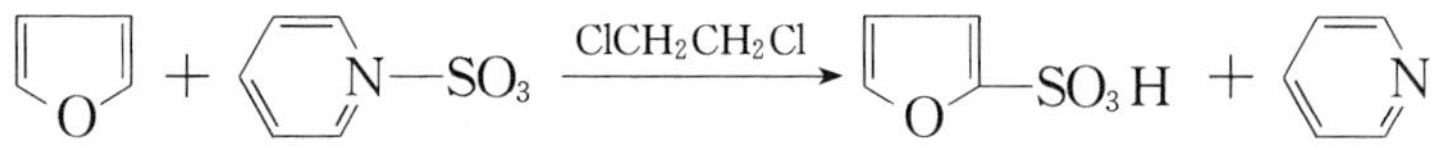

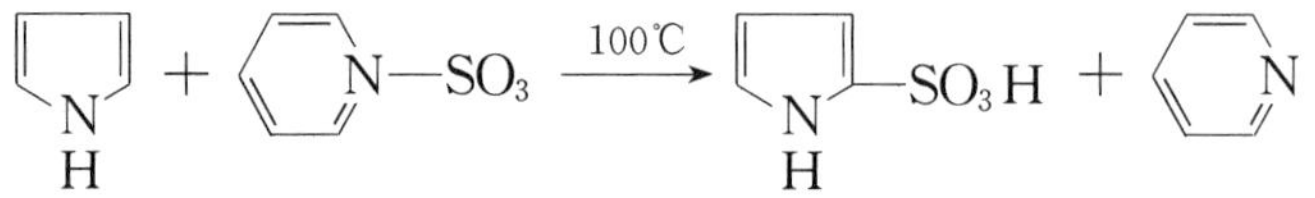

噻吩比较稳定，可用浓硫酸磺化，室温下即可发生反应，生成 2-噻吩磺酸。反应式如下：

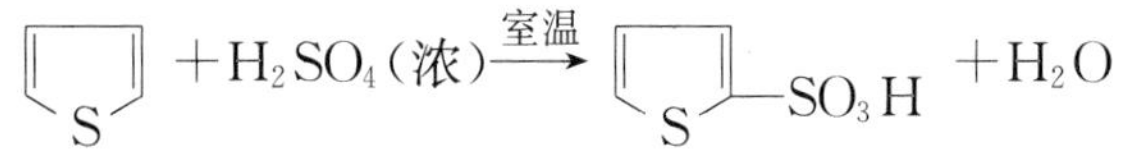

苯在同样条件下不发生反应，因此可利用此性质从含少量噻吩的苯中除去噻吩。

吡啶磺化比较困难。例如：

β-吡啶磺酸

二、氧化反应

吡咯等五元杂环化合物，其环上的电子云密度比较大，所以容易被氧化。氧化常导致环的破裂和聚合物的形成，特别是在酸性条件下，由于 H^+ 与氮、氧、硫上的孤对电子结合，破坏了芳香结构，使环具有环烯的性质，氧化反应更容易发生。所以硝化和磺化反应不宜用强酸性试剂。

吡啶比苯环更稳定，比苯更难氧化，但在氧化剂的作用下，含 α 氢的侧链能被氧化。例如：

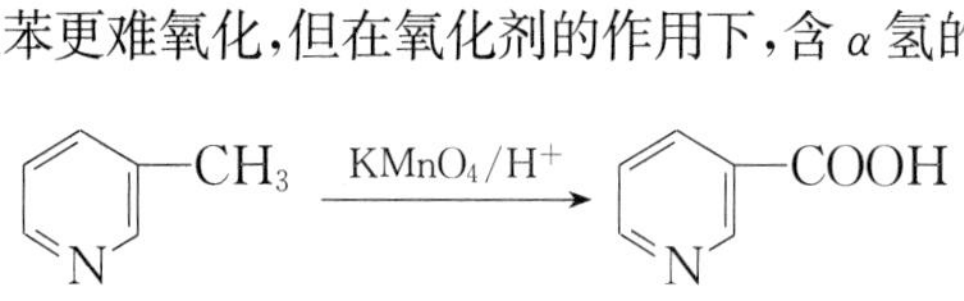

β-吡啶甲酸（烟酸）

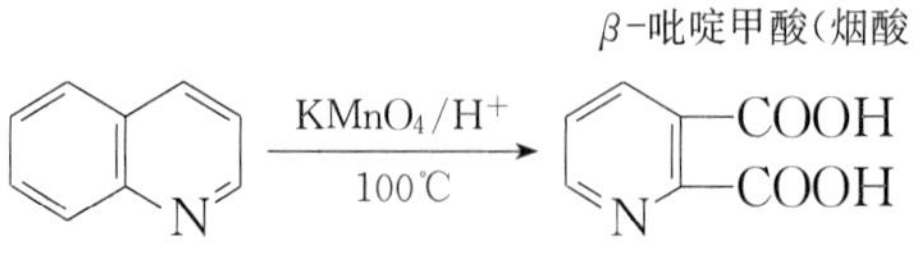

2，3-吡啶二甲酸

三、加成反应

五元杂环化合物在加热、加压及催化剂作用下，发生加氢反应。例如：

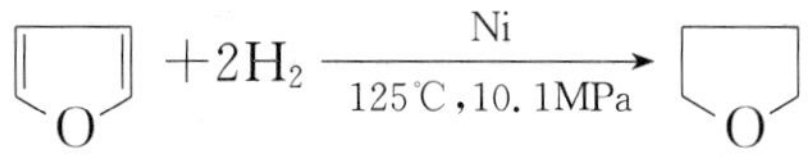

四氢呋喃

吡啶较苯容易加氢，用铂作催化剂，在常温常压下得到六氢吡啶，产率较高。反应式如下：

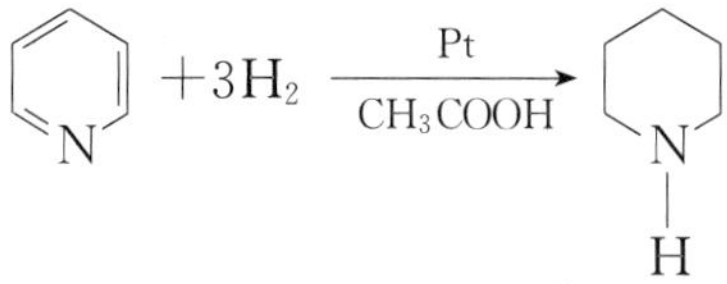

六氢吡啶

四氢呋喃为无色液体，沸点为 65℃，是一种优良的溶剂(THF)和重要的合成原料，常用于制备己二酸、己二胺。六氢吡啶又称哌啶，为无色、具有特殊气味的液体，沸点为106℃，易溶于水，它的碱性比吡啶大，化学性质和脂肪胺类似，常用作溶剂及有机合成原料。

四、酸碱性

吡咯从形式上看，是一个环状的仲胺，但因其氮原子上孤对电子参与了共轭，减弱了吸引 H^+ 的能力，所以碱性极弱，一般不能形成稳定的盐。其碱性如下：

碱性：

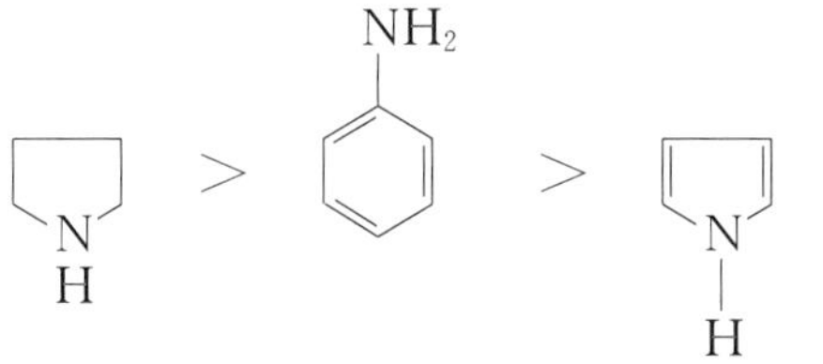

$K_b^\ominus$：　2×10^{-4}　3.8×10^{-10}　2.5×10^{-14}

另一方面，吡咯能与钾、钠或固体氢氧化钾、氢氧化钠作用，生成盐，所以吡咯具有弱酸性。例如：

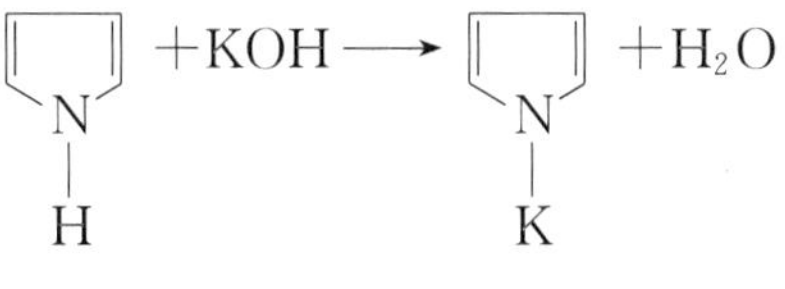

吡咯钾盐遇水即分解，常用来合成吡咯的衍生物。吡咯具有弱酸性，是因为失去质子后所生成的  离子存在共轭效应，电子离域，负电荷分散，稳定。

吡啶氮原子上的一对孤对电子未参与共轭，所以能接受质子，它是一个弱碱。它的水溶液能使石蕊试纸变蓝，碱性比苯胺强，但比脂肪胺和氨弱：

碱性：　$(CH_3)_3N>NH_3>$ 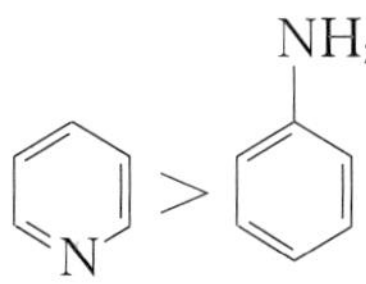

$pK_b^\ominus$：　4.2　4.8　8.8　9.4

和苯胺类似，吡啶能与酸结合成盐，也能与卤化物等形成季铵盐。例如：

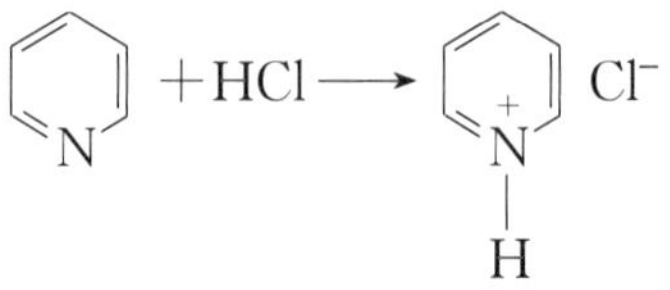

吡啶盐酸盐

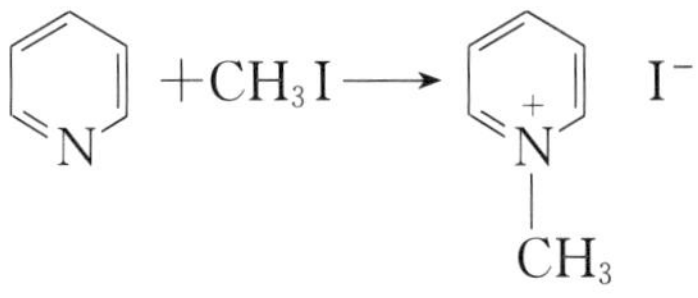

碘化-*N*-甲基吡啶

高级卤代烷与吡啶生成的盐可作阳离子表面活性剂。例如：

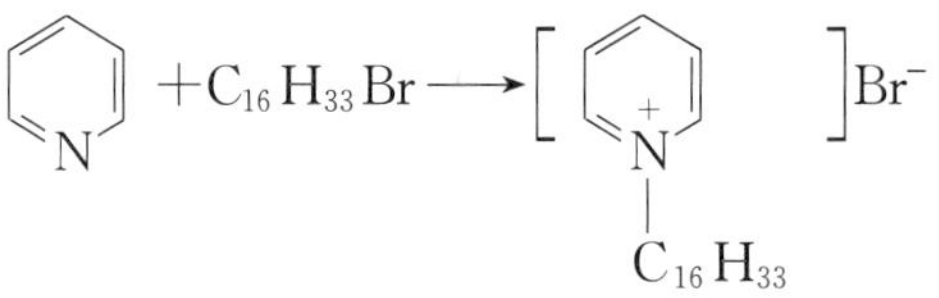

第三节　重要的杂环化合物

一、*α*-呋喃甲醛

α-呋喃甲醛是呋喃的一种重要衍生物，最初由米糠和稀酸共热制得，所以又叫做糠醛。纯的糠醛为无色液体，沸点为162℃，熔点为−36.5℃，可溶于水，并能与醇、醚混溶，是一种优良的溶剂，也是有机合成的重要原料。在空气中因氧化，颜色逐渐变深：由黄色→棕色→黑褐色。

糠醛是不含*α*氢的醛，其化学性质与苯甲醛相似。例如，可以发生银镜反应，在浓碱条件下发生康尼查罗(Cannizzaro)反应：

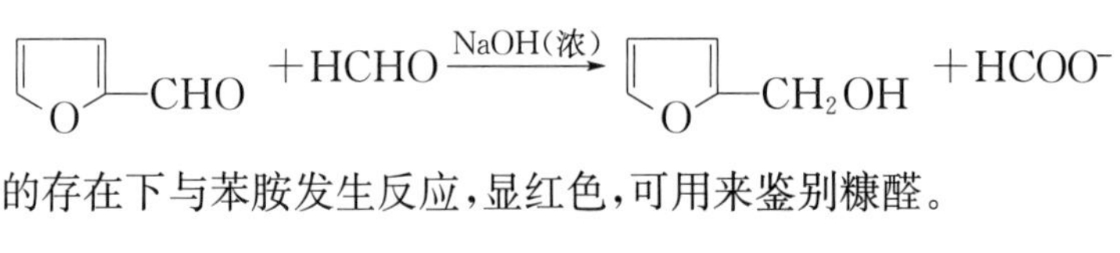

糠醛在乙酸的存在下与苯胺发生反应，显红色，可用来鉴别糠醛。

二、吲哚

吲哚(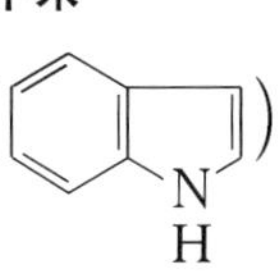)为结晶固体，沸点为235℃，熔点为52℃，可溶于热水、乙醇及乙醚中。它存在于煤焦油中，蛋白质腐败时也有吲哚产生。纯吲哚在浓度极稀时，有花香味，用于香

料工业。

β-羟基吲哚是吲哚的重要衍生物，为黄色结晶固体，熔点为85℃，它有烯醇式和酮式两种异构体，两种异构体以互变形式同时存在：

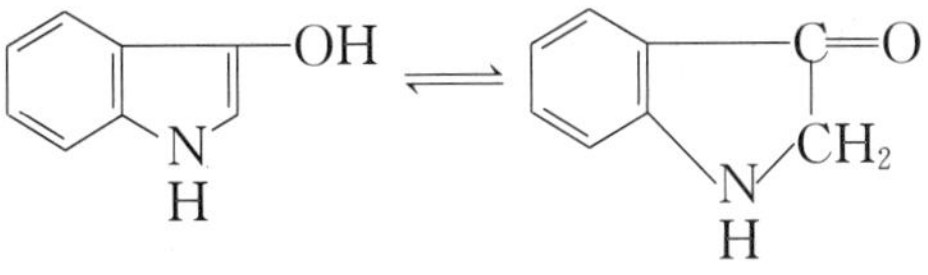

烯醇式　　　　酮式

β-羟基吲哚在空气中氧化生成靛蓝，氧化时是酮式异构体参与反应：

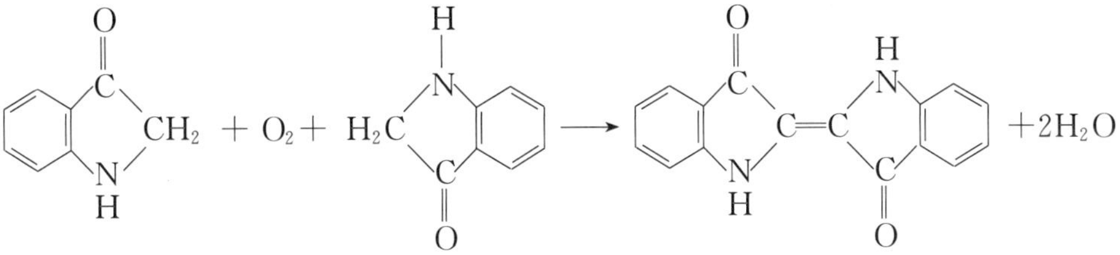

靛蓝

靛蓝是最早发现的天然染料之一，为深蓝色固体，熔点为390～392℃，能升华。靛蓝不溶于水、乙醇及乙醚，但能溶于氯仿、硝基苯和苯胺。染色时，必须先用保险粉（$Na_2S_2O_4$）在碱溶液中将靛蓝还原成溶于水的靛白，染色后再用空气氧化，所以靛蓝属于还原染料。反应式如下：

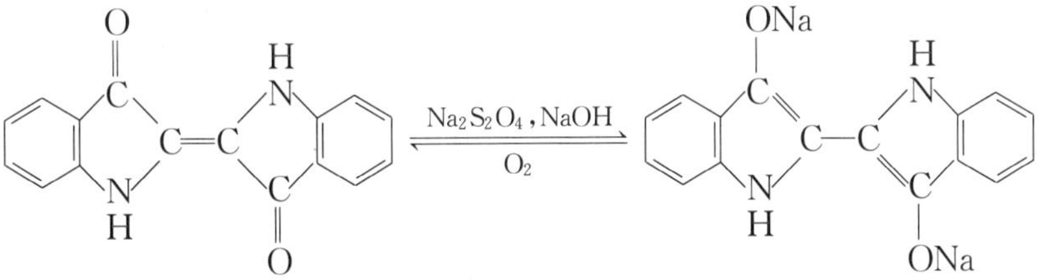

靛白（溶于水）

三、喹啉

喹啉（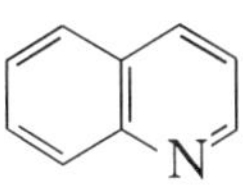）为无色油状液体，沸点为238℃，难溶于水，易溶于有机溶剂中，有恶臭。喹啉的化学性质与吡啶相似，也是叔胺，有弱碱性，能与强酸作用生成盐，与卤代烷作用生成季铵盐。喹啉分子中，由于氮原子的吸电子作用，亲电试剂比较容易进攻喹啉中的苯环部分，例如：

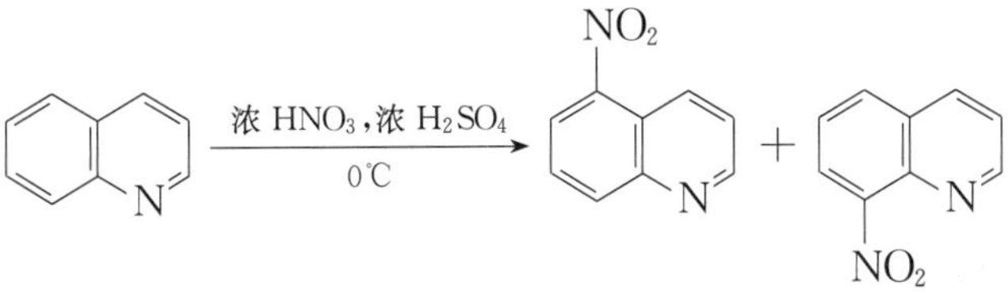

8-羟基喹啉(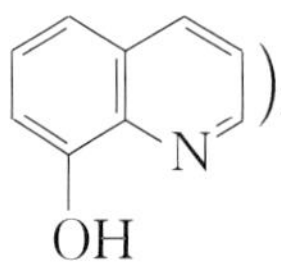)是喹啉的重要衍生物，其特点是分子中的羟基上有一个能被金属离子取代的氢原子。此外，其杂环上的氮原子能提供一对未共用电子对与金属离子形成一个配位键。因此，8-羟基喹啉能与 Mg、Al、Mn、Fe、Cd、Ni、Cu 等金属离子配合形成配合物，而难溶于水，在分析化学中用于测定这些离子。

四、三氯均三嗪

含有 3 个氮原子的六元单杂环称三嗪。3 个氮原子相互在间位，称为均三嗪或称 1,3,5-三嗪。三氯均三嗪是其重要的衍生物。其构造式为：

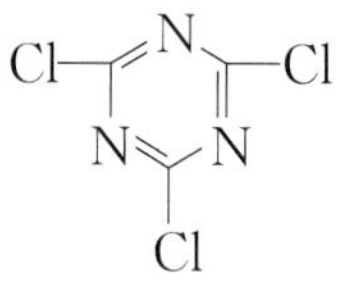

三氯均三嗪

三氯均三嗪也称三聚氯氰，是重要的染料中间体。如果用 D—NH_2 表示含有氨基的染料母体，这个氨基与活性基三聚氯氰中的氯原子进行部分氨解反应，就生成了活性染料。由于三聚氯氰上的碳原子分别与氮及氯相连，氮和氯的电负性都比碳大，因此该碳原子带部分正电荷，纤维素分子中的羟基或羊毛分子中的氨基就容易与其发生亲核反应，染料和纤维之间形成化学键，大大提高了染色牢度。

活性染料及其染色原理可用下列示意式表示：

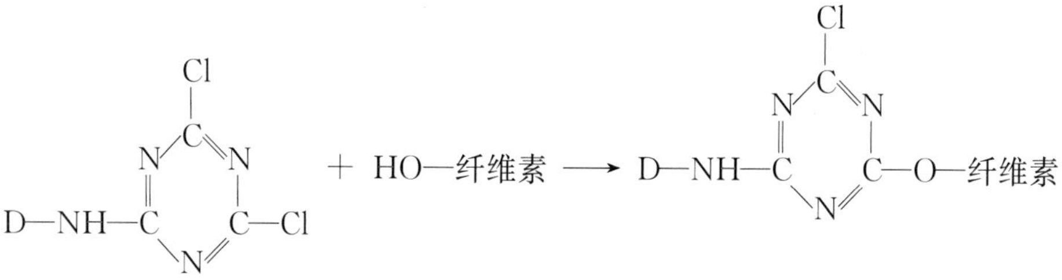

或

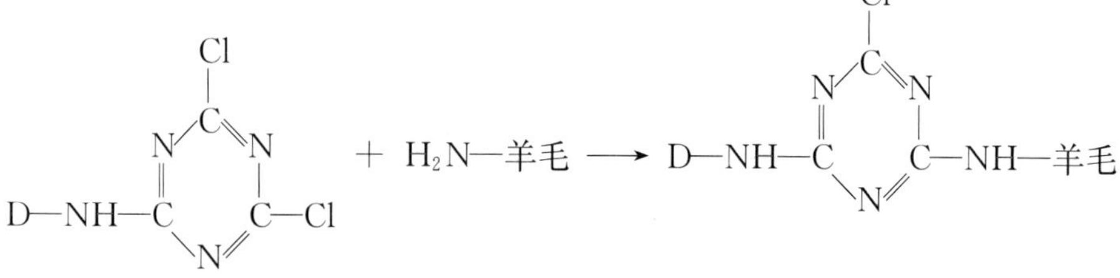

复习指导

1. 杂环化合物的分类和命名

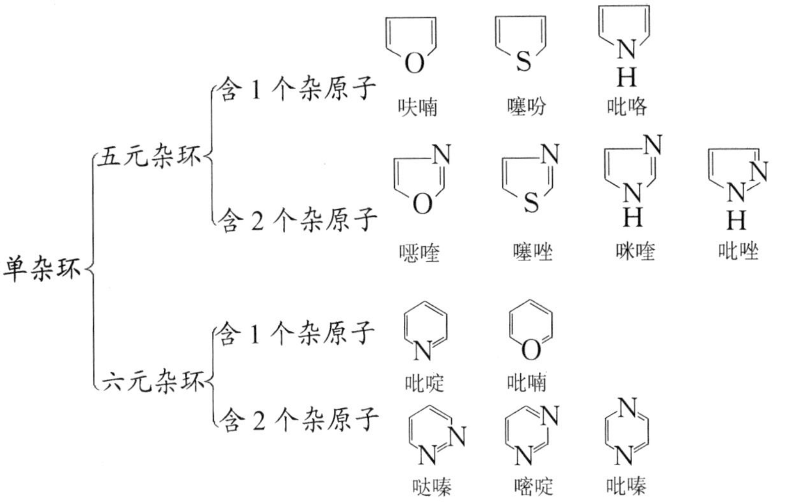

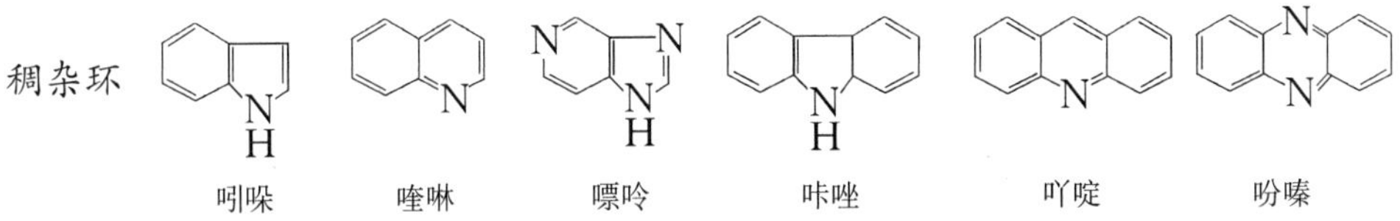

当杂环上有取代基时，命名以杂环为母体；但当环上连有$—SO_3H$、—CHO、—COOH 等基团时，则把杂环当作取代基。杂环上的编号从杂原子开始，顺着环编号。当环上含有 2 个或 2 个以上相同杂原子时，从连有取代基或氢原子的杂原子开始编号，并使杂原子的位号和最小。当含有不相同的杂原子时，则按氧、硫、氮顺序依次编号。

2. 杂环化合物的性质

杂环化合物
- ①取代反应
  - a. 卤代：比苯容易
  - b. 硝化：使用比较缓和的试剂，如乙酰基硝酸酯（CH_3COONO_2）
  - c. 磺化
- ②氧化反应：氧化导致环的破裂和聚合物的形成，特别是在酸性条件下
- ③加成反应：五元杂环化合物在加热、加压及催化剂作用下，发生加氢反应
- ④酸碱性：碱性极弱，一般不能形成稳定的盐；具有弱酸性

思考题与习题

1. 命名下列化合物：

(1) 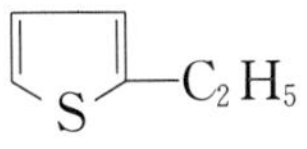

(2) 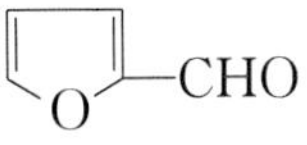

(3) 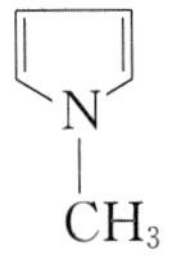

(4) 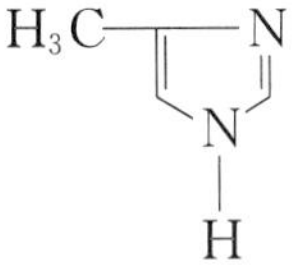

2. 写出下列化合物的构造式：

(1)烟酸 (2)8-羟基喹啉 (3)四氢呋喃 (4)哌啶

3. 完成下列反应式：

(1) 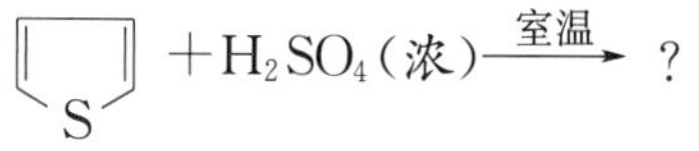

(2) 

(3) 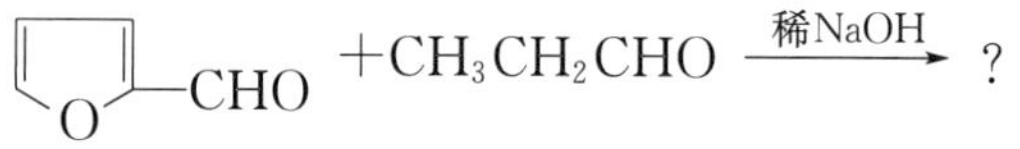

(4) 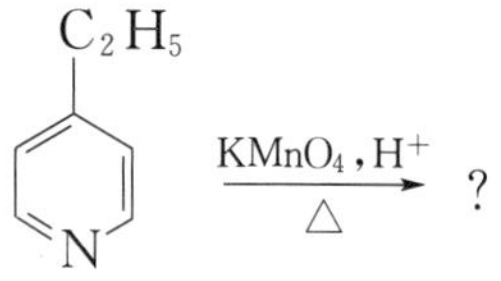

4. 用适当的化学方法，将下列混合物中的少量杂质除去：

(1)甲苯中混有少量的吡啶

(2)苯中混有少量的噻吩

5. 某化合物其分子式为 C_6H_6OS，它不发生银镜反应，但能与羟胺作用生成肟，与次氯酸钠作用生成 α-噻吩甲酸。试推测该化合物的构造式。

参考文献

[1] 徐寿昌. 有机化学[M]. 北京：高等教育出版社，1982.

第十一章　高分子化合物

高分子化合物，又称高聚物，它们的分子是由千百个原子以共价键相互连接而成的大分子，相对分子质量大（通常在几千到几十万），且具有多分散性。

高分子化合物通常分为天然和人工合成两大类。淀粉、纤维素（棉、麻）、蛋白质（羊毛、蚕丝、酶）、天然橡胶等都是动、植物体内形成的天然高分子化合物；塑料、合成纤维、合成橡胶等是人工合成的高分子化合物，称为三大合成材料。随着生产和科学技术的发展，以及人民生活需求的增长，各种性能优异的合成高分子材料不仅在日常生活的各个方面，而且在工业、农业、国防、交通运输和医学上都得到了广泛的应用。合成高分子化合物作为特殊性能的结构材料和具有特殊物理和化学功能以及生物功能的功能材料，也发展得很快。所有纺织纤维的基本组成物质都是高分子化合物[1]。

第一节　氨基酸

一、氨基酸的分类和命名

分子中含有氨基的羧酸叫做氨基酸。根据分子中氨基与羧基的相对位置，可分为 α-氨基酸、β-氨基酸、γ-氨基酸等。例如：

α-氨基酸　　β-氨基酸　　δ-氨基酸

氨基酸中所含氨基与羧基数目相等的称为中性氨基酸，羧基的数目多于氨基的称为酸性氨基酸，氨基的数目多于羧基的称为碱性氨基酸。这三类氨基酸分子中除了氨基与羧基以外，有的还含有羟基、硫基、芳香环或杂环等。

天然氨基酸在化学结构上都具有共同特点，即在羧基邻位 α 碳原子上有一个氨基，因此称为 α-氨基酸，用下式表示：

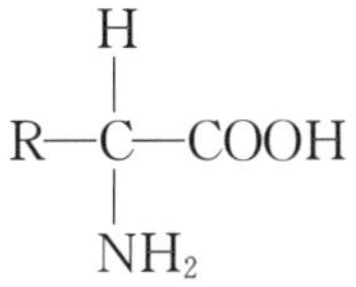

目前已分离出近二百种天然 α-氨基酸，但是参与蛋白质组成的 α-氨基酸只有 20 种，其余

的都是新陈代谢的产物或中间体。表 11－1 列出了蛋白质中存在的 20 种 α－氨基酸，其中带 * 的为人体必需的氨基酸。

表 11－1　蛋白质中存在的氨基酸及其物理常数[2]

构　造　式	名　称（英文名称）	缩　写	分解温度(℃)	溶解度(25℃)(%)	$[\alpha]_D^{25}$	pI
$H-\overset{NH_2}{CH}COOH$	甘氨酸 (Glycine)	Gly(甘)	233	25	—	5.97
$H_3C-\overset{NH_2}{CH}COOH$	丙氨酸 (Alanine)	Ala(丙)	297	16.7	+8.5°	6.02
$CH_3\overset{CH_3}{CH}-\overset{NH_2}{CH}COOH$	缬氨酸* (Valine)	Val(缬)	315	8.9	+13.9°	5.97
$CH_3\overset{CH_3}{CH}CH_2-\overset{NH_2}{CH}COOH$	亮氨酸* (Leucine)	Leu(亮)	293	2.4	−10.8°	5.98
$CH_3CH_2\overset{CH_3}{CH}-\overset{NH_2}{CH}COOH$	异亮氨酸* (Isoleucine)	Ile(异亮)	284	4.1	+11.3°	6.02
$CH_3SCH_2CH_2-\overset{NH_2}{CH}COOH$	蛋氨酸* (Methionine)	Met(蛋)	280	3.4	−8.2°	5.75
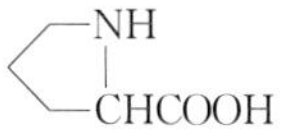	脯氨酸 (Proline)	Pro(脯)	220	162	−85.0°	6.10
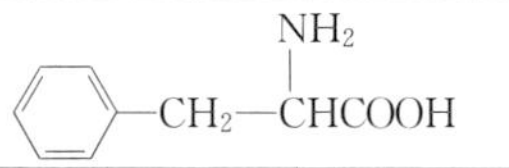	苯丙氨酸* (Phenylalanine)	Phe(苯丙)	283	3.0	−35.1°	5.88
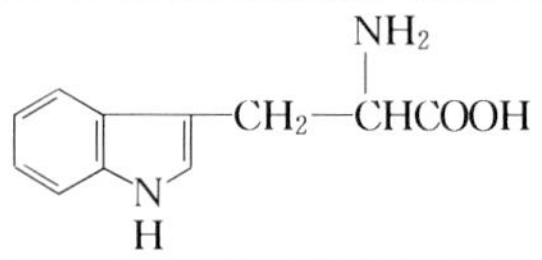	色氨酸* (Tryptophane)	Try(色)	289	1.1	−31.5°	5.88
$HOCH_2-\overset{NH_2}{CH}COOH$	丝氨酸 (Serine)	Ser(丝)	228	5.0	−6.8°	5.68
$CH_3\overset{OH}{CH}-\overset{NH_2}{CH}COOH$	苏氨酸* (Threonine)	Thr(苏)	225	很大	−28.3°	5.63
$HSCH_2-\overset{NH_2}{CH}COOH$	半胱氨酸 (Cysteine)	Cys(半胱)	—	—	+6.5°	5.02
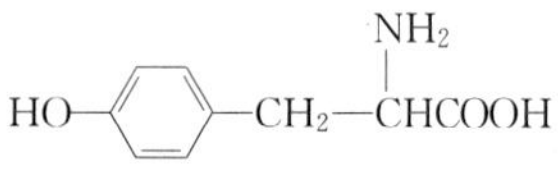	酪氨酸 (Tyrosine)	Tyr(酪)	342	0.04	−10.6°	5.65
$H_2N\overset{O}{\overset{\Vert}{C}}CH_2-\overset{NH_2}{CH}COOH$	天冬酰胺 (Asparagine)	Asn [天冬(NH$_2$)]	234	3.5	−5.4°	5.41
$H_2N\overset{O}{\overset{\Vert}{C}}CH_2CH_2-\overset{NH_2}{CH}COOH$	谷氨酰胺 (Glutamine)	Gln [谷氨(NH$_2$)]	185	3.7	+6.1°	5.65

续表

构 造 式	名 称 （英文名称）	缩 写	分解温度（℃）	溶解度 （25℃）（%）	$[\alpha]_D^{25}$	p*I*
$HO\overset{\overset{O}{\|}}{C}CH_2-\overset{\overset{NH_2}{\|}}{C}HCOOH$	天冬氨酸 （Aspartic acid）	Asp（天冬）	270	0.54	+25.0°	2.87
$HO\overset{\overset{O}{\|}}{C}CH_2CH_2-\overset{\overset{NH_2}{\|}}{C}HCOOH$	谷氨酸 （Glutamic acid）	Glu（谷）	247	0.86	+31.4°	3.22
$H_2N(CH_2)_4\overset{\overset{NH_2}{\|}}{C}HCOOH$	赖氨酸* （Lysine）	Lys（赖）	225	很大	+14.6°	9.74
$H_2N\overset{\overset{NH}{\|}}{C}NH(CH_2)_3\overset{\overset{NH_2}{\|}}{C}HCOOH$	精氨酸 （Arginine）	Arg（精）	244	15	+12.5°	10.76
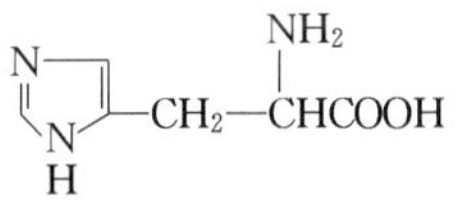	组氨酸 （Histidine）	His（组）	287	4.2	−39.7°	7.58

注 $[\alpha]_D^{25}$ 为比旋光度。

天然氨基酸多按基本来源或性质而命名，如天冬氨酸最初从天冬的幼苗中发现，甘氨酸是因具有甜味而得名。

氨基酸的系统命名法是以羧酸为母体，氨基及其他羟基等基团作为取代基来命名。例如：

$$HOOC-CH_2-CH_2\underset{\underset{NH_2}{|}}{CH}-COOH \qquad \underset{\underset{NH_2}{|}}{CH_2}COOH$$

2-氨基戊二酸（谷氨酸）　　　2-氨基乙酸（甘氨酸）

二、氨基酸的性质

大多数天然氨基酸为高熔点的无色晶体，少数为黏稠液体，易溶于水，而难溶于非极性有机溶剂。

（一）两性及等电点

氨基酸分子中含有碱性的氨基、酸性的羧基，因此它们具有两性性质。氨基酸在一般情况下不是以游离的羧基或氨基存在的，而是两性电离，在固态或水溶液中形成内盐：

$$H_2N-\underset{\underset{R}{|}}{CH}-COO^- \underset{OH^-}{\overset{H^+}{\rightleftharpoons}} H_3\overset{+}{N}-\underset{\underset{R}{|}}{CH}-COO^- \underset{OH^-}{\overset{H^+}{\rightleftharpoons}} H_3\overset{+}{N}-\underset{\underset{R}{|}}{CH}-COOH$$

负离子（pH>p*I*）　　　偶极离子或内盐（pH=p*I*）　　　正离子（pH<p*I*）

在氨基酸分子中羧基和氨基的离子化程度是不相同的，即使是中性氨基酸，两者的离子化程度也不相同。调节溶液的 pH 值至一定数值时，氨基酸所带正、负电荷相等，在电场中既不向阴极移动，也不向阳极移动，即氨基与羧基的电离程度相等，氨基酸以偶极离子存在，此时氨基酸分子呈电中性，溶液的 pH 值就是该氨基酸的等电点（以 p*I* 表示）。不同的结构使氨基酸各有其特有的等电点，通常，中性氨基酸 p*I* 在 5～6.5 之间，酸性氨基酸 p*I* 在 2.8～3.2 之间，碱性氨基酸 p*I* 在 7.6～10.8 之间。故氨基酸在强酸性溶液中都以正离子形式存在，在电场中向阴极移动；在强碱溶液中，都以负离子形式存在，在电场中向阳极移动。究竟哪一种形式占优势，则取决于氨基酸的结构和溶液的 pH 值（表 11－1）。

各种氨基酸在其等电点时，溶解度最低，因而利用调节等电点的方法，可以从氨基酸的混合液中分离出不同的氨基酸。

（二）受热反应

氨基酸分子中氨基与羧基的位置不同，受热后发生不同的反应。

α－氨基酸受热时，两个 α－氨基酸分子的羧基与氨基发生两两失水，形成交酰胺。如丙氨酸受热脱水：

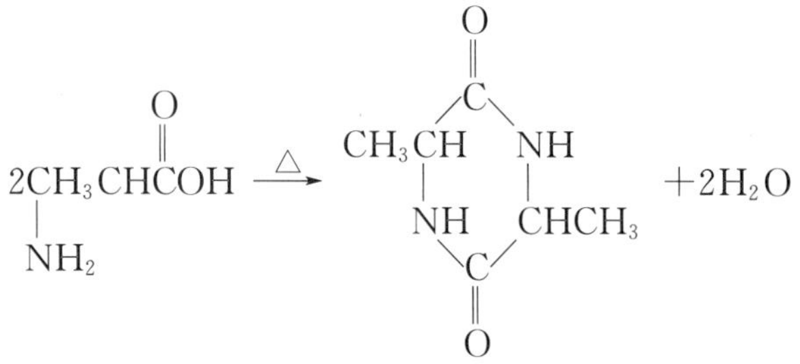

β－氨基酸受热时，失去氨分子，形成 α,β－不饱和酸。如 3－氨基丁酸受热：

$$CH_3-\underset{\displaystyle NH_2}{\underset{|}{CH}}-CH_2-COOH \xrightarrow{\triangle} CH_3-HC=CH-COOH+NH_3$$

γ 或 δ－氨基酸受热时，分子内氨基与羧基失水，形成内酰胺。如 δ－氨基戊酸受热：

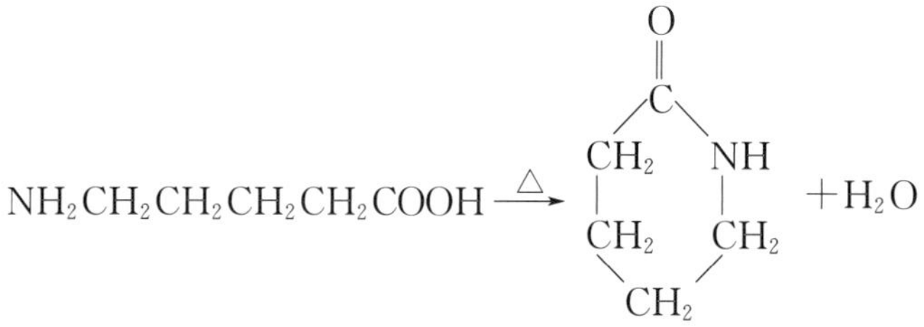

δ－氨基戊酸　　　　δ－戊内酰胺

而当氨基与羧基之间的距离更远时，受热后可以发生多个—NH_2 与—COOH 失水，生成聚酰胺：

$$nH_2N+CH_2\text{)}_m COOH \xrightarrow{\triangle}$$

$$H_2N+CH_2\text{)}_m\overset{\displaystyle O}{\overset{\|}{C}}\text{[}NH+CH_2\text{)}_m\overset{\displaystyle O}{\overset{\|}{C}}\text{]}_{n-2}+CH_2\text{)}_m COOH$$

由 ε－氨基己酸形成的聚酰胺，叫做锦纶 6。锦纶 6 和锦纶 66 是用途比较广的品种，除用于制袜子、衬衣、内衣等纤维材料外，也可用于制造降落伞、渔网、绳索、刷子等产业用品。

(三)颜色反应

α-氨基酸与茚三酮水溶液一起加热,能生成蓝紫色的有色物质。这是鉴别α-氨基酸常用的方法之一。这个反应也叫茚三酮反应。大多数的α-氨基酸(除脯氨酸外)都有此反应。

第二节 蛋白质

蛋白质是典型的天然高分子化合物,其种类繁多,化学结构极其复杂,生理功能众多,但其结构已搞清楚的不多。蛋白质的相对分子质量一般都在一万以上,有的高达数百万。

在纺织材料中,毛(羊毛、驼毛、兔毛、牛毛、马毛等)、蚕丝(桑蚕丝和柞蚕丝)属蛋白质纤维,是高档服装材料。

一、蛋白质的组成、分类和结构

蛋白质的组成因其来源不同而相异。经元素分析,除了含 C、H、O、N 元素外,还含有 S,少数的还含有 P、Cu、Mn、Zn,个别的蛋白质还含有 I 元素。

蛋白质可被酸、碱和酶催化水解,α-氨基酸是蛋白质水解的最终产物,因此,α-氨基酸是组成蛋白质的基本单位。

蛋白质有多种分类方法。按其化学组成的不同可分为:

(1)单纯蛋白质。它是由多肽组成的,其水解最终产物是α-氨基酸。如白蛋白、球蛋白、谷蛋白、丝蛋白等。

(2)结合蛋白质。它是由单纯蛋白质与非蛋白质部分结合而成的。非蛋白质部分称为辅基。结合蛋白质按辅基的不同又可分为:与核酸结合的核蛋白,与糖类结合的糖蛋白,与血红素结合的血红蛋白等。

按其形状不同可分为:

(1)纤维状蛋白质。纤维状蛋白质的分子呈一条条长线,通过氢键相互连接,呈纤维束状并列在一起,分子链间作用力很大,因此不溶于水。纤维状蛋白质是动物组织的主要结构材料,如构成皮肤、头发、指甲、羊毛和羽毛的角蛋白,构成腱、骨的胶原蛋白,构成蚕丝的丝蛋白等。

(2)球状蛋白质。球状蛋白质的分子常折叠成一团团的球状,疏水基团聚集在球内部,亲水基团分布在球的表面,氢键主要在分子内形成,分子链间作用力较弱,因此水溶性较大。球状蛋白质对生命过程有维护和调节作用,如所有的酶、调节糖代谢的胰岛素、抵御外来有机体的抗体、输送氧气的血红蛋白以及使血浆凝结的血纤蛋白等,都是由球状蛋白质构成的。

蛋白质的结构可分为一级结构、二级结构、三级结构和四级结构。一级结构也叫初级结构,它是指各种氨基酸按一定的排列顺序构成蛋白质肽链骨架,也称分子结构,是蛋白质的基本结构。二级结构是指蛋白质的长肽链中邻近基团的空间关系,即空间的形态(分子构象)。其他可统称为高级结构,比较复杂,在此不作讨论。

二、蛋白质的性质[2]

蛋白质与氨基酸有许多相类似的性质，如两性电离、等电点等。但蛋白质是一种高聚物，有些性质与氨基酸不同。

(一)两性和等电点

蛋白质分子除了分子链两端有游离的氨基酸和羧酸外，在侧链上还有氨基、羧基、胍基和酚基等，它们在一定的 pH 值下都能离解为带电基团，而使蛋白质带电。调节溶液的 pH 值，使蛋白质的净电荷为零，这时蛋白质的颗粒便以偶极离子状态存在，在电场中既不向阳极移动，也不向阴极移动。此时溶液的 pH 值即为该蛋白质的等电点。在 pH 值小于等电点的溶液中，蛋白质带正电荷；在 pH 值大于等电点的溶液中，蛋白质带负电荷：

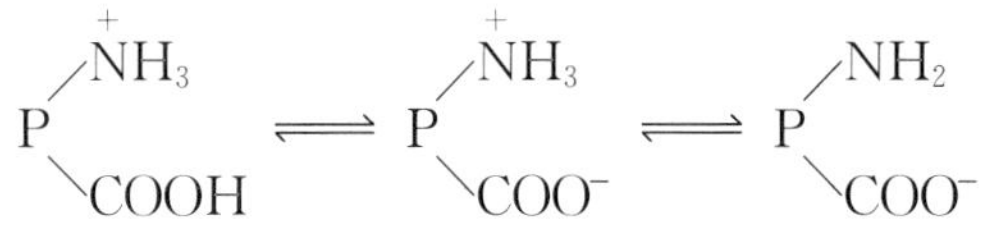

蛋白质正离子 (pH<p*I*)　　蛋白质偶极离子 (pH=p*I*)　　蛋白质负离子 (pH>p*I*)

各种蛋白质具有特定的等电点，这与它所含氨基酸的种类和数量有关，也就是所含的酸性和碱性氨基酸的比例有关。含酸性和碱性氨基酸数目相近的蛋白质属中性蛋白质，等电点大多为中性偏酸；含碱性氨基酸较多的蛋白质，等电点偏碱；含酸性氨基酸较多的蛋白质，等电点偏酸。

等电点时蛋白质颗粒净电荷为零，颗粒之间互相易碰撞而成较大的颗粒，出现沉淀，因此蛋白质在等电点时溶解度最小。利用各种蛋白质的等电点不同，可分离提取蛋白质。表 11－2 列出了几种蛋白质的等电点。

表 11－2　一些蛋白质的等电点

蛋白质名称	等电点(p*I*)	蛋白质名称	等电点(p*I*)
桑蚕丝素蛋白	2.5～5.2	明　胶	4.8
桑蚕丝胶蛋白	3.5～4.2	血红蛋白	6.7～6.8
柞蚕丝胶蛋白	4.2	胰岛素	5.3～5.4
羊毛角蛋白	4.2～3.8	胃蛋白酶	约 10

蛋白质的两性性质和等电点在生产实践中有极其重要的意义。例如在丝纤维的脱胶过程中，要调节溶液的 pH 值，使其远离丝蛋白的等电点，以使丝胶易溶解而达到脱胶的目的。

(二)盐析

蛋白质是大分子化合物，分子颗粒的直径为 0.1～0.001μm，呈胶体性质。在蛋白质中加入无机盐，如硫酸铵、硫酸钠、氯化钠等，可使蛋白质从溶液中沉淀出来，这种作用称为盐析。

盐析是一个可逆过程，盐析出来的蛋白质可再次溶于水而不影响蛋白质的性质。不同的盐对不同的蛋白质作用也不同，同一种盐对不同蛋白质的作用也不同。因此，利用盐析，可分离不同的蛋白质。

(三)变性

蛋白质的变性是指受物理或化学因素的影响,蛋白质的空间结构遭到破坏,从而引起蛋白质物理化学和生物性能的改变。

影响蛋白质变性的因素很多,如紫外线照射、超声波处理、加热、强酸、强碱、重金属盐、尿素和乙醇、丙酮等。蛋白质变性后,溶解度降低、黏度增加、生物活性丧失。如生活中常见的鸡蛋受热凝固就是蛋白质的变性现象。

了解蛋白质的变性原理对于工业生产和科学实验有着重要意义。如纺织印染厂中,利用淀粉酶(由蛋白质组成)使织物上所有的淀粉浆退浆。为了防止酶变性,并能充分发挥水解时酶的催化作用,一般将温度控制在 40～50℃,pH 值在 6～7 之间。温度、pH 值太高,会使淀粉酶失去活性。在此过程中,应避免采用某些会产生重金属离子的金属器械,以免使酶失去活性。

(四)颜色反应

蛋白质可以与某些试剂作用,生成具有特征颜色的物质,利用这些反应可鉴别蛋白质和测定蛋白质的含量。

1. 黄色反应

某些蛋白质遇硝酸后即变成黄色,称黄色反应。黄色反应是由于蛋白质中含有苯环的氨基酸(如酪氨酸、苯丙氨酸、色氨酸),在其苯环上发生了硝化反应。各种动物的皮肤遇浓硝酸变成黄色,就是这种反应引起的。

2. 缩二脲反应

蛋白质中加入碱和少量硫酸铜,有紫色生成。这个反应是由于蛋白质分子中具有肽键的缘故。而氨基酸不发生缩二脲反应,因此利用缩二脲反应可鉴别蛋白质。例如在用蚕蛹或废丝蛋白综合利用制取氨基酸时,可利用此反应来检查蛋白质水解反应程度。

3. 水合茚三酮反应

蛋白质与 α-氨基酸一样,能与水合茚三酮反应,加热后呈现深蓝色,放冷后变为红色,反应灵敏。一般十万分之一的浓度,即可有此变色现象。

三、酶

酶是一种有生物活性的天然蛋白质分子,是化学反应中常用的催化剂,也是生物体内的催化剂。酶可以分为单纯酶和结合酶两类,单纯酶的催化活性由蛋白质结构决定;而结合酶的催化活性,除蛋白质部分外,还需要非蛋白质物质,这种非蛋白质物质就称为酶的辅助因子,简称辅酶。辅酶是相对分子质量低的有机物或某些金属元素,而除去辅酶后剩余的部分则称为酶蛋白。一般来说,辅酶对热稳定,酶蛋白对热不稳定。

1. 酶的分类

酶的种类很多,名称复杂,按催化反应的类型分类:

(1)水解酶:催化水解反应(如淀粉酶、某些纤维素酶、蛋白酶、脂肪酶)。

(2)氧化还原酶:能促进作用物氧化—还原的酶类(如细胞色素氧化酶)。

(3)转移酶:催化一个底物分子的某一基团转移到另一底物分子上去(如转氨酶)。

(4)裂解酶:促进一种化合物分裂为两种化合物,或两种化合物合成一种化合物的反应(如碳酸酐酶、某些纤维素酶、双氧水去除酶)。

(5)异构酶:促进异构化反应(如磷酸葡萄糖异构酶)。

(6)连接酶(合成酶):促进两分子连接起来,同时使 ATP(或其他三磷酸核苷)中的高能磷酸键断裂,转变成 ADP 和无机磷酸盐,或 AMP 和焦磷酸(如谷氨酰胺合成酶)。

2. 酶的特性

作为生物催化剂的酶,它们或多或少都具有下列特性:

(1)催化效率高。酶具有一般催化剂的共性,能促进某一反应的速率,但其催化效率比一般催化剂高 10^8~10^{10} 倍。

(2)催化反应的高度专一性(化学选择性)。酶常常只对某一种物质的反应具有催化作用。如双氧水去除酶只能使双氧水分解为水和氧气。

(3)一般在温和条件下进行催化反应。如大多数酶在 pH 值为 4.5~7.5、35~60℃催化作用很好。如纤维素酶在 pH 值为 4.5~6.0、45~60℃发生催化作用。

(4)条件剧烈变化下会失去活性。如大多数酶在 pH 值、温度剧烈变化下会失去活性,和绝大多数蛋白质一样,重金属离子会使酶蛋白失去活性。

自古人类社会就已开始利用酶来酿酒、制乳酪等。随着分子生物学的进步,酶的功能可以根据不同系统所需而特制。如在纺织印染行业中,淀粉酶(α-淀粉酶)用于织物退浆(退除淀粉浆);蛋白酶用于丝绸精练脱除丝胶,也用于羊毛脱除鳞片;果胶酶用于亚麻或苎麻的脱胶及棉纤维去除果胶类杂质;过氧化氢酶可去除织物漂白后残余的过氧化氢;纤维素酶能使纤维素发生降解或水解作用,用于纤维素纤维减量、柔软、生物抛光和减少起毛、起球等。

第三节 糖 类

糖类又称为碳水化合物,是自然界中分布最广的一类天然有机化合物。碳水化合物含有碳、氢、氧三种元素,且许多碳水化合物中氢原子和氧原子的比例为 2∶1,从形式上把它们看成是由碳和水所组成的化合物,并因此称为碳水化合物,可用通式 $C_m(H_2O)_n$ 表示。后来人们发现有些性质上应属碳水化合物一类的化合物并不符合这一通式(如鼠李糖的分子式为$C_6H_{12}O_5$);而有些符合这一通式的也不一定是糖类(如乳酸的分子式为 $C_3H_6O_3$)。更为重要的是它们并不是碳的水合物。虽然,"碳水化合物"这一名称早已失去原来含义,但仍然在沿用。

从化学结构来看,碳水化合物是多羟基醛或多羟基酮类,以及能被水解成多羟基醛或多羟基酮的化合物。碳水化合物一般可以分为三类。

(1)单糖。不能再水解的多羟基醛或多羟基酮类。常见的单糖有葡萄糖、果糖等。

(2)低聚糖。水解后能生成 2~10 个分子单糖。其中水解后生成两分子单糖的又称为二糖;常见的二糖有蔗糖、麦芽糖等。

(3)多糖。水解后生成很多分子单糖。常见的有淀粉和纤维素。

一、单糖

(一)单糖的结构和构型

1. 葡萄糖的结构和构型

(1)开链式结构和构型。葡萄糖的分子式为 $C_6H_{12}O_6$，属多羟基的醛糖，其结构式是：

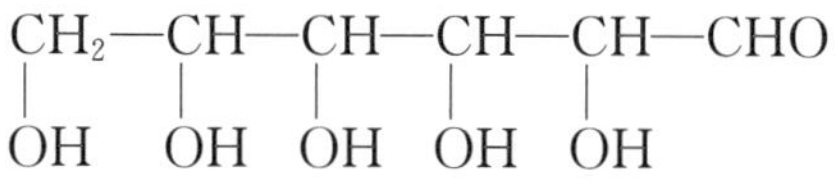

在自然界中得到的葡萄糖构型，用下列的费舍尔(Fischer)投影式表示：

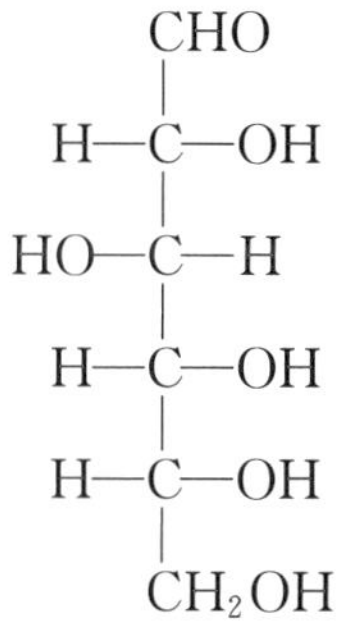

D(+)-葡萄糖

上述形式表示葡萄糖的构型，称为开链式。“D”表示其构型与D型的甘油醛相同。“+”表示其具有旋光性，且是右旋的。自然界存在的单糖大多是D型的，葡萄糖的开链式构型虽然说明了许多化学性质，但有些性质却无法说明。如D(+)-葡萄糖存在着两种异构体：一种熔点为146℃，比旋光度为+112°，称为α-D(+)-葡萄糖；另一种熔点为150℃，比旋光度为+19°，称为β-D(+)-葡萄糖。两者分别溶于水，经放置后，它们的比旋光度都逐渐变为+52.5°。这种比旋光度发生变化的现象称为变旋光现象。为更好地说明葡萄糖的性质，人们提出了葡萄糖的氧环式构型。

(2)氧环式构型(哈武斯式)。经研究，葡萄糖的哈武斯(Haworth)式是：

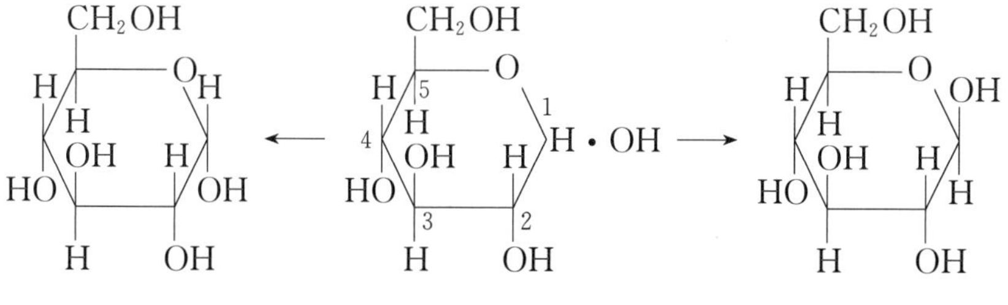

α-D(+)-葡萄糖（Ⅱ）　　D(+)-葡萄糖（Ⅰ）　　β-D(+)-葡萄糖（Ⅲ）

用平面交角形表示的氧环式称为哈武斯式。在写哈武斯式时，通常把氧原子写在右上角，碳原子编号按顺时针排列。1位上新形成的为苷羟基。苷羟基与C(5)上的羟甲基处在环的异侧者称为α-D(+)-葡萄糖，见(Ⅱ)；处于同侧者称为β-D(+)-葡萄糖，见(Ⅲ)。α型和β型是非对映异构体。在不需要表示 α 型还是 β 型时，用（Ⅰ）表示。

D－葡萄糖的氧环式结构，在水溶液中可与开链式平衡互变。所以，无论是 α－D(＋)－葡萄糖，还是 β－D(＋)－葡萄糖，将两者溶于水，其比旋光度都能最终变成＋52.5°。

2. 果糖的结构和构型

果糖的分子式与葡萄糖一样，也是 $C_6H_{12}O_6$。经研究，它是一种羰基在 C(2)上的多羟基酮，是己酮糖。其构造式和开链式构型为：

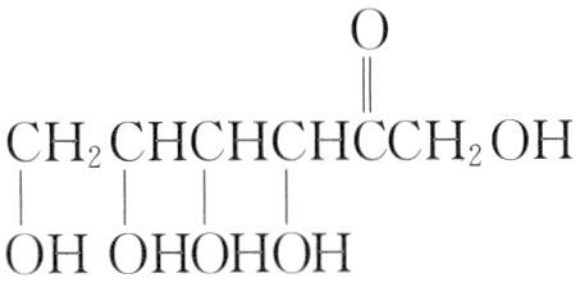

1,3,4,5,6－羟基－2－己酮

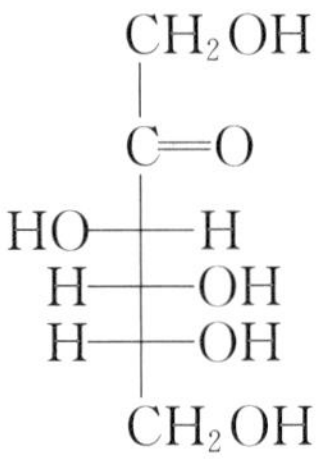

D(－)－果糖

天然果糖属 D 型，其水溶液具有旋光性，是左旋的，写成 D(－)－果糖。

（二）单糖的性质

1. 氧化反应

单糖能被许多氧化剂氧化。例如，用较弱的氧化剂溴水，可把 D－葡萄糖中醛基氧化成羧基，得到 D－葡萄糖酸；用较强的氧化剂硝酸，则可生成 D－葡萄糖二酸：

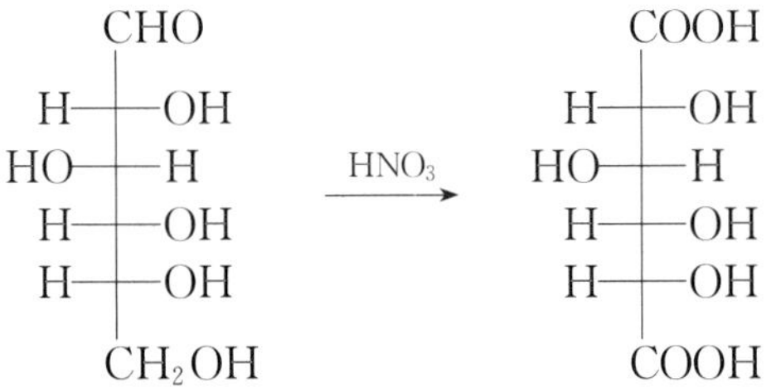

葡萄糖　　葡萄糖二酸

葡萄糖能与托伦试剂、费林试剂等弱氧化剂作用。例如与托伦试剂作用：

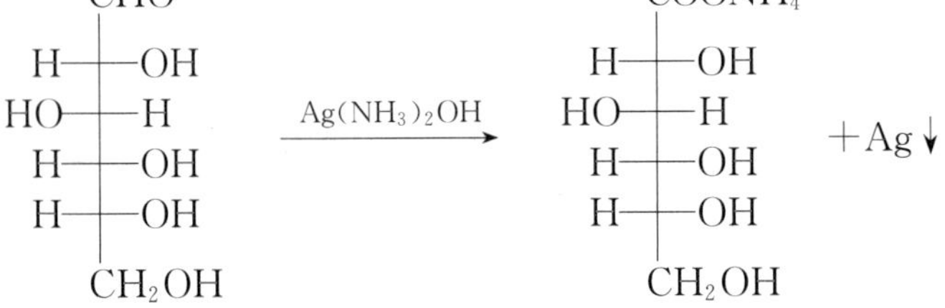

葡萄糖与托伦试剂的反应主要用于在玻璃制品上镀银。果糖虽然是酮糖，但不能与托伦试剂、费林试剂作用。能与托伦试剂、费林试剂作用的糖称为还原糖，不能发生反应的称为非还原糖。

2. 还原反应

用还原剂（钠汞齐或硼氢化钠）或用催化加氢的方法可把醛糖和酮糖还原成己六醇，例如D-葡萄糖被还原成D-葡萄糖醇：

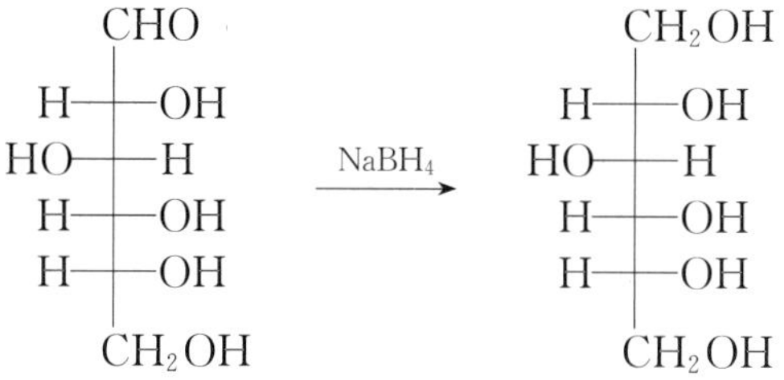

D-葡萄糖　　D-葡萄糖醇

3. 成脎反应

单糖与苯肼反应生成苯腙，如苯肼过量，则生成的苯腙可与苯肼继续反应，生成脎。例如，D-葡萄糖与过量苯肼反应生成葡萄糖脎：

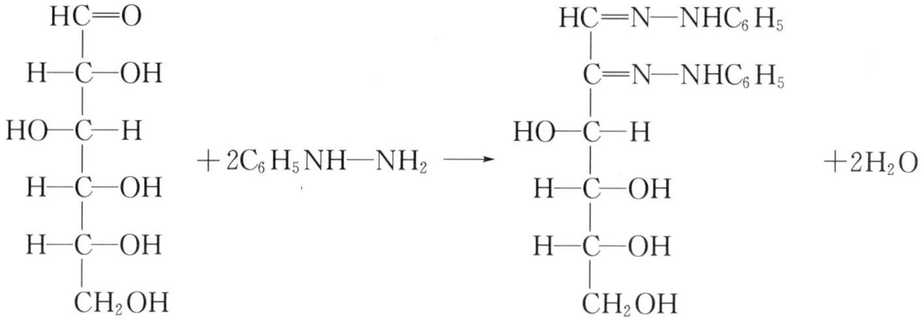

D-葡萄糖脎

果糖同样能与过量苯肼反应生成果糖脎。

因生成脎的反应仅涉及C(1)和C(2)上的基团，所以其余碳原子构型相同的，生成相同的脎。如D-葡萄糖和D-果糖生成相同的脎。糖脎为不溶于水的黄色结晶，不同的糖脎具有不同的晶形和熔点。不同的糖，生成脎的速度是不同的，因此生成脎的反应常用于糖的鉴别。

4. 生成苷

单糖分子中的苷羟基比其他羟基活泼，易与其他羟基化合物作用，失水生成缩醛或缩酮，这种产物称为苷。苷在结构上可看作糖分子中苷羟基上的氢原子被其他基团取代的产物。例如，D-葡萄糖与氯化氢的甲醇溶液反应可生成D-甲基葡萄糖苷：

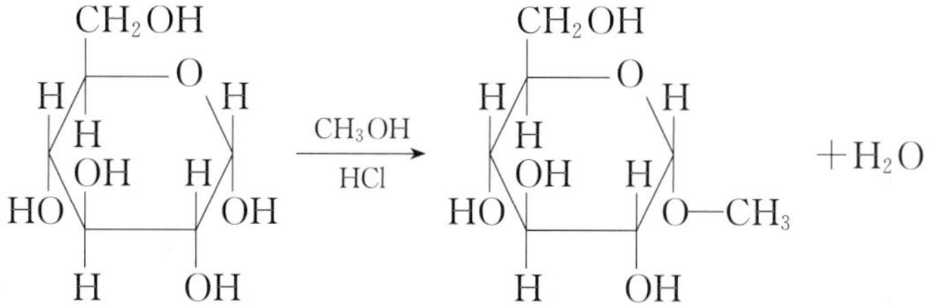

α-D-葡萄糖　　α-D-甲基葡萄糖苷

D-葡萄糖的氧环式结构在溶液中可与开链式结构互变，但生成葡萄糖苷后就不能转变成为开链式结构，所以不易氧化，不与费林试剂或托伦试剂反应，也不与苯肼反应。

二、二糖

二糖可看作是一个单糖分子中的苷羟基与另一个单糖分子中的苷羟基或某一个醇羟基脱水缩合而成的苷。常见的二糖有蔗糖、乳糖、麦芽糖和纤维二糖等，分子式为 $C_{12}H_{22}O_{10}$。

1. 麦芽糖

麦芽糖是淀粉在淀粉糖化酶或唾液作用下部分水解的产物，能溶于水，甜味不如蔗糖。饴糖的主要组分就是麦芽糖。麦芽糖是由一分子 α－D－葡萄糖 C(1) 上的苷羟基与另一分子 D－葡萄糖 C(4) 上的醇羟基脱水缩合而成的，这种结合方式称为 α－1，4－苷键，其结构如下：

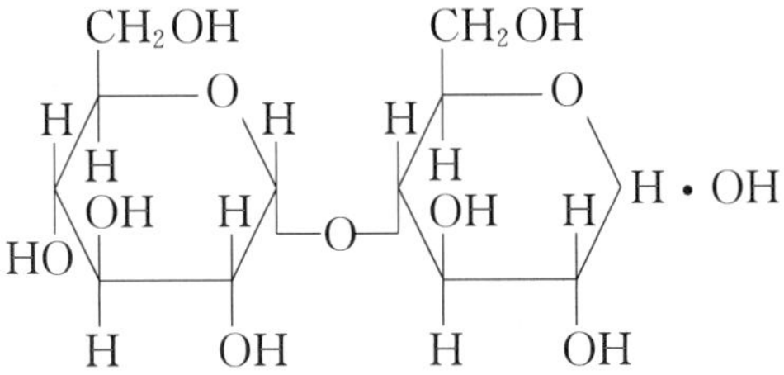

麦芽糖在酸性条件下水解，可生成两分子 D－葡萄糖。它具有单糖的一些性质，能被费林试剂或托伦试剂氧化，能与苯作用生成脎，在溶液中有变旋光现象。

2. 纤维二糖

纤维二糖可由纤维素部分水解得到。它是由一分子 β－D－葡萄糖和另一分子 D－葡萄糖通过 β－1，4－苷键生成的苷：

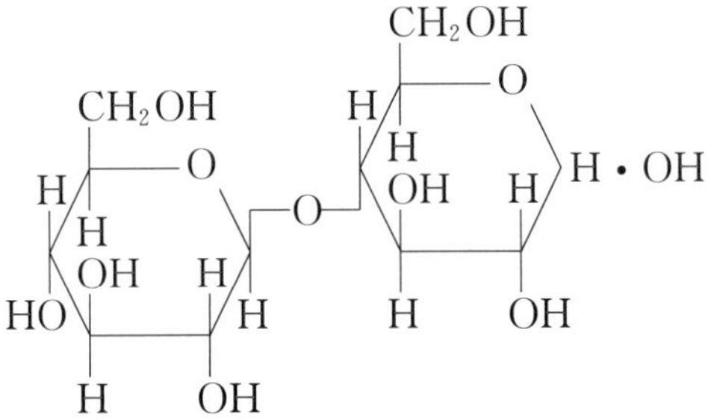

与麦芽糖一样，纤维二糖水解后生成两分子 D－葡萄糖。纤维二糖分子含有一个苷羟基，具有单糖的一些性质，能被费林试剂或托伦试剂氧化，能与苯作用生成脎。

3. 蔗糖

蔗糖主要存在于甘蔗和甜菜中，甘蔗和甜菜是制取蔗糖的主要原料。

研究表明，蔗糖是由 α－D－葡萄糖的苷羟基与 β－D－果糖的苷羟基脱水缩合而成的。因此，蔗糖既含 α－葡萄糖苷，又含有 β－D－果糖苷。其结构式为：

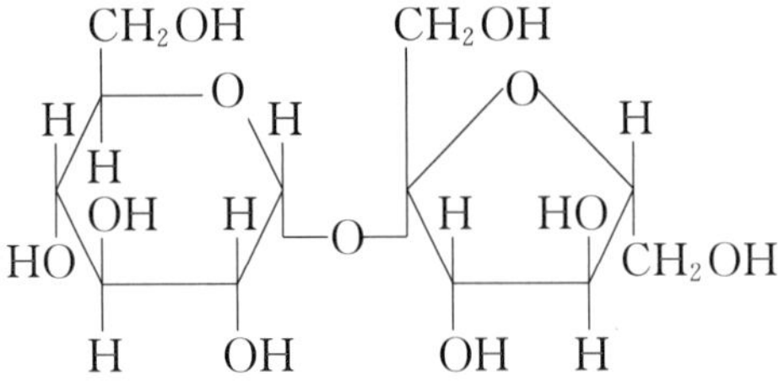

蔗糖在酸性条件下能水解，水解后生成D-葡萄糖和D-果糖。蔗糖分子不含苷羟基，在溶液中不能与开链式互变。因此，蔗糖不能被费林试剂或托伦试剂氧化，不能与苯肼作用成脎，也没有变旋光现象。

三、多糖

纤维素和淀粉是D-葡萄糖的高分子化合物，是自然界中分布最广也是最重要的多糖。

(一)纤维素

纤维素是自然界中分布最广、最重要的一种多糖，是植物细胞壁的主要组分，是构成植物组织的基础。在棉花中，纤维素含量占90%以上、亚麻中占80%、木材中占50%，其他如稻草、果壳、种子皮、芦苇、甘蔗渣等也含大量的纤维素。自然界中纤维素通常与其伴生物，如木质素、半纤维素、果胶、油脂、蜡质、无机盐类等共存于植物体内，因此在工业生产中(如纺织印染工业、造纸工业和人造纤维工业等)，需用特殊处理除去杂质，提纯纤维素。

由纤维素组成的纤维叫纤维素纤维。在纺织用纤维素纤维中，天然纤维素包括棉和麻，再生纤维素纤维包括黏胶纤维、铜氨纤维、莫代尔、Lyocell等，再生纤维素的衍生物有醋酯纤维等。

1. 纤维素的结构特点

纤维素可用$(C_6H_{10}O_5)_n$表示，是由许多D(+)-葡萄糖单元通过β-1,4-苷键连接而成的直链大分子，其大分子链外侧的羟基呈现相同的分布，当几条分子链靠近时，使分子链间有充分的氢键结合。纤维素大分子链基本上是线型的、具有刚性的链，且各分子链彼此缠绕成线型，形成晶区和非晶区。纤维素的构造式可表示如下：

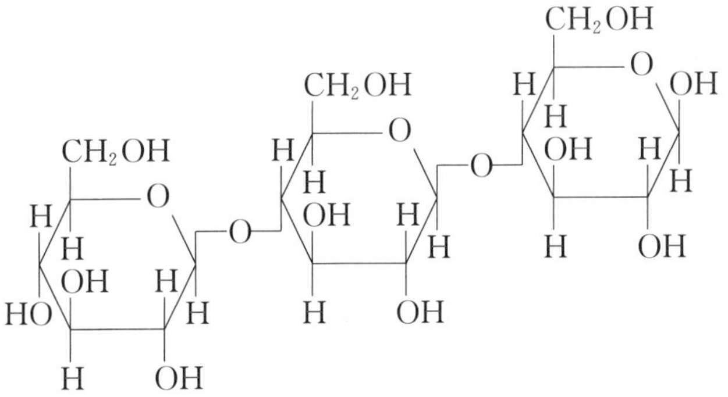

2. 纤维素的性质

纯粹的纤维素为无色、无臭、无味的纤维状物质，不溶于水和有机溶剂。分子中的β-苷键在酸或纤维素酶的作用下最终水解成葡萄糖，但人体内不含有能使β-苷键水解的纤维素酶，因此人类不能从纤维素类食物中直接获得葡萄糖。纤维素分子中的羟基是纤维素纤维染色、化学整理、变性和制备各种衍生物的基础。

(1)溶解性能。尽管纤维素分子中有许多羟基，但由于链分子间存在大量的氢键，使纤维素不溶于水，而只有一定的吸湿性。然而，纤维素分子中C(2)和C(3)上的两个仲羟基可与铜氨溶液作用，使纤维素形成纤维素铜氨络合物而溶解。

纤维素的铜氨溶液在稀无机酸存在下，纤维素即由溶液中沉淀出来。因此，工业上，把纤维素的铜氨溶液过滤后经过细孔压入稀硫酸中，纤维素就成为细丝而再生出来。这样获得的人造纤维就叫铜氨纤维，属于再生纤维素纤维。

(2)与碱的作用。碱液能与纤维素分子中的羟基作用生成高分子化合物碱纤维素：

$$[C_6H_7O_2(OH)_3]_n + nNaOH \longrightarrow [C_6H_7O_2(OH)_3 \cdot NaOH]_n$$

由于碱的水化作用，碱纤维素能吸附大量的水，使分子链间距离扩大，发生溶胀，使试剂易于渗入，从而提高了纤维素的反应性能。

如果在一定张力的作用下，把棉织物浸渍在18%左右的氢氧化钠水溶液中，棉纤维即可膨润溶胀，长度收缩而直径增大，表面呈凝胶状态，由于张力作用，就可显得平滑发光，最后经水洗干燥，可得到外观独特、光泽很强的棉织物。这种处理方法在印染工业上称为丝光，经丝光处理后的织物对染料的吸附性较强。

(3)与酸的作用。强酸滴在棉织物上，织物很快就发脆而破损，而强碱滴在棉织物上，则无显著变化。这表明纤维素对酸敏感，对碱稳定。这是由于纤维素分子中的苷键遇酸易水解，致使分子链断裂，相对分子质量降低，纤维强度减小。

(4)氧化反应。纤维素的氧化反应很复杂，其分子中末端醛基和葡萄糖单元中的3个羟基，在不同的氧化剂作用下可选择性地氧化某一特定基团，如亚氯酸钠将醛基氧化成羧基，醋酸铅将C(2)和C(3)位上的2个仲羟基氧化成两个醛基；也可非选择性地将伯羟基和仲羟基同时氧化成醛、酮和羧酸。此外，由于纤维素纤维结构中结晶区和非晶区的可及性差别，接受氧化剂作用的程度也不同，因此纤维素氧化产物在化学上和物理上都不是均一的。例如：

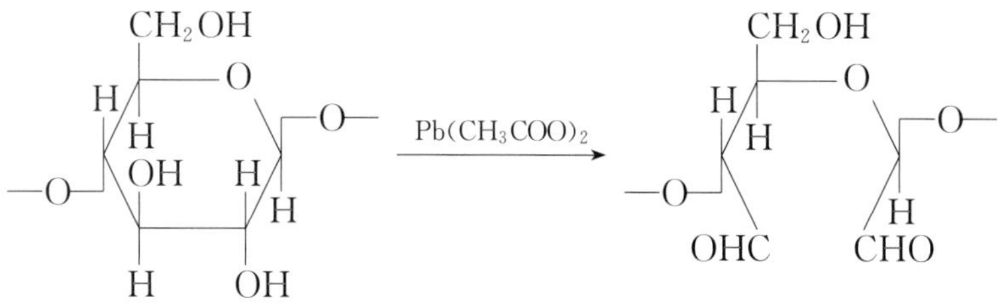

棉织物在印染加工过程中会接触各种非选择性的氧化剂，如次氯酸钠、过氧化氢、重铬酸盐、空气等，为了尽可能减少因纤维素氧化而引起的性能下降，使用氧化剂时，必须严格控制工艺条件。

(5)成酯反应。纤维素分子中的羟基能与酸或酸酐等作用，形成纤维素酯类。纤维素与浓硝酸作用后，生成纤维素硝酸酯(俗称硝化纤维)：

$$[C_6H_7O_2(OH)_3]_n + nHNO_3 \xrightarrow{\text{浓 } H_2SO_4} \underset{\text{纤维素三硝酸酯}}{[C_6H_7O_2(ONO_2)_3]_n}$$

必须指出，上面的反应式并不意味着所有的羟基全部都发生酯化，酯化度随硝化时的条件不同而不同。工业上以含氮量(质量分数，%)来表示产物品种的不同。含氮量为10.0%～10.5%，称为低氮硝化纤维，用于生产塑料、喷漆等；含氮量为12.5%～13.6%，称为高氮硝化纤维，一般用于制无烟火药。

纤维素与醋酸酐和醋酸混合物，在少量浓硫酸的催化作用下，可以得到纤维素醋酸酯：

$$[C_6H_7O_2(OH)_3]_n + n(CH_3CO)_2O \xrightarrow{\text{浓 } H_2SO_4} \underset{\text{纤维素三醋酸酯}}{[C_6H_7O_2(OCOCH_3)_3]_n}$$

纤维素三醋酸酯能溶于许多有机溶剂，但不溶于丙酮中。如将其部分水解，则得到纤维素二醋酸酯，能溶于丙酮。将纤维素二醋酸酯的乙醇和丙酮溶液，通过细孔或窄缝压入热空气中，溶剂蒸发后，即成丝状或片状物质。醋酸酯的最大用途是用来制造人造丝及电影胶片。这种人造丝就叫做醋酯纤维。

碱纤维素与二硫化碳反应，生成纤维素黄原酸钠：

$$[C_6H_9O_4OH]_n + nNaOH + nCS_2 \longrightarrow \underset{\text{纤维素黄原酸钠}}{[C_6H_9O_4-O-\overset{\overset{S}{\|}}{C}-SNa]_n}$$

纤维素黄原酸钠溶于稀氢氧化钠溶液中，成为一种黏稠溶液。这种黏液经过细孔压入稀硫酸中时，纤维素从黄原酸盐中再生而成丝状，这样制得的纤维称为黏胶纤维，也属于再生纤维素纤维：

$$[C_6H_9O_4O\overset{\overset{S}{\|}}{C}-SNa]_n + nH_2SO_4 \longrightarrow [C_6H_9O_4(OH)]_n + nCS_2 + nNaHSO_4$$

(6)成醚反应。纤维素分子中羟基上的氢，如被烃基或连有其他基团的烃基取代后，即得到纤维素醚类。其中最重要的是羟乙基纤维素和羧甲基纤维素。

碱纤维素与环氧乙烷作用，可制得羟乙基纤维素：

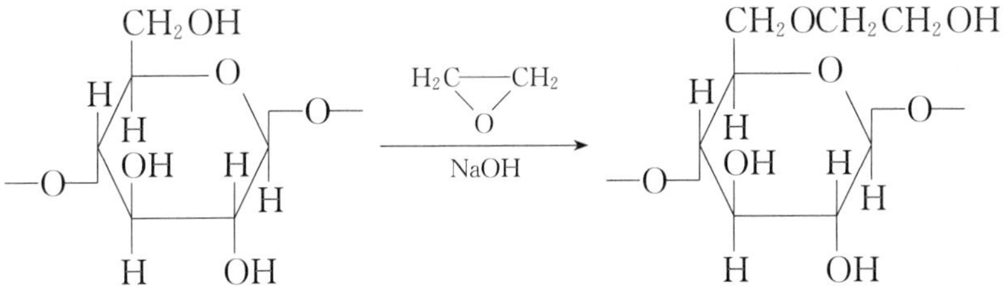

羟乙基纤维素

羟乙基纤维素为白色无定形粉末，具有高度化学稳定性，耐热，耐寒，机械性能好，通常用来制造喷漆，在纺织工业中可以代替淀粉，作经纱上浆用，也用作染料的乳化剂等。

碱纤维素与一氯醋酸作用，可制得羧甲基纤维素钠盐，简称 CMC：

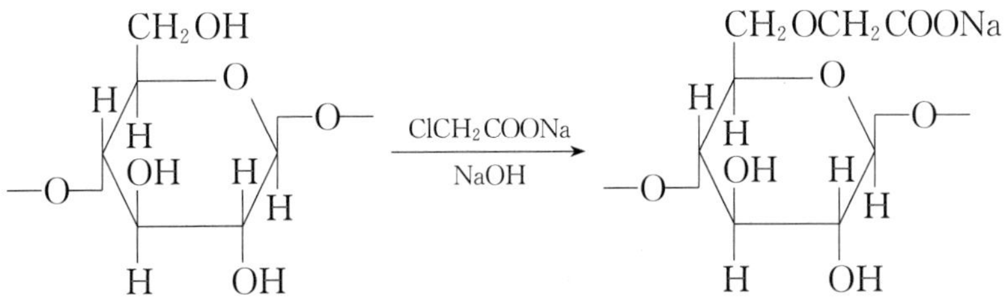

羟甲基纤维素钠盐

羧甲基纤维素钠盐为一种无味、无臭的白色粉状，易溶于水，成透明胶体，溶液呈中性或弱碱性，很稳定，可以长期保存。羧甲基纤维素钠盐是一种用途广泛的水溶性高分子化合物，在纺织工业中用作浆料，其效率较淀粉浆高，还可用作胶黏剂等。

植物纤维素除含纤维素外，一般还含有半纤维素和木质素(棉、麻除外)。半纤维素和纤维素不同，半纤维素不是只由一种单糖组成的均一的多糖，而是由不同量的几种单糖单元组成的碳水化合物，它比纤维素容易水解，除生成葡萄糖外，还生成木糖、阿拉伯糖、半乳糖、甘露糖等。木质素的组成和结构比较复杂，是存在于植物纤维中的一种芳香族高分子化合物，它们通常既不溶于水，也不溶于有机溶剂，其中一部分以化学键与半纤维素相连，而与纤维素之间却无化学键相连。棉花中不含木质素，麻类中木质素含量也较少，而在木材中含 20%～30%的木质素。棉和麻的水溶性物质主要是低相对分子质量的碳水化合物，而有机溶剂的萃取物主要是脂肪和蜡。

(二)淀粉

淀粉是一种最重要的多糖，是人类三大营养素之一，也是重要的工业原料。它为白色、无味、无定形粉末，是植物体中贮存的养料，多存在于植物种子或块茎中。淀粉可制备乙醇、丁醇、丙酮、葡萄糖、饴糖等。在纺织印染工业中，淀粉浆常用于浆纱、印花。淀粉还大量用于食品工业中。随着变性淀粉、接枝淀粉的工业化，其用途越来越广。

1. 结构特点

淀粉用淀粉酶水解得到麦芽糖，用酸催化完全水解得 D-葡萄糖。因此，结构上淀粉可看作是由许多个麦芽糖分子缩合而成的，或由许多个 D-葡萄糖分子通过 α-型苷键连接而成的缩聚物。由于 α-D-葡萄糖在淀粉中结合方式的不同，存在着两种不同结构的淀粉，即直链淀粉和支链淀粉。

直链淀粉主要是由 D-葡萄糖通过 α-1,4-苷键连接而成的链状高分子化合物，但在直链上尚有少量的支链。其构象为盘旋呈螺旋状，每一圈螺旋约含有 6 个葡萄糖单位。直链淀粉的相对分子质量为 15 万～60 万。其构造式如下：

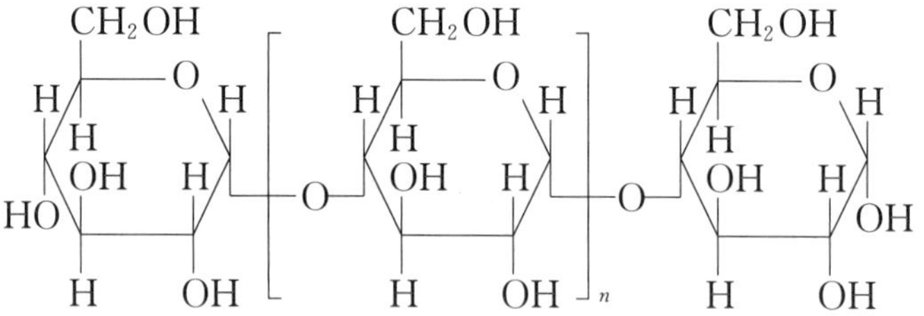

直链淀粉

支链淀粉的分子结构比直链淀粉复杂。支链淀粉的主链也是由 D-葡萄糖通过 α-1,4-苷键相连的，但与直链淀粉不同的是，每隔 20～25 个葡萄糖单位就有一个以 α-1,6-苷键相连的一个支链。支链大约由 20 个葡萄糖单位以 α-1,4-苷键相结合。支链淀粉相对分子质量较直链淀粉大，在 100 万～600 万之间。大多数的淀粉中支链淀粉占 70%～80%。

2. 性质

淀粉为白色、无臭、无味的高分子化合物。由于淀粉分子中每个葡萄糖单位含有 3 个羟基和一个苷键，分子间作用力较大，不溶于一般有机溶剂，但能吸收空气中水分。在热水中颗粒膨胀，互相挤压糊化成黏稠的糊状流体。在一定条件下可发生苷键水解及羟基的一些反应。

(1)水解反应。淀粉对碱的作用较稳定，但遇酸能发生水解，使大分子链断裂，聚合度降低。淀粉在酸性条件下或酶的催化下，可逐步水解为如下产物：

$$\underset{\text{淀粉}}{(C_6H_{10}O_5)_n} \xrightarrow[H_2O]{H^+\text{或酶}} \underset{\text{糊精}(m<n)}{(C_6H_{10}O_5)_m} \xrightarrow[H_2O]{H^+\text{或酶}} \underset{\text{麦芽糖、异麦芽糖}}{C_{12}H_{22}O_{11}} \xrightarrow[H_2O]{H^+\text{或酶}} \underset{D(+)\text{-葡萄糖}}{C_6H_{12}O_6}$$

水解的中间产物糊精按其水解程度不同可分为：

$$\text{红糊精} \xrightarrow{\text{水解}} \text{无色糊精} \xrightarrow{\text{水解}} \text{黄糊精}$$

红糊精遇碘显红色，无色糊精遇碘不显色，并具还原性。糊精稍溶于冷水，较易溶于热水，广泛用作增稠剂、黏合剂等。

在织布过程中，经纱要上浆，常用淀粉为浆料。在纺织品印花过程中，也常用淀粉作一种糊料。

(2)与碘作用。淀粉与碘能发生很灵敏的颜色反应，这种特性在化学分析中用来鉴别碘的存在。淀粉与碘生成络合物的颜色随淀粉组成及聚合度而不同，如与直链淀粉生成的络合物呈蓝色，与支链淀粉作用呈紫红色。淀粉水解产物与碘作用所呈现的颜色，视水解的中间产物——糊精分子大小不同而呈现蓝紫色、紫色、红色、橙色等。

第四节　合成高分子化合物[3]

一、高分子化合物基本知识

通常高分子化合物的相对分子质量在5000以上，而低分子化合物的相对分子质量一般在1000以下(表11－3)。相对分子质量很大是高分子化合物的特征，是高分子化合物同低分子化合物最根本的区别，也是高分子化合物具有各种独特性能，如相对密度小、强度大、具有高弹性和可塑性等的基本原因。

表11－3　几种低分子化合物与高分子化合物的相对分子质量比较

普通有机低分子化合物		高分子化合物			
		天然		合成	
物　质	相对分子质量	物　质	平均相对分子质量(万)	物　质	平均相对分子质量(万)
甲　烷	16	直链淀粉	1～8	聚苯乙烯	1～3
乙　醇	46	天然纤维素	约57	聚氯乙烯	1.2～16
苯	78	酪　素	15～37.5	聚乙烯	1.5～100
葡萄糖	198	丝蛋白	约37	聚甲基丙烯酸甲酯	5～14
三硬脂酸甘油酯	890	天然橡胶	20～50	锦纶66	2～2.5

高分子化合物是由一种或几种简单的低分子化合物以共价键连接的大分子化合物。所以高分子化合物的相对分子质量虽然很大，但其化学组成一般都比较简单，常由许多相同的链节以共价键重复结合而成。如聚氯乙烯就是由许多氯乙烯分子聚合而成的：

$$nH_2C{=}CHCl \longrightarrow \left[CH_2{-}CHCl\right]_n$$

能聚合成高分子化合物的低分子化合物称为单体。组成高分子链的重复结构单位（如$-CH_2-CHCl-$）称为链节。链节数目 n 称为聚合度。可用下式表示：

高分子化合物的相对分子质量＝聚合度×链节中各原子的相对原子质量总和

由于合成高分子化合物的技术问题，人工合成高分子链的聚合度总是不同的，即同一种合成的高分子化合物中各个分子的相对分子质量大小总是不同的（合成蛋白质，如胰岛素是例外）。合成高分子化合物实际上是相对分子质量大小不同的同系混合物。故高分子化合物相对分子质量指的是平均相对分子质量，聚合度也是平均聚合度。高分子化合物中相对分子质量大小不等的现象称为高分子化合物的多分散性（即不均一性）。大分子和多分散性是高分子化合物不同于低分子化合物最重要的特征。

高分子化合物同低分子化合物比较，具有以下几个特点：

（1）从相对分子质量和组成上看，高分子化合物的相对分子质量很大，具有“多分散性”。大多数高分子化合物都是由一种或几种单体聚合而成。

$$nA \longrightarrow \cdots\cdots A{-}A{-}A{-}A{-}A{-}A{-}A\cdots\cdots \quad (\text{简写为 } A_n)$$

或

$$mA+nB \longrightarrow \cdots\cdots A{-}B{-}A{-}A{-}B{-}A{-}B{-}B{-}A\cdots\cdots \quad (\text{简写为 } A_mB_n)$$

A，B 分别代表两种不同的单体。由两种或两种以上单体合成的高分子化合物称为共聚物。

（2）高分子化合物从分子结构上分为两种，一种是线型结构，另一种是体型结构，如下图所示。线型结构的特征是分子中的原子以共价键互相连接成一条很长的卷曲状态的“链”（叫分子链）。体型结构的特征是分子链与分子链之间还有许多共价键交联起来，形成三度空间的网络结构。这两种不同的结构，性能上有很大的差异。

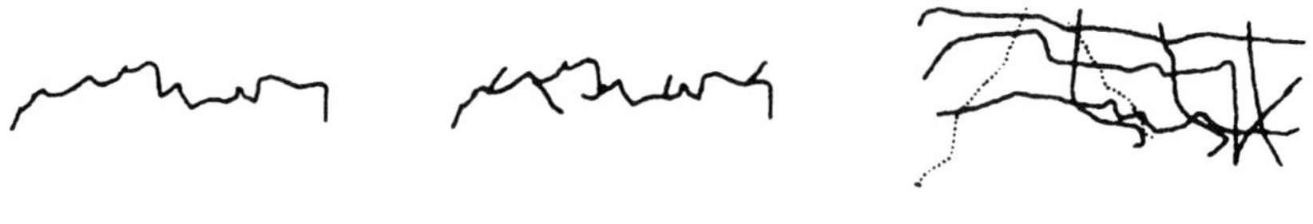

（a）线型结构　　（b）线型结构（带有支链的）　　（c）体型结构（分子链间大量交联）

高分子化合物的分子结构示意图

应该指出，上述两种基本结构实际上是对高分子化合物的分子模型的直观模拟，而除了少数分子的真实精细结构已经知道外，一般还不清楚。

线型结构的高分子化合物由于有独立的分子存在，因此具有弹性、可塑性，在溶剂中能溶解，加热能熔融，硬度和脆性较小。体型结构高分子化合物由于没有独立的大分子存在，故没有弹性和可塑性，不能溶解和熔融，只能溶胀，硬度和脆性较大，如酚醛树脂。因此，从结构上看，橡胶是线型结构或交联很少的网状结构的高分子化合物，纤维也只能是线型结构的高分子化合物，而塑料则两种结构的高分子化合物都有。

(3)从性能上看，高分子化合物由于其相对分子质量很大，通常都处于固态或凝胶体状态，有较好的机械强度、可塑性、高弹性、绝缘性和耐腐蚀性能。

二、高分子化合物的命名

高分子化合物的系统命名比较复杂，很少使用。天然高分子化合物常用俗名。合成高分子化合物通常按制备方法及原料名称来命名，如用加聚反应制得的高分子化合物，往往是在原料名称前面加个“聚”字来命名，如氯乙烯的聚合物称为聚氯乙烯等；用缩聚反应制得的高分子化合物，大多数是在简化后的原料名称后面加上“树脂”二字来命名，如酚醛树脂、环氧树脂等；加聚物在未制成制品前也常用“树脂”来称呼，如聚氯乙烯树脂等。而在商业上常给高分子化合物以商品名称命名。例如聚己内酰胺纤维称为锦纶 6(尼龙 6)，聚对苯二甲酸乙二酯纤维称为涤纶，聚丙烯腈纤维称为腈纶等。

三、高分子化合物的分类

高分子化合物的种类很多，主要分类方法有以下 4 种：

(1)按来源分类：分为天然高分子化合物和合成高分子化合物两类。

(2)按材料的性能分类：分为塑料、橡胶和纤维三大类。

塑料按其热熔性能又可分为热塑性塑料和热固性塑料两大类。前者为线型结构的高分子化合物(如聚乙烯、聚丙烯、聚氯乙烯、聚苯乙烯等)，受热时可以软化和流动，可以反复多次塑化成型，次品和废品可以回收利用，再加工成产品。后者(如酚醛树脂、环氧树脂等)为体型结构的高分子，一经成型便发生固化，其次品和废品难以回收利用。

橡胶包括天然橡胶和合成橡胶(如丁苯橡胶、顺丁橡胶、异戊橡胶和乙丙橡胶)，具有高弹性，用作弹性材料。

纤维能抽丝成型，有较好的强度和挠曲性能，可作纺织材料使用。纺织材料可分为天然纤维和化学纤维。后者又可分为人造纤维和合成纤维。人造纤维是用天然高分子化合物(如大豆、牛奶、短棉绒、竹、木等)经化学加工处理后抽丝而成的(如黏胶纤维、醋酯纤维、大豆纤维、牛奶纤维等)，合成纤维是用低分子化合物原料合成的(如锦纶、涤纶、腈纶)。

(3)按用途分类：分为通用高分子化合物、工程材料高分子化合物、功能高分子化合物、仿生高分子化合物、医用高分子化合物、高分子药物、高分子试剂、高分子催化剂等。

(4)按主链结构分类：分为碳链高分子化合物、杂链高分子化合物、元素有机高分子化合物和无机高分子化合物四大类。碳链高分子化合物的主链是由碳原子连接而成的。杂链高分子化合物的主链除碳原子外，还含有氧、氮、硫等其他元素。元素有机高分子化合物主链上不一定含有碳原子，而是由硅、氧、铝、钛、硼等元素构成，但侧基是有机基团。无机高分子化合物是主链和侧链基团均由无机元素或基团构成，如无机耐火橡胶。

四、合成高分子化合物的合成反应

合成高分子化合物的合成反应最基本的有两类：一类叫加成聚合反应（简称加聚反应），另一类叫缩合聚合反应（简称缩聚反应）。

1. 加聚反应

加聚反应是指由一种或两种以上单体化合成高分子化合物的反应，在反应过程中没有低分子物质生成，生成的高分子化合物与原料具有相同的化学组成，其相对分子质量为原料相对分子质量的整数倍。仅由一种单体发生的加聚反应称为均聚反应。如氯乙烯合成聚氯乙烯：

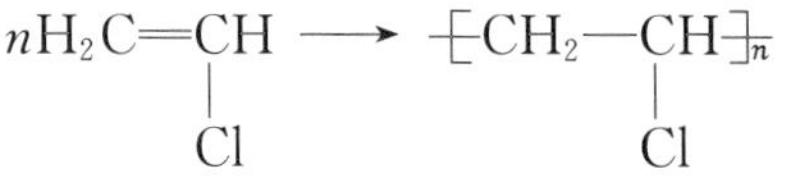

由两种及两种以上单体共同聚合，称为共聚反应，产物称为共聚物，其性能往往优于均聚物，通过共聚方法可以改善产品性能。如苯乙烯与甲基丙烯酸甲酯发生共聚反应：

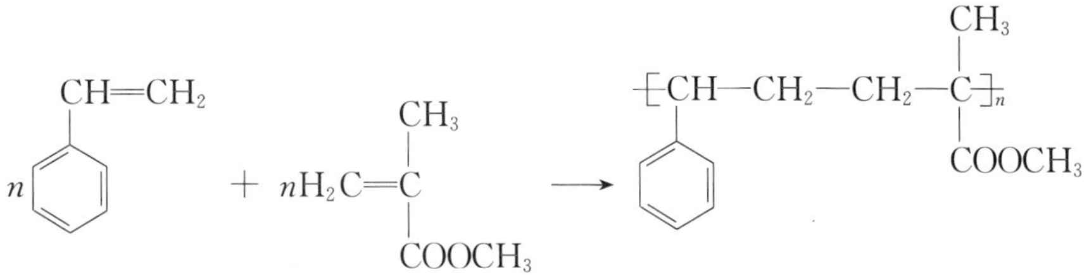

加聚反应具有以下两个特点：

(1)加聚反应所用的单体是带有双键或三键的不饱和键的化合物。如乙烯、丙烯、氯乙烯、苯乙烯、丙烯腈、甲基丙烯酸甲酯等，都是常用的重要单体，加聚反应发生在不饱和键上。

(2)加聚反应是通过一连串的单体分子间的相互加成反应来完成的。

2. 缩聚反应

缩聚反应是由一种或两种以上单体化合成高分子化合物，同时有低分子物质（如水、卤化氢、氨、醇等）析出的反应。所生成的高分子化合物的化学组成与原料低分子的组成不同。例如二元酸和二元醇作用生成聚酯的反应：

$$n\mathrm{HOOC{-}R{-}COOH} + n\mathrm{HO{-}R'{-}OH} \xrightleftharpoons{\text{缩聚}} \mathrm{HO{+}OC{-}R{-}COO{-}R'{-}O{+}_nH} + (2n-1)\mathrm{H_2O}$$

缩聚反应具有以下两个特点：

(1)缩聚反应所用的单体是带有—OH、—COOH、—NH_2、卤素和活泼氢等原子或基团的化合物，而且它们都是带有两个或两个以上的反应基团。若分子中只有一个反应基团，则不可能缩聚成高分子。两个官能团形成线型高分子，两个以上官能团可形成支链型或体型高分子。

(2)缩聚反应是通过一连串的缩合反应来完成的。

五、常见的合成高分子化合物及其性能

(一)合成纤维

合成纤维的品种很多，目前世界上投入生产的有四十多种，新的品种还不断涌现，但其中的

聚酯纤维（涤纶）、聚酰胺纤维（锦纶）和聚丙烯腈纤维（腈纶）这三个品种的产量就占世界合成纤维总产量的95%，所以称它们为三大纶。

1. 涤纶

涤纶是聚酯纤维的商品名，通常是指聚对苯二甲酸乙二酯纤维。其反应如下：

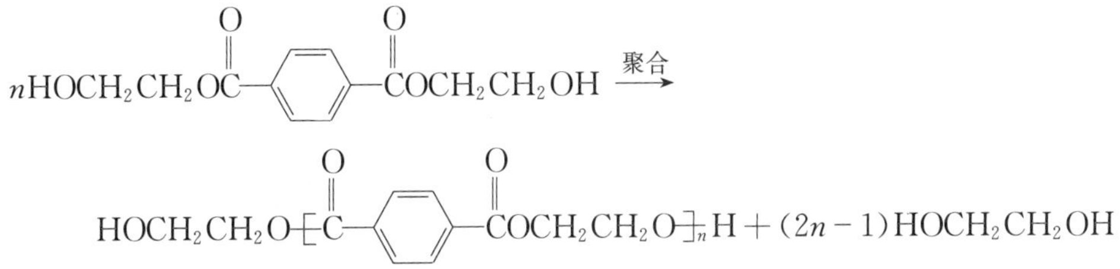

工业上生产聚对苯二甲酸乙二酯（PET）的方法有酯交换—缩聚法、直接酯化—缩聚法和环氧乙烷加成—缩聚法等，常用酯交换—缩聚法制备涤纶。三种方法的区别在于单体对苯二甲酸乙二酯所用的原料和合成方法不同。常用的原料分别是对苯甲酸（TPA）或对苯二甲酯（DMT）和乙二酯（EG）或环氧乙烷（EO）等。

涤纶具有强度高、弹性好、不易变形、尺寸稳定、耐磨性和耐腐蚀性好等许多优良性能。既适宜于纺制长丝，又适宜于纺制短纤维；既可纯纺，又更适宜与其他纤维混纺，制成各种机织物和针织物，是一种较为理想的纺织材料。目前，涤纶在合成纤维中发展速度最快，品种最多。

2. 锦纶

聚酰胺纤维是指大分子链通过酰胺键连接起来的一类合成纤维。聚酰胺纤维的商品名为锦纶或称为尼龙。

聚酰胺纤维一般分为两大类：一类是由二元胺和二元酸的缩聚物制得的，另一类是由ε-氨基酸的缩聚物或内酰胺开环聚合得到的聚合物（也属于缩聚物）制得的。聚酰胺纤维的命名常用数字标号法，即以单元结构中所含的碳原子数来命名。例如，由ε-氨基己酸（或己内酰胺）的缩聚物制得的纤维，称为聚酰胺6纤维；由己二胺和己二酸的缩聚物制得的纤维，称为聚酰胺66纤维。其中前一数字表示二元胺的碳原子数，后一数字表示二元酸的碳原子数。共聚酰胺纤维的命名也可用相应的数字表示。如聚酰胺66/6（60/40）表示60%的己二酸己二胺盐和40%的己内酰胺的共缩聚产物。

聚酰胺纤维有许多品种，但目前产量最高、应用最广的是聚酰胺6和聚酰胺66纤维，其中聚酰胺6纤维占聚酰胺纤维总量的一半以上。

聚酰胺6即聚己内酰胺，可由己内酰胺开环聚合或ε-氨基己酸缩聚制得。因为己内酰胺比ε-氨基己酸制造方便，易于精制，所以工业生产中都用己内酰胺为原料合成聚酰胺6。反应式如下：

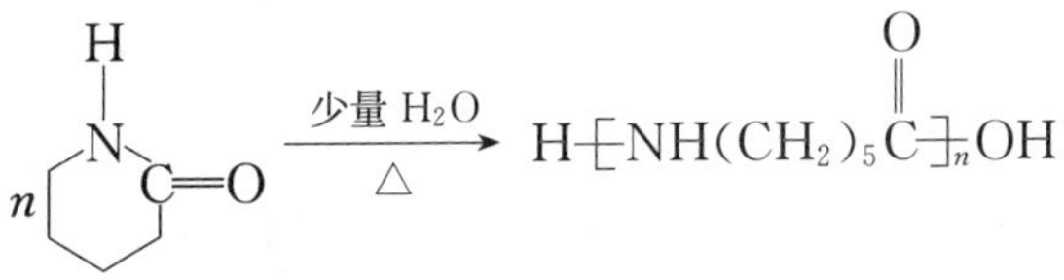

聚酰胺66是由己二胺和己二酸缩聚制得的：

$$nNH_2(CH_2)_6NH_2 + nHOOC(CH_2)_4COOH \longrightarrow H\!\left[NH(CH_2)_6NH-\overset{\overset{\displaystyle O}{\|}}{C}(CH_2)_4\overset{\overset{\displaystyle O}{\|}}{C}\right]_nOH + (2n-1)H_2O$$

聚酰胺纤维是世界上最早工业化生产的合成纤维，在合成纤维中其产量现在占第 2 位。它具有强度高、弹性好、密度小、耐磨性好、耐疲劳性好、耐微生物作用等优点，虽然使用过程中有易变形，耐光性、耐热性、抗静电性较差等缺点，但仍是一种性能优良的合成纤维。

聚酰胺纤维作为纺织材料，以长丝居多，也可纯纺或混纺加工成各种机织、针织品，经编织物及弹力丝制成的袜子、内衣、衬衣、运动衫，耐磨、耐穿且富有弹性。在工业上可制作轮胎帘子线、传动带、渔网、棕丝、绳缆、篷帆、过滤布、降落伞带和军用织物等。

3. 腈纶

腈纶是聚丙烯腈纤维的商品名称。聚丙烯腈纤维是指由丙烯腈重量占 85%以上的共聚物制得的一类碳链纤维，其他的乙烯基系共聚单体的重量不超过 15%。聚丙烯腈纤维一般都是以丙烯腈为主的三元共聚物纺丝制得的。常用的第二单体有丙烯甲酯、甲基丙烯酸甲酯、醋酸乙烯酯等，常用的第三单体则有衣康酸、甲基丙烯磺酸钠、苯乙烯磺酸钠、2 -乙烯基吡啶、2 -甲基- 5 -乙烯基吡啶等。

由于共聚单体、聚合方法及纺丝溶剂的不同，性能有较大的差异。我国生产的腈纶多数采用丙烯酸甲酯为第二单体，衣康酸、丙烯磺酸钠或甲基丙烯磺酸钠为第三单体。丙烯腈含量低于 85%，高于 35%的纤维称为改性腈纶，目前工业生产中最典型的改性腈纶品种是丙烯腈（含量为 40%～60%）与氯乙烯的共聚纤维，称为腈氯纶。

若仅用丙烯腈一种单体聚合，则制得丙烯腈均聚物。由于大分子链上强极性的侧基氰基的存在，分子链之间相互作用力很强，紧密堆砌，横向高度有序，致使聚合物发脆，溶解性和染色性都很差，因而不宜用作纺织纤维。

腈纶质轻而柔软，回弹性好，外观和手感都酷似羊毛，并具有优异的耐光性和耐霉、耐菌的特性，对热、酸、碱的稳定性也都较好。由于这些优良性能，腈纶在人民生活和工农业生产中有着广泛的用途，目前生产量仅次于涤纶和锦纶，而居第 3 位。

腈纶可以纯纺，也可与涤纶、羊毛、黏胶纤维、棉等混纺加工成毛型织物、棉型织物、针织物、人造毛皮、驼绒、绒线及毛毯等。除了可制作衬衣、围巾、手套、外套、运动服等外，还可制成窗帘、篷帆、帷幕、耐酸耐油的工作服等。

（二）塑料

塑料是指具有可塑性的高分子材料。可塑性是指在加热和外力作用下能改变形状，当除去外力并恢复到常温时，其形状可固定下来的性能。

塑料根据其受热后表现的特性，可以分为热塑性和热固性两大类。

塑料按其应用情况和使用性能，又可分为通用塑料和工程塑料。聚乙烯、聚苯乙烯、聚氯乙烯、酚醛树脂、氨基树脂通称五大通用塑料，其产量占塑料总产量的 3/4，广泛应用于工农业生产、日常生活和国防建设。

工程塑料是一类新型的高分子合成材料，是20世纪60年代出现的一类机械强度好，可以代替金属，用作工程材料的一类塑料，它的应用和发展是近代塑料工业的重大突破。凡是可以作为工程材料的塑料都叫工程塑料。这类材料具有金属性能，能承受一定的外力作用，有良好的电性能、机械性能和尺寸稳定性，即使在高温和低温下仍能保持其优良性能。因此，工程塑料在机器制造工业、仪器仪表工业、交通运输、建筑、电气电子、医学工业等方面，特别是在近代尖端科学技术部门已成为不可缺少的材料。目前主要应用的工程塑料有聚酰胺、聚甲醛、聚碳酸酯和ABS树脂，称为四大工程塑料。

塑料通常是由树脂及填料、增塑剂、稳定剂、润滑剂、色料等添加剂所组成的。有些塑料还含有其他添加剂，如硬质聚氯乙烯、电木粉等。树脂是主要成分，其他是为了改善制品的性能而添加的成分，故有时也叫助剂。树脂这一名词最初因动植物分泌出的脂质而得名，如松香、虫胶等。目前树脂是指尚未与各种添加剂混合的高分子化合物，但有时树脂和塑料这两个名词也混用，树脂占塑料总量的40%～100%，有些塑料基本由合成树脂所组成，不含或很少含其他添加剂，如有机玻璃、聚苯乙烯等。

塑料的基本性能主要由树脂的机械性能、耐热性能和电性能决定。常用的填料有石棉、玻璃纤维、木粉、纸、布等，通常加入量可达20%～50%。增塑剂的作用是改进塑料的柔软性，并使塑料易于加工成型。常用的增塑剂有邻苯二甲酸二丁酯、邻苯二甲酸二辛酯、癸二酸二辛酯等。稳定剂的作用是为了防止塑料在加工和使用过程中受热、光等外界因素影响下性能变坏，常用的稳定剂有硬脂酸铅、环氧树脂等。润滑剂的作用是为了防止塑料在成型过程中粘在金属设备或模具上，造成脱膜困难，常用的润滑剂有硬脂酸及其盐类。色料的作用是为了使塑料具有一定色彩，适合使用的要求。

塑料是三大合成材料中品种最多、产量最大的一类，现将几个重要品种的结构、性能和合成方法做一简单介绍：

1. 聚乙烯

聚乙烯是化学组成最简单的塑料。合成聚乙烯的原料易得，方法也不太复杂，因此发展极快，居全世界塑料各品种产量的首位。

工业上生产聚乙烯有三种方法：

(1)高压法：乙烯在151.5～202.0MPa(1500～2000atm)，180～200℃和少量氧气或过氧化物(作引发剂)存在下聚合。

(2)中压法：乙烯在5.05～10.1MPa(50～100atm)，150～200℃和金属氧化物(氧化铬或氧化钼作催化剂)存在下聚合。

(3)低压法：乙烯在常压或几个大气压，60～80℃和三乙基铝 $Al(C_2H_5)_3$ 与四氯化钛组成的催化剂存在下聚合。

不同方法制得的聚乙烯，其相对分子质量和性能有很大差异。高压法制得的产品纯度高，电绝缘性能好，但高压法工艺较复杂。中压法制得的产品密度高，机械性能最好。低压法制得的产品虽然没有前两者突出的特点，但可塑性能好，易于成型，如制成各种美丽的花束及装饰品等，而且生产设备容易解决，技术容易掌握，因此，作高频绝缘材料采用高压法产品最理想，作结构材料则用中压法产品，作薄膜或日用品则用低压产品较为经济。

聚乙烯薄膜的密度小（0.915～0.970g/cm^3），本身柔软而无须添加增塑剂，回弹力强，撕裂强度高，电绝缘性非常好，耐水，耐化学试剂腐蚀，这些性能是包装材料所必需的，其无毒便宜，适合作食物的包装材料。如我们常用的食品袋，就是用聚乙烯薄膜制成的。

2. 聚氯乙烯

氯乙烯在引发剂（常用过氧化二苯甲酰或偶氮二异丁腈）存在下，通过加聚反应，生成聚氯乙烯：

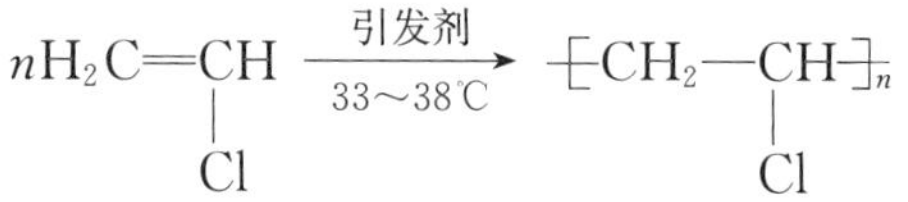

聚氯乙烯纯净时为白色、无臭、无味的无定形物，密度为1.4g/cm^3。聚氯乙烯的热稳定性较差，在加工过程中受热易分解，使用中易老化，为了提高其稳定性，在加工前要加入稳定剂。

聚氯乙烯塑料实际上是由聚氯乙烯树脂、稳定剂、增塑剂、填料等经混合后加热塑化而制成的高分子材料。如果在混合料中不加或少加增塑剂，则加工成硬质聚氯乙烯，用于生产管材、板材、容器等硬质制品；如果加入较多量的增塑剂，使塑料具有柔软性，则为软质聚氯乙烯，用于生产薄膜、套管、电线、电缆包皮、人造革等软质制品；如果在混合料中再加入发泡剂，则可得到泡沫聚氯乙烯塑料。

聚氯乙烯由于原料来源丰富，价格低廉，容易加工成各种软硬、透明制品，并具有较好的机械性能、耐腐蚀和不易燃烧等优点，故在工农业生产和日常生活用品中都得到广泛的应用。

3. 聚苯乙烯

工业上聚苯乙烯是由过氧化物引发或直接由热引发苯乙烯聚合而制成的：

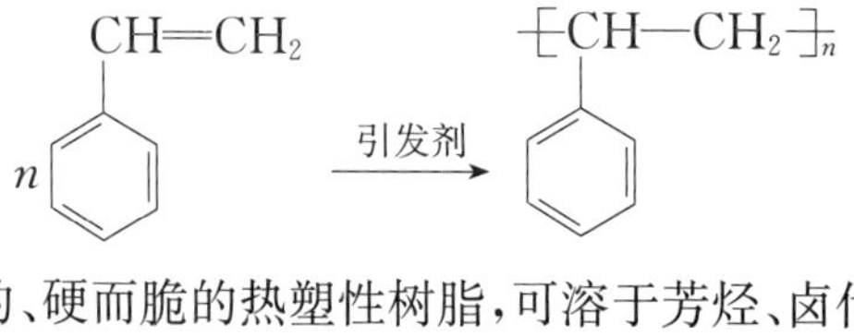

聚苯乙烯是一种透明的、硬而脆的热塑性树脂，可溶于芳烃、卤代烃、酯类和酮类，不溶于石油、醇类和有机酸类。

聚苯乙烯主要用于制造日常用品和电子设备、电器，还广泛用于制造泡沫塑料，也可以作喷漆及建筑材料。

4. 酚醛树脂

酚醛树脂是世界上最早（1909年）用于生产的合成树脂，至今仍是很重要的高分子材料。酚醛树脂是由酚类（苯酚、甲酚、二甲酚等）和醛类（甲醛、乙醛、糠醛等）在酸或碱催化下合成的缩聚物。根据原料的配比和反应介质的不同，可以制得不同结构和性能的树脂。

酚醛树脂有较高的机械强度、良好的电性能，又有耐热、耐磨、耐腐蚀等优良性能，可用作各种电绝缘材料。用布、纸或玻璃纤维浸透酚醛树脂，可压制成层压材料，以玻璃纤维制成的层压制品俗称玻璃钢，其机械强度大为提高，应用广泛。

（三）橡胶

天然橡胶是由橡胶树得到的白色胶乳，经一系列加工处理而成。研究表明，天然橡胶的化学组成是顺-1,4-聚异戊二烯：

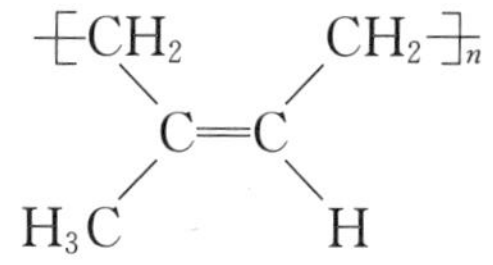

纯粹的天然橡胶软且发黏，必须经过“硫化”处理后才能进一步加工为橡胶制品。所谓“硫化”，就是将天然橡胶与硫或某些复杂的有机硫化合物一起加热，发生反应，使天然橡胶的线型高分子链被硫原子所连接(交联)。

合成橡胶是人工合成的，具有天然橡胶的性能的线型高分子化合物。合成橡胶不仅在数量上弥补了天然橡胶的不足，而且某些性能上优于天然橡胶，能适应工业上对各种橡胶制品的不同要求。

合成橡胶的品种很多，其中丁苯橡胶、顺丁橡胶、聚异戊橡胶、乙丙橡胶、氯丁橡胶和丁基橡胶称为通用橡胶，用于制造汽车、飞机、拖拉机等的轮胎及一般橡胶制品。而丁腈橡胶、聚异丁烯橡胶、硅橡胶、氟橡胶和聚亚氨基甲酸酯橡胶五种橡胶称为特种橡胶，专门制造在特殊条件下使用的橡胶制品，如在高温、低温、酸、碱介质中及某些溶剂中使用的橡胶制品，下面介绍几种常用的合成橡胶。

1. 丁苯橡胶

丁苯橡胶是目前世界上合成橡胶中产量最大的一种，它是由丁二烯和苯乙烯在引发剂存在下，发生共聚合反应制得的。其反应如下：

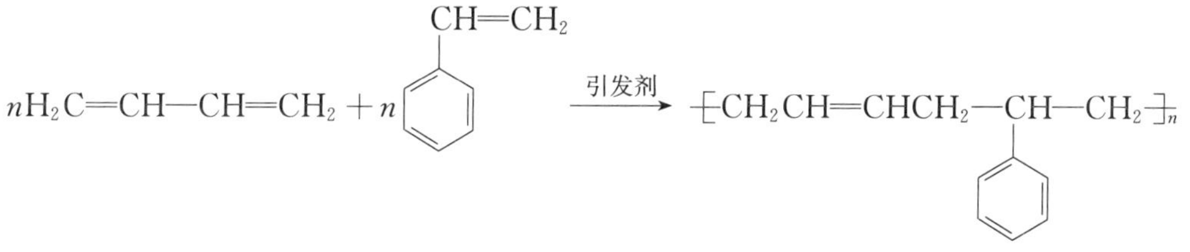

丁苯橡胶为浅黄色的弹性体，密度为 0.92～0.94g/cm^3，耐磨，耐自然老化，耐臭氧，耐水，耐热，气密性能均比天然橡胶好。主要缺点是弹性和机械强度较差，黏合性也不好，通过改变合成工艺和单体配比等办法，这些缺点可以得到一定程度的克服。丁苯橡胶可以代替天然橡胶使用，主要用于汽车轮胎及制造轻质海绵制品。

2. 氯丁橡胶

目前世界上氯丁橡胶的产量仅次于丁苯橡胶和顺丁橡胶，列居第 3 位。氯丁橡胶是由氯丁二烯在引发剂存在下聚合制得，反应如下：

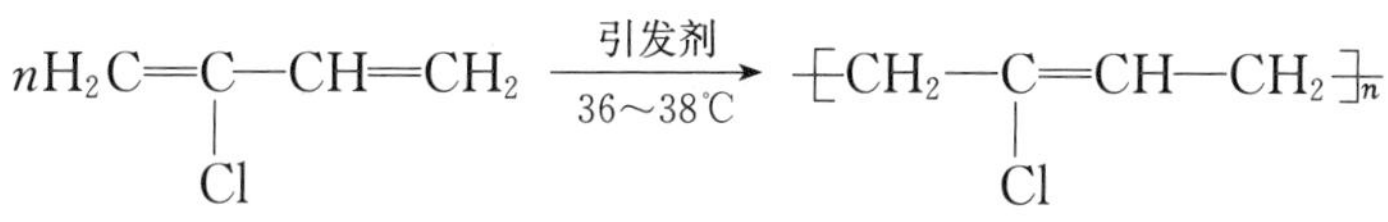

氯丁橡胶的分子结构与天然橡胶很相似，如同是氯原子取代了天然橡胶中的甲基而得的产品。由于氯原子的存在，赋予氯丁橡胶良好的耐油性和其他物理机械性能。除了弹性和耐寒性比天然橡胶差外，耐磨性、耐油性、耐热性、耐烧性、耐化学试剂、气密性、耐臭氧等性能均比天然橡胶优良，耐老化性特别好。因此氯丁橡胶不仅可以代替天然橡胶作通用橡胶，又可作为特种

橡胶使用。人们都称它为“万能橡胶”，广泛用作电线绝缘材料、化工防腐材料等。

3. 丁腈橡胶

丁腈橡胶是特种橡胶中产量最大的一种，它是由丁二烯和丙烯腈两种单体共聚而得的弹性体。其反应如下：

$$nH_2C{=}CH{-}CH{=}CH_2 + nH_2C{=}\underset{\displaystyle CN}{\underset{|}{CH}} \xrightarrow[35^\circ C]{\text{引发剂}} \left[CH_2{-}CH{=}CH{-}CH_2{-}CH_2{-}\underset{\displaystyle CN}{\underset{|}{CH}} \right]_n$$

丁腈橡胶含有强的极性基团——氰基(—CN)，因此，是特别耐油的合成橡胶之一。它还具有耐磨性、耐热性、黏接力强、对空气的渗透性低和良好的加工性能。主要缺点是弹性、耐臭氧能力以及多次挠屈性能较差。丁腈橡胶主要用于制造各种耐油制品，如胶管、密封垫圈、贮槽衬里等，又由于它的耐热性能良好，故可用于制造运输热物料(140℃以下)的传送带等。

复习指导

本章的重点是氨基酸的性质，特别是两性及等电点的概念，蛋白质的性能以及淀粉、纤维素、涤纶、锦纶、腈纶、酶等的结构特点与性能，高分子化合物的缩聚、加聚反应以及性能。

在本章的内容中也对纺织纤维中“三大纶”(涤纶、锦纶、腈纶)进行了介绍。在塑料和橡胶一节中主要介绍了塑料与橡胶的主要品种，以及主要品种的合成方法与性能，为后继课程的学习打下基础。

思考题与习题

1. 写出下列氨基酸的构造式：

(1)亮氨酸 (2)丝氨酸 (3)半胱氨酸 (4)组氨酸

2. 写出下列氨基酸在 pH 值为 2、7、12 的水溶液中的主要离解形式的结构：

(1)异亮氨酸 (2)赖氨酸

3. 什么是等电点?

4. 用简单方法区别下列化合物：

$$\underset{\displaystyle NH_2^+CH_3}{\underset{|}{CH_3CH}}COO^- \qquad HOOCCH_2\underset{\displaystyle NH_3^+}{\underset{|}{CH}}COO^- \qquad \underset{\displaystyle NH_3^+}{\underset{|}{CH_2}}CH_2COO^- \qquad H_2NCH_2CH_2CH_2\underset{\displaystyle NH_3^+}{\underset{|}{CH}}COO^-$$

5. 简述蛋白质的性质及酶的特性。

6. 试写出 D(+)-葡萄糖与下列试剂反应的主要产物：

(1)乙酸酐 (2)羟胺 (3)甲醇 (4)硝酸

7. 简述纤维素的性能。

8. 高分子化合物的基本含义是什么？它具有哪些特点?

9. 什么叫加聚和缩聚反应？如何区别?

10. 什么叫合成纤维？主要有哪些品种?

11. 用何种原料合成下列高聚物，用反应式如何表示？

(1)聚丙烯　(2)丁腈橡胶　(3)丁苯橡胶　(4)锦纶 6　(5)涤纶

参考文献

[1] 邢其毅，徐瑞秋，周政，等. 基础有机化学(第二版)[M]. 北京：高等教育出版社，1993.
[2] 尹玉英. 有机化学[M]. 北京：高等教育出版社，1993.
[3] 汪小兰. 有机化学[M]. 北京：人民教育出版社，1978.

第十二章　有机化学实验

第一节　有机化学实验的一般常识

一、有机化学实验室规则[1]

为了确保有机化学实验安全、正常地进行，为了培养学生严谨、认真、实事求是的科学态度和良好的实验习惯，教师应教育学生必须遵守以下规则：

(1)实验前，必须认真预习，明确实验目的，熟悉实验内容、实验步骤和注意事项，写好实验预习报告，对将要进行的实验做到心中有数，防止实验时边看书边做。

(2)学生进入实验室后，首先应了解实验室内水、电、煤气开关位置和放置灭火器材、急救药箱的地方和使用方法。

(3)实验开始前，应检查仪器是否完整，如有缺损，应及时补领登记。

(4)在实验过程中应保持安静和遵守纪律，严格遵守实验操作规程，仔细观察实验现象并做好记录；不得擅自离开实验岗位。

(5)对不熟悉的仪器和设备，必须经老师讲解，得到老师许可后方能进行操作，切不可随意动手，以防仪器损坏或发生事故。

(6)应保持实验室整洁，实验仪器放置要整齐有序，暂时不用的器材，不要放在台面上，以免碰倒和损坏。不得将固体废物(如火柴、废纸)或腐蚀性的液体倒入水槽。实验后残留的有机化合物应倒入指定收集容器内。废酸、废碱等应倒入废液缸中，废纸等应投入废纸篓中。

(7)严禁在实验室内吸烟、进食；实验结束后必须洗手后方可离开；不得穿背心、拖鞋进入实验室。

(8)实验过程中应注意人身安全，一旦发生意外事故，应立即报告老师，采取有效措施，迅速排除故障。

(9)爱护国家财产，正确使用仪器和设备，公共仪器及器械用完后应放回原处。损坏仪器应及时填写破损单，并按学校规定处理后及时补齐。需严格按照规定用量称量或量取药品。药品不得乱取乱放，药品用完后，应盖好瓶盖，放回原处。

(10)实验结束后，将玻璃器皿洗刷干净备用，仪器复原，清洁实验台面；值日学生应负责整理公用器材和试剂，打扫、整理实验室卫生，检查门、窗、水、电等是否关闭。由老师检查后方可离去。

(11)实验后，应根据实验现象和记录的数据完成实验报告。

二、常见事故的预防和处理

1. 火灾的预防和灭火

在有机化学实验中，常用的有机溶剂大多数是易燃的，如苯、乙醇、乙醚、丙酮等，而且多数有机反应往往需要加热，如操作不慎，很易引起火灾。为了防止事故发生，必须随时注意以下几点：

(1)操作和处理易燃、易爆溶剂时应远离火源；必须小心销毁易爆炸固体的残渣(如用硝酸分解金属炔化物)；切勿乱扔未熄灭的火柴梗；不能随意丢弃易发生自燃的物质(如加氢反应使用的催化剂雷尼镍)及沾有它们的滤纸。

(2)实验前应仔细检查仪器装置是否正确，常压或加热系统一定要与大气相通；对沸点低于80℃的液体，一般在蒸馏时应采用水浴加热，不能直接用火加热；实验操作中，应防止有机物蒸气泄漏，更不可用敞口容器加热；若要进行除去溶剂的操作，必须在通风橱里进行。

(3)实验室里不允许存放大量易燃物。一旦发生火灾事故，首先应切断电源并关闭煤气开关，然后迅速将周围易燃物品移开。再用石棉布覆盖火源或用灭火器灭火。有机溶剂燃烧时，在大多数情况下，严禁用水灭火。当装有可燃性物质的器皿着火时，可用石棉布、表面皿、大烧杯等将其盖住，使之与空气隔绝而灭火。当衣服着火时，切不可奔跑，可用灭火毯裹住身体灭火，或者迅速脱下衣服，火势大时，应一面呼救，一面卧地打滚。

(4)发现烘箱有异味或冒烟时，应迅速切断电源，使其慢慢降温，并准备好灭火器备用。切不可急于打开烘箱门，以免突然供入空气助燃(爆)，引起火灾。

2. 发生爆炸事故的原因及其预防、处理措施

(1)某些化合物容易爆炸。如有机化合物中的过氧化物、芳香族多硝基化合物和硝酸酯、干燥的重氮盐、叠氮化物、重金属的炔化物等，均是易爆物品，在使用和操作时应特别注意。含过氧化物的乙醚在蒸馏时有爆炸危险，必须事先除去过氧化物。芳香族多硝基化合物不宜在烘箱内干燥。乙醇和浓硝酸混合在一起会引起极强烈的爆炸。

(2)仪器装置不正确或操作错误有时会引起爆炸。在常压下进行蒸馏或加热回流时，仪器必须与大气相通。在蒸馏时，要注意不要将物料蒸干。在减压操作时，不可使用不耐外压的玻璃仪器(例如平底烧瓶和锥形瓶等)。

(3)氢气、乙炔、环氧乙烷等气体与空气混合达到一定比例时，会生成爆炸性混合物，遇明火即会爆炸。因此，使用上述物质时必须严禁明火。

对于放热量很大的合成反应，要小心地慢慢滴加物料，并注意冷却，同时要防止因滴液漏斗的活塞漏液而造成的事故。

3. 中毒事故的预防和处理

有机化学实验中，许多试剂都是有毒的。有毒物质往往通过呼吸吸入、皮肤渗入、误食等方式导致中毒。使用或反应过程中有氯、溴、氮氧化物、卤化物等有毒气体或液体产生的实验，都应该在通风橱内进行，也可用气体吸收装置吸收产生的有毒气体。

实验中应避免手直接接触化学药品，沾在皮肤上的有机化合物，应当立即用大量清水和肥皂洗去，切莫用有机溶剂洗，否则只会加快化学药品渗入皮肤的速度。

实验中所用剧毒药品应有专人负责保管，不得乱放。使用者必须严格按照操作规程进行实验。实验后的有毒残渣必须做妥善而有效的处理，不准乱丢。

4. 触电事故的预防和处理

有机化学实验中常使用电炉、电热套、电动搅拌机等，使用电器时，应防止人体与电器导电部分直接接触及石棉网金属丝与电炉电阻丝接触；不能用湿的手或手握湿的物体接触电插头；电热套内严禁滴入水等溶剂，以防止电器短路。为了防止触电，装置和设备的金属外壳等应连接地线，实验后应先关闭仪器开关，再将连接电源的插头拔下。

5. 急救常识

(1)玻璃割伤。如果为一般轻伤，应及时挤出污血，并用消过毒的镊子取出玻璃碎片，用蒸馏水或双氧水洗净伤口，涂上碘酒或红药水，再用创可贴或纱布包扎；严重割伤或大量出血时，应立即用绷带扎紧伤口上部，并立即送往医院医治。

(2)烫伤。如为轻伤，可在伤口处涂以苦味酸溶液、玉树油、兰油烃或硼酸油膏；如为重伤，应立即送医务室或医院就诊。

(3)酸液或碱液溅入眼中。立即用大量水冲洗，用洗眼杯或将橡皮管套上水龙头用缓慢水流对准眼睛冲洗。若为酸液溅入眼中，再用1%碳酸氢钠溶液冲洗。若被碱液，则再用1%硼酸溶液冲洗，最后用水洗。重伤者经初步处理后，应尽快送医务室救治。

(4)皮肤被酸、碱或溴液灼伤。被酸或碱液灼伤时，伤处首先用大量水冲洗；若被酸液灼伤，再用5%碳酸氢钠溶液洗；若被碱液灼伤，则再用1%～2%醋酸洗。被溴液灼伤时，伤处应立刻用酒精冲洗，然后用蘸有甘油的棉花擦或再涂上烫伤油膏。

(5)中毒。若为吸入气体中毒，应将中毒者移到室外，解开衣领及纽扣。吸入少量氯气和溴气者，可用碳酸氢钠溶液漱口。

三、实验室废弃物的管理和处理

从实验室排出的废弃物，特别是有机化合物，会以某种形式危及人们的健康，所以从环境保护的角度出发，即使数量甚微，也应避免把它排放到自然水域或大气中去，必须加以适当处理后再排放或妥善贮存[2]。

1. 废弃物的收集与贮存

(1)选择没有破损及不会被废液腐蚀的容器进行收集。将所收集的废液的成分及含量贴上明显的标签，并置于安全的地点保存。为了方便处理，一般分为可燃性物质、难燃性物质、含水废液、固体物质等。

(2)下述废液不能互相混合。

①过氧化物与有机物。

②氰化物、硫化物、次氯酸盐与酸。

③盐酸、氢氟酸等挥发性酸与不挥发性酸。

④浓硫酸、磺酸、羟基酸、聚磷酸等酸类与其他酸。

⑤铵盐、挥发性胺与碱。

(3)尽量回收溶剂。在对实验没有妨碍的情况下，溶剂可反复使用。对能被细菌作用而易于分解的溶剂，如甲醇、乙醇及醋酸等，经大量水稀释后，可直接排放。

(4)含重金属的废液，将其有机质分解后，作无机类废液进行处理。

2. 有机类实验废液的处理方法

(1)焚烧法。

①将可燃性物质的废液置于燃烧炉中燃烧。如果数量很少，可把它装入铁制或瓷制容器，选择室外安全的地方燃烧。点火时，取一长棒，在其一端扎上沾有油类的破布，或用木片等，站在上风方向进行点火燃烧，必须监视至烧完为止。

②对难于燃烧的物质，可把它与可燃性物质混合燃烧，或者把它喷入配备有助燃器的焚烧炉中燃烧。对多氯联苯等难于燃烧的物质，往往会排出一部分还未焚烧的物质，要加以注意。对含水的高浓度有机类废液的处理，亦能用焚烧法。

③对于燃烧产生 NO_2、SO_2 或 HCl 等有害气体的废液，必须用配备有洗涤器的焚烧炉燃烧。此时，必须用碱液洗涤燃烧废气，除去其中的有害气体。

④对固体物质，亦可将其溶解于可燃性溶剂中，然后使之燃烧。

(2)萃取法。

①对含水的低浓度废液，用与水不相混溶的正己烷等挥发性溶剂进行萃取，分离出溶剂层后焚烧。再用吹入空气的方法将水层中的溶剂吹出。

②对形成乳浊液等的废液，不能用此法处理。要用焚烧法处理。

(3)吸附法。用活性炭、硅藻土、矾土、层片状织物、聚丙烯、聚酯片、氨基甲酸乙酯泡沫塑料、稻草屑及锯末等能良好吸附溶剂的物质，使其充分吸附后，与吸附剂一起焚烧。

(4)氧化分解法。在含水的低浓度有机类废液中，对易氧化分解的废液，用 H_2O_2、$KMnO_4$、NaClO、$H_2SO_4+HNO_3$、HNO_3+HClO_4、$H_2SO_4+HClO_4$ 及废铬酸混合液等将其氧化分解。

(5)水解法。有机酸或无机酸的酯类以及部分有机磷化合物等容易发生水解的物质，可加入 NaOH 或 $Ca(OH)_2$，在室温或加热下进行水解。水解后，若废液无毒害时，把它中和、稀释后即可排放。如含有害物质时，用吸附等适当的方法加以处理。

(6)生物化学处理法。采用活性污泥等物质进行处理，同时吹入适量空气。对含有乙醇、乙酸、动植物性油脂、蛋白质及淀粉等的稀溶液，可用此法进行处理。

四、常用玻璃仪器及其仪器的清洗、干燥

1. 常用玻璃仪器

(1)常用各种烧瓶如图 12－1 所示[3]。

①平底烧瓶[图 12－1(a)]适用于配制和贮存溶液，但不能用于减压实验。

②圆底烧瓶[图 12－1(b)、(c)]能耐热和反应物(或溶液)沸腾以后所发生的冲击震动。短颈圆底烧瓶[图 12－1(c)]，瓶口结构坚实，在有机化合物的合成实验中最为常用。水蒸气蒸馏实验通常使用长颈圆底烧瓶[图 12－1(b)]。

③锥形烧瓶[图 12－1(d)]简称锥形瓶，常用于有机溶剂进行重结晶的操作，因为生成的结

(a)　(b)　(c)　(d)　(e)

图 12－1　烧瓶

晶物容易从锥形瓶中取出来。锥形瓶通常也用作常压蒸馏实验的接受器，但不能用作减压蒸馏实验的接受器。

④三口烧瓶[图 12－1(e)]最常用于需要进行搅拌的实验中。中间瓶口装搅拌器，两个侧口装回流冷凝管和滴液漏斗或温度计等。

(2)常用的蒸馏烧瓶如图 12－2 所示。

①蒸馏烧瓶[图 12－2(a)]是在蒸馏时最常使用的仪器。

②克莱森(Claisen)蒸馏烧瓶[图 12－2(b)]，简称克氏蒸馏烧瓶，一般用于减压蒸馏实验，正口安装毛细管，带支管的瓶口插温度计。容易发生泡沫或暴沸的蒸馏，也常使用这种蒸馏烧瓶。

(3)冷凝管如图 12－3 所示。

①直形冷凝管[图 12－3(a)、(b)]：(a)式冷凝管的内管和套管是用橡皮塞连接起来的，(b)式的内管和套管是玻璃熔接的。蒸馏物质的沸点在 140℃以下时，要在套管内通水冷却；但超过 140℃时，(b)式冷凝管往往会在内管和套管的接合处发生炸裂。

②空气冷凝管[图 12－3(c)]：当蒸馏物质的沸点在 140℃以上时，常用它代替通冷却水的直形冷凝管。

③球形冷凝管[图 12－3(d)]：其内管的冷却面积较大，对蒸气冷凝有较好的效果，适用于加热回流的实验。

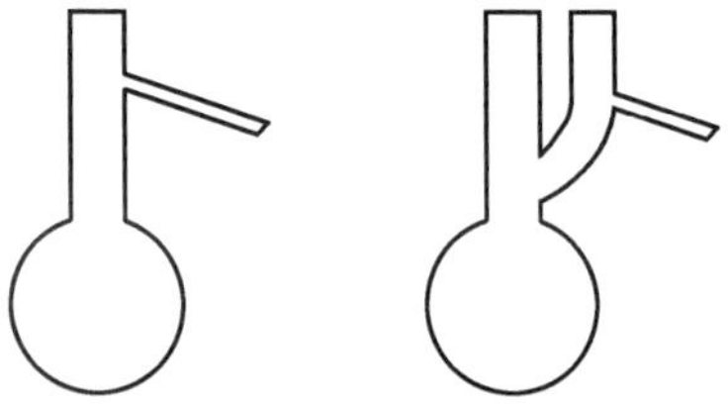

(a)　(b)

图 12－2　蒸馏烧瓶

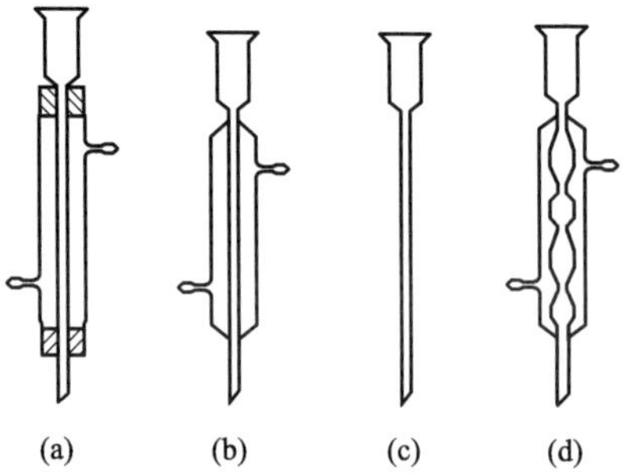

(a)　(b)　(c)　(d)

图 12－3　冷凝管

(4)漏斗如图 12－4 所示。

①长颈漏斗[图 12－4(a)]和短颈漏斗[图 12－4(b)]：在普通过滤时使用。

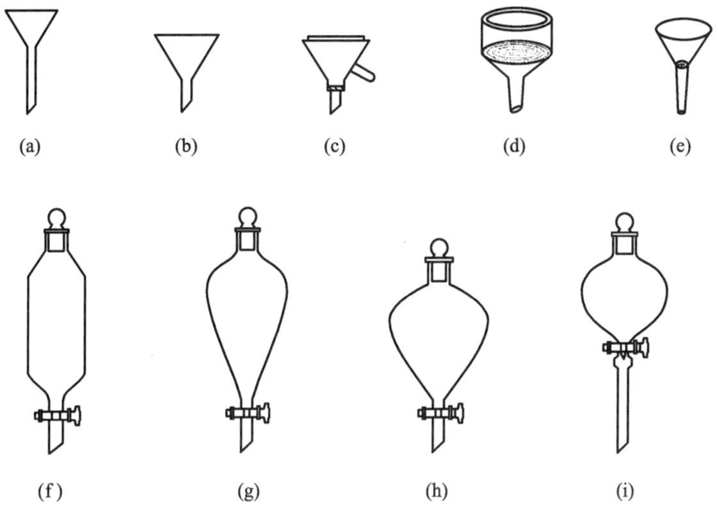

图 12－4 漏斗

②保温漏斗[图 12－4(c)]：也称热滤漏斗，用于需要保温的过滤。它是在普通漏斗的外面装上一个铜质外壳，外壳与漏斗之间装水，用酒精灯加热侧面的支管，以保持所需要的温度。

③布氏(Buchner)漏斗[图 12－4(d)]：为瓷质多孔板漏斗，在减压过滤时使用。小型多孔板漏斗[图 12－4(e)]用于减压过滤少量物质。

④分液漏斗：常见的有筒形分液漏斗[图 12－4(f)]、梨形分液漏斗[图 12－4(g)]、圆形分液漏斗[图 12－4(h)]。用于液体的萃取、洗涤和分离，有时也可用于滴加试料。

⑤滴液漏斗[图 12－4(i)]：能把液体一滴一滴地加入反应器中。即使漏斗的下端浸没在液面下，也能够明显地看到滴加速度。

(5)其他常用仪器如图 12－5 所示。

图 12－5 其他常用仪器

(6)标准磨口仪器：有机化学实验中常用带有标准磨口的玻璃仪器，通称标准磨口仪器。相同编号的标准磨口可以相互连接。这样，既可免去配塞子及钻孔等手续，又能避免反应物或产物被软木塞(或橡皮塞)沾污。常用标准磨口仪器如图 12－6 所示。

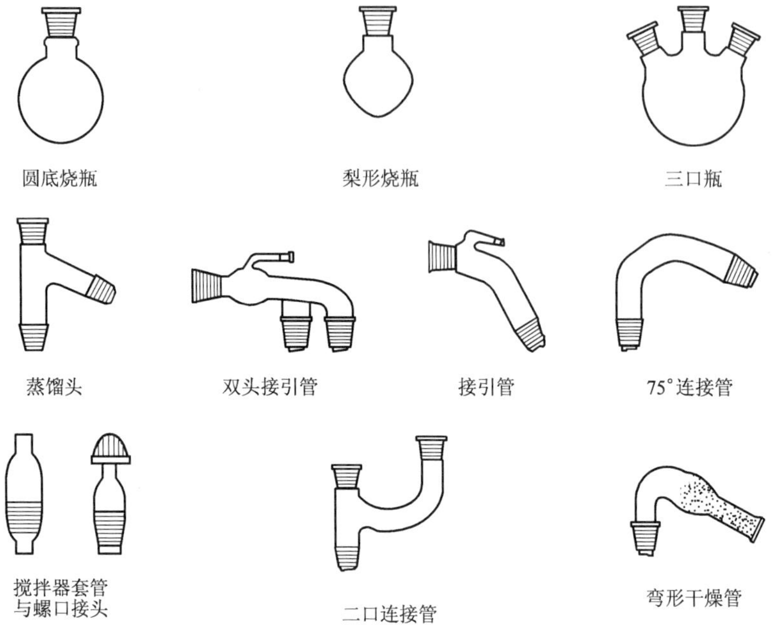

图 12－6 标准磨口仪器

使用标准磨口仪器时必须注意以下事宜[4]：

①磨口处必须洁净，若粘有固体物质，则会使磨口对接不紧密导致漏气，甚至损坏磨口。

②用后应拆卸、洗净，否则，长期放置后磨口的连接处常会粘牢，难以拆开。

③一般使用时，磨口无须涂润滑剂，以免沾污反应物或产物。若反应物中有强碱，则应涂润滑剂，以免磨口连接处因碱腐蚀而粘牢，无法拆开。

④安装仪器时要正确，磨口连接处要呈一直线，不能歪斜，以免应力集中而造成仪器破损。特别在受热时，应力增大，更易折断。

2. 玻璃仪器的洗涤[5]

仪器必须经常保持洁净，应该养成仪器用毕立即清洗的习惯。

仪器洗涤最简易的方法是用毛刷和去污粉擦洗，有碱性残渣或酸性残渣时分别用酸和碱液处理，然后用清水把仪器冲洗干净。

当有焦油状物质和炭化残渣时，用上述方法不能洗掉，这时需用铬酸洗液（铬酸洗液配制：5g 重铬酸钾溶于 5mL 水中，然后在搅拌下慢慢加入 100mL 浓硫酸）洗涤。铬酸洗液为强酸和强氧化剂，在使用铬酸洗液前，应把仪器上的污物，特别是还原性物质尽量洗净。

3. 玻璃仪器的干燥

（1）晾干：应尽量采用晾干法使仪器干燥，其方法是把仪器倒置，使水自然流下、晾干，待下次实验使用。

（2）烘箱中烘干：保持烘箱温度在 100～120℃，仪器放入前要尽量倒净仪器中的水，将仪器口向上进行烘干。厚壁仪器不宜在烘箱中烘干。

(3)用热空气烘干:用吹风机吹干、玻璃气流干燥器烘干或将仪器放在两层隔开的石棉网的上层,用酒精灯加热下层石棉网进行烘干。注意控制灯的火焰,勿让上层石棉铁丝网温度超过120℃。

(4)用有机溶剂干燥:体积小、急需干燥的仪器可采用这一方法。洗净仪器后先用少量酒精洗一次,再用少量丙酮洗涤,最后用电吹风机吹干。用过的溶剂应回收。

五、实验预习、记录和实验报告的基本要求

1. 实验预习

实验前要充分预习教材,同时要查阅有关手册和参考资料,记录各种原料和产品的物性数据,并计算合成实验的理论产量。同时写出预习报告。为了保证实验正常进行,没有达到预习要求者,不得参加实验。

2. 做好记录

学生必须准备专用实验记录本,详细如实地记录时间、试剂级别、用量、反应温度、现象的变化及产物的性态等。必须养成随时记录的良好习惯,切不可在实验结束后凭记忆补写实验记录。

3. 实验报告的基本要求

实验报告书写的内容应包括:实验目的要求、反应原理(反应方程式);主要试剂用量及规格,仪器装置,实验步骤和现象;产率计算;最后总结讨论等。要如实填写报告,文字精练,绘图要准确。

六、微型化学实验

随着绿色化学的兴起,微型化学实验被誉为“化学实验的革命”[6]。微型化学实验(Microscale Chemical Experimment 或 Microscale Laboratory,简写为 ML)是近年来发展很快的一种化学实验的新方法、新技术。它是在微型化的仪器装置中进行的化学实验,其试剂量比相应的常规实验节约90%以上。它具有省试剂、少污染、快速、安全、便携等特点。

微型化学实验的物质基础(ML 硬件)是微型化的仪器装置。国外的成套微型玻璃仪器有Mayo、Williamson、Breuer 型,但价格都较昂贵。目前国产成套微型玻璃仪器已面市。整套仪器旋置在320mm×255mm×78mm 的塑料盒中,由23个品种34个部件组成,均采用10# 标准磨砂接口。除成套微型玻璃仪器外,也出现了一些替代仪器。如利用注射器来进行溶液的移取、滴加、控制反应速度等,利用毛细滴管作微量过滤、定性反应器,利用生料带代替凡士林以密封仪器间的连接等。

第二节　有机化学实验的基本操作

一、重结晶及过滤[7]

1. 实验目的

(1)了解重结晶的原理。

(2)掌握抽滤、热滤、脱色及折叠滤纸的方法等。

2. 实验原理

通过有机合成方法制得的固体中常含有少量杂质。除去这些杂质最有效的方法就是用适当的溶剂进行重结晶。重结晶一般是使物质在较高的温度下溶解在合适的溶剂里，趁热过滤，除去不溶性杂质，再将滤液冷却，让有机化合物在较低的温度下结晶析出，而可溶性的杂质则遗留在溶液内，使它们互相分离。

3. 实验步骤及操作

(1)溶剂的选择。正确选择溶剂对重结晶操作有很重要的意义。合适的溶剂必须具备下列条件：

①不与重结晶的物质发生化学反应。

②在高温时，重结晶物质在溶剂中的溶解度较大，而在低温时则很小；杂质在冷、热溶剂中的溶解度都较大，杂质始终保留在母液中。或者杂质在热溶剂中不溶解，这样在热过滤时也可以把杂质除去。

③溶剂易挥发，但沸点不宜过低，便于与结晶物质分离。

④溶剂的价格低、毒性小、易回收、操作安全等。

为了选择合适的溶剂，除需要查阅化学手册外，有时还需要采用试验的方法。其方法是：取几支小试管，各放入约 0.2g 欲重结晶的物质，分别加入 0.5～1mL 不同种类的溶剂，加热到完全溶解，冷却后，能析出大量晶体的溶剂，一般可认为是最合适的。如果固体物质在 3mL 热溶剂中仍不能全溶，可以认为该溶剂不适合重结晶；如果固体在热溶剂中能溶解，而冷却后，无晶体析出，这时可用玻璃棒在液面下的器壁上摩擦，以促使晶体析出，若还得不到晶体，则说明此固体在该溶剂中的溶解度很大，这样的溶剂不适合重结晶。如果物质易溶于某一溶剂而难溶于另一种溶剂，且该两溶剂能互溶，那么就可以用两者配成的混合溶剂进行试验。常用的混合溶剂有乙醇与水、甲醇与乙醚、苯与乙醚等。

(2)溶解。通常在锥形瓶或烧杯中进行重结晶，因为这样便于取出生成的晶体。使用易挥发或易燃的溶剂时，为避免溶剂的挥发和发生着火事故，应把欲重结晶的物质放入锥形瓶中，锥形瓶上安装回流冷凝管，溶剂可从冷凝管上口加入。先加入少量溶剂，加热至沸腾，然后逐渐添加溶剂(加入后，再加热煮沸)，直到固体全部溶解为止。但应注意，不要因为重结晶的物质中含有不溶解的杂质而加入过量的溶剂。除高沸点溶剂外，一般都在水浴上加热。切记：在添加可燃性溶剂时，要先关闭热源。

所得到的热饱和溶液如果含有不溶性杂质，应趁热把这些杂质过滤除去。溶液中存在的有色杂质一般可利用活性炭脱色。活性炭的用量以能完全除去颜色为准。为避免活性炭过量，应分成小量逐次加入。要在溶液的沸点以下加入活性炭，并不断搅拌，以避免发生暴沸。每加一次后，都需再把溶液煮沸片刻，然后用保温漏斗或布氏漏斗趁热过滤。过滤时，可用表面皿覆盖漏斗，以减少溶剂的挥发。

(3)过滤。重结晶过滤过程中常使用加热过滤和减压过滤。

①加热过滤：用锥形玻璃漏斗过滤热的饱和溶液时，常在漏斗中或其颈部析出晶体，使过滤

发生困难。这时应用保温漏斗来过滤。为了尽量利用滤纸的有效面积,以加快过滤速度,过滤热的饱和溶液时,常使用折叠式滤纸,其折法如图 12-7 所示。

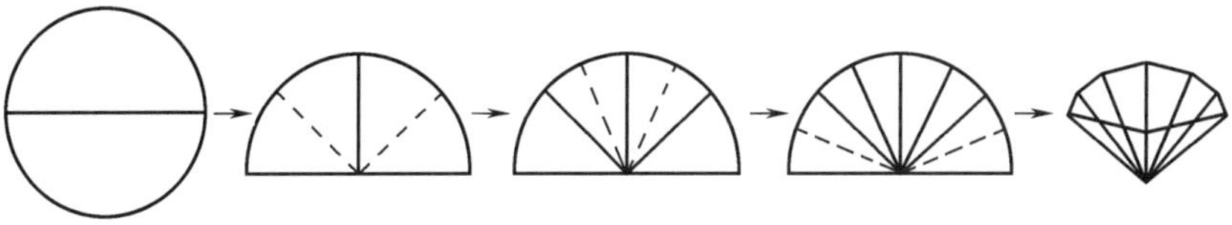

图 12-7 折叠式滤纸的折法

折叠滤纸时,在折纹近集中点处切勿对折纹重压,否则在过滤时滤纸的中央易破裂。使用前,宜将折好的折叠滤纸翻转,并做整理后放入漏斗中。

过滤时,把热的饱和溶液逐渐地倒入漏斗中,漏斗中的液体不宜积得太多,以免析出晶体,堵塞漏斗。

②减压过滤:也叫抽滤、吸滤。减压过滤装置由布氏漏斗、抽滤瓶、缓冲瓶和抽气装置等组成,如图 12-8 所示。

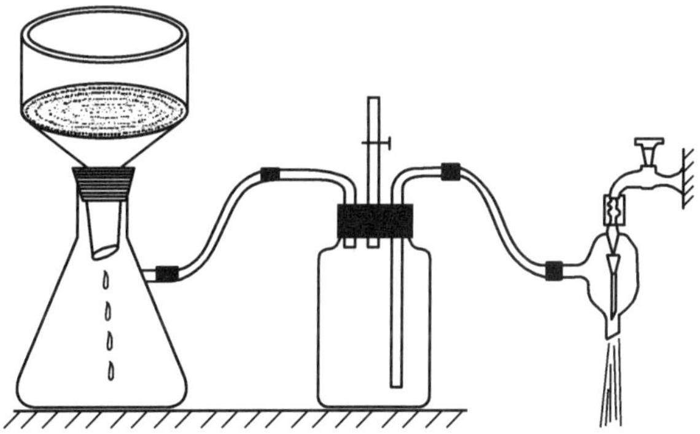

图 12-8 减压过滤装置

布氏漏斗是一种瓷质的多孔漏斗。它配橡胶塞后与抽滤瓶相连。抽滤瓶的支管处用橡皮管与减压系统相连。实验室常用的真空泵有油泵和水泵。若用水泵,抽滤瓶与水泵之间宜连接一个缓冲瓶,以防止水的倒吸;若用油泵,抽滤瓶与油泵之间应连接吸收水汽的干燥装置和缓冲瓶。

布氏漏斗所用滤纸应剪成比漏斗的内径略小,但能完全盖住所有小孔的形状。过滤前,应用水或者溶剂将平铺在漏斗上的滤纸润湿,然后开动水泵(或油泵),使滤纸紧贴在漏斗上,小心地把欲过滤的混合物倒入漏斗中,使固体均匀分布在整个滤纸面上,一直抽气到几乎没有液体滤出时为止。为了尽量把液体除净,可用玻璃瓶塞压挤过滤的固体——滤饼。

也可用布氏漏斗趁热进行减压过滤。为了避免漏斗破裂和在漏斗中析出晶体,最好先用热水浴或水蒸气浴,或在电烘箱中把布氏漏斗预热,然后用来进行减压过滤。

减压热过滤时,热的溶剂会因减压而在抽滤瓶中沸腾,造成大量溶剂挥发,结晶迅速析出。这时应调节真空,不使压力过高。为防止滤液过早结晶,抽滤瓶最好也能预热。

(4)结晶。结晶最好在锥形瓶中进行，它的口径较小，可减少尘埃污染，还可以加塞，防止溶剂的挥发。将上述热过滤后的溶液静置、自然冷却，结晶会慢慢析出。有时会遇到放冷后也无晶体析出，此时可用玻璃棒在液面下摩擦器壁或投入该化合物的晶体作为晶种，促使晶体较快地析出。为了使晶体更完全地从母液中分离出来，最后用冰水浴冷却。

(5)晶体的过滤和洗涤。晶体全部析出后，仍用布氏漏斗于减压下将晶体滤出。滤饼抽干后，拔去抽滤瓶支管上的真空橡胶管(或打开缓冲瓶上的活塞接通大气)消除真空，再加入少量用于重结晶的溶剂，使其刚好盖住滤饼，待有滤液从漏斗下端滴出时重新抽气，再将滤饼尽量抽干、压干。这样反复几次，就可把滤饼洗净。

4. 实验

● 苯甲酸粗品的重结晶

称取 2g 粗苯甲酸，放于 150mL 锥形瓶中，加入 60mL 水及 2 粒沸石，加热煮沸，使固体溶解。若不全溶，可适当补加少量热水，直至固体刚好溶解①。稍冷后，加入适量活性炭②，继续加热微沸 5～10min。趁热用热水漏斗③和折叠滤纸过滤，滤液收集在一洁净的烧杯中。将滤液自然冷却至室温，并用冰水冷却，待结晶完全后，减压过滤，用少量冰水洗涤，并用玻璃塞挤压，取出产品置于表面皿上晾干，或于红外灯下干燥，称量，计算回收率。

[注释]

①注意观察是否有不溶性杂质，若每次加水后，不溶物不见减少，说明为不溶性杂质。

②活性炭可以吸附有色物质，用量根据颜色深浅而定。一般用量为固体质量的1%～5%；注意不能向正在沸腾的溶液中加入活性炭，以免溶液暴沸而溅出。活性炭对水溶液脱色较好，对非极性溶液脱色较差；如发现滤液中有活性炭时，应予重滤。

③如果溶剂是可燃的，热过滤前应先熄灭加热保温套的明火，以防止发生事故。

实验讨论与思考题

1. 重结晶法一般包括哪几个步骤？各步骤的主要目的是什么？
2. 加热溶解待重结晶的粗产物时，为什么要采用第一次加入溶剂的量比计算量稍少，然后逐渐添加至恰好溶解，最后再加入少量的溶剂的方式？
3. 为什么活性炭要在待结晶物全溶后加入？为什么不能在沸腾时加入？
4. 使用布氏漏斗过滤时，滤纸大于布氏漏斗瓷孔面有什么不好？
5. 用水泵抽滤时，停止抽滤前，如不先拔除橡皮管就关闭水阀，会有什么问题发生？
6. 在布氏漏斗上，用溶剂洗涤滤饼时应注意哪些问题？
7. 在活性炭脱色热抽滤时，若发现母液中含有少量活性炭，试分析这可能由哪些原因引起？应如何处理？

二、蒸馏和分馏

1. 实验目的

(1)了解普通蒸馏和分馏的原理及其应用。

(2)掌握实验室常用的蒸馏和简单分馏操作。

2. 实验原理

(1)蒸馏[8]。蒸馏又称简单蒸馏，是分离和提纯液态有机化合物的最常用的重要方法之一。应用这一方法不仅可以把挥发性液体与不挥发性液体分离，还可以把两种或两种以上沸点相差较大(大于30℃)的液体混合物以及有色杂质分离。

在通常情况下，纯的液体物质在大气压下有一定的沸点。如果在蒸馏过程中沸点发生变动，则说明物质不纯。因此可借蒸馏的方法来测定物质的沸点和定性检验物质的纯度。一些有机化合物往往能和其他组分形成二元或三元恒沸混合物，它们也有一定的沸点。因此，不能认为沸点一定的物质都是纯物质。

①蒸馏装置如图12－9所示，蒸馏装置主要包括蒸馏烧瓶、冷凝管和接收器三部分。(a)图在进行蒸馏的同时可测定蒸气的温度，图(b)通常用于不需测量蒸气温度的蒸馏。

(a)　　(b)

图12－9　普通蒸馏装置(标准磨口仪器)

蒸馏烧瓶是蒸馏时最常用的容器。选用蒸馏烧瓶的大小由所蒸馏液体的体积来决定。通常所蒸馏液体的体积应占蒸馏烧瓶容积的1/3～2/3。如果装入的液体量过多，当加热到沸腾时，液体可能会冲出，或者液体飞沫被蒸汽带出，混入馏出液中；如果装入的液体量过少，在蒸馏结束时，相对的会有较多液体残留在瓶内蒸不出来。

如果蒸馏出的物质易受潮分解，可在接受器上连接一个氯化钙干燥管，以防止湿气侵入；如果蒸馏的同时还有有毒气体放出，则需装配气体吸收装置。

如果蒸馏出的物质易挥发、易燃或有毒，则在接受器上连接一长橡皮管，通入水槽的下水管内或引出室外。

当蒸馏沸点高于140℃的物质时，应该换用空气冷凝管。

②蒸馏装置的安装：简单蒸馏装置包括蒸馏烧瓶、蒸馏头、温度计、冷凝管、接引管和接受器等。其安装如图12－9(a)所示。安装时，首先确定热源的位置和高度，以此为基准，由下而上，由左到右依次安装蒸馏烧瓶、蒸馏头、冷凝管、接引管、接受器和温度计。安装冷凝管时，需用另一支架上的铁夹夹住冷凝管中部，并调整铁夹的位置，使冷凝管的中心线与蒸馏头侧管的中心线成一直线，方可将冷凝管与蒸馏头侧管连接起来。冷凝管上端出口向上，下端入水口向下，以

保证套管中充满水。最后再装接引管和接受器,接引管尾部应伸进接受器中,但不能密封,以保证蒸馏系统与大气相通。

蒸馏头上温度计的安装位置,对正确测定蒸气的温度、收集指定沸程的馏出液至关重要。温度计应位于蒸馏头直管的中央,不能接触管壁,温度计水银球上端必须与蒸馏头支管下线在一水平线上。当整个水银球完全被蒸气包围并被冷凝液润湿时,温度计上的读数正好代表了蒸气和冷凝液达到平衡时的温度。

安装完毕后,必须检查装置是否完善,如磨口连接是否密合,是否漏气,整套仪器是否端正,无论从正面或侧面观察,全套仪器中各仪器的轴线都要在同一平面内,否则易产生内应力,损坏仪器。同一桌面上几套蒸馏装置相距较近时,彼此之间应是头对头,或尾对尾,使馏出液远离火源。

③蒸馏操作:蒸馏装置装好以后,把欲蒸馏的液体经长颈漏斗倒入蒸馏烧瓶里。漏斗的下端需伸到蒸馏烧瓶支管的下面。若液体里有干燥剂或其他固体物质,应在漏斗上放滤纸或一小撮松软的棉花或玻璃毛等,以滤去固体。也可把蒸馏烧瓶取下来,斜拿住,使支管向上,把液体小心地沿器壁倒入瓶里。然后往蒸馏烧瓶里放 2～3 粒沸石(沸石是一些小的碎瓷片),沸石可以防止液体过热而产生暴沸。在持续沸腾时,沸石可以持续有效,但一旦停止沸腾或中途停止蒸馏时,则原有沸石失效,应在再次蒸馏前补加沸石。

加热前,应检查仪器是否装配严密。开始时小火加热,然后调整火焰,使温度慢慢上升,开始沸腾后,应密切注意蒸馏烧瓶中发生的现象。当冷凝的蒸气环由瓶颈逐渐上升到温度计水银球周围时,温度计的水银柱就很快地上升。调节火焰或加热温度,使从冷凝管流出液滴的速度为 1～2 滴/s,记下第 1 滴馏出液滴入接受器时的温度。当温度由不稳定到稳定时,另换接受器集取。如果温度变化较大,需多换几个接受器集取。在保持原来加热温度的情况下,不再有馏出液蒸出,且温度突然下降,这种现象说明该馏分基本蒸尽,停止蒸馏,并对收集的馏分进行称重。记下该温度范围和质量。也可按规定温度范围收集馏分。当烧瓶中仅残留少量(1mL 左右)液体时,即应停止蒸馏,以防意外事故发生。

(2)分馏[9]。液体混合物中的各组分,若其沸点相差很大,可用普通蒸馏法分离;若其沸点相差不太大,则用普通蒸馏方法难以精确分离,应当用分馏的方法分离。

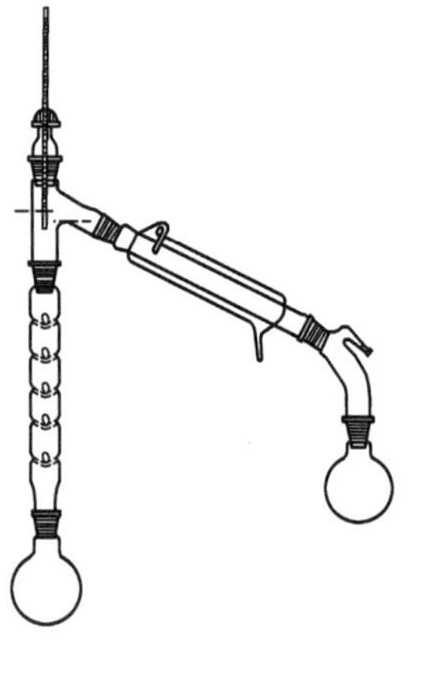

图 12－10　分馏标准磨口装置

如果将两种挥发性液体的混合物进行蒸馏,在沸腾温度下,其气相与液相达到平衡,蒸气中含有较多量易挥发物质的组分。将此蒸汽冷凝成液体,其组成与气相组成相同,即含有较多的易挥发物质的组分,而残留物中却含有较多量的高沸点组分。这就是进行了一次简单的蒸馏。如此反复蒸馏,最后可得到接近纯组分的两种液体,但这种蒸馏既浪费时间,又浪费能源,所以通常利用分馏来进行分离,如图 12－10 所示。

利用分馏柱进行分馏,实际上就是在分馏柱内使混合物进行多次汽化和冷凝[10]。当上升的蒸气与下降的冷凝液互相接触时，上升的蒸气部分冷凝放出热量，使下降的冷凝液部分汽化，相互之间发生了热量交换。其结果，上升蒸汽中易挥发组分增加，而下降的冷凝液中高沸点组分增加。如果继续多次就等于进行了多次的气液平衡，即达到了多次蒸馏的效果。这样，靠近分馏柱顶部易挥发物质的组分的比率高，而在烧瓶里高沸点组分的比率高。

为了提高分馏效率，在操作上可采取两项措施：一是柱身装有保温套，保证柱身温度与待分馏的物质的沸点相近，以利于建立平衡；二是控制一定的回流比（上升的蒸气，在柱头经冷凝后，回流入柱中的量和出料的量之比）。

3. 实验一

● 工业酒精蒸馏

在 100mL 圆底烧瓶中，加入 2 粒沸石，按图 12－9(a)装配仪器①。用量筒取 40mL 工业酒精经玻璃漏斗从蒸馏头上口倒入烧瓶，插入温度计，通入冷凝水，用水浴加热，注意观察蒸馏瓶中的现象和温度计读数的变化。当液体开始沸腾时，仔细控制水浴温度，使馏出液滴的速度为 1～2 滴/s。记下第 1 滴液体滴入圆底烧瓶时的温度，分别收集 77℃以下、77～79℃和 79℃以上的馏分。蒸馏结束时，勿将烧瓶中液体蒸干（一般需留 0.5～1mL），以防烧瓶干烧破裂。量出所收集的各馏分体积，并计算回收率②。

[注释]

①注意检查各仪器之间的连接是否紧密，做到紧密不漏气。

②本实验蒸出的酒精并非纯物质，而是酒精和水的共沸物，若要得到无水乙醇，需采用其他方法除去共沸物中的水。

实验讨论与思考题

1. 进行蒸馏操作时应注意什么问题（从安全和效果两方面考虑）？
2. 蒸馏时，馏出速度太快或太慢有什么不好？
3. 将待蒸馏的液体倾入蒸馏烧瓶中时，可以不使用漏斗吗？如果不使用漏斗，应该怎样操作？
4. 在蒸馏装置中，把温度计水银球插至液面或在蒸馏头侧口以上是否正确？为什么？
5. 如果蒸馏前忘记加沸石，能否立即将沸石加入接近沸腾或已沸腾的液体中？为什么？应该怎样处理才安全？重新蒸馏时，用过的沸石能否继续使用？为什么？
6. 加热后有馏液出来时，才发现冷凝管未通水，能否立即通水？为什么？应如何正确处理？

4. 实验二

● 乙醇—水混合物分馏

在 100mL 圆底烧瓶中加入 95%乙醇和水各 20mL，并加入 1～2 粒沸石，如图 12－10 所示，分别装上刺形分馏柱①，在分馏柱上口插入温度计，使温度计水银球上端与分馏柱侧管底边在同一水平线上，依次装上直形冷凝管和接引管。取三只洁净的 50mL 圆底烧瓶作接受器，并分别贴上 1、2、3 号标签。

打开冷凝水，用电热套②加热，当液体开始沸腾后，即见到一圈圈气液沿分馏柱慢慢上升，待其停止上升后，调节热源，提高温度，当蒸气上升到分馏柱顶部，开始有馏出液流出时，记下第1滴分馏液落到接受瓶中的温度。调节并控制好温度，使蒸气缓慢上升，以保持分馏柱内有一个均匀的温度梯度，并控制馏出液的速度为2～3滴/s。

开始蒸出的馏分中含低沸点的组分（乙醇）较多，而高沸点组分（水）较少。随着低沸点组分的蒸出，混合液中高沸点组分含量逐渐增多，馏出液的沸点随之升高。将低于80℃的馏出液收集在1号瓶中，80～95℃馏分收集在2号瓶中。当蒸气达到95℃时，停止蒸馏，冷却几分钟，使分馏柱内的液体回流至烧瓶。卸下烧瓶，将残液倒入3号瓶内，测量并记录各馏分的体积。以柱顶温度为纵坐标，馏出液体积（mL）为横坐标，将实验结果绘成分馏曲线，讨论分离效率。

［注释］

①刺形分馏柱属于分馏柱的一种。

②用电热套加热十分方便和安全，但要注意调节控制温度。当溶液开始沸腾后，应调小加热程度，缓慢升温。

实验讨论与思考题

1. 简述蒸馏和分馏的原理，并说明它们在装置和操作上有何不同。
2. 可以把分馏柱顶上温度计的水银柱位置往下插一些吗？为什么？
3. 若加热太快，馏出液速度超过一般要求，用分馏方法分离两种液体的能力会显著下降，为什么？
4. 在分离两种沸点相近的液体时，为什么填充分馏柱比刺形分馏柱效率高？

三、萃取和洗涤[11]

1. 实验目的

学习萃取和洗涤的原理和方法。

2. 实验原理

萃取和洗涤是分离和提纯有机化合物常用的操作。它们的基本原理都是利用物质在互不相溶（或微溶）的溶剂中的溶解度不同而达到分离的目的。萃取和洗涤在原理上是一样的，只是目的不同。从混合物中分离的物质，如果是需要的，这种操作叫做萃取或提取；如果是不需要的，这种操作就叫做洗涤。

萃取是有机化学实验中最常用的纯化分离方法。萃取包括液—液萃取和液—固萃取，经常使用的是液—液萃取。

（1）液—液萃取。

①萃取剂的选择。理想的萃取剂一般具有以下基本性质：对被萃取物的溶解度要大，而对杂质和被萃取溶液的溶解度要小；萃取剂应有较低的沸点，在萃取结束后易蒸馏除去；萃取剂密度应适当，不易反应，毒性小。

一般来说，难溶于水的有机化合物，可首选石油醚作萃取剂；较易溶于水的物质，可用乙醚来萃取；极易溶于水的物质，则用乙酸乙酯作萃取剂。三氯甲烷(氯仿)常用于提取胺类物质。

②操作方法：液—液萃取通常采用分液漏斗进行。萃取前必须先检查分液漏斗的盖子和旋塞是否严密，以防分液漏斗在使用过程中发生泄漏，造成损失。

在萃取或洗涤时，先将液体与萃取用的溶剂由分液漏斗的上口倒入，盖好盖子，振荡漏斗，使两液层充分接触。振荡的操作方法一般是先把分液漏斗倾斜，使漏斗的上口略向下，右手捏住漏斗上口颈部，并用食指根部压紧盖子，以免盖子松开，左手握住旋塞。握持旋塞的方式既要能防止振荡时旋塞转动或脱落，又要便于灵活地旋开旋塞。振荡后，让漏斗仍保持倾斜状态，旋开旋塞，放出蒸气或产生的气体，使内外压力平衡。若在漏斗内有易挥发的溶剂，可用碳酸钠溶液中和酸液，振荡后，更应注意及时旋开旋塞，放出气体。振荡数次后，将分液漏斗放在铁架台的铁圈上，静置，待溶液分层。

将分液漏斗中的液体分成清晰的两层以后，就可进行分离。分离液层时，下层液体应经旋塞放出，上层液体应从上口倒出。如果上层液体也经旋塞放出，则漏斗旋塞下面颈部附着的残液就会把上层液体弄脏。

在萃取或洗涤时，上下两层液体都应该保留到实验完毕。否则，如果中间的操作发生错误，便无法补救和检查。

在萃取过程中，将一定量的溶剂分作多次萃取，其效果比一次萃取要好，洗涤也是如此。

(2)液—液洗涤。液体有机化合物粗品及上述萃取液常含有杂质，需加入洗涤液将杂质洗去，以达到纯化的目的。

水、饱和氯化钠水溶液常用于洗涤水溶性杂质(如无机盐、大量的酸、碱以及低沸点极性有机化合物)。饱和氯化钠水溶液因具有盐析及破乳作用，常用于有机化合物干燥前的洗涤。

另一些洗涤液是利用其可与待洗涤液体中的某些杂质发生化学反应而进行洗涤的。如稀碳酸钠、碳酸氢钠水溶液，可除去有机化合物中的酸性杂质，使其转化为可溶于水的钠盐进入水相；稀酸水溶液则可除去碱性杂质。亚硫酸氢钠水溶液具有还原性，常用于除去某些氧化性杂质(如单质溴)。必须注意，在使用这类洗涤液前，应首先用水洗去大部分水溶性杂质(如酸、碱)，以免相互反应。

图 12－11　索氏提取器

(3)液—固萃取*。从固体混合物中萃取所需要的物质，最简单的方法是把固体混合物先行研细，放在容器中，加入适当溶剂，用力振荡，然后用过滤或倾析的方法把萃取液和残留的固体分开。若被提取的物质特别容易溶解，也可以把固体混合物加入放有滤纸的锥形玻璃漏斗中，用溶剂洗涤。这样，所要萃取的物质就可以溶解在溶剂里而被滤取出来。

如果萃取物质的溶解度很小，用洗涤方法要消耗大量的溶剂和很长时间，在这种情况下，一般用索氏提取器来萃取。索氏提取器如图 12－11 所示。将滤纸做成与提取器大小相适应的套袋，然后把固体混合物放在纸袋内，装入提取器内。溶剂的蒸气从烧瓶进入冷凝管中，冷凝后，回流到固体混合物里，溶剂在提取器内到达一定的高度时，就和所提取的物质一同从侧面的虹吸管流入烧瓶中，溶剂就这样在仪器内循环流动，把所要提取的物质集中到下面的烧瓶里。

3. 实验

● 从醋酸水溶液中萃取醋酸

用移液管准确量取 10.00mL 冰醋酸与水的混合液，倒于分液漏斗中，用 10mL 乙醚① 萃取。加入乙醚后，先用右手紧紧握住分液漏斗的颈部并紧紧顶住玻塞，用左手握住活塞②，倾斜倒置，上下轻轻振摇，及时开启活塞，放出因振摇而生成的气体。乙醚的沸点低，易挥发，所以要及时释放乙醚气体，以解除分液漏斗内的压力，平衡内外压力。重复上述操作 2～3 次后，再用力振摇一定时间，使乙醚与醋酸水溶液两种互不相溶的液体充分接触，提高萃取率，振摇时间太短会影响萃取率。

将分液漏斗静置于铁圈上，当溶液分成两层后，小心旋开活塞，放出下层水溶液，分去乙醚溶液。水溶液再用 10mL 乙醚萃取，再次分出乙醚溶液后，水溶液仍用 10mL 乙醚萃取，如此重复3 次。将用乙醚第 3 次萃取后的水溶液和乙醚萃取液分别放入两个 50mL 的锥形瓶，用 0.2mol/L的氢氧化钠溶液滴定，计算水中和乙醚中的醋酸量，可得出萃取醋酸的效率。

［注释］

①乙醚易燃，注意附近不能有火源，否则易引起火灾。

②使用分液漏斗萃取或洗涤液体，一般可按此操作进行，效率较高。但如果由于大力振摇以致乳化，静置又难分层时，则应改变操作方法。可用右手按住漏斗上端玻璃塞，左手挡住下端活塞平放漏斗，前后振摇数次，然后斜置漏斗使下口朝上，旋开活塞放出气体。

实验讨论与思考题

1. 影响萃取法萃取效率的因素有哪些？如何选择萃取剂？
2. 使用分液漏斗的目的是什么？使用分液漏斗时要注意哪些事项？
3. 两种互不相溶的液体同在分液漏斗中，下一层的液体从哪里放出来？放出液体时为了不要流得太快，应该怎样操作？留在分液漏斗中的上层液体，应从何处放入另一容器中？

四、色谱分析

色谱分析常用来分离和鉴别结构、物理化学性质相近的一些有机物质，具有高效、灵敏、准确等特点，已广泛应用于有机化学、生物化学及化工生产等领域。

色谱分析是以相分配原理为基础的，基于分析试样各组分在不相混溶并作相对运动的两相（流动相和固定相）中溶解度不同，或在固定相上的物理吸附程度的不同等，即在两相中分配系数的不同而使各组分分离。

色谱分析的试样可以是气体、液体或固体（溶于合适的溶剂中）。流动相可以是惰性载气、有机溶剂等。固定相可以是固体吸附剂、水、有机溶剂或涂渍在担体表面上的低挥发性液体。

目前常用的色谱分析法有：柱色谱法、纸色谱法、薄层色谱法、气相色谱法、液相色谱法。

1. 柱色谱法

柱色谱法是通过色谱柱(图 12－12)来实现分离的。色谱柱内装有固体吸附剂(固定相),如氧化铝或硅胶。液体样品从柱顶加入,在柱的顶部被吸附剂吸附。然后从柱的顶部加入有机溶剂(作洗提剂)。由于吸附剂对各组分的吸附能力不同,各组分以不同的速率下移,被吸附较弱的组分在流动相(洗提剂)里的百分含量比被吸附较强的组分高,以较快的速率向下移动。

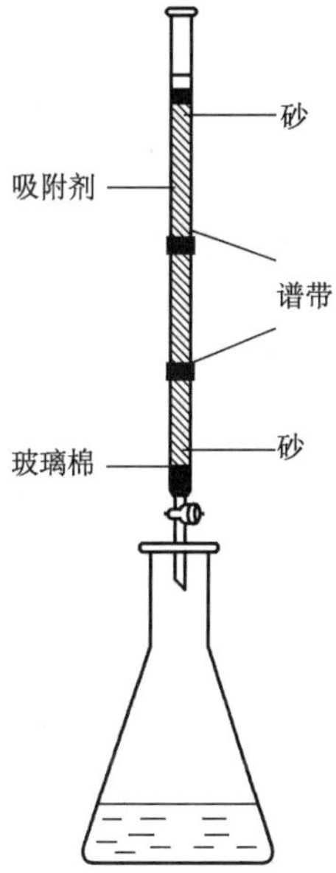

图 12－12　色谱柱

各组分随溶剂按一定顺序从色谱柱下端流出,可用容器分别收集之。如各组分为有色物质,则可以直接观察到不同颜色的谱带,但如为无色物质,则不能直接观察到谱带。有时一些物质在紫外光照射下能发出荧光,则可用紫外光照射。有时则可分段集取一定体积的洗提液,再分别鉴定。如果有一个或几个组分移动得很慢,可把吸附剂推出柱外,切开不同的谱带,分别作溶剂萃取。

2. 纸色谱法

纸色谱法是分配色谱的一种。样品溶液点在滤纸上,通过层析而相互分开。在这里滤纸仅是惰性载体;吸附在滤纸上的水作为固定相,而含有一定比例水的有机溶剂(通常称为展开剂)为流动相。展开时,被层析样品内的各组分由于它们在两相中的分配系数不同可达到分离的目的。所以纸色谱法是液—液分配色谱。

纸色谱法的优点是操作简便、便宜,所得色谱图可以长期保存。其缺点是展开时间较长,一般需要几小时,这是由于溶剂上升的速度随着高度增加而减慢。

纸色谱所用的滤纸与普通滤纸不同,两面要比较均匀,不含杂质。通常作定性试验时可采用国产 1# 层析滤纸。大小可根据需要自由选择。一般上行法所用滤纸的长度约为 20～30cm,宽度视样品个数而定。

3. 薄层色谱法

薄层色谱法是一种微量、快速和简单的色谱方法。它可用于分离混合物,鉴定和精制化合物,是近代有机分析化学中用于定性和定量分析的一种重要手段。它兼有柱色谱和纸色谱的优点,展开时间短,分离效率高(可达到 300～4000 块理论塔板数),需要样品少(数微克)。如果把吸附层加厚,试样点成一条线时,又可用作制备色谱,用以精制样品。薄层色谱法特别适用于分析挥发性小的化合物,以及那些在高温下易发生变化、不宜用气相色谱分析的化合物。

薄层色谱的原理和柱色谱相似,属于固—液吸附色谱。样品在涂在玻璃板上的吸附剂(固定相)和溶剂(移动相)之间进行分离。常用的吸附剂是硅胶和氧化铝。各种化合物的吸附能力不同,在展开剂上移动时,它们进行不同程度的解吸,从而达到分离的目的。如果采用硅藻土和纤维素为支撑剂,则其原理同分配色谱。

薄层色谱法的操作方法,如点样、展开、显色等,和纸色谱基本相同。显色剂除能使用纸色谱的显色剂外,还可用腐蚀性的显色剂,如浓硫酸、浓盐酸等。斑点位置亦以比移值表示。

4. 气相色谱法

气相色谱法具有操作简便、迅速、样品用量少等优点，因而被广泛用于生产和科研中，卓有成效地解决气体和各种有机化合物的分离和分析，并成为科研和生产中的重要常规分析工具。在有机合成实验中，也可用来对合成产物进行分离及定性和定量分析。

气相色谱中以气—液分配色谱应用最多。下面以图 12－13 来说明它的分离过程：在一支玻璃或金属柱型管（直径约 3～4mm）中装入一种惰性固体颗粒（称为担体），表面上涂一层低挥发性有机化合物的液膜（称为固定液），担体和固定液组成固定相。这样便构成一支填充式色谱柱。以恒定流量的惰性气体（称为载气）连续通过色谱柱。将一份待分析样品从载气入口处注入。这样，样品混合物就被载气带入色谱柱，并随载气自上而下移动。假设样品中有 A、B 两个组分，其中 B 组分比 A 组分易被固定相溶解。这样，由于固定相对 A、B 两组分溶解能力大小的不同，A、B 两组分随着载气向下移动过程中就将被分开，A 在前，B 在后。最后 A、B 两组分将随着载气被先后带出色谱柱。如果柱后置有检测器，测量出 A、B 组分在不同时间的浓度，便可得到一张有两个（色谱峰）的流出曲线，通常称之为色谱图［图 12－13(b)］。依据两个峰出现的时间及峰面积的大小即可定性鉴定和定量测定各组分。

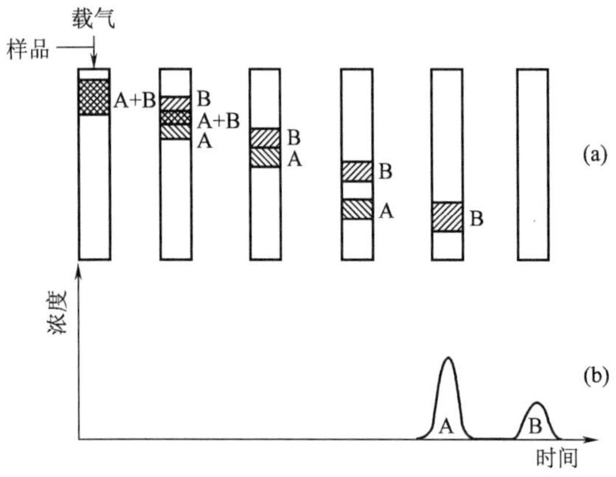

图 12－13　气相色谱分离原理

5. 高效液相色谱

高效液相色谱也称高压液相色谱，是 20 世纪 60 年代后期迅速发展起来的。由于气相色谱一般只能用于沸点在 500℃以下、对热稳定的一些组分的分离和测定，因此还有大量沸点更高、分子更大而热稳定性较差、离子型或倾向于解离等的化合物需要有一个快速、有效和灵敏的分离分析方法，高效液相色谱正是为这一目的而迅速发展起来的。作为分离分析手段，气相色谱和液相色谱是互为补充的。就色谱而言，它们的差别主要在于前者的流动相是气体，而后者的流动相则是液体。气体和液体物理性质的差别决定了液相色谱要实现快速、高效的目的，必须采用均匀的微颗粒（5～50μm）做固定相，同时必须采用高的柱进口压（>9820kPa）以加速色谱分离过程。这就是液相色谱柱由经典液相色谱发展到近代高效液相色谱所采用的重要手段。

第三节　有机化合物的合成

实验一　苯磺酸钠的制备[12]

1. 实验目的

（1）掌握苯的磺化反应和常用磺化剂的使用。

(2)掌握制备苯磺酸钠的原理和方法。

(3)了解苯磺酸钠的性质及分离方法。

2. 实验原理

苯磺酸钠是白色针状晶体，熔点 450℃，能溶于水，易溶于热水，微溶于热醇。主要用于染料、医药、感光材料、农药、香料和塑料稳定剂。

磺化是亲电取代反应，芳烃衍生物磺化的难易取决于芳烃上取代基的性质，芳环上有亲核取代基时有利于磺化反应。磺化反应要根据被磺化物的性质来选择磺化剂。最常用的磺化剂有硫酸、氯磺酸、发烟硫酸等。苯的磺化较难，宜用发烟硫酸做磺化剂。

由苯制备苯磺酸钠的反应方程式如下：

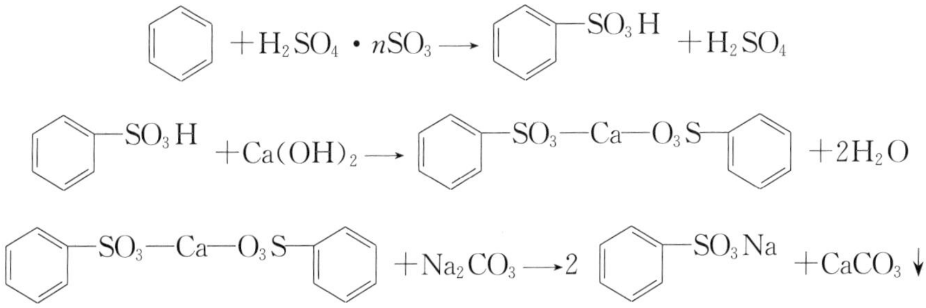

3. 实验用仪器和试剂

(1)仪器：三口烧瓶、球形冷凝管、Y 型管、滴液漏斗、烧杯、温度计、电热套、抽滤装置、托盘天平、量筒。

(2)试剂：苯 20mL、发烟硫酸(8%)14mL、碳酸钙、氢氧化钙、碳酸钠等适量。

(3)实验学时：6。

4. 实验步骤

(1)磺化。在装有温度计、球形冷凝管和滴液漏斗的 150mL 三口烧瓶中，加入 20mL 苯，在不断搅拌下缓慢滴加 14mL 8%的发烟硫酸[①](约在 30min 内加完)，并用冷水浴控制反应温度不超过 75℃。发烟硫酸加完后，用电热套加热回流 2h，使球形冷凝管内的苯蒸气的冷凝界限不超过第一球为宜。

(2)中和。当反应液的温度达到 100℃[②]，且球形冷凝管中无苯蒸气冷凝时，则说明磺化完成。将物料冷却至 50℃以下，倒入盛有 100mL 水的烧杯中，用氢氧化钙和碳酸钙[③]中和至 pH=6。

(3)过滤和分离磺化产物。过滤中和液，以除去硫酸钙。用 30mL 热水淋洗滤饼，取出滤饼放入 500mL 烧杯中，加入 50mL 热水，搅拌、过滤，再用 30mL 热水淋洗滤饼，并将洗液与滤液合并。

在滤液中加入碳酸钠，将苯磺酸钙转变为钠盐[④]。过滤(抽滤，用双层滤纸)除去碳酸钙，并用少量水洗滤饼。

将滤液先用烧杯蒸发，然后转入蒸发皿中蒸发至有苯磺酸钠结晶出现为止，冷却、结晶、过滤、干燥。产品[⑤]称重，并计算产率。

［注释］

①发烟硫酸为强腐蚀性液体，应小心操作，防止灼伤。配制时应戴眼镜和手套，并在通风橱内操作。

②磺化反应温度应控制在110℃以下，高于此温度会增加副产物的生成。

③用碳酸钙中和苯磺酸时，有二氧化碳气体放出，所以碳酸钙必须分批加入并不断搅拌反应混合物。

④将苯磺酸钙全部转变为钠盐时，要不断地取少量滤液加入少量的碳酸钠溶液试验，直至不再有碳酸钙沉淀析出为止。

⑤若要得到高纯产品，需用95％的乙醇进行重结晶，每克苯磺酸钠约需18mL 95％的乙醇。

实验讨论与思考题

1. 苯的磺化可否用浓硫酸作磺化剂，为什么？

2. 影响磺化反应的因素有哪些？

3. 怎样配制不同浓度的发烟硫酸？

实验二　1-溴丁烷的制备

1. 实验目的

（1）熟悉由醇制备溴代烷的原理和方法。

（2）基本掌握蒸馏操作。

（3）掌握回流操作及有毒气体的处理方法。

（4）掌握分液漏斗的使用和分离液体有机化合物的操作方法。

2. 实验原理

1-溴丁烷为无色透明液体，是医药、染料、香料等的原料。本品极易燃烧，对皮肤和呼吸道有刺激作用。

本实验中1-溴丁烷是以正丁醇与溴化钠、浓硫酸共热而制得的。其反应有：

主反应：

$$NaBr + H_2SO_4(浓) \rightleftharpoons NaHSO_4 + HBr$$

$$C_4H_9OH + HBr \rightleftharpoons C_4H_9Br + H_2O$$

副反应：

$$2C_4H_9OH \xrightarrow[H_2SO_4(浓)]{\triangle} C_4H_9OC_4H_9 + H_2O$$

$$2HBr + H_2SO_4(浓) \longrightarrow Br_2 + SO_2 + 2H_2O\uparrow$$

3. 实验用仪器和药品

（1）仪器：包括圆底烧瓶、冷凝管、蒸馏头、锥形瓶、温度计、温度计套管、分液漏斗、接液管。

（2）药品：正丁醇3.7g或4.6mL(0.05mol)，溴化钠（无水）6.2g[①]（0.06mol），浓硫酸（d_4^{20}=1.84）7mL(0.13mol)，10％碳酸钠溶液3mL，无水氯化钙0.5g，沸石适量。

（3）实验所需时间：6。

4. 实验步骤

（1）回流。在50mL圆底烧瓶中加入6mL水，置烧瓶于冰水浴中，小心地将7mL浓硫酸分多次加入烧瓶中，充分混合，在继续冷却下，加入4.6mL正丁醇，混合均匀，然后将6.2g研细的溴化钠分多次加入烧瓶，每加一次必须充分摇动烧瓶，以免结块。撤去冰浴，擦干烧瓶外壁，加入2～3粒沸石，装上回流冷凝管，并在其上口用弯玻璃管连一气体吸收装置，如图12－14所示，以吸收反应时逸出的溴化氢气体②。在烧瓶下置一电热套加热，间歇摇动烧瓶③直至溴化钠溶解，调节温度，使混合物平稳沸腾，缓缓回流 30min。

图 12－14 气体吸收装置

(2)蒸馏。反应完成后，将反应物冷却 5min，拆下回流冷凝管，补加 1～2 粒沸石，用 75°弯管连接直形冷凝管，以 50mL 锥形瓶作为接收器，加热蒸馏，直至馏出液中无油滴生成为止④。

(3)1－溴丁烷的精制。

①水洗：将馏出液倒入分液漏斗，加入 4～5mL 水，洗涤⑤，小心地将下层粗产品放入一干燥锥形瓶中，从漏斗上口倒出水层。

②酸洗：为了除去未反应的正丁醇及副产物正丁醚，用 2mL 浓硫酸⑥分两次加入锥形瓶内，每加一次都要充分摇动锥形瓶，并用冷水浴冷却，然后将混合物慢慢倒入分液漏斗中，静置分层，小心地分去下层浓硫酸。

③洗涤与干燥：油层依次用 6mL 水、3mL 10％碳酸钠溶液、6mL 水洗涤，使其呈中性。将下层 1－溴丁烷粗产品放入干燥洁净的 50mL 锥形瓶中，加入约 0.5g 粒状无水氯化钙，塞紧瓶塞，振荡后静置，直至液体澄清为止。

④蒸馏：将干燥后的液体小心滗入 50mL 干燥洁净的蒸馏烧瓶中(切勿使氯化钙落入烧瓶)，加入 1～2 粒沸石，按蒸馏装置装好仪器，加热蒸馏，收集 99～102℃馏分于已知质量的样品瓶中。称量，计算产率。

产量：5～5.5g，产率：72％～80％。

纯 1－溴丁烷为无色透明液体，沸点为 106.6℃，$d_4^{20}=1.2758$，$n_D^{20}=1.4401$。

[注释]

①如果用含结晶水的溴化钠($NaBr \cdot 2H_2O$)，则应按物质的量进行换算，并相应减少加入水的量。

②本实验采用 1∶1 硫酸，一方面减少副反应，另一方面可吸收来不及反应的溴化氢气体。

③可用振荡整个铁架台的方法使烧瓶摇动。

④可用盛清水的试管收集 1～2 滴馏出液，观察有无油滴。

⑤用水洗涤后馏液如有红色，说明含有溴，可加入 10～15mL 饱和亚硫酸氢钠溶液洗涤除去。

⑥也可用 2.5mL 80％硫酸洗涤。

实验讨论与思考题

1. 加料时，先使溴化钠和浓硫酸混合，再加入正丁醇和水，可以吗？为什么？

2. 反应后的产物中可能含有哪些杂质，各步洗涤的目的是什么？

3. 用分液漏斗洗涤产物时，产物时而在上层，时而在下层，可用什么简便方法加以判断？

4. 为什么不能将干燥剂倒入蒸馏瓶中？加热蒸馏时，会产生什么不良后果？

附：制备 1-溴丁烷的微型实验[13,14]

1. 实验目的和原理

同实验二。

2. 实验用仪器和药品

（1）仪器：3mL 圆底烧瓶、电磁加热搅拌器、冷凝管、二通活塞导气管、玻璃漏斗、微型蒸馏头、具塞离心试管。

（2）药品：同实验二。

3. 实验步骤

（1）在 3mL 圆底烧瓶中，加入 200μL 水，慢慢加入 240μL(4.5mmol) 浓硫酸，混合均匀并冷却至室温。加入 150μL(1.6mmol) 正丁醇，混合后，加入 200mg(2.0mmol) 研细的溴化钠，充分振荡，再加入搅拌磁子。装上冷凝管，冷凝管上口装上二通活塞导气管，导气管另一端接橡皮导管，玻璃漏斗接在橡皮管上并倒置于水槽中，使漏斗口恰好接触水面，切勿浸入水中，以免倒吸。

（2）通过电磁搅拌器上的沙浴使反应物加热回流 30min。冷却后，取下气体吸收装置和冷凝管，装上微型蒸馏头，蒸出 1-溴丁烷。

（3）用毛细滴管吸出馏出液，转移到 3mL 具塞离心试管中，加入 200μL 水洗涤。用毛细滴管向液体中鼓气泡，搅拌洗涤，反复洗涤数次。待分层后，小心地将粗产品用毛细滴管吸出，加到另一干燥的 5mL 具塞试管中。用 100μL 浓硫酸洗涤，洗涤方法如上述。尽量分去硫酸层，有机层依次用水、饱和碳酸氢钠溶液各 200μL 洗涤。向洗涤好的产品中加一小块无水氯化钙干燥产品。

（4）将干燥好的粗产品通过颈部塞有少许棉花的玻璃漏斗加入到干燥的 3mL 圆底烧瓶中，加入一粒沸石，装上微型蒸馏头，装上温度计，温度计的水银球上端与蒸馏头支管下线在同一水平线上。在沙浴上加热蒸馏，收集 99～103℃的馏分，产率约为 40%～50%。

实验三　十二烷基硫酸钠的合成[15]

1. 实验目的

（1）掌握高级醇与硫酸反应的原理。

（2）掌握高级醇硫酸酯盐型阴离子表面活性剂的合成方法。

（3）了解高级醇硫酸酯盐型阴离子表面活性剂的主要性质和用途。

2. 实验原理

十二烷基硫酸钠(AS)是硫酸酯盐型阴离子表面活性剂的典型代表。它的起泡性能、去污力、乳化力都比较好，能被生物降解，耐碱、耐硬水，但在强酸性溶液中易发生水解，稳定性较磺酸盐差。可做矿井灭火剂、牙膏起泡剂、洗涤剂、纺织助剂及其他工业助剂。

本实验用十二醇与氯磺酸反应后经中和而制得十二烷基硫酸钠。其反应如下：

$$C_{12}H_{25}OH + ClSO_3H \longrightarrow C_{12}H_{25}OSO_2OH + HCl\uparrow$$

$$C_{12}H_{25}OSO_2OH + NaOH \longrightarrow C_{12}H_{25}OSO_2ONa + H_2O$$

3. 实验用仪器和试剂

(1)仪器：电动搅拌机、恒温水浴、气体吸收装置、三口烧瓶、滴液漏斗、温度计。

(2)试剂：十二醇 31g、氯磺酸 12mL、30%NaOH 溶液。

(3)实验学时：6。

4. 实验步骤

在装有氯化氢吸收装置、温度计和电动搅拌机的 125mL 三口烧瓶①中加入 31g 十二醇，加热并控制温度在 25℃，同时在充分搅拌下用滴液漏斗于 30min 内缓慢加入 12mL 氯磺酸②，滴加时温度不要超过 30℃，注意反应会起泡沫，勿使物料溢出。加完氯磺酸后，于(30±2)℃反应 2h，反应中产生的氯化氢气体用 5%氢氧化钠溶液吸收。

硫酸化结束后，将硫酸化物缓慢倒入盛有 50g 冰水的烧杯中(冰∶水＝2∶1)，同时充分搅拌，外面用冰水浴冷却。最后用少量冰和水把三口烧瓶中的反应物全部洗出。稀释均匀后，在搅拌下滴加 30%氢氧化钠溶液进行中和至 pH＝7.0～8.5。

用 50mL 烧杯取 2g 样品测固形物含量③。

本产品为白色或淡黄色固体，溶于水成半透明溶液。

[注释]

①氯磺酸遇水会分解，故所用玻璃仪器必须干燥。

②氯磺酸的腐蚀性很强，使用时要戴橡胶手套，在通风橱内量取。

③采用在约 90℃下挥发溶剂并干燥至恒重的方法来测定其固含量。

实验讨论与思考题

1. 高级醇硫酸酯盐有哪些特性和用途？

2. 滴加氯磺酸时，温度为什么控制在 30℃以下？

3. 产品的 pH 值为什么控制在 7.0～8.5？

实验四　乙酸乙酯的制备

1. 实验目的

(1)熟悉酯化反应原理及反应进行的条件，掌握乙酸乙酯制备方法。

(2)掌握液体有机化合物的精制方法。

(3)熟悉常用的液体干燥剂，掌握其使用方法。

2. 实验原理

乙酸乙酯是一种工业用途很广泛的化合物，也是重要的溶剂，具有快干、低毒的特点。用于清漆、人造革、硝酸纤维、氯化橡胶和某些乙烯树脂的溶剂，也用作染料、药物和香料的原料。

有机酸酯可用醇和羧酸在少量无机酸催化下直接酯化制得。当没有催化剂存在时，酯化反应很慢；当采用酸作催化剂时，就可以大大加快酯化反应的速度。酯化反应是一个可逆反应。为使平衡向生成酯的方向移动，常使反应物之一过量，或将生成物从反应体系中及时除去，或者两者兼用。

本实验利用共沸混合物，反应物之一过量的方法制备乙酸乙酯。其反应有：

主反应： $CH_3COOH + CH_3CH_2OH \xrightarrow{120\sim125℃} CH_3COOCH_2CH_3 + H_2O$

副反应： $2CH_3CH_2OH \xrightarrow[140℃]{H_2SO_4} CH_3CH_2OCH_2CH_3 + H_2O$

$$CH_3CH_2OH \xrightarrow[170℃]{H_2SO_4} CH_2{=}CH_2 + H_2O$$

3. 实验用仪器和药品

(1)仪器：包括圆底烧瓶、冷凝管、温度计、蒸馏头、温度计套管、分液漏斗、酒精灯、接液管、锥形瓶。

(2)药品：冰醋酸 6mL(6.3g，0.105mol)，无水乙醇 9.5mL(7.5g，0.16mol)，浓硫酸2.5mL，饱和 Na_2CO_3 溶液 5mL，饱和 $CaCl_2$ 溶液 10mL，饱和 NaCl 溶液 5mL，无水 $MgSO_4$ 1g，沸石适量。

(3)实验学时：4。

4. 实验步骤

(1)回流。在 50mL 圆底烧瓶中①，加入 6mL 冰醋酸和 9.5mL 无水乙醇，混合均匀后，将烧瓶置于冰水浴中，分批缓慢地加入 2.5mL 浓 H_2SO_4，同时振摇烧瓶。混匀后加入 2～3 粒沸石，按图 12－15 安装好回流装置，打开冷凝水，用电热套加热，保持反应液在微沸状态下回流② 30～40min。

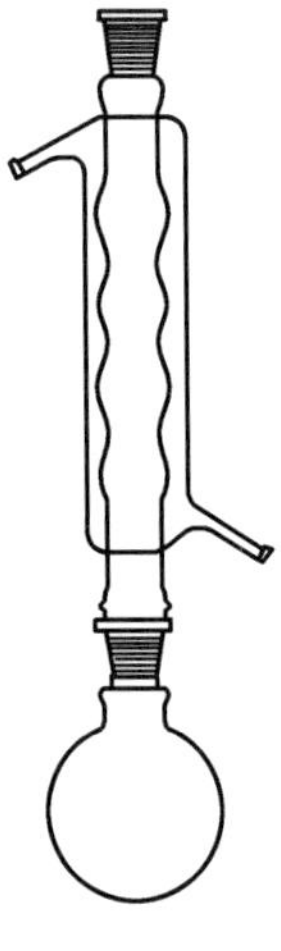

图 12－15　回流装置

(2)蒸馏。反应完成后，冷却近室温，将装置改成蒸馏装置，用电热套或水浴加热，收集 70～79℃馏分。

(3)乙酸乙酯的精制。

①中和：在粗乙酸乙酯中慢慢加入约 5mL 饱和 Na_2CO_3 溶液③，直到无二氧化碳气体逸出后，再多加 1～3 滴④。然后将混合液倒入分液漏斗中，静置分层后，放出下层的水层。

②水洗：用约 5mL 饱和 NaCl 溶液洗涤酯层⑤，充分振摇，静置分层后，分出水层。

③洗去乙醇：用约 10mL 饱和 $CaCl_2$ 溶液分两次洗涤酯层⑥，静置后分去水层。

④干燥：酯层由漏斗上口倒入一个 50mL 干燥锥形瓶中，并放入 1g 无水 $MgSO_4$ 干燥⑦，配上塞子，然后充分振摇至液体澄清。

⑤蒸馏：将干燥后的油层倒入干燥的 50mL 圆底烧瓶中，加入沸石，安装普通蒸馏装置，加

热蒸馏，收集 74～79℃的馏分，产量 5～6g。

纯乙酸乙酯为无色透明有香味的液体，沸点为 77.2℃，$d_4^{20}=0.901$，$n_D^{20}=1.3723$。

［注释］

①圆底烧瓶、冷凝管应是干燥的。

②注意控制温度。温度不宜太高，否则会增加副产物乙醚的量。

③在馏出液中除了酯和水外，还含有未反应的少量乙醇和乙酸，也还有副产物乙醚。故必须用碱来除去其中的酸。

④加入过量碳酸钠可以保证完全中和产品中的乙酸。多余的碳酸钠在后续的洗涤过程中可被除去，也可用石蕊试纸检验产品是否呈碱性。

⑤饱和 NaCl 溶液主要用于洗涤粗产品中的少量碳酸钠。产品中若带有 Na_2CO_3，下一步用饱和 $CaCl_2$ 溶液洗涤时，就会生成碳酸钙沉淀，沉淀很细，悬浮于水和乙酸乙酯中，使水和乙酸乙酯的界限不清，将给分离带来困难。饱和 NaCl 溶液洗涤时，还可洗除一部分水。此外，由于饱和 NaCl 溶液的盐析作用，乙酸乙酯在饱和 NaCl 溶液中的溶解度比在水中要小，可大大降低乙酸乙酯在洗涤时的损失。

⑥$CaCl_2$ 与乙醇形成络合物而溶于饱和 $CaCl_2$ 溶液中，由此可除去粗产品中所含的乙醇。

⑦乙酸乙酯和水或醇可分别生成共沸混合物。若三者共存，则生成三元共沸混合物。酯层中的乙醇不除净或干燥不够时，因形成低沸点的共沸混合物，从而影响酯的产率。

实验讨论与思考题

1. 在本实验中硫酸起什么作用？
2. 为什么乙酸乙酯的制备中要使用过量的乙醇？若采用醋酸过量的做法是否合适？为什么？
3. 蒸出的粗乙酸乙酯中主要有哪些杂质？如何除去它们？
4. 能否用浓的氢氧化钠溶液代替饱和碳酸钠溶液来洗涤蒸馏液？
5. 用饱和 $CaCl_2$ 溶液洗涤，能除去什么？为什么先用饱和 NaCl 溶液洗涤？可以用水代替饱和 NaCl 溶液吗？

附：制备乙酸乙酯的微型实验[13,16]

1. 实验目的和原理

同实验四。

2. 实验用仪器和试剂

(1)仪器：3mL 圆底烧瓶、电磁加热搅拌器、冷凝管、玻璃漏斗、微型蒸馏头、3mL 具塞离心试管。

(2)药品：同实验四。

3. 实验步骤

(1)将 380μL(6.5mmol)无水乙醇和 240μL(4.2mmol)冰乙酸加入到 3mL 圆底烧瓶中，再小心地加入 100μL(1.9mmol)浓硫酸，混合均匀后，放入搅拌磁子，然后装上冷凝管。

(2)将烧瓶放在电磁加热搅拌器上的沙浴上，在搅拌的同时加热反应物，控制沙浴温度为 120～140℃，回流 20～30min。待反应物冷却后，取下冷凝管，装上微型蒸馏头，在搅拌下加热蒸馏，馏出液体积约为反应物总体积的 2/3。

（3）用毛细滴管吸出馏出液，置于 3mL 具塞离心试管中，慢慢地向馏出液中滴加饱和碳酸钠溶液（需约 200μL），并不断搅拌，直到不再有二氧化碳气体产生。用毛细滴管向试管中液体鼓泡，进行搅拌与洗涤，静止分层后，用毛细滴管分去水层。酯层加 200μL 饱和氯化钠溶液洗涤，再用 200μL 饱和氯化钙溶液洗涤，最后用蒸馏水洗涤，分去下层液体。

（4）取玻璃漏斗，用少许棉花填塞漏斗颈部，称取 80mg 无水硫酸钠放在漏斗颈部的棉花上，将洗涤后的酯用毛细滴管吸取，滴加到漏斗内，漏斗下面用一干燥的 3mL 圆底烧瓶做接液瓶。

（5）向装有干燥后的酯的烧瓶中加入一粒沸石，装上微型蒸馏头，加热蒸馏，收集 73～78℃ 馏分，产率约为 50%。

实验五　乙酰苯胺的制备

1. 实验目的

（1）了解用冰醋酸酰化苯胺制备乙酰苯胺的原理和方法。

（2）掌握分馏和重结晶的原理和操作。

2. 实验原理

乙酰苯胺为无色晶体，具有退热镇痛作用，是较早使用的解热镇痛药，有“退热冰”之称，而且是磺胺类药物合成中重要的中间体。

苯胺易被氧化，在有机合成上为了保护氨基不被氧化，往往先把它乙酰化变为乙酰苯胺，然后进行其他反应，最后水解除去乙酰基。本实验除了在合成上的意义外，还有保护芳环上氨基的作用。

乙酰苯胺可以通过苯胺与冰醋酸、醋酸酐或乙酰氯等试剂作用制得。其中苯胺与乙酰氯反应最激烈，醋酸酐次之，冰醋酸最慢，但用冰醋酸作乙酰化试剂价格便宜，操作方便。本实验用冰醋酸作乙酰化试剂，其反应式如下：

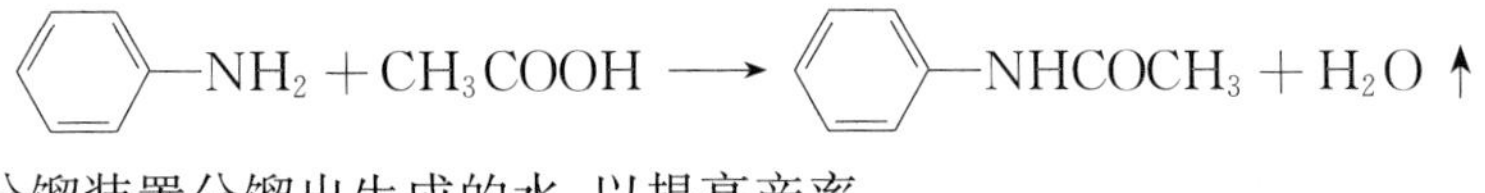

实验中用分馏装置分馏出生成的水，以提高产率。

3. 实验用仪器和药品

（1）仪器：包括圆底烧瓶、分馏柱、温度计、量筒、酒精灯、铁架台、抽滤装置（布氏漏斗）、烧杯。

（2）药品：苯胺 2.5mL（2.55g，0.028mol），冰醋酸 3.7mL（3.9g，0.065mol），锌粉 0.05g，活性炭适量。

（3）实验学时：4。

4. 实验步骤

（1）酰化。在 50mL 圆底烧瓶中加入新蒸馏过的苯胺[1] 2.5mL、冰醋酸 3.7mL、锌粉[2] 0.05g，按图 12－10 安装仪器。用电热套加热至反应沸腾，保持在微沸状态下回流，调节加热温度，保持柱顶温度为 100～105℃，反应 60～90min。反应生成的水及少量醋酸被蒸出，当柱顶温度下降或烧瓶内出现白雾时，则反应到达终点，停止加热。

（2）结晶抽滤。在搅拌下，趁热[3] 将烧瓶中的物料以细流状倒入盛有 100mL 冰水的烧杯中，剧烈搅拌，并冷却烧杯至室温，粗乙酰苯胺结晶析出，抽滤。用玻璃瓶塞将滤饼压干，再用3～5mL冰水洗涤除去残留的酸液，再抽干。粗乙酰苯胺为白色或带有黄色的固体。

将此粗乙酰苯胺放入盛有75mL热水④的烧杯中，加热至沸腾，使粗乙酰苯胺溶解。若溶液沸腾时仍有未溶解的油珠⑤，应补加热水，直至油珠消失为止⑥稍冷后⑦，加入约0.1g活性炭，在搅拌下加热煮沸1～2min，趁热用保温漏斗过滤或用预先加热好的布氏漏斗减压过滤⑧，将滤液慢慢冷却至室温，抽滤，尽量压干滤饼。产品放在干净的表面皿中晾干，称重。

产量：约2.5g。

纯乙酰苯胺为无色片状晶体，熔点114℃。

[注释]

①苯胺在空气中放置，颜色会变深，影响酰化产品的质量和产率，故要用新蒸的苯胺。

②锌粉的作用是防止苯胺氧化。锌粉不能加得过多，否则在后处理中会出现不溶于水的氢氧化锌。

③可用10mL量筒代替接受瓶。

④烧瓶冷却后，物料中会有固体析出，沾在瓶壁上不易处理，因此要趁热操作。

⑤不同温度下，乙酰苯胺在水中的溶解度分别是：25℃，0.56g；50℃，0.84g；80℃，3.5g；100℃，5.2g。在本实验重结晶时水的用量，最好使溶液在80℃左右为饱和状态。

⑥乙酰苯胺与水会生成低熔混合物，此油珠就是熔融态的低熔物(在83℃，含水13%)。当水量足够时，随温度升高，油珠会溶解并消失。

⑦不能在沸腾时加活性炭，否则沸腾的溶液会溢出容器处。

⑧事先将布氏漏斗用铁夹夹住，倒悬在沸水浴上，利用水蒸气进行充分预热。这一步如果没有做好，乙酰苯胺晶体将在布氏漏斗内析出，带来操作上的麻烦，并造成损失。抽滤瓶应放在水浴中预热，切不可直接放在火焰上或石棉网上加热。

实验讨论与思考题

1. 反应时为什么要控制冷凝管上端的温度在105℃？
2. 反应完成时理论上应产生多少(mL)水？为什么实际收集的液体量多于理论量？
3. 假设用8mL苯胺和9mL乙酸酐制备乙酰苯胺，哪种试剂是过量的？乙酰苯胺的理论产率是多少？
4. 重结晶操作中，应注意哪些方面才能提高产品的质量和产率？

实验六 活性染料艳红X-5B的合成与应用[17,18]

1. 实验目的

(1)了解偶氮类活性染料的合成原理。

(2)掌握重氮化和偶合方法及终点检验。

(3)掌握活性基团引入的方法及缩合终点控制。

(4)了解活性染料染色和固色原理。

2. 实验原理

(1)活性染料艳红 X－5B 的合成。艳红 X－5B 为二氯三氮苯型(即 X 型)活性染料，染料的合成方法一种是先合成母体染料，然后和三聚氯氰缩合引入活性基；另一种是先合成带有活性基的中间体，然后合成活性染料。若氨基萘酚磺酸作为偶合组分，为避免发生副反应，一般先将氨基萘酚磺酸和三聚氯氰缩合，这样偶合反应可完全发生在羟基邻位。

反应式如下：

①缩合：

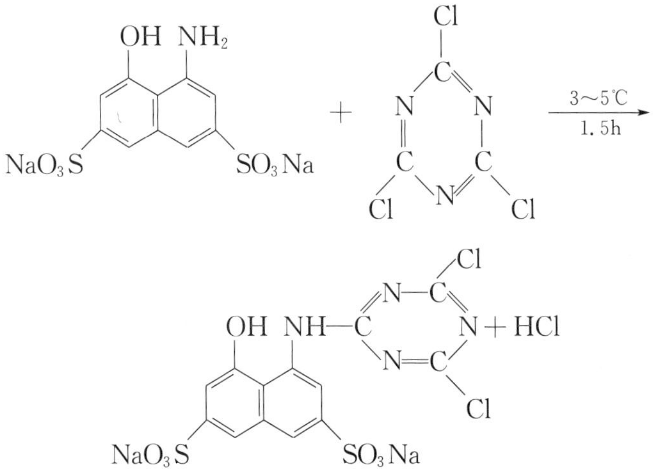

②重氮化：

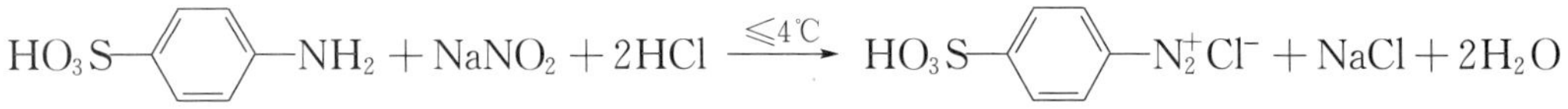

③偶合：

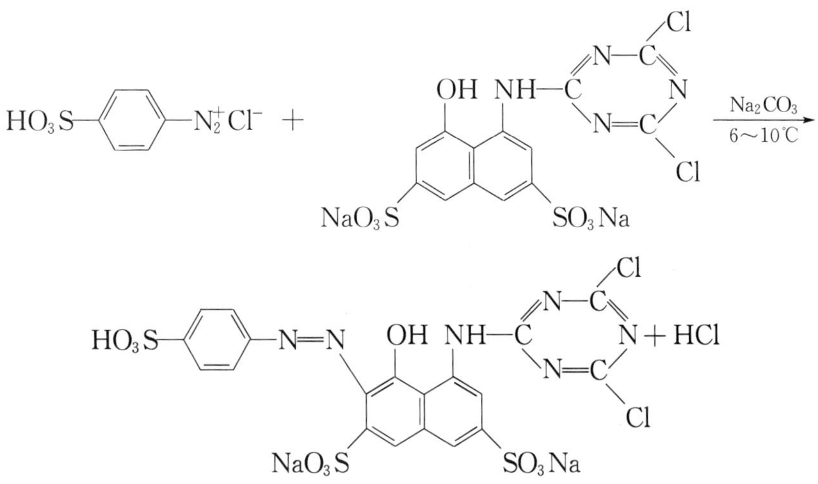

(2)X 型活性染料的染色。本品为枣红色粉末，溶于水呈蓝光红色。本品可用于棉、麻、黏胶纤维及其他纺织品的染色，也可用于蚕丝、羊毛、锦纶的染色，还可用于丝绸印花，并可与直接、酸性染料同印。

在三聚氯氰分子中，由于氯原子引入三氮苯，氯原子的诱导效应使氯原子连接的碳原子上电子云密度进一步降低，而成为正电荷中心：

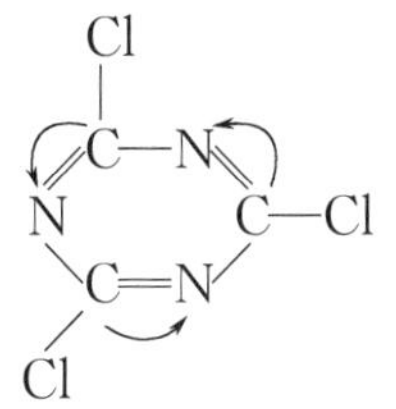

对于三氮苯型、二氮苯型活性染料，染色时纤维素纤维首先和染浴中的碱作用生成纤维负离子：

$$\text{Cell—OH} + OH^- \longrightarrow \text{Cell—O}^- + H_2O$$

Cell：表示纤维素。

然后纤维素负离子向染料分子中正电荷中心碳原子进攻，取代氯原子，而生成"染料纤维"化合物，染料和纤维以共价键结合：

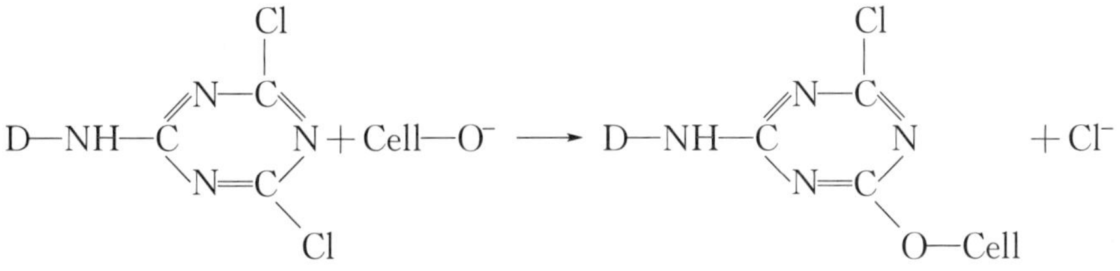

D：表示染料母体。

3. 实验用仪器与药品

(1)仪器及材料：包括三口烧瓶、电动搅拌器、温度计、滴液漏斗、烧杯、电热套、抽滤装置、棉布、刚果红试纸。

(2)药品：

H 酸	3.65g	亚硝酸钠($NaNO_2$)	1.45g
对氨基苯磺酸	1.65g	15% Na_2CO_3 溶液	适量
三聚氯氰(丙酮液)	8mL	食盐	适量
浓盐酸	1.75mL	尿素	适量

(3)实验学时：8。

4. 实验内容

(1)活性染料艳红 X－5B 的合成。将 3.65g H 酸放在一小烧杯中，加水 20mL，调匀，并用 30%NaOH 溶液调其 pH 值为 6.5 左右，使 H 酸全部溶解①。

(2)缩合。在 250mL 烧杯中加水 50mL，然后取 8mL 三聚氯氰(丙酮液)②，在搅拌下加入盛有 50mL 水的烧杯中，冷却至 3～5℃后，在此温度下，15min 内将上述配制好的 H 酸溶液均匀加入，边加边用 15%Na_2CO_3 溶液调节其 pH 值，以使刚果红试纸呈微紫色为准，H 酸全部加完后继续搅拌，并不断调节 pH 值至不变为止③。保持温度在 7℃以下，反应 1.5h 后，取样检验终点④。

(3)重氮化。取 1.45g $NaNO_2$ 配成 30%的溶液与 1.65g 的对氨基苯磺酸混合，在另外的

100mL 烧杯中加入 6.5mL 水、1.75mL 盐酸，于 0℃左右，将上述芳胺与 $NaNO_2$ 的混合液迅速加入，立即检查盐酸是否过量和亚硝酸钠是否微过量⑤，否则适量补加，保持 30min。

(4)偶合。将重氮盐一次加入缩合液中，用 15%Na_2CO_3 溶液调节 pH 值为 6.2～6.4⑥，控制温度在 6～10℃，搅拌 2h，用 H 酸溶液检查重氮盐消失后⑦，取 0.5g 尿素⑧，用少量水溶解后加入偶合液中继续搅拌 10min，此时总体积约 100mL，按体积的 20%加入 NaCl 盐析，过滤后于 80℃干燥，称重，粉碎，收集产品，计算产率。

(5)染色实验。

①配方：漂白丝光棉布 2g；浴比为 1∶50。各药品间的配比见下表。

各药品间的配比

药　品	配　比	用量(g)
染　料	2%(以纤维织物质量计)	0.04
食　盐	40g/L	4
碳酸钠	12g/L	1.2

②染液的配制：将 1g 染料放入 100mL 烧杯中，加少量蒸馏水调成浆状，再加 50mL 蒸馏水，搅拌使之全部溶解(必要时可加热溶解)，冷却。移入 100mL 容量瓶中，烧杯用蒸馏水洗两次，洗液一并倒入容量瓶，冷至室温后用冷蒸馏水稀释到刻度，得 1%染料溶液。

③染色：吸取 4mL 1%的染液放入 500mL 烧杯中，用蒸馏水稀释至 100mL，得染浴。在 20℃时将棉织物浸入，不断翻动，染色 15min，加 2g 食盐，继续染 15min 后再加入 2g 食盐，再染 15min 后，加 1.2g 碳酸钠，在 30min 内升温至 40℃再染 30min。染毕将染物取出，充分水洗。然后用 50mL 5%的皂液煮沸 10～15min，水洗、晾干，观察效果。

［注释］

①溶解好的 H 酸应为透明淡褐色溶液，接近中性，不能有过量的氢氧化钠存在。

②在通风柜中将溶液摇匀后再取用。三聚氯氰工业品为白色细粉，有刺激气味，微溶于水，有微毒，严禁和皮肤接触，尤其要防止它的粉尘和眼睛接触。在 25℃时，100g 丙酮中能溶解 25g 三聚氯氰。三聚氯氰遇空气中水分会逐渐水解并放出氯化氢，用后必须盖好瓶盖。

③三聚氯氰与芳胺结合，pH 值在弱酸性条件下有利于加速反应的进行。

④用量筒取缩合液 1mL，加入 2mL 水、0.5mL 盐酸，加入 2 滴 0.1mol/L 的 $NaNO_2$ 溶液，使碘化钾淀粉试纸变微蓝即为终点。

⑤用刚果红试纸、淀粉碘化钾试纸分别检验盐酸和亚硝酸钠微过量。

⑥此时溶液已有颜色，用 pH 计检验。条件有限时，可加入大约 4mL 的碳酸钠溶液即可。

⑦偶合终点分析：取一滴反应液滴在滤纸上，在这液滴旁边滴一滴新鲜配备的 H 酸溶液。实验中反应液呈红色，H 酸液呈浅褐色，两个润圈交界处无第 3 个颜色产生即可。

⑧分解溶液中过量亚硝酸。

实验讨论与思考题

1. 如何判别三聚氯氰和 H 酸缩合终点？

2. 重氮化和偶合终点应如何检验？为什么？

3. 活性艳红 X－5B 合成的关键是什么？如何保证染料的质量？

4. 染色中加盐和碱的作用分别是什么？

实验七　氨基酸的纸上层析

1. 实验目的

(1)学习用纸上层析法分离和鉴定氨基酸。

(2)掌握氨基酸纸上层析法的实验操作技术。

2. 实验原理

层析法又称色层分离法，是分配层析中的一种。分配层析是利用不同的物质在两个互不相溶的溶剂中的分配系数不同而得到分离的。

纸层析是以纸作为惰性支持物的分配层析，纸纤维上的—OH 具有亲水性，因此能吸附一层水作为固定相，而通常把有机溶剂作为流动相。流动相流经支持物(滤纸)时与固定相之间连续抽提，使物质在两相之间不断分配而得到分离。

纸上层析的实际操作是在滤纸的一端点上样品，干后，在密闭的容器内，待纸饱和了适当的溶剂蒸气后，令溶剂从样品的一端经过毛细管的作用流向另一端，使样品中的混合物得到分离(图 12－16、图 12－17)。

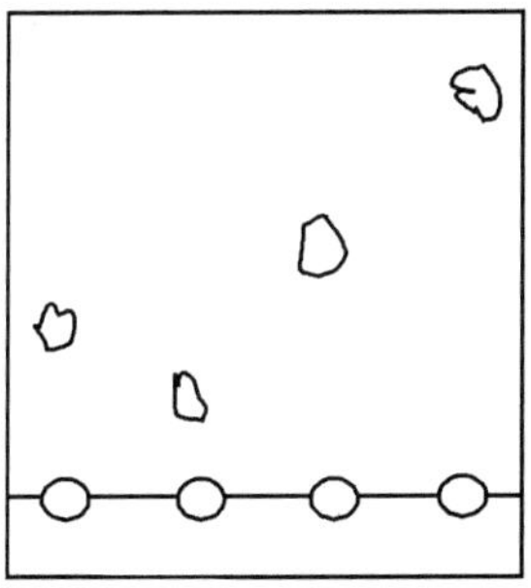

图 12－16　单向层析

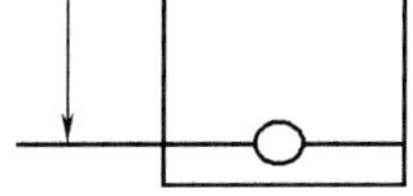

图 12－17　层析图谱示意图

各成分被分开后，在滤纸上的实际位置可借喷涂适当的显色剂使其显色，这样就可以获得层析图谱。物质分离后，层析点在图谱上的位置，即在纸上的移动速率，用 R_f(比移值)表示。

$$R_f=\frac{溶质移动距离}{溶剂移动距离}=\frac{原点到层析点中心的距离}{原点到溶剂前沿的距离}$$

一定的溶质在一定的一对溶剂间的分配系数是一定的，因此在一定的条件下其 R_f 值也是一定的，因此 R_f 值为其特征常数。换言之，根据测定的 R_f 值，就可以确定该溶质是什么化合物。所以 R_f 值的主要决定因素是分配系数。

氨基酸层析图谱常用茚三酮或吲哚醌作显色剂。茚三酮显色反应受温度、pH 值、时间影响较大，如果要使实验结果能很好重复，必须严格控制上述条件。

影响比移值(R_f 值)的因素很多。因此，它虽然是每个化合物的特征常数，但由于实验条件的改变而不易重复。所以在鉴定一个具体化合物时，经常采用已知标准试样在同样实验条件下作对比实验。

3. 实验用仪器和试剂

(1)仪器和材料：烧杯(800mL)、层析滤纸(新华 1[#])18cm×11cm、毛细滴管、竹镊子、喷雾器、刻度尺、铅笔、烘箱、针线、电吹风、表面皿。

(2)试剂：

①将下列氨基酸配制成 1mg/mL 的水溶液：缬氨酸、组氨酸、谷氨酸、亮氨酸、甘氨酸。

②组氨酸、谷氨酸、亮氨酸的混合物：取上述已配好的三个标准氨基酸溶液各 10mL，混合均匀。

③缬氨酸、甘氨酸的混合物：取上述已配好的两个标准氨基酸溶液各 10mL 混合均匀。

④展开剂(需新鲜配制)：正丁醇∶甲酸∶水＝15∶3∶2(体积比)。

⑤显色剂：0.1%茚三酮乙醇溶液。

(3)实验学时：4。

4. 实验步骤

(1)裁剪滤纸。戴上橡胶手套，将滤纸裁剪成 18cm×11cm 大小，沿 18cm 的一边，在距纸边缘 2cm 处，用铅笔轻轻画一条线，在此线上每隔 2cm 画一小圆圈作为点样处，圆圈直径不超过 0.5cm。

(2)点样。氨基酸的点样量以每种氨基酸含 5～20μg 为宜，将准备好的滤纸用竹镊子夹住，用毛细滴管在各小圆圈上依次点上七种氨基酸样品溶液①，样品量约 10～20μL，样品点不宜过大，样品点的扩散直径控制在 0.5cm 之内。如果样品溶液过稀，可以在样品干燥后重复点样，必要时可反复数次②。

用电吹风将斑点吹干，将点好样品的滤纸两侧比齐，用线缝好，卷成筒状。注意缝线处纸的两边不要接触。避免由于毛细管现象使溶剂沿两边移动特别快而造成溶剂前沿不齐，影响 R_f 值。

(3)展层。把已卷成筒状的滤纸放入烧杯中，用长颈玻璃漏斗从烧杯底部加入 20mL 展开剂，注意不能把展开剂倒在滤纸上。溶剂(展开剂)必须在样品点以下，用表面皿盖住烧杯，记录时间，展开大约 40min，当溶剂走到滤纸上端③时，取出滤纸，并用铅笔标明溶剂前沿，然后把滤纸放在一个表面皿上，再放入烘箱中，保持在 105℃ 干燥，直到酸味被赶走为止，大约需要 15min。

(4)显色。用 0.1%茚三酮乙醇溶液均匀喷射已除去溶剂的层析滤纸的一面，待其自然干燥后，放入 65℃烘箱(鼓风烘箱)中干燥约 5min，被分离的氨基酸则显出色点来。取出滤纸，用铅笔轻轻描出显色斑点的形状。

(5)计算氨基酸的 R_f 值。量出各斑点移动的距离和溶剂移动的距离，计算每个氨基酸的 R_f 值。

［注释］

①注意点样的次序不要混淆。

②点样过程中，必须在第一滴样品干后再点第二滴。为使样品加速干燥，可用电吹风加热干燥，但要注意温度不可过高，以免破坏氨基酸，影响定量结果。

③溶剂展层至距离纸的上沿约 1cm 时，注意不能使溶剂走过头。

实验讨论与思考题

1. 为什么在展层时有时用一种溶剂系统，而有时用两种溶剂系统？
2. 酸性溶剂系统(或碱性溶剂系统)对氨基酸极性基团的解离有何影响？

实验八　丙烯腈共聚物的制备

1. 实验目的

(1)掌握丙烯腈共聚合反应的基本原理。

(2)掌握聚丙烯腈制备的实验方法。

(3)熟悉实验物料的计算及产品转化率的测定。

2. 实验原理

聚丙烯腈纤维是指由聚丙烯腈或丙烯腈含量占 85%以上的共聚物制得的纤维，在我国其商品名称为腈纶。聚丙烯腈纤维一般都是以丙烯腈为主的三元共聚物纺丝制得的。除丙烯腈外，常用的第二单体有丙烯酸甲酯、甲基丙烯酸甲酯、醋酸乙烯等，常用的第三单体则为丙烯磺酸钠、甲基丙烯磺酸钠、衣康酸、甲基丙烯苯磺酸钠等。

丙烯腈共聚合以硫氰酸钠溶液为溶剂，偶氮二异丁腈为引发剂。以丙烯腈、丙烯酸甲酯和衣康酸为原料进行三元共聚合，总反应可表示如下：

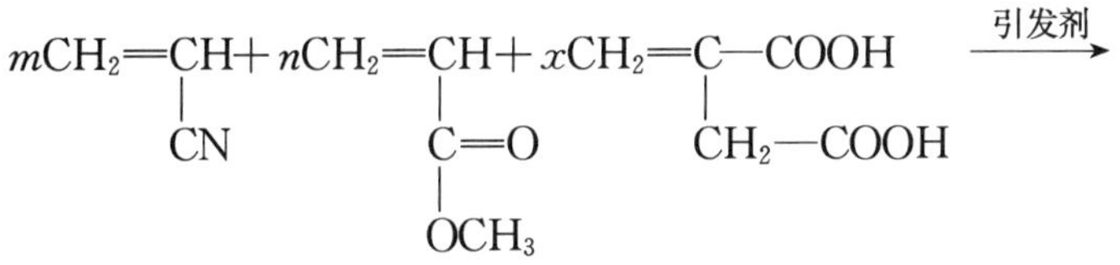

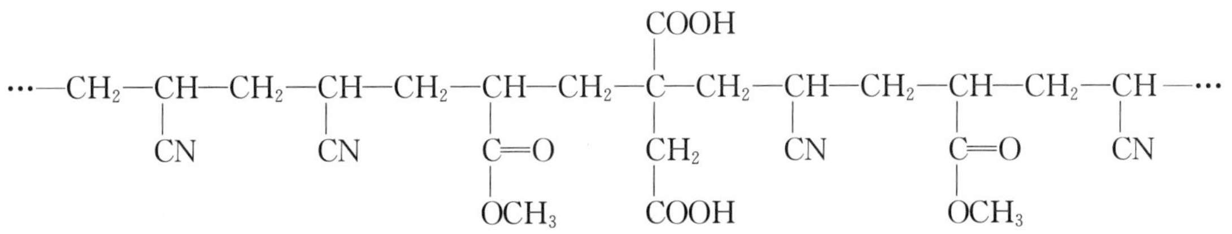

三元共聚物(三种单体在大分子链中的排列是随机的)

丙烯腈的共聚合反应属于自由基链式聚合反应，反应体系中活化中心一旦形成，就有成千上万个分子发生着链引发、链增长及链终止三个阶段，逐步生成丙烯腈共聚物。

本实验采用以硫氰酸钠水溶液为溶剂的溶液聚合，在反应前后体系的总重量不变，则：

$$转化率=\frac{M_0-M}{M_0}\times100\%$$

$$=\frac{聚合液中高聚物的百分含量}{M_0}\times100\%$$

$$=\frac{高聚物薄膜重量}{M_0\times与薄膜相应的聚合物溶液重量}\times100\%$$

式中：M_0——体系中总单体的初始浓度，%；

M——反应结束时体系中残余总单体浓度，%。

3. 实验用仪器和药品

(1)仪器：恒温水浴、试管(ϕ30mm)、温度计、方玻璃块。

(2)药品：丙烯腈、丙烯酸甲酯、衣康酸、异丙醇、偶氮二异丁腈、51%硫氰酸钠溶液、铁矾指示剂。

(3)实验学时：4。

4. 实验步骤

(1)物料用量[①]计算：配制单体浓度为17%的丙烯腈三元共聚物混合液25g。三元共聚物三种单体的配比为：丙烯腈∶丙烯酸甲酯∶衣康酸＝91∶7∶2。偶氮二异丁腈为单体重量的0.5%，异丙醇为单体重量的3%。所需各种物料的重量(W)按以下公式计算：

$$W=\frac{25\times0.17\times A}{C}$$

式中：W——物料重量，g；

A——物料重量占总单体重量的百分比，%；

C——物料的纯度，%。

如果所用的物料是液体，将计算所得物料重量除以该物料的密度，即得所需物料的体积。51%硫氰化钠水溶液是用硫氰化钠和去离子水配成的，25℃时溶液密度为1.294g/mL。所需51%硫氰酸钠溶液的量(mL)为：

$$所需51\%硫氰酸钠水溶液的体积(mL)=\frac{25-各反应物的总重量}{硫氰酸钠溶液的密度}$$

(2)共聚物的制备。将计算出的三元共聚物料[②]分别倒入大试管中，摇匀。然后轻轻盖上装有温度计的塞子[③]。将试管放入水浴中升温聚合，使共聚物混合液在76～78℃下保温[④]30min左右。升温过程中要注意将试管中的溶液摇匀，观察温度计的变化。混合液逐渐变成淡黄色黏稠浆液时即可停止反应。

(3)抽丝。反应结束后，迅速倒出聚合物4～5g于高形称量瓶中，加盖，留作测定转化率用。再将少量聚合液呈细流状倒入水中，使其呈纤维状细丝凝固析出。在剩有聚合液的试管中加入水，使聚合液凝固后，从试管中取出。

(4)测定转化率。从称量瓶中称取聚合液1～2g(精确到0.0002g)，置于一块方玻璃[⑤]中央，再盖上另一块方玻璃，用力挤压，使聚合液呈薄层状。然后将带聚合液薄膜的玻璃片浸入盛有蒸馏水的搪瓷盘中，移开玻璃片，使其凝固、析出。重复上述操作，再做1块薄膜。

用镊子将薄膜仔细揭下来，操作时要防止薄膜脱落。将薄膜放入小烧杯中，用蒸馏水洗涤，直至洗涤用铁矾指示剂检验不显红色为止。把洗净的薄膜放在表面皿上展平，放入烘箱，在

105℃烘至恒重。称量(精确到0.0002g),计算转化率。

5. 结果处理

记录实验结果于下列表中。

丙烯腈共聚物的制备

用量＼试剂		丙烯腈	丙烯酸甲酯	衣康酸	偶氮二异丁腈	异丙醇	51%硫氰酸钠溶液
加入量	重量(g)						
	体积(mL)						

转化率的测定

类别＼测试项目		聚合液重量 W_P	薄膜重量 W_F	转化率	平均转化率
三元共聚物	1				
	2				

[注释]

①如果实验所用共聚物溶液总量较多时,应在装有搅拌器、温度计和回流冷凝管的三口烧瓶中进行实验。

②取用药品应在通风橱中进行,注意称量应准确。

③试管的塞子不可塞紧,以免温度升高时,管内压力增大,易出事故。

④实验中注意控制反应温度。

⑤测转化率时,可先用少量水将玻璃块润湿后,再将聚合液倒在上面。

实验讨论与思考题

1. 写出反应混合液的物料配比及计算出各物料的用量。
2. 在共聚合反应过程中,影响聚合反应的因素主要有哪些?
3. 实验中各种试剂的作用是什么?

实验九　从茶叶中提取咖啡因

1. 实验目的

(1)学习从茶叶中提取咖啡因的原理和方法。

(2)掌握索氏提取器连续抽提的实验技术。

(3)掌握升华操作的实验技术。

2. 实验原理

茶叶含有生物碱,其主要成分为含量约占1%～5%的咖啡因和含量较少的茶碱和可可碱。此外,茶叶中还含有11%～12%的单宁酸(又称鞣酸)以及叶绿素、纤维素、蛋白质等。

咖啡因的化学名称是1,3,7-三甲基-2,6-二氧嘌呤,其构造式如下:

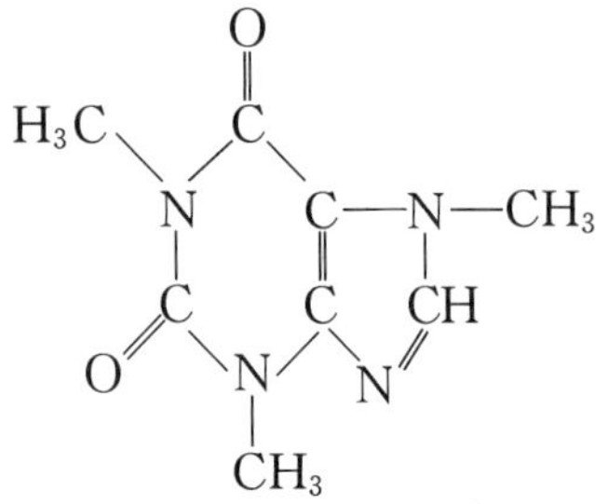

咖啡因是白色针状结晶,无臭,味苦。易溶于水、乙醇、丙酮、三氯甲烷(氯仿),微溶于石油醚,难溶于乙醚和苯。100℃时失去结晶水,并开始升华,178℃时升华很快。无水咖啡因的熔点为238℃。

咖啡因具有刺激心脏、兴奋大脑神经和利尿等作用,因此可作中枢神经兴奋剂。工业上,咖啡因主要通过人工合成制得。

本实验从茶叶中提取咖啡因是用适当的溶剂(95%乙醇),在索氏提取器中连续抽提,然后浓缩、焙炒而得粗制咖啡因,最后通过升华提纯得到纯产品。

3. 实验所需仪器和试剂

(1)仪器:索氏提取器、恒温水浴、蒸馏装置、玻璃漏斗、电热套。

(2)试剂和材料:95%乙醇60mL、氧化钙1.5g、茶叶5g。

(3)实验学时:6。

4. 实验步骤

(1)回流萃取(索氏提取)。称取5g茶叶或茶叶末(不用精确称量),取一张正方形纱布包裹好茶叶末装入纸筒中,一起放入到索氏提取器中[①](可用玻璃棒轻轻送入索氏提取器的底部)。用量筒分别量取60mL和50mL乙醇加入到索氏提取器和烧瓶中。按图12-12装配仪器,水浴加热。控制水浴温度在80℃左右,连续抽提2.5~3h,直到提取液颜色较浅时为止。待冷凝液刚刚虹吸下去时,立即停止加热[②]。

(2)蒸馏浓缩。将实验装置改装成蒸馏装置,控制蒸馏速度,不要蒸干。蒸出的乙醇倒入回收瓶中,可以再次利用(为什么?)。

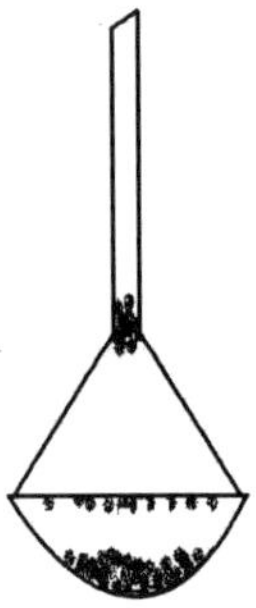

图12-18 常压升华装置

(3)焙炒(最关键的步骤)。将残液趁热倾入蒸发皿中[③],加入1.5g研细的氧化钙[④]搅拌至糊状为止,并加几粒沸石[⑤],在水蒸气浴上蒸干后,将蒸发皿移至电热套上,在较小的加热条件下焙炒片刻[⑥],务使水分全部除去[⑦],然后再移开蒸发皿并冷却之,用干燥洁净的瓶塞底部将颗粒碾成粉末,千万不要产生大量白烟(为什么?)。擦去沾在蒸发皿边上的粉末,以免升华时污染产物。

(4)升华提纯。再次将蒸发皿放在电热套上,并在蒸发皿上倒盖一个玻璃漏斗,漏斗的直径应小于蒸发皿,在漏斗的颈部塞上蓬松的棉花(图12-18)。在蒸发皿和漏斗之间用圆滤纸相隔,滤纸直径应稍大于漏斗。滤纸上用针刺 10 余个小孔，孔径在 3mm 左右，小心加热升华⑧。注意控制电热套的加热温度在 200～230℃范围内。如果温度太高，则会使产物炭化。

当滤纸上出现白色针状结晶时，适当控制加热温度，以降低升华速度，当电热套内温度达到 230℃，应立即停止加热（或发现有棕色烟雾时，停止加热），冷却至 100℃左右，小心揭开漏斗和滤纸，仔细地把附在纸上及器皿周围的咖啡因晶体用小刀刮下。如果残渣仍为绿色，可再次升华，直至残渣变为棕色为止。

合并两次所得的咖啡因，称重，测熔点。

产量：35～50mg，咖啡因熔点范围为 236～237℃。

［注释］

①滤纸套要紧贴器壁，其高度不得超过虹吸管，纸套上部折成凹形，以保证回流均匀浸透被萃取物。必须注意，滤纸包茶叶末时要严防漏出而堵塞虹吸管。

②待回流液无色时即可停止加热。

③可用少量回收的乙醇将烧瓶洗涤 1～2 次，洗涤液一并倒入蒸发皿中。

④氧化钙起吸水和中和作用，以除去部分杂质。

⑤蒸干过程中为避免残液因沸腾而溅出，需加几粒沸石于蒸发皿中。

⑥将蒸发皿放在电热套上用热空气浴焙炒，加热电压不可太高，炒至变为墨绿色粒状物，然后用干燥洁净的瓶塞底部将颗粒碾成粉末。

⑦如留有少量水分，会在升华开始时产生一些烟雾污染器皿。

⑧在萃取回流充分的情况下，纯化产品的升华操作是本实验成败的关键。升华过程中应始终严格控制加热温度。

实验讨论与思考题

1. 本实验成败的关键是什么？
2. 实验中氧化钙的作用是什么？
3. 在加热焙炒时，为什么要将水分全部除去？

附：从茶叶中提取咖啡因的微型实验[13]

1. 实验目的和原理

同实验九。

2. 实验用仪器和试剂

（1）仪器：烧杯（25mL）、表面皿、吸滤瓶（10mL）、玻璃钉漏斗、离心试管（12mL、15mL）、圆底烧瓶（10mL）、微型蒸馏头、毛细滴管。

（2）药品和材料：碳酸钠、四氯化碳、无水硫酸钠、茶叶。

3. 实验步骤

（1）在 25mL 烧杯中加入 1.0g Na_2CO_3 溶于 10mL 热水，再加入 1g 茶叶细末，盖上表面皿，温热至微沸，维持 30min。稍冷后，真空抽滤，并挤压茶叶，用 1mL 热水洗涤烧杯 2 次，滤液转移到离心试管中。

(2)向滤液加入 2mL CCl_4，用塞子塞紧试管口，振荡几次，然后静置分层(约需 10～15min)。用毛细滴管吸出 CCl_4 萃取层，重复操作 4 次。

(3)分出的 CCl_4 层通过装有无水硫酸钠的干燥柱①，干燥后的 CCl_4 萃取液用 10mL 圆底烧瓶承接。再用 2mL CCl_4 洗涤干燥柱，洗涤液并入圆底烧瓶中，加入几颗沸石，装上微型蒸馏头，在水浴上蒸出并回收 $CCl_4$②，直到蒸干为止(CCl_4 萃取液可分两次蒸馏)。这时圆底烧瓶底部有白色残渣，即粗制的咖啡因。

[注释]

①干燥柱的制作方法：取一玻璃管，将一端拉成毛细滴管状。将少许棉花填塞到毛细滴管口，称取 1.0g 无水 Na_2SO_4 通过微型玻璃漏斗装入玻璃管中即成，干燥柱应先用 CCl_4 润湿。

②四氯化碳有轻度的麻醉作用，对肝、肾损害严重，最好在通风橱中进行蒸馏操作。

参考文献

[1] 曾昭琼. 有机化学实验[M]. 北京：人民教育出版社，1981.
[2] 周科衍，吕俊民. 有机化学实验[M]. 北京：高等教育出版社，1984.
[3] 方富禄. 有机化学实验[M]. 北京：高等教育出版社，1995.
[4] 强亮生，王慎敏. 精细化工实验[M]. 哈尔滨：哈尔滨工业大学出版社，1997.
[5] 冯蕴华，马锦疆. 有机化学实验[M]. 北京：化学工业出版社，1991.
[6] 税永红. 浅议化学教学实验的“绿色化”[J]. 成都纺织高等专科学校学报，2003，(1).
[7] 殷学锋. 新编大学化学实验[M]. 北京：高等教育出版社，2003.
[8] 黄涛. 有机化学实验[M]. 北京：高等教育出版社，2002.
[9] 王兴涌，尹文萱，高宏峰，等. 有机化学实验[M]. 北京：科学出版社，2004.
[10] 王福来. 有机化学实验[M]. 武汉：武汉大学出版社，2003.
[11] 天津大学有机化学教研室编. 有机化学[M]. 北京：人民教育出版社，1982.
[12] 金咸穰. 染整工艺实验[M]. 北京：纺织工业出版社，1987.
[13] 周宁怀，王德林. 微型有机化学实验[M]. 北京：科学出版社，1999.
[14] 杨家玲. 绿色化学与技术[M]. 北京：北京邮电大学出版社，2001.
[15] 刘妙丽. 纺织化学[M]. 北京：中国纺织出版社，2007.
[16] 税永红. 微型化学实验与化学实验教学改革[J]. 成都纺织高等专科学校学报，2001，(2).
[17] 侯毓汾，程侣伯. 活性染料[M]. 北京：化学工业出版社，1991.
[18] 蒋学军. AN—MA—ITA 共聚物的合成与染色[J]. 成都纺织高等专科学校学报，2005，(3).